计算机系列教材

杨月江 主编
王晓菊 于咏霞 赵竞雄 副主编

计算机导论

（第3版·微课版·题库版）

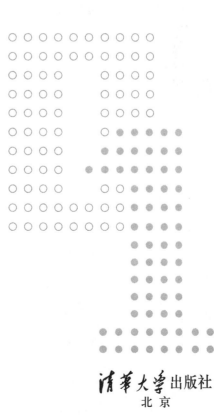

清华大学出版社
北京

内容简介

本书根据计算机科学与技术专业、网络工程专业、物联网工程专业、软件工程专业和信息管理与信息系统专业规范及应用型本科院校教学需求编写。本书秉持"通俗易懂、注重理论、兼顾实践、科学导学"的原则，针对大学一年级学生，由浅入深、循序渐进地讲解计算机相关知识，重点培养学生对本学科的整体认知，提高学生的动手能力，引导学生的兴趣点，为学生制订大学期间的学习计划和学习策略提供指导。

全书共分10章，内容包括绪论、数据存储基础、计算机硬件基础、计算机软件基础、程序设计基础、数据结构基础、数据库基础、计算机网络技术及应用、Office 2016办公软件、人工智能基础。全书各章后均配有大量的理论习题，书后附录配有7个实验，便于学生对理论知识的深化学习和实践技能提高训练，方便初学者形成对学科的整体认知。

本书既可作为应用型高等学校计算机类专业的计算机导论教材，也可作为非计算机专业的计算机基础教材，还可作为各类社会培训机构的计算机基础教材。

本书封面贴有清华大学出版社防伪标签，无标签者不得销售。
版权所有，侵权必究。举报: 010-62782989, beiqinquan@tup.tsinghua.edu.cn。

图书在版编目(CIP)数据

计算机导论: 微课版·题库版/杨月江主编. —3版. —北京: 清华大学出版社，2022.8(2024.10重印)
计算机系列教材
ISBN 978-7-302-61112-7

Ⅰ. ①计… Ⅱ. ①杨… Ⅲ. ①电子计算机－高等学校－教材 Ⅳ. ①TP3

中国版本图书馆CIP数据核字(2022)第111964号

责任编辑: 白立军
封面设计: 常雪影
责任校对: 胡伟民
责任印制: 杨 艳

出版发行: 清华大学出版社
网　　址: https://www.tup.com.cn, https://www.wqxuetang.com
地　　址: 北京清华大学学研大厦A座　　　邮　编: 100084
社 总 机: 010-83470000　　　　　　　　　邮　购: 010-62786544
投稿与读者服务: 010-62776969, c-service@tup.tsinghua.edu.cn
质量反馈: 010-62772015, zhiliang@tup.tsinghua.edu.cn
课件下载: https://www.tup.com.cn, 010-83470236

印 装 者: 三河市铭诚印务有限公司
经　　销: 全国新华书店
开　　本: 185mm×260mm　　印　张: 26.5　　字　数: 665千字
版　　次: 2014年8月第1版　2022年8月第3版　印　次: 2024年10月第6次印刷
定　　价: 79.00元

产品编号: 094695-01

第3版前言

本书自第1版出版以来,被评为清华大学出版社2019年度、2020年度和2021年度畅销书,被2000多所高校选作教材,本次改版不但升级了操作系统和软件的版本,还增加了题库。

"计算机导论"是计算机科学与技术、网络工程、物联网工程、软件工程、信息管理与信息系统等专业的一门通识必修基础课程,旨在引导刚刚进入大学计算机相关专业的新生对本学科基础知识及专业研究方向有一个整体、准确的了解,为系统地学习以后的计算机专业课程打下坚实基础。

本书本着"通俗易懂、注重理论、兼顾实践、科学导学"的原则编写,针对应用型本科院校一年级学生,由浅入深、循序渐进地讲解计算机相关知识,重点培养学生对计算机学科的整体认识,引导学生挖掘自身的兴趣点,为学生制订大学期间的学习计划和学习策略提供指导。

全书内容分为理论基础和应用实践两部分。理论基础部分包括计算机基础知识、计算机软硬件系统基础、网络技术基础及人工智能理论,其中在第1章授课过程中建议教师补充介绍本校的专业培养计划,以加深学生的认识。理论部分的每一章后面都配备了大量的练习题,帮助学生检查、提高。应用实践部分是实验指导,主要是Windows操作系统的使用、Office办公系统的使用以及网络的使用。该部分可以灵活分配学时,或者以学生课外上机为主完成。

本书由多年从事计算机专业教学的一线教师基于自身教学经验,结合当前计算机教育的形式和任务,参照计算机技术的最新发展,并以计算机科学与技术专业规范为指导编写而成。

本书由杨月江任主编,王晓菊、于咏霞、赵竞雄任副主编,各章编写分工如下:第1~4章由杨月江编写,第5章、第8章由王晓菊编写,第9章、第10章由于咏霞编写,第6章、第7章由赵竞雄编写。

全书由杨月江统稿。本书配有微课视频,扫码即可观看。书中引用、参阅了许多教材和资料,参考了许多网站信息,在此一并致以诚挚的谢意。

由于计算机科学技术发展迅速,加之编者水平有限,书中不足之处在所难免,敬请读者批评指正。

编　者

2022年3月

目 录

第1章 绪论 ·· 1
  1.1 计算机的产生与发展 ··· 1
      1.1.1 计算机的产生 ·· 1
      1.1.2 计算机的发展 ·· 2
  1.2 计算机的分类与特点 ··· 4
      1.2.1 计算机的分类 ·· 5
      1.2.2 计算机的特点 ·· 8
  1.3 计算机的应用 ·· 10
  1.4 计算机的发展趋势 ·· 13
  1.5 计算机相关专业简介 ··· 15
      1.5.1 计算机科学与技术专业简介 ································· 16
      1.5.2 网络工程专业简介 ··· 17
      1.5.3 物联网工程专业简介 ·· 19
      1.5.4 信息管理与信息系统专业简介 ······························ 20
      1.5.5 软件工程专业简介 ··· 21
  1.6 计算机专业领域名人简介 ··· 23
  1.7 本章小结 ··· 24
  习题 ··· 25

第2章 数据存储基础 ·· 28
  2.1 数制及其转换 ·· 28
      2.1.1 进位记数制 ··· 28
      2.1.2 数制间的转换 ·· 30
  2.2 计算机中的信息表示 ··· 32
      2.2.1 数值信息在计算机中的表示 ································· 34
      2.2.2 字符信息的编码 ·· 37
      2.2.3 多媒体信息在计算机中的表示 ······························ 42
  2.3 本章小结 ··· 51
  习题 ··· 52

第3章 计算机硬件基础 …………………………………………………………… 56
　3.1 计算机硬件的基本组成 ………………………………………………… 56
　　　3.1.1 冯·诺依曼机体系结构 ……………………………………………… 57
　　　3.1.2 微处理器基础 ………………………………………………………… 60
　　　3.1.3 存储设备 ……………………………………………………………… 65
　　　3.1.4 输入和输出设备 ……………………………………………………… 75
　3.2 指令系统与机器语言 …………………………………………………… 94
　　　3.2.1 指令系统及指令的执行过程 ………………………………………… 94
　　　3.2.2 机器语言和汇编语言基础 …………………………………………… 98
　3.3 微型计算机及其性能指标 ……………………………………………… 108
　　　3.3.1 微型计算机 …………………………………………………………… 109
　　　3.3.2 微型计算机的性能指标 ……………………………………………… 122
　　　3.3.3 微型计算机的关键技术 ……………………………………………… 122
　3.4 本章小结 ………………………………………………………………… 124
　习题 …………………………………………………………………………… 124

第4章 计算机软件基础 …………………………………………………………… 129
　4.1 计算机软件系统概述 …………………………………………………… 129
　　　4.1.1 系统软件 ……………………………………………………………… 130
　　　4.1.2 应用软件 ……………………………………………………………… 133
　4.2 操作系统概述 …………………………………………………………… 135
　　　4.2.1 操作系统的产生、发展和现状 ……………………………………… 137
　　　4.2.2 操作系统的功能和定义 ……………………………………………… 140
　　　4.2.3 操作系统的特征 ……………………………………………………… 145
　　　4.2.4 操作系统的分类及主要类型 ………………………………………… 147
　4.3 常用操作系统简介 ……………………………………………………… 150
　　　4.3.1 MS-DOS ……………………………………………………………… 151
　　　4.3.2 Windows 系列 ………………………………………………………… 151
　　　4.3.3 UNIX …………………………………………………………………… 152
　　　4.3.4 Linux …………………………………………………………………… 152
　4.4 Windows 10 操作系统的使用方法 …………………………………… 153
　　　4.4.1 Windows 10 的版本 ………………………………………………… 153
　　　4.4.2 Windows 10 的启动 ………………………………………………… 156
　　　4.4.3 Windows 10 的退出 ………………………………………………… 156
　　　4.4.4 Windows 10 程序的启动与窗口操作 ……………………………… 156
　　　4.4.5 Windows 10 的文件管理 …………………………………………… 161
　　　4.4.6 Windows 10 的系统管理 …………………………………………… 166
　　　4.4.7 Windows 10 的网络功能 …………………………………………… 170

    4.4.8 Windows 10 系统的备份与还原 ·············· 171
  4.5 本章小结 ································ 172
  习题 ······································ 172

第 5 章 程序设计基础 ······························ 180
  5.1 程序设计概述 ·························· 180
    5.1.1 程序设计的基本过程 ·············· 180
    5.1.2 程序设计的方法 ·················· 181
    5.1.3 程序设计语言 ···················· 185
  5.2 算法概述 ······························ 189
    5.2.1 算法的概念 ······················ 189
    5.2.2 算法的表示 ······················ 190
    5.2.3 常用算法介绍 ···················· 194
  5.3 软件工程概述 ·························· 198
    5.3.1 软件危机 ························ 198
    5.3.2 软件工程 ························ 199
    5.3.3 软件生存周期 ···················· 200
  5.4 本章小结 ······························ 204
  习题 ······································ 205

第 6 章 数据结构基础 ······························ 207
  6.1 数据结构概述 ·························· 207
    6.1.1 数据结构课程的地位 ·············· 207
    6.1.2 基本概念和术语 ·················· 208
  6.2 几种经典的数据结构 ·················· 210
    6.2.1 线性表 ·························· 210
    6.2.2 栈和队列 ························ 213
    6.2.3 树 ······························ 216
    6.2.4 图 ······························ 219
  6.3 本章小结 ······························ 220
  习题 ······································ 220

第 7 章 数据库基础 ································ 223
  7.1 数据库的基础知识 ······················ 223
    7.1.1 数据库的基本概念 ················ 223
    7.1.2 数据管理方式的发展 ·············· 224
    7.1.3 数据库系统的体系结构 ············ 226
    7.1.4 数据模型 ························ 227

7.2 关系数据库 ··· 228
    7.2.1 关系模型的基本概念 ··· 229
    7.2.2 关系的特点 ··· 230
    7.2.3 关系的基本运算 ··· 230
7.3 结构化查询语言 SQL 概述 ··· 235
    7.3.1 SQL 的特点 ·· 235
    7.3.2 常用的 SQL 语句 ·· 235
7.4 常用的关系数据库介绍 ·· 240
    7.4.1 SQL Server 数据库 ··· 240
    7.4.2 Oracle 数据库 ·· 240
    7.4.3 Access 数据库 ·· 241
7.5 Microsoft Access 应用 ··· 241
    7.5.1 Access 2016 概述 ··· 241
    7.5.2 数据库设计 ··· 242
    7.5.3 数据库操作 ··· 243
    7.5.4 数据表的操作 ·· 247
    7.5.5 查询 ·· 265
7.6 本章小结 ·· 273
习题 ·· 273

第 8 章 计算机网络技术及应用 ·· 278
8.1 计算机网络概述 ·· 278
    8.1.1 计算机网络的定义与功能 ·· 278
    8.1.2 计算机网络的产生和发展 ·· 280
    8.1.3 计算机网络的分类 ·· 281
    8.1.4 计算机网络协议与体系结构 ··· 285
8.2 局域网 ··· 288
    8.2.1 局域网的组成 ·· 288
    8.2.2 局域网参考模型 ··· 294
    8.2.3 以太网 ··· 295
8.3 Internet ·· 296
    8.3.1 Internet 的发展历史 ··· 296
    8.3.2 IP 地址与域名 ·· 297
    8.3.3 Internet 提供的服务 ··· 299
8.4 网络安全 ·· 303
    8.4.1 网络安全概述 ·· 303
    8.4.2 网络攻击分类及方法 ·· 304
    8.4.3 网络防御技术 ·· 307

8.5 本章小结 ·· 311
习题 ···311

第 9 章 Office 2016 办公软件 ··· 314
9.1 概述 ·· 314
9.2 Microsoft Word 应用 ··· 314
    9.2.1 Word 2016 概述 ·· 315
    9.2.2 文档的基本操作 ·· 317
    9.2.3 文档的排版 ··· 325
    9.2.4 表格处理 ·· 332
    9.2.5 图形处理 ·· 336
9.3 Microsoft Excel 应用 ··· 338
    9.3.1 Excel 2016 概述 ·· 338
    9.3.2 Excel 2016 基本操作 ··· 340
    9.3.3 工作表的编辑 ··· 343
    9.3.4 工作表的格式化 ·· 347
    9.3.5 数据的图表化 ··· 349
    9.3.6 数据的管理与分析 ·· 351
    9.3.7 页面设置与打印 ·· 355
9.4 Microsoft PowerPoint 应用 ·· 356
    9.4.1 PowerPoint 2016 概述 ··· 356
    9.4.2 演示文稿的基本操作 ··· 358
    9.4.3 幻灯片的基本操作 ·· 360
    9.4.4 幻灯片的编辑 ··· 361
    9.4.5 幻灯片的设计 ··· 362
    9.4.6 幻灯片的放映 ··· 365
9.5 本章小结 ·· 368
习题 ···369

第 10 章 人工智能基础 ··· 379
10.1 人工智能概述 ·· 379
    10.1.1 人工智能的定义 ··· 379
    10.1.2 人工智能的研究目标 ·· 380
10.2 人工智能的历史 ··· 380
10.3 人工智能的研究方法 ·· 383
    10.3.1 符号主义 ··· 383
    10.3.2 联结主义 ··· 384
    10.3.3 行为主义 ··· 385

10.4 人工智能的应用领域 ·············· 386
10.5 人工智能的发展现状及前景 ·········· 393
10.6 本章小结 ····················· 393
习题 ························· 394

附录 A 实验指导 ····················· 398
  实验 1 键盘、鼠标的基本操作 ············ 398
  实验 2 Windows 基本操作 ·············· 402
  实验 3 Word 操作 ················· 404
  实验 4 Excel 操作 ················· 406
  实验 5 PowerPoint 操作 ·············· 407
  实验 6 Access 操作 ················ 409
  实验 7 局域网及 Internet 的使用 ·········· 411

参考文献 ························· 413

第 1 章 绪 论

> **本章学习目标**
> - 熟练掌握计算机的发展阶段及其特征。
> - 熟练掌握计算机的分类及其特点。
> - 熟练掌握计算机的应用情况。

计算机(computer)是 20 世纪最先进的科学技术发明之一,对人类的生产活动和社会活动产生了极其重要的影响,并以强大的生命力飞速发展。计算机的应用领域从最初的军事科研应用扩展到社会的各个领域,已形成了规模巨大的计算机产业,带动了全球范围的技术进步,由此引发了深刻的社会变革,计算机已遍及学校、企事业单位,进入寻常百姓家,成为信息社会中必不可少的工具。计算机是人类进入信息时代的重要标志之一。

打开计算机,就可以打字、画画、听音乐、玩游戏、看视频、上网等,计算机使人们足不出户就可以畅游世界,其带给人的欣喜只有置身其中才能感受到。同时,计算机的发展和应用水平是衡量一个国家的科学技术发展水平和经济实力的重要标志。因此,学习和应用计算机知识,对于每一个学生、科技人员、教育者和管理者都是十分必要的。

1.1 计算机的产生与发展

计算机的产生与发展

计算机俗称电脑,是一种用于高速计算的电子计算机器,既可以进行数值计算,又可以进行逻辑计算,还具有存储记忆功能,是能够运行程序,自动、高速处理海量数据的现代化智能电子设备。计算机由硬件系统和软件系统组成,没有安装任何软件的计算机称为"裸机"。计算机可分为超级计算机、工业控制计算机、网络计算机、个人计算机和嵌入式计算机 5 类,较先进的计算机有生物计算机、光子计算机和量子计算机等。

1.1.1 计算机的产生

计算工具的演化经历了从简单到复杂、从低级到高级的不同阶段,例如,从"结绳记事"(结绳记事是文字发明前人们所使用的一种记事方法,即在一条绳子上打结,用于记事。上古时期的中国就有此习惯,直到近代,一些没有文字的民族仍然采用结绳记事来传播信息)中的绳结到算筹、算盘、计算尺、机械计算机等。它们在不同的历史时期发挥了各自的历史作用,同时也孕育了电子计算机的雏形和设计思路。

世界上第一台电子数字式计算机于 1946 年 2 月 15 日在美国宾夕法尼亚大学正式投入运行,名为电子数字积分器与计算器(Electronic Numerical Integrator and Calculator,ENIAC)。ENIAC 是美国奥伯丁武器试验场为了满足弹道计算需要而研制成的,这台计算机使用了 17 840 个电子管,大小为 80 英尺×8 英尺,质量达 28t(吨),功耗为 170kW,其运算速度为每秒 5000 次的加法运算,造价约为 48 万美元。ENIAC 如图 1.1 所示。ENIAC 奠定了电子计算机的发展基础,开辟了一个计算机科学技术的新纪元。

图 1.1　第一台计算机 ENIAC

ENIAC 诞生后,数学家冯·诺依曼提出了重大的改进理论,主要有两点:一是电子计算机应该以二进制为运算基础;二是电子计算机应采用"存储程序"方式工作,并且进一步明确指出了整个计算机的结构应由 5 部分组成,即运算器、控制器、存储器、输入设备和输出设备。冯·诺依曼这些理论的提出,解决了计算机运算自动化的问题和速度配合问题,对后来计算机的发展起到了决定性的作用。直至今天,绝大部分的计算机还是采用冯·诺依曼方式工作。

ENIAC 的问世具有划时代的意义,表明电子计算机时代的到来。在以后 70 多年里,计算机技术以惊人的速度发展,没有任何一门技术的性能价格比能像计算机那样在 30 年内增长 6 个数量级。

1.1.2　计算机的发展

公元前 5 世纪,中国人发明了算盘,之后算盘广泛应用于商业贸易中,算盘被认为是最早的计算机,并一直使用至今。算盘在某些方面的运算能力要超过目前的计算机,体现了中国人民无穷的智慧。

直到 17 世纪,计算设备才有了第二次重要的进步。1645 年,法国人 Blaise Pascal 发明了自动进位加法器,称为 Pascaline。1694 年,德国数学家 Gottfried Wilhemvon Leibniz 改进了 Pascaline,使之可以计算乘法。后来,法国人 Charles Xavier Thomas de Colmar 发明了可以进行四则运算的计算器。

现代计算机的真正起源来自英国数学教授 Charles Babbage。Charles Babbage 发现通常的计算设备中有许多错误,在剑桥大学学习时,他认为可以利用蒸汽机进行运算。最初他设计差分机用于计算导航表,后来,他发现差分机只是具有专门用途的机器,于是放弃了原来的研究,开始设计包含现代计算机基本组成部分的分析机。

在接下来的若干年中,许多工程师在另一些方面取得了重要的进步。美国人 Herman Hollerith 根据提花织布机的原理发明了穿孔片计算机,并带入商业领域,成立了公司。

ENIAC 诞生后短短的几十年间,计算机的发展突飞猛进。主要电子器件相继使用了真空电子管、晶体管、中、小规模集成电路和大规模、超大规模集成电路,引发计算机的几次更新换代。每一次更新换代都使计算机的体积和耗电量大大减小,功能大大增强,应用领域进一步拓宽。特别是体积小、价格低、功能强的微型计算机(微机)的出现,使得计算机迅速普及,进入了办公场所和家庭,在办公自动化和多媒体应用方面发挥了很大的作用。目前,计算机的应用已扩展到社会的各个领域。

根据电子器件的变化,可以将计算机的发展过程分成以下几个阶段。

1. 第 1 代:电子管数字计算机(1946—1958 年)

这一阶段计算机的主要特征是采用电子管元件作为基本器件,用光屏管或汞延时电路作为存储器,输入与输出主要采用穿孔卡片或纸带。硬件方面,逻辑元件采用的是真空电子管,主存储器采用汞延迟线、阴极射线示波管静电存储器、磁鼓和磁芯,外存储器采用的是磁带。软件方面采用的是机器语言和汇编语言。应用领域以军事和科学计算为主。第 1 代计算机的特点是体积大、功耗高、可靠性差、速度慢(一般为每秒数千次至数万次)、价格昂贵,但为以后的计算机发展奠定了基础。

2. 第 2 代:晶体管数字计算机(1959—1964 年)

20 世纪 50 年代末期,晶体管的出现使计算机生产技术得到了根本性的发展,由晶体管代替电子管作为计算机的基础器件,用磁芯或磁鼓作为存储器。硬件方面,逻辑元件采用晶体管,不仅能实现电子管的功能,又具有尺寸小、质量小、寿命长、效率高、发热少、功耗低等优点。使用晶体管后,电子线路的结构大大改观,制造高速电子计算机就更容易实现了。软件方面出现了操作系统、高级语言及其编译程序。开始使用面向过程的程序设计语言,如 FORTRAN 等。应用领域以科学计算和事务处理为主,并开始进入工业控制领域。第 2 代计算机的特点是体积缩小、能耗降低、可靠性提高、运算速度提高(一般为每秒数 10 万次,可高达 300 万次),性能比第 1 代计算机有很大的提高。

3. 第 3 代:集成电路数字机(1965—1970 年)

20 世纪 60 年代中期,随着半导体工艺的发展,成功制造了集成电路。中小规模集成电路成为计算机的主要部件,主存储器也渐渐过渡到半导体存储器,使计算机的体积更小,大大降低了计算机的功耗,由于减少了焊点和接插件,进一步提高了计算机的可靠性。硬件方面,逻辑元件采用中、小规模集成电路(MSI、SSI),主存储器仍采用磁芯。软件方面,出现了分时操作系统以及结构化、规模化程序设计方法,有了标准化的程序设计语言和人机会话式的 BASIC 语言,其应用领域也进一步扩大。第 3 代计算机的特点是速度更快(一般为每秒数百万次至数千万次),而且可靠性有了显著提高,价格进一步下降,产品走向了通用化、系列化和标准化等。应用开始进入文字处理和图形图像处理领域。

4. 第 4 代：大规模集成电路计算机（1971 年至今）

随着大规模集成电路的成功制作并用于计算机硬件生产过程，计算机的体积进一步缩小，性能进一步提高。集成更高的大容量半导体存储器作为内存储器，发展了并行技术和多机系统，出现了精简指令集计算机（RISC），软件系统工程化、理论化，程序设计自动化。微型计算机在社会上的应用范围进一步扩大，几乎所有领域都能看到计算机的"身影"。

硬件方面，逻辑元件采用大规模和超大规模集成电路（LSI 和 VLSI）。软件方面，出现了数据库管理系统、网络管理系统和面向对象语言等。第 4 代计算机的标志是 1971 年世界上第一台微处理器在美国硅谷诞生，开创了微型计算机的新时代。其应用领域从科学计算、事务管理、过程控制逐步走向家庭。

由于集成技术的发展，半导体芯片的集成度更高，每块芯片可容纳数万乃至数百万个晶体管，并且可以把运算器和控制器都集中在一个芯片上，从而出现了微处理器，并且可以用微处理器和大规模、超大规模集成电路组装成微型计算机，就是常说的微机或 PC。微型计算机的体积小、价格便宜、使用方便，但它的功能和运算速度已经达到甚至超过了过去的大型计算机。另外，利用大规模、超大规模集成电路制造的各种逻辑芯片，已经制成了体积并不很大，但运算速度可达每秒一亿次甚至几十亿次的巨型计算机。

我国继 1983 年研制成功每秒运算一亿次的银河 I 巨型机以后，又于 1993 年研制成功每秒运算十亿次的银河 II 通用并行巨型计算机。

几十年来，随着物理元器件的变化，不仅计算机主机经历了更新换代，它的外部设备也在不断地变革。例如外存储器，由最初的阴极射线示波管静电存储器发展到磁芯、磁鼓，再发展为通用的磁盘，以后又出现了体积更小、容量更大、速度更快的只读光盘（CD-ROM）。

计算机的分类与特点

1.2 计算机的分类与特点

计算机可以存储各种信息，会按人们事先设计的程序自动完成计算、控制等许多工作。计算机又称为电脑，这是因为计算机不仅是一种计算工具，而且可以模仿人脑的许多功能，代替人脑的某些思维活动。

实际上，计算机是人脑的延伸，是一种脑力劳动工具。计算机与人脑有许多相似之处，如人脑有记忆细胞，计算机有可以存储数据和程序的存储器；人脑由神经中枢处理信息并控制人的动作，计算机有中央处理器，可以处理信息并发出控制指令；人靠眼、耳、鼻、四肢感受信息并传递至神经中枢，计算机靠输入设备接收数据；人靠五官、四肢做出反应，计算机靠输出设备处理结果。

计算机可分为模拟计算机和数字计算机两大类。数字计算机按用途又可分为专业计算机和通用计算机。专用计算机与通用计算机在效率、速度、配置、结构复杂程度、造价和适应性等方面都是有区别的。计算机的主要特点是快速的运算能力、足够高的计算精度、超强的记忆能力、复杂的逻辑判断能力以及按程序自动工作的能力。

1.2.1 计算机的分类

1. 按不同标志进行分类

一般地,常将电子计算机分为数字计算机(digital computer)和模拟计算机(analogue computer)两大类。

1) 数字计算机

数字计算机是通过电信号的有无来表示数,并利用算术和逻辑运算法则进行计算的。它具有运算速度快、精度高、灵活性大和便于存储等优点,因此适合于科学计算、信息处理、实时控制和人工智能等应用。通常所用的计算机一般都是数字计算机。数字计算机的主要特点是:参与运算的数值用离散的数字量表示,其运算过程按数字位进行计算,数字计算机由于具有逻辑判断等功能,是以近似人类大脑的"思维"方式进行工作,所以又被称为电脑。

2) 模拟计算机

模拟计算机是通过电压的大小来表示数,即通过电的物理变化过程来进行数值计算的。其优点是速度快,适合于解高阶的微分方程,在模拟计算和控制系统中应用较多;但通用性不强,信息不易存储,且计算机的精度受到了设备的限制,因此,没有数字计算机的应用普遍。模拟计算机的主要特点是:参与运算的数值由不间断的连续量表示,其运算过程是连续的,模拟计算机由于受元器件质量影响,其计算精度较低,应用范围较窄,目前已很少生产。

2. 按用途进行分类

按照计算机的用途,可将其划分为专用计算机(special purpose computer)和通用计算机(general purpose computer)

1) 专用计算机

专用计算机具有单纯、使用面窄甚至专机专用的特点,它是为了解决一些专门的问题而设计制造的。因此,它可以增强某些特定的功能,而忽略一些次要的功能,使其能够高速度、高效率地解决某些特定的问题。一般地,模拟计算机通常都是专用计算机。在军事控制系统中广泛地使用了专用计算机。专用计算机针对某类问题能显示出最有效、最快速和最经济的特性,但它的适应性较差,不适于其他方面的应用。在导弹和火箭上使用的计算机基本都是专用计算机。

2) 通用计算机

通用计算机具有功能多、配置全、用途广、通用性强等特点,通常所说的计算机以及本书所介绍的就是指通用计算机。通用计算机适应性很强,应用面很广,但其运行效率、速度和经济性依据不同的应用对象会受到不同程度的影响。

通用计算机按照运算速度、字长、存储容量、软件配置等多方面的综合性能指标又可分为巨型机、大型机、小型机、工作站和微型机等几类。

巨型机即超级计算机(supercomputer)。超级计算机能够执行一般个人计算机无法处理的大数据量与高速运算，其基本组成与个人计算机无太大差异，但规格与性能则强大许多，具有很强的计算和处理数据的能力，其主要特点表现为高速度和大容量，配有多种外部设备及丰富的、高功能的软件系统。现有的超级计算机运算速度大都可以达到每秒一兆(万亿)次以上。超级计算机是计算机中功能最强、运算速度最快、存储容量最大的计算机，多用于国家高科技领域和尖端技术研究，是一个国家科研实力的体现，它对国家安全、经济和社会发展具有举足轻重的意义，是国家科技发展水平和综合国力的重要标志。

巨型计算机实际上是一个巨大的计算机系统，主要用来承担重大的科学研究、国防尖端技术和国民经济领域的大型计算课题及数据处理任务，如大范围天气预报，整理卫星照片，原子核物理的探索，研究洲际导弹、宇宙飞船等。再如，制定国民经济的发展规划，项目繁多，时间性强，要综合考虑各种各样的因素，依靠巨型计算机能较顺利地完成。

2016年6月20日，在德国法兰克福举行的国际超算大会发布了超级计算机Top 500榜单，中国"神威·太湖之光"计算机系统首次亮相，一举夺冠。该机一分钟计算能力相当于全球72亿人计算32年。此前，由我国国防科学技术大学研制的"天河二号"已创下六连冠的辉煌战绩。这标志着我国超级计算机研制能力已位居世界先进行列。

大型机，也称为大型主机(mainframe)，使用专用的处理器指令集、操作系统和应用软件。大型机一词最初是指装在非常大的带框铁盒子里的大型计算机系统，以用来同体积小一些的迷你机和微型机有所区别。目前，大型主机在MIPS(每秒百万指令数)的性能指标上已经不及微型计算机(microcomputer)，但是它的I/O(输入输出)能力、非数值计算能力、稳定性和安全性却是微型计算机望尘莫及的。

大型主机和超级计算机(巨型机)的主要区别如下。

(1) 大型主机使用专用指令系统和操作系统，超级计算机使用通用处理器及UNIX或类UNIX操作系统(如Linux)。

(2) 大型主机擅长于非数值计算(数据处理)，超级计算机擅长于数值计算(科学计算)。

(3) 大型主机主要用于商业领域，如银行和电信，而超级计算机用于尖端科技领域，特别是国防领域。

(4) 大型主机大量使用冗余等技术确保其安全性及稳定性，所以内部结构通常有两套；而超级计算机使用大量处理器，通常由多个机柜组成。

(5) 为了确保兼容性，大型主机的部分技术较为保守。

小型机(minicomputer或midrange computer)是指采用8~32颗处理器，性能和价格介于服务器和大型主机之间的一种高性能64位计算机。midrange computer是相对于大型主机和微型机而言的，该词汇被国内一些教材误译为中型机。minicomputer一词是由DEC(数字设备公司)公司于1965年创造的。在中国，小型机习惯上用来指UNIX服务器。1971年，贝尔实验室发布多任务多用户操作系统UNIX，随后被一些商业公司采用，成为后来服务器的主流操作系统。在国外，小型机是一个已经过时的名词，20世纪

60 年代由 DEC 首先开发,于 20 世纪 90 年代消失。小型机跟普通的服务器有很大差别,最重要的一点就是小型机的高 RAS(Reliability,Availability,Serviceability,可靠性、可用性和服务性)特性。高可靠性是指计算机能够持续运转,从来不停机。高可用性是指重要资源都有备份;能够检测到潜在的问题,并且能够转移其上正在运行的任务到其他资源,以减少停机时间,保持生产的持续运转;具有实时在线维护和延迟性维护功能。高服务性是指能够实时在线诊断,精确定位出根本问题所在,做到准确无误地快速修复。

工作站(workstation)是一种高档的微型计算机。通常配有高分辨率的大屏幕显示器及容量很大的内存储器和外存储器,并且具有较强的信息处理能力和高性能的图形、图像处理功能以及联网功能。工作站以个人计算机和分布式网络计算为基础,主要面向专业应用领域,具备强大的数据运算与图形、图像处理能力,它是为满足工程设计、动画制作、科学研究、软件开发、金融管理、信息服务和模拟仿真等专业领域而设计开发的高性能计算机。

工作站比普通个人计算机性能更强大,连接到服务器、大型机或超级的终端机。通常是台式机,也可以是超级市场的收银机。工作站具备强大的数据处理能力,有直观的便于人机交换信息的用户接口,可以与计算机网络相连,在更大的范围内互通信息,共享资源。工作站在编程、计算、文件书写、存档和通信等方面给专业工作者以综合的帮助。

常见的工作站有计算机辅助设计(CAD)工作站(工程工作站)、办公自动化(OA)工作站和图像处理工作站等。不同任务的工作站有不同的硬件和软件配置。工作站根据软、硬件平台的不同,一般分为基于 RISC(精简指令系统)架构的 UNIX 系统工作站和基于 Windows、Intel 的 PC 工作站。一般来讲,工作站主要应用在以下领域。

(1) 计算机辅助设计及制造(CAD/CAM)。这一领域被视为工作站的传统领域。采用 CAD/CAM 技术可大大缩短产品开发周期,同时又降低了高技术产品的开发难度,提高了产品的设计质量。在 CAD 领域,大到一幢楼房,小到一个零部件,图形工作站都以其直观化、高精度、高效率显示出强有力的竞争优势。

(2) 动画设计。用户群主要是电视台、广告公司、影视制作公司、游戏软件开发公司和室内装饰公司。电视台利用图形工作站进行各个电视栏目的片头动画制作;广告公司则用它制作广告节目的动画场面;影视制作公司将其用于电脑特技制作;游戏软件公司将其作为开发平台;室内装饰公司不仅利用图形工作站进行设计,而且可以让用户在装修之前就能看到装修后的三维仿真效果图。

(3) 地理信息系统 GIS。它所面向的客户群主要是城市规划单位、环保部门、地理地质勘测院和研究所等,这些领域通常是用图形工作站来运行 GIS 软件。它使用户可以实时、直观地了解项目地点及周围设施的详情,如路灯柱、地下排水管线等。这些大数据量的作业也只有在具有专业图形处理能力的工作站上才能高效率地运行。

(4) 平面图像处理。它是应用普及程度较高的行业。用户通常是以图形工作站为硬件平台,以 Photoshop、CorelDRAW 等软件为操作工具,致力于图片影像处理、广告及宣传彩页设计、包装设计和纺织品图案设计等。

(5) 模拟仿真。在军事领域,模拟仿真技术是训练战斗机驾驶员、坦克驾驶员以及模拟海上航行的有效手段;在科研开发领域,它使设计者在制作样机之前就可以在图形工作站上进行仿真运行,及时发现问题,对设计进行修改。

目前,许多厂商都推出了适合不同用户群体的工作站,例如 IBM、联想、Dell(戴尔)、HP(惠普)和正睿等。

微型计算机简称微型机或微机,由于其具备人脑的某些功能,所以也称其为微电脑。微型计算机是由大规模集成电路组成的、体积较小的电子计算机。它是以微处理器为基础,配以内存储器及输入输出(I/O)接口电路和相应的辅助电路构成的裸机。其特点是体积小、灵活性大、价格便宜、使用方便。把微型计算机集成在一个芯片上即构成单片微型计算机(single chip microcomputer)。由微型计算机配以相应的外围设备(如打印机)及其他专用电路、电源、面板、机架以及足够的软件构成的系统称为微型计算机系统(microcomputer system),即通常说的电脑。

自 1981 年美国 IBM 公司推出第一代微型计算机 IBM-PC 以来,微型机以其执行结果精确、处理速度快捷、性价比高、轻便小巧等特点迅速进入社会各个领域,且技术不断更新,产品快速换代,从单纯的计算工具发展成为能够处理数字、符号、文字、语言、图形、图像、音频和视频等多种信息的强大多媒体工具。如今的微型机产品无论从运算速度、多媒体功能、软硬件支持还是易用性等方面都比早期产品有了很大飞跃。便携机更是以使用便捷、无线联网等优势越来越多地受到移动办公人士的喜爱,一直保持着高速发展的态势。

微型计算机更准确的称谓应该是微型计算机系统,它可以简单地定义为:在微型计算机硬件系统的基础上配置必要的外部设备和软件构成的实体。

微型计算机系统从全局到局部存在 3 个层次:微型计算机系统、微型计算机以及微处理器(CPU)。单纯的微处理器和单纯的微型计算机都不能独立工作,只有微型计算机系统才是完整的信息处理系统,才具有实用意义。

一个完整的微型计算机系统包括硬件系统和软件系统两大部分。硬件系统由运算器、控制器、存储器(含内存、外存和缓存)和各种输入输出设备组成,采用"指令驱动"方式工作。

软件系统可分为系统软件和应用软件。系统软件是指管理、监控和维护计算机资源(包括硬件和软件)的软件,主要包括操作系统、各种语言处理程序、数据库管理系统以及各种工具软件等。其中操作系统是系统软件的核心,用户只有通过操作系统才能完成对计算机的各种操作。应用软件是为某种应用目的而编制的计算机程序,如文字处理软件、图形图像处理软件、网络通信软件、财务管理软件、CAD 软件和各种程序包等。

1.2.2 计算机的特点

计算机是一种能够接收信息(数据),按照存储在其内部的程序对信息(数据)进行高速处理,然后输出人们所需要的结果的自动化设备。作为一种计算工具或信息处理设备,它主要有以下几个特点。

1. 运算速度快

运算速度(也称为处理速度)是计算机的一个重要的性能指标,通常用每秒执行定点加法的次数或平均每秒执行指令的条数来衡量,其单位是 MIPS(Million Instructions Per Second),即每秒百万条指令。当今计算机系统的运算速度已达到每秒万亿次,微机也可达每秒亿次以上,使大量复杂的科学计算问题得以解决。

例如,卫星轨道的计算、大型水坝的计算以及 24 小时天气的计算需要几年甚至几十年,而在现代社会里,用计算机只需几分钟就可完成。计算机如此高的运算速度是其他任何计算工具都无法比拟的,这极大地提高了人们的工作效率,使许多复杂的工程计算能在很短的时间内完成。尤其在时间响应速度要求很高的实时控制系统中,计算机运算速度快的特点更能够得到很好的发挥。

2. 计算精度高

精度高是计算机的又一显著特点。在计算机内部,数据采用二进制表示,二进制位数越多,表示数的精度就越高。一般计算机可以有十几位甚至几十位(二进制)有效数字,计算精度可达千分之几甚至百万分之几,是任何计算工具所望尘莫及的。目前计算机的计算精度已经能达到几十位有效数字。从理论上说,随着计算机技术的不断发展,计算精度可以提高到任意精度。科学技术的发展,特别是尖端科学技术的发展,需要高度精确的计算。计算机控制的导弹之所以能准确地击中预定的目标,与计算机的精确计算是分不开的。

电子计算机的计算精度在理论上不受限制,一般的计算机均能达到 15 位有效数字,通过一定的技术手段,可以实现任何精度要求。历史上有一位数学家,曾经为计算圆周率 π 整整花了 15 年时间,才算到第 707 位。现在将这件事交给计算机做,几个小时内就可计算到 10 万位。

3. 逻辑运算能力强

计算机的运算器除了能够进行算术运算,还能够对数据信息进行比较、判断等逻辑运算。这种逻辑判断能力是计算机处理逻辑推理问题的前提,也是计算机能实现信息处理高度智能化的重要因素。计算机能把参加运算的数据、程序以及中间结果和最后结果保存起来,并能根据判断的结果自动执行下一条指令,以供用户随时调用。

人是有思维能力的,思维能力本质上是一种逻辑判断能力,也可以说是因果关系分析能力。借助于逻辑运算,可以让计算机做出逻辑判断,分析命题是否成立,并可根据命题成立与否做出相应的对策。例如,数学中有一个"四色问题":不论多么复杂的地图,使相邻区域颜色不同,最多只需 4 种颜色就够了。一百多年来,不少数学家一直想去证明它或者推翻它,却一直没有结果,成了数学中著名的难题。1976 年,两位美国数学家终于使用计算机进行了非常复杂的逻辑推理验证了这个著名的猜想。

4. 存储容量大

计算机内部的存储器具有记忆特性,可以存储大量的信息,这些信息不仅包括各类数据信息,还包括加工这些数据的程序。这使计算机具有了"记忆"功能。目前计算机的存储容量越来越大,已高达 TB 数量级的容量。计算机具有"记忆"功能,是与传统计算工具的一个重要区别。

计算机中有许多存储单元,用于记忆信息。内部记忆能力是电子计算机和其他计算工具的一个重要区别。由于具有内部记忆信息的能力,在运算过程中就可以不必每次都从外部去取数据,而只需事先将数据输入到内部的存储单元中,运算时即可直接从存储单元中获得数据,从而大大提高了运算速度。计算机存储器的容量可以做得很大,而且它的记忆力特别强。

5. 自动化程度高

由于计算机具有存储记忆能力和逻辑判断能力,所以人们可以将预先编好的程序纳入计算机内存,在程序控制下,计算机可以连续、自动地工作,不需要人的干预,因而自动化程度高,这一特点是一般计算工具所不具备的。

一般的机器是由人控制的,人给机器一个指令,机器就完成一定的操作。计算机的操作也是受人控制的,但由于计算机具有内部存储能力,可以将指令事先输入到计算机存储起来,在计算机开始工作以后,从存储单元中依次去取指令,用来控制计算机的操作,从而使人们可以不必干预计算机的工作,实现操作的自动化。这种工作方式称为程序控制方式。

6. 性价比高

当今几乎每家每户都会有计算机,计算机越来越普遍化、大众化。21 世纪,计算机必将成为每家每户不可缺少的电器之一。计算机发展很迅速,有台式机,还有笔记本,目前又开始普及平板电脑。

计算机的应用与发展趋势

1.3 计算机的应用

计算机的应用分为数值计算和非数值应用两大领域。非数值应用又包括数据处理和知识处理,例如信息系统、工厂自动化、办公室自动化、家庭自动化、专家系统、模式识别和机器翻译等领域。计算机的应用已渗透到社会的各个领域,正在日益改变着人们传统的工作、学习和生活方式,推动着社会的科学计算进步。计算机用途广泛,归纳起来有以下几个方面。

1. 科学计算

早期的计算机主要用于科学计算。科学计算仍然是计算机应用的一个重要领域。由于计算机具有高运算速度和精度以及逻辑判断能力,因此出现了计算力学、计算物理、计算化学和生物控制论等新的学科。

科学计算是计算机最早的应用领域,是指利用计算机来完成科学研究和工程技术中提出的数值计算问题。在现代科学技术工作中,科学计算的任务是大量的和复杂的。利用计算机的运算速度快、存储容量大和连续运算的能力,可以解决人工无法完成的各种科学计算问题。例如,高能物理、工程设计、地震预测、气象预报、航天技术和火箭发射等都需要由计算机承担庞大而复杂的计算量。例如,建筑设计中为了确定构件尺寸,通过弹性力学导出一系列复杂方程,长期以来,由于计算方法跟不上而一直无法求解。而计算机不但能求解这类方程,并且引起了弹性理论上的一次突破,出现了有线单元法。

2. 信息管理

信息管理是目前计算机应用最广泛的一个领域。可以利用计算机来加工、管理与操作任何形式的数据资料,如企业管理、物资管理、报表统计、账目计算和信息情报检索等。国内许多机构纷纷建设自己的管理信息系统(MIS),生产企业也开始采用制造资源规划软件(MRP),商业流通领域则逐步使用电子信息交换系统(EDI),即无纸贸易。

信息管理是以数据库管理系统为基础,辅助管理者提高决策水平,改善运营策略的计算机技术。信息管理具体包括数据的采集、存储、加工、分类、排序、检索和发布等一系列工作。信息管理已成为当代计算机的主要任务,是现代化管理的基础。据统计,80%以上的计算机主要应用于信息管理,成为计算机应用的主导方向。计算机已广泛应用于办公自动化、企事业计算机辅助管理与决策、情报检索、图书管理、电影电视动画设计及会计电算化等各领域。

3. 过程控制

利用计算机对工业生产过程中的某些信号自动进行检测,并把检测到的数据存入计算机,再根据需要对这些数据进行处理,这样的系统称为计算机检测系统。特别是仪器仪表引进计算机技术后所构成的智能化仪器仪表,将工业自动化推向了一个更高的水平。

过程控制是利用计算机实时采集和分析数据,按最优值迅速地对控制对象进行自动调节或自动控制。采用计算机进行过程控制,不仅可以大大提高控制的自动化水平,而且可以提高控制的时效性和准确性,从而改善劳动条件,提高产量及合格率。因此,计算机过程控制已在机械、冶金、石油、化工和电力等部门得到广泛应用。

例如,在汽车工业方面,利用计算机控制机床和整个装配流水线,不仅可以实现精度要求高、形状复杂的零件加工自动化,而且可以使整个车间或工厂实现自动化。

4. 辅助技术应用

计算机辅助技术应用涵盖以下各个方面。用计算机辅助进行工程设计、产品制造和性能测试。计算机辅助经济管理,包括国民经济管理、公司企业经济信息管理、计划与规划、分析统计、预测和决策,以及物资、财务、劳资、人事等管理。情报检索,包括图书资料、历史档案、科技资源、环境等信息检索自动化,建立各种信息系统。自动控制,包括工业生产过程综合自动化、工艺过程最优控制、武器控制、通信控制和交通信号控制。模式识别,即应用计算机对一组事件或过程进行鉴别和分类,它们可以是文字、声音和图像等具体对象,也可以是状态、程度等抽象对象。计算机辅助技术主要包括 CAD、CAM 和 CAI。

1) 计算机辅助设计

计算机辅助设计(Computer Aided Design,CAD)是利用计算机系统辅助设计人员进行工程或产品设计,以实现最佳设计效果的一种技术。CAD 技术已应用于飞机设计、船舶设计、建筑设计、机械设计及大规模集成电路设计等。采用计算机辅助设计,可缩短设计时间,提高工作效率,节省人力、物力和财力,更重要的是提高了设计质量。

2) 计算机辅助制造

计算机辅助制造(Computer Aided Manufacturing,CAM)是利用计算机系统进行产品的加工控制过程,输入的信息是零件的工艺路线和工程内容,输出的信息是刀具的运动轨迹。将 CAD 和 CAM 技术集成,可以实现设计产品生产的自动化,这种技术被称为计算机集成制造系统。有些国家已把 CAD 和计算机辅助制造、计算机辅助测试(Computer Aided Test)及计算机辅助工程(Computer Aided Engineering)组成一个集成系统,使设计、制造、测试和管理有机地组成为一体,形成高度的自动化系统,因此产生了自动化生产线和"无人工厂"。

3) 计算机辅助教学

计算机辅助教学(Computer Aided Instruction,CAI)是利用计算机系统进行课堂教学。教学课件可以用 PowerPoint 或 Flash 等制作。CAI 不仅能减轻教师的负担,还能使教学内容生动、形象逼真,能够动态演示实验原理或操作过程,激发学生的学习兴趣,提高教学质量,为培养现代化高质量人才提供了有效方法。CAI 的主要特色是交互教育、个别指导和因人施教。

5. 机译

1947 年,美国数学家、工程师沃伦·韦弗与英国物理学家、工程师安德鲁·布思提出了用计算机进行翻译(简称"机译")的设想,机译从此步入历史舞台,并走过了一条曲折而漫长的发展道路。机译被列为 21 世纪世界十大科技难题之一。与此同时,机译技术也拥有巨大的应用需求。

机译消除了不同文字和语言间的隔阂,堪称高科技造福人类之举。但机译的译文质量长期以来一直是一个问题,与理想目标仍相差甚远。中国数学家、语言学家周海中教授认为,在人类尚未明了大脑是如何进行语言的模糊识别和逻辑判断的情况下,机译要想达到"信、达、雅"的程度是不可能的。这一观点道出了制约译文质量的瓶颈所在。

6. 人工智能

人工智能(Artificial Intelligence,AI)是开发一些具有人类某些智能的应用系统,用计算机来模拟人的思维判断、推理等智能活动,使计算机具有自学习适应和逻辑推理的功能,如计算机推理、智能学习系统、专家系统及机器人等,帮助人们学习和完成某些推理工作。

人工智能是指计算机模拟人类某些智力行为的理论、技术和应用,诸如感知、判断、理解、学习、问题的求解及图像识别等。人工智能是计算机应用的一个新领域,这方面的研究和应用正处于发展阶段,在医疗诊断、定理证明、模式识别、智能检索、语言翻译及机器人等方面已有了显著的成效。例如,用计算机模拟人脑的部分功能进行思维学习、推理、联想和决策,使计算机具有一定的"思维能力"。我国已成功开发一些中医专家诊断系统,可以模拟名医给患者诊病开方。

7. 多媒体应用

随着电子技术特别是通信和计算机技术的发展,人们已经有能力把文本、音频、视频、动画、图形和图像等各种媒体综合起来,产生一种全新的概念——多媒体(multimedia)。在医疗、教育、商业、银行、保险、行政管理、军事、工业、广播、交流和出版等领域中,多媒体的应用发展很快。

8. 网络应用

计算机网络是由一些独立的和具备信息交换能力的计算机互联构成,以实现资源共享的系统。计算机在网络方面的应用使人类之间的交流跨越了时间和空间障碍。计算机网络已成为人类建立信息社会的物质基础,给人们的工作带来了极大的方便,如在全国范围内银行信用卡的使用、火车和飞机票系统的使用等。人们可以在全球最大的互联网络——Internet上浏览、检索信息,收发电子邮件,阅读书报,玩网络游戏,选购商品,参与众多问题的讨论以及实现远程医疗服务等。

计算机技术与现代通信技术的结合构成了计算机网络。计算机网络的建立,不仅解决了一个单位、一个地区、一个国家中计算机与计算机之间的通信问题,各种软硬件资源的共享问题,也大大促进了国际间的文字、图像、视频和声音等各类数据的传输与处理。总之,计算机网络的应用主要包括商业应用、家庭应用和移动用户。

1.4 计算机的发展趋势

随着科技的进步以及各种计算机技术、网络技术的飞速发展,计算机的发展已经进入了一个快速而又崭新的时代,计算机从功能单一、体积较大发展到了功能复杂、体积微小、资源网络化等。计算机的未来充满了变数,性能的大幅度提高是毋庸置疑的,而实现性能的飞跃却有多种途径。不过性能的大幅提升并不是计算机发展的唯一路线,计算机的发展还应当变得越来越人性化,同时也要注重环保等问题。

计算机从出现至今,经历了机器语言、程序语言、简单操作系统和Linux、macOS、BSD、Windows操作系统等,运行速度也得到极大的提升,第4代计算机的运算速度已经达到每秒几十亿次。计算机也由原来的仅供军事科研使用发展到人人拥有。计算机强大的应用功能产生了巨大的市场需要,未来计算机的性能向着微型化、网络化、智能化和巨型化的方向发展。

当今计算机科学发展可以分为高、广、深三维。"高"是向"高"度方向发展,性能越来越高,速度越来越快,主要表现在计算机的主频越来越高。"广"是向"广"度方向发展,计算机发展的趋势就是无处不在,以至于像"没有计算机一样"。近年来更明显的趋势是网络化以及向各个领域的渗透,即在广度上的发展和开拓。"深"是向"深"度方向发展,即向信息的智能化发展。

计算机的发展趋势可以概括为以下几个方面。

1. 巨型化

巨型化是指高速运算、大存储容量和强功能的巨型计算机,是为了适应尖端科学技术的需要,发展高速度、大存储容量和功能强大的超级计算机。其运算能力一般在每秒百亿次以上,内存容量在几百太字节以上。巨型计算机主要用于天文、气象、地质、核反应、航天飞机、卫星轨道计算等尖端科学技术领域和军事国防系统的研究开发。随着人们对计算机的依赖性越来越强,特别是在军事和科研教育方面,对计算机的存储空间和运行速度等要求会越来越高。此外,计算机的功能更加多元化。研制巨型计算机的技术水平是衡量一个国家科学技术和工业发展水平的重要标志。

2. 微型化

随着微处理器的出现,计算机的体积缩小了,成本降低了。另外,软件行业的飞速发展提高了计算机内部操作系统的便捷度,计算机外部设备也趋于完善。计算机理论和技术上的不断完善促使微型计算机很快渗透到全社会的各个行业和部门中,并成为人们生活和学习的必需品。计算机的体积不断缩小,台式电脑、笔记本电脑、掌上电脑及平板电脑体积逐步微型化,未来计算机仍会不断趋于微型化,体积将越来越小。

3. 网络化

互联网将世界各地的计算机连接在一起,从此进入了互联网时代。计算机网络化彻底改变了人类世界,人们通过互联网进行沟通、交流(微信、微博等)、教育资源共享(文献查阅、远程教育等)以及信息查阅共享(百度、谷歌)等,特别是无线网络的出现,极大地提高了人们使用网络的便捷性,未来计算机将会进一步向网络化方向发展。

4. 人工智能化

计算机人工智能化是未来发展的必然趋势。现代计算机具有强大的功能和运行速度,但与人脑相比,其智能化和逻辑能力仍有待提高。人类不断在探索如何让计算机能够更好地反映人类思维,使计算机能够具有人类的逻辑思维判断能力,可以通过思考与人类沟通交流,抛弃以往通过程序来运行计算机的方法,直接对计算机发出指令。

5. 多媒体化

传统的计算机处理的信息主要是字符和数字。事实上,人们更习惯的是文字、声音和图像等多种形式的多媒体信息。多媒体技术可以集图形、图像、音频、视频和文字为一体,使信息处理的对象和内容更加接近真实世界。

6. 技术结合

计算机微处理器以晶体管为基本元件,随着处理器的不断完善和更新换代的速度加快,计算机结构和元件也会发生很大的变化。光电技术、量子技术和生物技术的发展对新型计算机的发展具有极大的推动作用。

20世纪80年代以来,ALU和控制单元(二者合称为中央处理器,即CPU)逐渐被整合到一块集成电路上,称为微处理器。这类计算机的工作模式十分直观:在一个时钟周期内,计算机先从存储器中获取指令和数据,然后执行指令、存储数据,再获取下一条指令。这个过程被反复执行,直至得到一个终止指令。由控制器解释、运算器执行的指令集是一个精心定义的数目十分有限的简单指令集合。

7. 中国的计算机技术发展

我国已成为电子信息产品的制造大国,并逐步确立了在全球产业分工体系中的重要地位,我国计算机产业未来将呈现六大发展趋势。

(1) 大容量磁盘、环保型显示器走向普及。
(2) 笔记本电脑显示器走向两极分化。
(3) 内存技术换代,软驱退出市场。
(4) 无线应用成为主流。
(5) IA服务器市场份额将进一步提高。
(6) 服务器低端市场细分化加剧。

从电子计算机的产生及发展历程可以看到,目前计算机技术的发展都是以电子技术的发展为基础的,集成电路芯片是计算机的核心部件。随着高新技术的研究和发展,我们有理由相信计算机技术也将拓展到其他新兴的技术领域,计算机新技术的开发和利用必将成为未来计算机发展的新趋势。从目前计算机的研究情况可以看到,未来计算机将有可能在光子计算机、生物计算机和量子计算机等研究领域取得重大突破。

1.5 计算机相关专业简介

计算机相关专业大类包括与计算机、电子、通信、信息、数字、自动化、生物医学工程相关的学科,具体专业包括企业信息计算机管理、电子商务、经济信息管理与计算机应用、信息管理与信息系统、计算机辅助设计与制造、数据库应用与信息管理、微电子控制技术、计算机辅助制造工艺、计算机系统维护技术、机电设备及微机应用、计算机控制技术、计算机辅助设计、工厂计算机集中控制、计算机组装与维修、计算机图形图像处理、计算机美术设计、计算机网络工程与管理、信息及通信网络应用技术、信息与多媒体技术、多媒体与网络技术、计算机网络技术、广告制作、电脑图文处理与制版、计算机制图、电子工程、计算机网络与软件应用、网络技术与信息处理、数控技术及应用、电器与电脑、信息处理与自动化、计算机与邮政通信、计算机辅助机械设计、计算机与信息管理、办公自动化技术、微型计算机及应用、电子技术及微机应用、通信技术、办公自动化设备运行与维修、计算机应用与维护、计算机应用技术、计算机通信、电子与信息技术、计算机科学教育、计算机软件、计算机及应用、应用电子技术、微电子技术、软件工程、信息工程、电子科学与技术、计算机科学与技术、通信工程、电子信息工程、自动化、生物医学工程、网络工程、计算机与自动检测、计算机应用及安全管理、网络与信息安全、信息安全、微电子学、电子信息科学技术、信息科学、计算数学及其应用软件、信息与计算科学、电脑艺术设计、互联网广告设计、出版与计算机编辑技术、现代信息教育技术、教育信息技术、数字媒体技术。

软件类指以软件和系统开发方向主的计算机相关学科，主要包括经济信息管理与计算机应用、信息管理与信息系统、计算机辅助设计与制造、数据库应用与信息管理、电子商务、计算机与信息管理、办公自动化技术、计算机控制技术、计算机辅助设计、工厂计算机集中控制。

网络管理类指以软件和系统开发方向主的计算机相关学科，该类学科专业知识以网络方面的应用为主，主要包括多媒体与网络技术、计算机网络技术、计算机与邮政通信、计算机辅助机械设计、计算机与信息管理、电子商务、网络工程、计算机应用及安全管理、网络与信息安全、互联网广告设计、计算机网络与软件应用、网络技术与信息处理、信息管理与信息系统、计算机软件、计算机及应用、通信技术、计算机通信、电子与信息技术。

本书介绍计算机科学与技术、网络工程、物联网工程、信息管理与信息系统、软件工程5个专业的基本情况。

1.5.1 计算机科学与技术专业简介

本专业培养具有良好的科学素养，系统地、较好地掌握计算机科学与技术(包括计算机硬件、软件与应用)的基本理论、基本知识和基本技能与方法，能在科研部门、教育单位、企业、事业、技术和行政管理部门等单位从事计算机教学、科学研究和应用的计算机科学与技术学科的高级科学技术人才。

1. 培养目标

本专业培养和造就适应现代化建设需要，德智体全面发展、基础扎实、知识面宽、能力强、素质高具有创新精神，具有较强的实践能力，能在企事业单位、政府机关、行政管理部门从事计算机技术研究和应用，硬件、软件和网络技术的开发，计算机管理和维护的应用型专门技术人才。

2. 培养要求

本专业学生主要学习计算机科学与技术方面的基本理论和基本知识，接受从事研究与应用计算机的基本训练，具有研究和开发计算机系统的基本能力。本科毕业生应获得以下几方面的知识和能力。

(1) 掌握计算机科学与技术的基本理论、基本知识。
(2) 掌握计算机系统的分析和设计的基本方法。
(3) 具有研究开发计算机软、硬件的基本能力。
(4) 了解与计算机有关的法规。
(5) 了解计算机科学与技术的发展动态。

3. 主要课程

主要课程：电路原理、模拟电子技术、数字逻辑、数值分析、计算机原理、微型计算机技术、计算机系统结构、计算机网络、高级语言、汇编语言、数据结构、操作系统、数据库原理、编译原理、图形学、人工智能、计算方法、离散数学、概率统计、线性代数、算法设计及分析、人机交互、面向对象方法、计算机英语等。

主要实践性环节：计算机基础训练、硬件部件设计及调试、课程设计、计算机组成原理实践、计算机网络实践、生产实习、毕业设计(论文)。

修业年限：4年。

授予学位：工学或理学学士。

4. 就业

计算机科学与技术类专业毕业生的职业发展基本上有两条路线。

(1) 纯技术路线。信息产业是朝阳产业，对人才提出了更高的要求，因为这个行业的特点是技术更新快，这就要求从业人员不断补充新知识，同时对从业人员的学习能力的要求也非常高。

(2) 由技术转型为管理，这种转型尤为常见于计算机行业。编写程序是一项脑力劳动强度非常大的工作，随着年龄的增长，很多从事这个行业的专业人才往往会感到力不从心，因而由技术人才转型到管理类人才不失为一个很好的选择。

1.5.2 网络工程专业简介

网络工程专业培养的人才应具有扎实的自然科学基础、较好的人文社会科学基础和外语综合能力；能系统地掌握计算机网和通信网技术领域的基本理论和基本知识；掌握各类网络系统的组网、规划、设计和评价的理论、方法与技术；获得计算机软硬件和网络与通信系统的设计、开发及应用方面良好的工程实践训练，特别是应获得较大型网络工程开发的初步训练。本专业是专门为网络领域人才市场供不应求的迫切需要而设置的专业。

1. 培养目标

本专业培养实用型网络高级人才，掌握常用操作系统的使用和网络设备的配置，深入了解网络的安全问题，具有综合性的网络管理能力；掌握计算机网络工程技术的基本理论、方法与应用，成为从事计算机网络工程及相关领域中的系统研究、设计、运行、维护和管理的高级工程技术人才；掌握网络工程的基本理论与方法以及计算机技术和网络技术等方面的知识，可以胜任中小企业的网络管理工作，并具备发展成为网络工程设计专家的能力；能运用所学知识与技能去分析和解决相关的实际问题，可从事设计并集成一个新的网络，或者担任系统管理员，从事日常网络监视及对公司网络以及企业信息系统的规划和维护，适合到计算机软件开发公司、信息系统开发公司、大型网站和政府机关等机关企事业单位从事网络管理、网络系统和数据通信分析师等方面的工作；可在信息产业以及其他国民经济部门从事各类网络系统和计算机通信系统研究、教学、设计、开发等工作。

2. 培养要求

本专业学生主要学习计算机、通信以及网络方面的基础理论和设计原理,掌握计算机通信和网络技术,接受网络工程实践的基本训练,具备从事计算机网络设备、系统的研究、设计、开发、工程应用和管理维护的基本能力。

毕业生应获得以下几个方面的知识和能力:具有扎实的自然科学基础、较好的人文社会科学基础和外语综合能力;系统地掌握计算机和网络通信领域内的基本理论和基本知识;掌握计算机、网络与通信系统的分析、设计与开发方法;具有设计、开发、应用和管理计算机网络系统的基本能力;了解计算机及网络通信领域的最新进展与发展动态。

3. 主要课程

主要课程:高等数学、线性代数、概率与统计、离散数学、电路与电子学、数字逻辑电路、数据结构、编译原理、操作系统、数据库系统、汇编语言程序设计、计算机组成原理、微机系统与接口技术、通信原理、通信系统、计算机网络、现代交换原理、TCP/IP 原理与技术、计算机网络安全、计算机网络组网原理、网络编程技术、计算机网络管理、网络操作系统、Internet 技术及应用、软件工程与方法学、数字信号处理、网格计算技术、计算机系统结构等。

主要实践环节:计算机基础训练、各类软件课程设计、硬件课程设计、网络综合实验、生产实习、毕业设计(论文)等。

修业年限:4 年。

授予学位:工学学士。

4. 就业

计算机网络工程是计算机技术和通信技术密切结合而形成的新兴的技术领域,尤其在当今互联网迅猛发展和网络经济蓬勃繁荣的形势下,网络工程技术成为信息技术界关注的热门技术之一,也是迅速发展并在信息社会中得到广泛应用的一门综合性学科。

本专业学生毕业后可以从事各级各类企事业单位的企业办公自动化处理、计算机安装与维护、网页制作、计算机网络和专业服务器的维护管理和开发工作、动态商务网站开发与管理、软件测试与开发及计算机相关设备的商品贸易等方面的有关工作。在网络公司、电信运营商、系统集成商、教育机构、银行以及相关企事业单位的网络技术部门,从事网络规划师、网络工程师、售前技术工程师、售后技术工程师和网络管理员等岗位的技术工作。在大中型电信或者网络公司担任高级网络工程师,电信、网络通信公司的运营主管、网络工程师;在大型企事业机关、集团非 IT 企业内担任信息化主管、网络工程师,证券和银行系统的网络工程师、外企网络工程师、系统集成公司网络工程师,网络设备、系统集成销售工程师,以及中小企业、网吧等企业网络系统管理员等职位。

1.5.3 物联网工程专业简介

物联网是新一代信息技术的重要组成部分。物联网就是物物相连的互联网。在现阶段,物联网是借助各种信息传感技术和信息传输和处理技术,使管理的对象(人或物)的状态能被感知、能被识别,而形成的局部应用网络。物联网被称为是继计算机、互联网之后世界信息产业的第三次浪潮,其应用范围几乎覆盖了各行各业,被誉为下一个万亿元级规模的产业。目前已被我国正式列为重点战略性新兴产业之一。物联网,通过射频识别(RFID)、红外感应器、全球定位系统、激光扫描器等信息传感设备,按约定的协议,把任何物品与互联网连接起来,进行信息交换和通信,以实现智能化识别、定位、跟踪、监控和管理的一种网络。物联网就是"物物相连的互联网"。在绿色农业、工业监控、公共安全、城市管理、远程医疗、智能家居、智能交通和环境监控等多个领域均有广泛应用。

1. 培养目标

本专业主要培养德、智、体、美全面发展,知识、能力、素质相互协调,具有良好的科学素养,系统掌握物联网感知层、网络层、应用层的关键技术和基本知识,能适应国家现代化与信息化建设需要,能在工业、农业、物流、交通、电网、环保安防、医疗、教育等部门从事物联网及其相关领域的综合规划、设计、系统开发、应用、管理与维护等工作,并获得物联网工程师基本技能的训练,具有安全意识、实践能力、创业精神,适应社会发展需求的应用型高级专门人才。就业于与物联网相关的企业、行业,从事物联网的通信架构、网络协议和标准、无线传感器、信息安全等的设计、开发、管理与维护的高素质技能型人才。

2. 培养要求

本专业的学生应具有爱岗敬业、求实创新、团结合作的品质;具有良好的思想品德、社会公德和职业道德。应具有良好的科学素养、较强的创新意识;具有全面的文化素质、良好的知识结构和较强的适应新环境、新群体的能力,以及良好的语言(中文和英文)运用能力。本专业学生主要学习物联网工程技术的基本理论和技术,受到科学实验与科学思维的训练,具有本学科及跨学科的应用研究与技术开发的基本能力。

3. 主干课程

主干课程:电路与电子学、数字逻辑与数字系统、数据结构与算法、计算机网络、计算机组成原理、操作系统、数据库原理与应用、物联网导论、物联网信息安全、物联网通信技术、传感器原理与应用、嵌入式系统及应用、RFID原理与应用、物联网软件设计、物联网工程等。

主要实践环节:认识实习、课程设计(C/C++)、课程设计(路由器)、课程设计(传感器)、课程设计(嵌入式系统)、专业实习、毕业实习。

4. 就业

面向物联网行业,从事物联网的通信架构、网络协议、信息安全等的设计、开发、管理与维护。主要面向岗位包括物联网系统设计架构师、物联网系统管理员、网络应用系统管理员、物联网应用系统开发工程师等核心职业岗位以及物联网设备技术支持与营销等相关职业岗位。目前通信网络发展中就业前景看好。根据统计预测,未来5年内物联网人才需求市场将会逐年增大,国内在这方面的人才需求能达到80万人,与物联网相关的企业、行业,从事物联网设备的应用设计、开发、管理与维护,就业口径广,需求量非常大。

1.5.4 信息管理与信息系统专业简介

1. 培养目标

本专业培养具备现代管理学理论基础、计算机科学技术知识及应用能力,掌握系统思想和信息系统分析与设计方法,以及信息管理等方面的知识及能力,适应社会经济发展和信息化建设的需要,基础扎实、知识面宽、业务能力强、综合素质高、富有创新意识和开拓精神,具备信息系统开发或信息系统管理、经济、管理和法律等方面的知识及能力,掌握现代化信息技术手段和方法,具有较高的信息技术应用水平,能在国家各级管理部门、企事业单位、政府机关、工商企业、金融机构和科研单位等部门从事信息管理以及信息系统分析、设计、实施管理和评价等方面工作的高级应用型人才。

2. 培养要求

本专业学生主要学习经济、管理、数量分析方法、信息资源管理、计算机及信息系统方面的基本理论和基本知识,受到系统和设计方法以及信息管理方法的基本训练,具备综合运用所学知识分析和解决问题的基本能力。还要学习管理学、信息管理学、西方经济学、运筹学、管理信息系统、会计学基础、电子商务概论、Visual C++/C++语言程序设计、数据库原理、计算机网络、信息系统开发与管理等。

毕业生应获得以下知识和能力:掌握信息管理和信息系统的基本理论基本知识;掌握管理信息系统的分析方法、设计方法和实现技术;具有信息收集、组织、分析研究、传播与综合利用的基本能力;具有综合运用所学知识分析和解决问题的基本能力;了解本专业相关领域的发展动态;掌握文献检索、资料查询和收集的基本方法,具有一定的科研和实际工作能力;掌握软件设计流程,熟悉互联网产品开发流程;掌握 HTML、CSS、JavaScript 以及 Web 标准思想;具备信息资源管理的综合能力,胜任"IT+管理"类深具发展潜力的工作。

3. 主要课程

主要课程:管理学、经济学、管理信息系统、信息管理学、信息检索、计算机开发技术、数据库原理与应用、运筹学、应用统计学、组织行为学、信息系统开发项目管理、高级语言程序设计、数据结构、操作系统、计算机网络、企业资源计划(ERP)原理及应用、企业流程改造原理与实务、ERP原理与实施、生产与运作管理、市场营销学、财务管理学、人力资源管理、会计学等。

主要实践环节：计算机基础训练、程序设计课程设计、数据结构课程设计、数据库课程设计、技能训练、管理软件实习、认识实习、生产实习、毕业设计(论文)等。

修业年限：4年。

授予学位：管理学或工学学士。

4. 就业方向

毕业生主要从事与计算机应用相关的工作以及一些信息管理的工作。毕业生可在银行业、服务业、证券业、图书馆、学校及机关等担任计算机工程助理师。主要从事以下几类工作：信息系统的开发与维护，负责管理信息领域和计算机信息系统的开发、维护、使用和管理工作；大型数据库数据管理员，在信息管理领域内负责大型数据库的系统管理、安全管理和性能管理工作；网站，在工程师的指导下，负责网站的日常维护工作；计算机高级职员。

随着信息技术的迅猛发展，信息技术与管理的关系日渐紧密，也日趋融合，信息和信息技术已经并将进一步对经济社会发展产生巨大影响。以管理信息系统规划、开发与管理，信息产业管理，系统仿真与知识管理等内容为主的研究方向一直是重点研究领域，而且随着中国国民经济和社会信息化进程的加快，除了在原有领域继续开展研究外，还加强了对电子商务和企业管理信息化的研究。

1.5.5 软件工程专业简介

软件工程是一门研究用工程化方法构建和维护有效的、实用的和高质量的软件的学科。它涉及程序设计语言、数据库、软件开发工具、系统平台、标准、设计模式等方面。在现代社会中，软件应用于多个方面。典型的软件有电子邮件、嵌入式系统、人机界面、办公套件、操作系统、编译器、数据库、游戏等。同时，各个行业几乎都有计算机软件的应用，如工业、农业、银行、航空、政府部门等。这些应用促进了经济和社会的发展，也提高了工作和生活效率。软件工程的目标是：在给定成本、进度的前提下，开发出具有适用性、有效性、可修改性、可靠性、可理解性、可维护性、可重用性、可移植性、可追踪性、可互操作性和满足用户需求的软件产品。追求这些目标有助于提高软件产品的质量和开发效率，减少维护的困难。

1. 培养目标

本专业培养从事软件工程开发和研究的专门人才，能从事软件开发、软件技术管理和软件项目管理。跟踪国际软件先进技术，适应软件技术快速发展的需要；注重培养实用技能，适应社会对软件工程开发人员的需要。专业面向社会经济发展和国防现代化建设的需求,培养具有基础宽厚,知识、能力、素质协调发展,系统地掌握计算机软件领域的基本理论、知识和技能,具有较强的国际交流能力,德才兼备、身心健康、求真务实、敢于创新、勇于实践,能在科研院所、教育、企事业和行政管理等单位从事计算机软件开发、科研、教学和应用的高素质研究应用型专门人才。

2. 培养要求

本专业是培养适应计算机应用学科的发展,特别是软件产业的发展,具备计算机软件的基础理论、基本知识和基本技能,具有用软件工程的思想、方法和技术来分析、设计和实现计算机软件系统的能力,毕业后能在 IT 行业、科研机构、企事业中从事计算机应用软件系统的开发和研制的高级软件工程技术人才。

本专业是计算机软件、硬件和网络相结合,注重软件理论和软件开发能力的培养。要求学生掌握计算机系统的软硬件的基础知识,以及计算机系统的设计、研究、开发及综合应用的知识和技能,接受从事软件研究和开发的基本训练,了解计算机系统设计技术,掌握计算机网络技术并具备应用能力,具备系统软件和应用软件的分析、设计、测试和维护能力。掌握计算机科学与技术的基本理论、基本知识;掌握软件系统的需求分析与设计的基本方法;具备软件设计、软件测试和维护能力;具有良好的沟通交流能力,具有良好的团队合作精神;能跟踪软件相关领域的国际发展动态,能迅速适应新型软件开发模式;掌握文献检索、资料查询的基本方法,具有获取信息的能力;了解计算机软件相关的法律法规、知识产权等知识。

3. 主要课程

主要课程:J2EE 实用基础、Java 程序设计、编译原理、操作系统、概率与统计、汇编语言、计算机导论、计算机网络、计算机组成原理、离散数学、面向对象建模技术、软件过程管理、软件设计模式、软件项目管理、数据结构、数据库系统、数字逻辑电路、算法设计与分析、微机系统与接口技术、分布式系统、软件测试技术、软件体系结构、信息安全技术及应用、计算机仿真、人工智能与机器人、数字图像处理、图形学和可视化计算、.NET 编程技术、TCP/IP 原理与应用、XML 编程技术、操作系统核心技术、计算机系统结构、面向对象分析与设计、嵌入式系统原理、人机交互技术、网格计算技术、网络操作系统、大型软件系统构造与体系结构、统一建模语言 UML 等。

主要实践环节:计算机基础训练、C++ 课程设计、计算机组成原理、数据结构、操作系统、数据库课程设计、硬件课程设计、网络综合实验、生产实习、毕业设计(论文)。

修业年限:四年。

授予学位:工学学士。

4. 就业

本专业学生毕业后可以从事各级各类企事业单位的办公自动化处理、计算机安装与维护、网页制作、计算机网络和专业服务器的维护管理和开发工作、动态商务网站开发与管理、软件测试与开发及计算机相关设备的商品贸易等方面的有关工作。例如,企业、政府、社区、各类学校等可视化编程程序员,Web 应用程序员,软件测试员,中、大型数据库管理员,网络构建工程师,网络系统管理员等。

1.6 计算机专业领域名人简介

回首计算机技术发展的几十年,它的历史就是一部英雄的历史,一个个闪亮的名字,就像一颗颗璀璨的星星,令人敬仰。他们对计算机业的兴起,对计算机技术的繁荣,对人类的贡献是我们要永远铭记的。

1. 计算机与人工智能之父——艾伦·图灵

1912 年,艾伦·图灵(Alan Turing)出生在英国伦敦一个缺少亲情的家庭里。艾伦·图灵(见图 1.2)无论是在计算机领域、数学领域、人工智能领域还是哲学、逻辑学等领域,都可谓"声名显赫"。1950 年,图灵被录用为泰丁顿(Teddington)国家物理研究所的研究人员,开始从事"自动计算机"(ACE)的逻辑设计和具体研制工作。1950 年,他提出关于机器思维的问题,他的论文《计算机和智能》(*Computing Machinery and Intelligence*)引起了广泛的注意,产生了深远的影响。图灵是计算机逻辑的奠基者,许多人工智能的重要方法也源自这位伟大的科学家。为了纪念这位大师,以他的名字命名的"图灵奖"也已成为计算机界的诺贝尔奖。"图灵机"与"冯·诺依曼机"齐名,被永远载入计算机的发展史册。

2. 计算机语言之母——格蕾丝·霍波

格蕾丝·霍波(见图 1.3)于 1906 年出生于美国纽约的一个中产阶级家庭。1952 年,她率先研制出世界上第一个编译程序 A-O。1959 年,她领导的一个工作委员会成功地研制出第一个商用编程语言 COBOL。1971 年,为了纪念现代数字计算机诞生 25 周年,美国计算机学会特别设立了"霍波奖",颁发给当年最优秀的 30 岁以下的青年计算机工作者。因此,"霍波奖"成为全球计算机界"少年英雄"的标志。

图 1.2 艾伦·图灵

图 1.3 格蕾丝·霍波

3. 电子计算机之父——冯·诺依曼

美籍匈牙利裔学者冯·诺依曼(Von Neumann,1903—1957)(见图 1.4)被誉为"电子计算机之父"。1945年6月,冯·诺依曼与戈德斯坦等人联名发表了一篇长达101页的报告,即计算机史上著名的"101页报告",这份报告奠定了现代计算机体系结构坚实的根基。冯·诺依曼巧妙地想出"存储程序"的办法,并明确提出计算机必须采用二进制数制,冯·诺依曼为现代计算机的发展指明了方向。

冯·诺依曼理论的要点是:数字计算机的数制采用二进制;计算机应该按照程序顺序执行。

人们把冯·诺依曼的这个理论称为冯·诺依曼体系结构。大多数计算机至今仍采用的是冯·诺依曼体系结构。所以,冯·诺依曼是当之无愧的电子计算机之父。根据冯·诺依曼体系结构构成的计算机必须具有如下功能。

把需要的程序和数据送至计算机中;必须具有长期记忆程序、数据、中间结果及最终运算结果的能力;能够完成各种算术、逻辑运算和数据传送等数据加工处理的能力;能够根据需要控制程序走向,并能根据指令控制机器的各部件协调操作;能够按照要求将处理结果输出给用户。

在一次数学家聚会上,有一个年轻人兴冲冲地找到冯·诺依曼,向他求教一个问题,他看了看就报出了正确答案。年轻人高兴地请求他告诉自己简便方法,并抱怨其他数学家用无穷级数求解的烦琐。冯·诺依曼却说道:"你误会了,我正是用无穷级数求出的。"可见他拥有过人的心算能力。

4. 中国激光照排之父——王选

王选(见图1.5),出生于江苏无锡,是中国科学院院士、中国工程院院士和第三世界科学院院士,是汉字激光照排系统的创始人。他所领导的科研集体研制出的汉字激光照排系统为新闻、出版全过程的计算机化奠定了基础,这项技术被誉为"汉字印刷术的第二次发明",王选被称为"当代毕昇"。

图1.4 冯·诺依曼

图1.5 "当代毕昇"王选

1.7 本章小结

计算机是如何产生与发展的?计算机的科学含义是什么?这些问题都是初学者需要面对的问题。实际上,计算机是人脑的一种延伸,是一种脑力劳动工具。电子计算机的发明对人类生活的影响是不可估量的,是现代科技创造出的一项奇迹,是几千年来人类文明发展的产物。本章介绍了计算机的概念、计算机的产生、计算机的发展阶段及各个阶段硬件、软件的组成特点,计算机的分类及其特点,计算机的主要应用领域及其发展趋势,并对计算机科学与技术、网络工程、物联网工程、信息管理与信息系统、软件工程专业做了简介。

习题

一、选择题

1. 冯·诺依曼对现代计算机的主要贡献是(　　)。
   A. 设计了差分机　　　　　　　　B. 设计了分析机
   C. 建立了理论模型　　　　　　　D. 确立了计算机的基本结构
2. 在计算机应用中,计算机辅助设计的英文缩写为(　　)。
   A. CAD　　　　B. CAM　　　　C. CAE　　　　D. CAT
3. 计算机中所有信息的存储都采用(　　)。
   A. 二进制　　　B. 八进制　　　C. 十进制　　　D. 十六进制
4. 计算机最主要的工作特点是(　　)。
   A. 存储程序与自动控制　　　　　B. 高速度与高精度
   C. 可靠性与可用性　　　　　　　D. 有记忆能力
5. 计算机硬件的组成部分主要包括运算器、存储器、输入设备、输出设备和(　　)。
   A. 控制器　　　B. 显示器　　　C. 磁盘驱动器　　D. 鼠标器
6. 用电子管作为电子器件制成的计算机属于(　　)。
   A. 第一代　　　B. 第二代　　　C. 第三代　　　D. 第四代
7. 早期的计算机用来进行(　　)。
   A. 科学计算　　B. 系统仿真　　C. 自动控制　　D. 动画设计
8. 世界上公认的第一台计算机是(　　),诞生于(　　)年,生产国是(　　),所使用的逻辑元件是(　　)。
   A. IBM-PC,1946,美国,晶体管
   B. 数值积分计算机,1946,美国,电子管
   C. 电子离散变量计算机,1942,英国,集成电路
   D. IBM-PC,1942,英国,晶体管
9. 个人计算机属于(　　)。
   A. 小巨型机　　B. 小型计算机　　C. 微型计算机　　D. 中型计算机
10. 计算机之所以能实现自动连续执行,是由于计算机采用了(　　)原理。
    A. 布尔逻辑运算　　　　　　　　B. 集成电路工作
    C. 串行运算　　　　　　　　　　D. 存储程序和程序控制
11. 下列关于计算机发展史的叙述中错误的是(　　)。

A. 世界上第一台计算机是在美国发明的 ENIAC

B. ENIAC 不是存储程序控制的计算机

C. ENIAC 是 1946 年发明的，所以世界从 1946 年起就进入了计算机时代

D. 世界上第一台投入运行的具有存储程序控制的计算机是英国人设计并制造的 EDVAC

12. 冯·诺依曼型计算机的设计思想不包括（　　）。

A. 计算机采用二进制存储

B. 计算机采用十进制运算

C. 存储程序和程序控制

D. 计算机主要由存储器、控制器、运算器、输入设备和输出设备五大部件组成

13. 第三代计算机的逻辑元件采用（　　）。

A. 电子管　　　　　　　　　　B. 晶体管

C. 中、小规模集成电路　　　　D. 大规模或超大规模集成电路

14. 客机、火车订票系统属于（　　）方面的计算机应用。

A. 科学计算　　　　　　　　　B. 数据处理

C. 过程控制　　　　　　　　　D. 人工智能

15. 按照计算机用途，可将计算机分为（　　）。

A. 通用计算机和个人计算机　　B. 数字计算机和模拟计算机

C. 数字计算机和混合计算机　　D. 通用计算机和专用计算机

二、填空题

1. 第一台电子计算机诞生在 20 世纪 40 年代，组成该计算机的基本电子元件是（　　）。

2. 世界上第一台电子计算机产生于 1946 年，其名称是（　　）。

3. 第三代电子计算机的代表元件是（　　）。

4. CAD 是指（　　），CAM 是指（　　）。

5. 随着电子技术的发展，计算机先后以（　　）、（　　）、（　　）、（　　）为主要元器件，共经历了 4 代变革。

6. 今后计算机的发展方向趋向于（　　）、（　　）、（　　）、（　　）。

7. 某单位自行开发了工资管理系统，按计算机应用的类型划分，它属于（　　）。

8. 从第一代计算机到第四代计算机的体系结构都是相同的，都是由运算器、控制器、存储器以及输入设备和输出设备组成的，称为（　　）体系结构。

9. 计算机的发展阶段通常是按计算机所采用的（　　）来划分的。

10. 目前制造计算机所采用的电子器件是（　　）。

11. 在软件方面，第一代计算机主要使用（　　）。

12. 办公自动化（OA）是计算机的一项应用，按计算机应用的分类，它属于（　　）。

13. 在计算机中，所有信息的存放与处理采用（　　）。

14. 计算机可分为数字计算机、模拟计算机和混合计算机,这是按(　　)进行分类。

三、简答题

1. 什么是计算机?
2. 计算机的发展经历了哪几个阶段?各阶段的主要特点是什么?
3. 计算机是如何分类的?
4. 计算机的特点包括哪些?
5. 简述计算机的应用领域。
6. 计算机的发展趋势是什么?
7. 简要介绍你学习的专业与未来。

第 2 章　数据存储基础

本章学习目标

- 掌握各类数制之间的转换方法。
- 掌握计算机中各类信息的表示方法。
- 掌握数值型数据和字符型数据在计算机中的表示方法。

数据是指能够输入计算机并被计算机处理的数字、字母和符号的集合。平常所看到的景象和听到的事实都可以用数据来描述。可以说,只要计算机能够接受的信息都可称为数据。经过收集、整理和组织起来的数据能成为有用的信息。人类用文字、图表、数字表达和记录着世界上各种各样的信息,便于人们用来处理和交流。现在可以把这些信息都输入计算机中,由计算机来保存和处理。计算机中的数据包括文字、数字、声音、图形以及动画等,所有类型的数据在计算机中都是用二进制形式表示和存储的。计算机常用的单位有位、字节和字。本章介绍二进制、八进制、十进制和十六进制数据的特点及相互转换方法,介绍计算机中各类信息的表示方法。

数制及其转换

2.1　数制及其转换

虽然计算机能极快地进行运算,但其内部并不像人类在实际生活中一样使用十进制,而是使用只包含 0 和 1 两个数值的二进制。当然,人们输入计算机的十进制被转换成二进制进行计算,计算后的结果又由二进制转换成十进制,这都由操作系统自动完成,并不需要人们手工去做。学习汇编语言,就必须了解二进制以及与其密切相关的八进制和十六进制。数制也称记数制,是用一组固定的符号和统一的规则来表示数值的方法。通常采用的数制有十进制、二进制、八进制和十六进制。学会不同数制之间的相互转换是十分必要的。

2.1.1　进位记数制

1. 定义

数制是记数的规则,进位记数制是利用固定的数字符号和统一的规则来记数的方法。在人们使用最多的进位记数制中,表示数的符号在不同的位置上时所代表的数值是不同的。按进位的方法进行记数的规则称为进位记数制。在日常生活和计算机中均采用进位记数制。日常生活中,人们最常用的是十进位记数制,即按照"逢十进一"的原则进行记数。

2. 要素

一种进位记数制包含一组数码符号和基数、数位、位权 3 个基本要素。

数码:数制中表示基本数值大小的不同数字符号。例如,十进制的数码是 0、1、2、3、4、5、6、7、8、9,二进制的数码是 0、1。

基数:某数制可以使用的数码个数。例如,十进制的基数是 10,二进制的基数是 2,八进制的基数是 8,十六进制的基数是 16。

数位:数码在一个数中所处的位置。

位权:位权是基数的幂,表示数码在不同位置上的数值。例如,十进制的 123,1 的位权是 100,2 的位权是 10,3 的位权是 1。二进制中的 1011,第一个 1 的位权是 8,0 的位权是 4,第二个 1 的位权是 2,第三个 1 的位权是 1。

3. 常用的进位记数制

进位记数制是一种记数的方法。在日常生活中,人们使用各种进位记数制,如六十进制(1 小时=60 分,1 分=60 秒)、十二进制(1 英尺=12 英寸,1 年=12 月)等。但人们最熟悉和最常用的是十进制。但是,在计算机中要使用二进制,另外,为便于人们阅读及书写,常常还用到八进制及十六进制。

1) 二进制

二进制(binary)是计算技术中广泛采用的一种数制。二进制数据是用 0 和 1 两个数码来表示的数。它的基数为 2,进位规则是"逢 2 进 1",借位规则是"借 1 当 2"。当前的计算机系统使用的基本上是二进制系统。其数制符号是 B 或下角标 2。二进制数据采用位置记数法,其位权是以 2 为底的幂。例如,二进制数据 110.11B,其位权的大小顺序为 2^2、2^1、2^0、2^{-1}、2^{-2}。

由于人们从小开始就学习十进制,并且它在生活中用途更是广泛,一种单一的数字思维模式使很多人以为只有这一种数制。计算机只识别二进制数,二进制的优缺点如下。

优点:数字装置简单可靠,所用元件少;只有两个数码 0 和 1,因此它的每一位数都可用任何具有两个不同稳定状态的元件来表示;基本运算规则简单,运算操作方便。

缺点:用二进制表示一个数时位数多。因此,实际使用中多采用送入数字系统前用十进制,送入数字系统后再转换成二进制数进行运算,运算结束后再将二进制转换为十进制供人们阅读。

计算机内部采用二进制的原因如下。

(1) 技术实现简单。计算机是由逻辑电路组成的,逻辑电路通常只有两个状态:开关的接通与断开,这两种状态正好可以用 1 和 0 表示。

(2) 简化运算规则。两个二进制数和、积运算组合各有 3 种,运算规则简单,有利于简化计算机内部结构,提高运算速度。

(3) 适合逻辑运算。逻辑代数是逻辑运算的理论依据,二进制只有两个数码,正好与逻辑代数中的"真"和"假"相对应。

(4) 易于进行转换。二进制与十进制数易于互相转换。

(5) 用二进制表示数据具有抗干扰能力强、可靠性高等优点。因为每位数据只有高、低两个状态,当受到一定程度的干扰时,仍能可靠地分辨出它是高还是低。

2) 八进制

八进制(octal)采用 0、1、2、3、4、5、6、7 共 8 个数码,逢 8 进 1,基数为 8,位权是以 8 为底的幂。八进制数较二进制数书写方便,常应用在电子计算机的计算中。例如,十进制的 32 表示成 8 进制就是 40,十进制的 9、27 在八进制中分别为 11、33,八进制的 32 表示成十进制就是 26。八进制表示法在早期的计算机系统中很常见。八进制适用于 12 位和 36 位计算机系统(或者其他位数为 3 的倍数的计算机系统)。但是,对于位数为 2 的幂(8 位、16 位、32 位与 64 位)的计算机系统来说,八进制就不算很好了。因此,在过去几十年里,八进制渐渐地淡出了计算机系统。不过,还是有一些程序设计语言提供了使用八进制符号来表示数字的能力。八进制数制符号是 O 或 Q 或下角标 8。

3) 十进制

十进制(decimal)是人们日常生活中最熟悉的进位记数制。在十进制中,数用 0、1、2、3、4、5、6、7、8、9 这 10 个符号来描述,记数规则是逢 10 进 1,基数是 10,位权是以 10 为底的幂。数制符号 D 或下角标 10 或省略。

4) 十六进制

十六进制(hexadecimal)是计算机中数据的一种表示方法。是人们在计算机指令代码和数据的书写中经常使用的数制。在十六进制中,数用 0、1、2、3、4、5、6、7、8、9 和 A、B、C、D、E、F(或 a、b、c、d、e、f)16 个符号来描述。记数规则是逢 16 进 1,基数是 16,位权是以 16 为底的幂。十六进制与十进制的对应关系是:0~9 对应 0~9,A~F 对应 10~15。十六进制数制符号是 H 或下角标 16。

2.1.2 数制间的转换

将数由一种数制转换成另一种数制称为数制间的转换,包括非十进制与十进制之间的相互转换,以及非十进制数之间的相互转换。

1. 非十进制转换为十进制

非十进制数转换为十进制数非常简单,只需要将其按权展开,把各位数字与权相乘,其积相加的和即为十进制数。例如,把二进制、八进制和十六进制分别转换为十进制的计算过程如下。

二进制数转化为十进制数:

$$(101101.011)_2 = 1 \times 2^5 + 0 \times 2^4 + 1 \times 2^3 + 1 \times 2^2 + 0 \times 2^1 + 1 \times 2^0$$
$$+ 0 \times 2^{-1} + 1 \times 2^{-2} + 1 \times 2^{-3}$$
$$= 32 + 8 + 4 + 1 + 0.25 + 0.125$$
$$= (45.375)_{10}$$

八进制数转化为十进制数:

$$(312.1)_8 = 3 \times 8^2 + 1 \times 8^1 + 2 \times 8^0 + 1 \times 8^{-1}$$

$$= 192 + 8 + 2 + 0.125$$
$$= (202.125)_{10}$$

十六进制数转换为十进制数:
$$(3D.1)_{16} = 3 \times 16^1 + 13 \times 16^0 + 1 \times 16^{-1}$$
$$= 48 + 13 + 0.0625$$
$$= (61.0625)_{10}$$

由此可以看出,对于二进制数的转换,只需把数位是 1 的权值相加,其和就是等效的十进制数。二进制与十进制之间的转换是最简便,也是最常用的一种。

在进行数制转换时,权位上的幂以小数点为分界线,整数部分是从右到左,其权依次是 0、1、2、3、…;而小数部分是从左到右,其权依次为 -1、-2、-3、…。

2. 十进制转换为非十进制

十进制数转换为非十进制数时,需要将整数部分与小数部分分别转换,然后再组合到一起。在转换时,整数部分采用的是"除基数取余法",即使用十进制数的整数部分连续除以基数 R(2、8、16),其余数从下到上则为转换的非十进制数。小数部分在转换时,采用的是"乘基数取整法",即使用十进制数的小数部分连续乘以基数 R(2、8、16),直到小数部分为 0,则乘以基数得到的整数为转换的非十进制数。

例如,将十进制数 239.8125 转换为二进制数的过程如下。

整数部分转换:

$239 \rightarrow 119 \rightarrow 59 \rightarrow 29 \rightarrow 14 \rightarrow 7 \rightarrow 3 \rightarrow 1 \rightarrow 0$(每次除以 2,直到除数为 0)

余数   1 1 1 1 0 1 1 1

把所得的余数倒序排列(从右向左)为 11101111,就是十进制数 239 所对应的二进制数。因此,整数部分 239 转换为二进制数为 11101111。

小数部分转换:

	整数部分
$0.8125 \times 2 = 1.6250$	1
$0.6250 \times 2 = 1.250$	1
$0.250 \times 2 = 0.500$	0
$0.500 \times 2 = 1.000$	1
0.000	转换结束

把转换后的整数部分顺序排列(从上到下)为 1101,就是十进制数 0.8125 转换后的二进制数,即十进制数小数部分 0.8125 转换为二进制数为 1101。

因此,十进制数 239.8125 转换为二进制数为 11101111.1101。

将十进制数 796.703125 转换为八进制数。

先将这个数字分为整数部分 796 和小数部分 0.703125。因此,得到结果十进制数 796.703125 转换八进制数为 1434.55。

将十进制数 23785 转为十六进制数。

第 1 步:23785/16=1486 余 9。

第 2 步:1486/16＝92 余 14。

第 3 步:92/16＝5 余 12。

第 4 步:5/16＝0 余 5。

第 5 步:十六进制中,10 对应 A,11 对应 B,12 对应 C,13 对应 D,14 对应 E,15 对应 F,再将余数倒写为 5CE9,则十进制 23785＝十六进制 5CE9。

3. 二进制、八进制、十六进制之间的转换

这 3 种进制数之间的转换,是根据其权之间内在的联系(即 $2^3=8,2^4=16$)来进行转换的,即可以将 3 位二进制数表示为 1 位八进制数,将 4 位二进制数表示为 1 位十六进制数。

在转换时,位组划分以小数点为中心,将整数与小数部分向左、右延伸,即整数部分由小数点向左,每 3 位(八进制)或 4 位(十六进制)为一组,后面不足 3 位、4 位时补 0。

例如,将二进制数 100110100111011.11011B 分别转换为八进制和十六进制。

100110100111011.11011B 转换为八进制,每 3 位为一组:

$$100\quad 110\quad 100\quad 111\quad 011.110\quad 110$$
$$4\quad\ \ 6\quad\ \ 4\quad\ \ 7\quad\ \ 3\quad\ \ 6\quad\ \ 6$$

则 $(100110100111011.11011)_2=(46473.66)_8$

100110100111011.11011B 转换为十六进制,每 4 位为一组:

$$0100\quad 1101\quad 0011\quad 1011.1101\quad 1000$$
$$4\quad\ \ \ D\quad\ \ \ 3\quad\ \ \ B\quad\ \ \ D\quad\ \ \ 8$$

则 $(100110100111011.11011)_2=(4D3B.D8)_{16}$

在具体转换时,可以参照表 2.1 进行。

表 2.1 二、八、十、十六进制的对照关系

十进制	二进制	八进制	十六进制	十进制	二进制	八进制	十六进制
0	0	0	0	12	1100	14	C
1	1	1	1	13	1101	15	D
2	10	2	2	14	1110	16	E
3	11	3	3	15	1111	17	F
4	100	4	4	16	10000	20	10
5	101	5	5	17	10001	21	11
6	110	6	6	18	10010	22	12
7	111	7	7	19	10011	23	13
8	1000	10	8	20	10100	24	14
9	1001	11	9	32	100000	40	20
10	1010	12	A	100	1100100	144	64
11	1011	13	B	1000	1111101000	1750	3E8

2.2 计算机中的信息表示

信息表示是计算机科学中的基础理论,通过学习,可以了解到计算机科学中字符、数字、图像和声音等各种丰富多彩的外部信息在计算机中的表示方法。如今的计算机更多

地用于信息处理,对计算机处理的各种信息进行抽象后,可以分为数字、字符、图形图像和声音等几种主要的类型。计算机中处理的数据分为数值型数据和非数值型数据两大类。

二进制能够表示出各种信息。前面讲到,在计算机内部,所有的数据都是以二进制进行表示的。二进制数据是最简单的数字系统,只有两个数字符号0和1。要想寻求更简单的数字系统,就只剩下0一个数字符号了,只有一个数字符号0的数字系统没有意义。

bit这个词被创造出来表示binary digit(二进制数字),它是新造的和计算机相关的词之一。当然,bit有其通常的意义:"一小部分,程度很低或数量很少"。这个意义用来表示比特是非常适合的,因为1bit即一个二进制位,是一个非常小的量。

比特,通常是指特定数目的比特位。拥有的比特位数越多,可以传递的不同可能性就越多。只要比特的位数足够多,就可以代表单词、图片、声音和数字等多种信息形式。最基本的原则是:比特是数字,当用比特表示信息时只要将可能情况的数目数清楚就可以了,这样就决定了需要多少比特位,从而使得各种可能的情况都能分配到一个编号。在计算机科学中,信息表示(编码)的原则就是用到的数据尽量地少,如果信息能有效地进行表示,就能把它们存储在一个较小的空间内,并实现快速传输。

人们要处理的信息在计算机中常常被称为数据。所谓的数据,是可以由人工或自动化手段加以处理的那些事实、概念、场景和指示的表示形式,包括字符、符号、表格、声音和图形等。数据可在物理介质上记录或传输,并通过外围设备被计算机接收,经过处理而得到结果,计算机对数据进行解释并赋予一定意义后,便成为人们所能接受的信息。计算机中数据的常用单位有位、字节和字。

(1) 位(bit)。计算机中最小的数据单位是二进制的一个数位,简称为位。一个二进制位可以表示两种状态(0或1),两个二进制位可以表示4种状态(00、01、10、11)。显然,位越多,所表示的状态就越多。

(2) 字节(Byte)。字节是计算机中用来表示存储空间大小的最基本单位。一字节由8个二进制位组成,1字节=8位。例如,计算机内存的存储容量、磁盘的存储容量等都是以字节为单位进行表示的。字节的符号是B。1个英文字符是1字节,也就是1B;1个汉字为2个字符,也就是2B。

除了以字节为单位表示存储容量外,还可以用千字节(KB)、兆字节(MB)以及吉字节(GB)等表示存储容量。它们之间存在下列换算关系:

$$1B=8b$$
$$1KB=1024B=2^{10}B$$
$$1MB=1024KB=2^{20}B$$
$$1GB=1024MB=2^{30}B$$
$$1TB=1024GB=2^{40}B$$

(3) 字(word)。字和计算机中字长的概念有关。字长是指计算机在进行处理时一次作为一个整体进行处理的二进制数的位数,具有这一长度的二进制数则被称为该计算机中的一个字。字通常取字节的整数倍,是计算机进行数据存储和处理的运算单位。

计算机按照字长进行分类,可以分为8位机、16位机、32位机和64位机等。字长越长,那么计算机所表示数的范围就越大,处理能力也越强,运算精度也就越高。在不同字长的计算机中,字的长度也不相同。例如,在 8 位机中,一个字含有 8 个二进制位,而在 64 位机中,一个字则含有 64 个二进制位。

注意字和字长的区别。在计算机中,一串数码作为一个整体来处理或运算的,称为一个计算机字,简称字。字通常分为若干字节(每字节一般是 8 位)。计算机的每个字所包含的位数称为字长。根据计算机的不同,字长有固定的和可变的两种。字长是衡量计算机性能的一个重要因素。

2.2.1 数值信息在计算机中的表示

计算机中的信息表示 ASCII 码

直接使用自然数或度量衡单位进行计量的具体的数值,如收入 300 元、年龄 2 岁、考试分数 100 分、质量 3 千克等,可直接用算术方法进行汇总和分析,而对其他类型的数据则需特殊方法来处理。数值型数据由数字组成,表示数量,用于算术操作中。本节讨论计算机中数字信息的表示方法。

1. 机器数与真值

通常,机器数是把符号"数字化"的数,是数字在计算机中的二进制表示形式。

机器数有两个基本特点。

(1) 数的符号数值化。实用的数据有正数和负数,由于计算机内部的硬件只能表示两种物理状态(用 0 和 1 表示),因此实用数据的正号(+)或负号(-),在机器里就用一位二进制的 0 或 1 来区别。通常这个符号放在二进制数的最高位,称符号位,用 0 代表符号+,用 1 代表符号-。因为符号占据一位,数的形式值就不等于真正的数值,带符号位的机器数对应的数值称为机器数的真值。例如,二进制真值数-011011,它的机器数为 1011011。

(2) 二进制的位数受机器设备的限制。机器内部设备一次能表示的二进制位数称为机器的字长,一台机器的字长是固定的。

根据小数点位置固定与否,机器数可以分为定点数和浮点数。通常,使用定点数表示整数,而用浮点数表示实数。

① 整数。整数没有小数部分,小数点固定在数的最右边。整数可以分为无符号整数和有符号整数两类。无符号整数的所有二进制位全部用来表示数值的大小;有符号整数用最高位表示数的正号或负号,而其他位表示数值的大小。例如,十进制整数-65 在计算机内表示可以是 11000001。

② 实数。实数的浮点数表示方法是把一个实数的范围和精度分别用阶码和尾数来表示。在计算机中,为了提高数据表示精度,必须唯一地表示小数点的位置。因此,规定浮点数必须写成规范化的形式,即当尾数不为 0 时,其绝对值大于或者等于 0.5 且小于 1(注:因为是二进制数,要求尾数的第 1 位必须是 1)。例如,设机器字长为 16 位,尾数为 8 位,阶码为 6 位,则二进制实数-1101.010 的机内表示为 0000100111010100。

③ 机器数与真值。不带符号的数是数的绝对值,在绝对值前加上表示正负的符号就成了符号数。直接用正号(+)和负号(-)来表示其正负的二进制数称为符号数的真值。在计算机中不仅用 0、1 编码的形式表示一个数的数值部分,正、负号亦同样用 0、1 编码表示。把符号数值化以后,就能将它用于机器中。把一个数在机器内的表示形式称为机器数。而这个数本身就是该机器数的真值。01101 和 11101 是两个机器数,而它们的真值分别为+1101 和-1101。

2. 定点数和浮点数的概念

在计算机中,数值型的数据有两种表示方法:一种称为定点数,另一种称为浮点数。所谓定点数,就是在计算机中所有数的小数点位置固定不变。定点数有两种:定点小数和定点整数。定点小数将小数点固定在最高数据位的左边。因此,它只能表示小于 1 的纯小数。定点整数将小数点固定在最低数据位的右边。因此,定点整数表示的也只是纯整数。由此可见,定点数表示数的范围较小。

为了扩大计算机中数值数据的表示范围,将 12.34 表示为 $0.1234×10^2$,其中 0.1234 称为尾数,10 称为基数,可以在计算机内固定下来,2 称为阶码,若阶码的大小发生变化,则意味着实际数据小数点的移动,把这种数据称为浮点数。由于基数在计算机中固定不变,因此,可以用两个定点数分别表示尾数和阶码,从而表示这个浮点数。其中,尾数用定点小数表示,阶码用定点整数表示。

在计算机中,无论是定点数还是浮点数,都有正负之分。在表示数据时,专门有 1 位或 2 位表示符号。对单符号位来讲,通常用 1 表示负号,用 0 表示正号;对双符号位而言,则用 11 表示负号,用 00 表示正号。通常情况下,符号位都处于阶码和尾数的最高位。

3. 定点数的表示方法

一个定点数,在计算机中可用不同的码制来表示,常用的码制有原码、反码和补码 3 种。不论用什么码制来表示,数据本身的值(即真值)并不发生变化。下面,就来讨论这 3 种码制的表示方法。

(1) 原码。原码的表示方法为:如果真值是正数,则最高位为 0,其他位保持不变;如果真值是负数,则最高位为 1,其他位保持不变。

例如,写出 13 和-13 的原码(取 8 位码长)。

解:因为 $(13)_{10}=(1101)_2$,所以 13 的原码是 00001101,-13 的原码是 10001101。

采用原码,优点是转换非常简单,只要根据正负号将最高位置 0 或 1 即可。但原码表示在进行加减运算时很不方便,符号位不能参与运算,并且 0 的原码有两种表示方法:+0 的原码是 00000000,-0 的原码是 10000000。

(2) 反码。反码的表示方法为:如果真值是正数,则最高位为 0,其他位保持不变;如果真值是负数,则最高位为 1,其他位按位求反。

例如,写出 13 和-13 的反码(取 8 位码长)。

解:因为 $(13)_{10}=(1101)_2$,所以 13 的反码是 00001101,-13 的反码是 11110010。

反码跟原码相比较,符号位虽然可以作为数值参与运算,但计算完后,仍需要根据符号位进行调整。另外,0 的反码同样也有两种表示方法:+0 的反码是 00000000,−0 的反码是 11111111。

为了克服原码和反码的上述缺点,人们又引进了补码表示法。补码的作用在于能把减法运算化成加法运算,现代计算机中一般采用补码来表示定点数。

(3) 补码。补码的表示方法为:若真值是正数,则最高位为 0,其他位保持不变;若真值是负数,则最高位为 1,其他位按位求反后再加 1。

例如,写出 13 和 −13 的补码(取 8 位码长)。

解:因为 $(13)_{10} = (1101)_2$,所以 13 的补码是 00001101,−13 的补码是 11110011。

补码的符号可以作为数值参与运算,且计算完后,不需要根据符号位进行调整。另外,0 的补码表示方法也是唯一的,即 00000000。

4. 浮点数的表示方法

浮点数是指小数点在数据中的位置可以左右移动的数据。它通常被表示成

$$N = M \times R^E$$

这里的 M(Mantissa)被称为浮点数的尾数,R(Radix)被称为阶码的基数,E(Exponent)被称为阶码。计算机中一般规定 R 为 2、8 或 16,是一个确定的常数,不需要在浮点数中明确表示出来。因此,要表示浮点数,一是要给出尾数 M 的值,通常用定点小数形式表示,它决定了浮点数的表示精度,即可以给出的有效数字的位数;二是要给出阶码 E,通常用整数形式表示,它指出的是小数点在数据中的位置,决定了浮点数的表示范围。浮点数也要有符号位。在计算机中,浮点数通常被表示成如下格式:

M_s	E	M
1 位	m 位	n 位

M_s 是尾数的符号位,即浮点数的符号位,安排在最高一位。

E 是阶码,紧跟在符号位之后,占用 m 位,含阶码的一位符号。

M 是尾数,在低位部分,占用 n 位。

合理地选择 m 和 n 的值是十分重要的,以便在总长度为 $1+m+n$ 个二进制表示的浮点数中,既保证有足够大的数值范围,又保证有所要求的数值精度。

若不对浮点数的表示格式做出明确规定,同一个浮点数的表示就不是唯一的。例如,0.5 也可以表示为 0.05×10^1、50×10^{-2} 等。为了提高数据的表示精度,也为了便于浮点数之间的运算与比较,规定计算机内浮点数的尾数部分用纯小数形式给出,而且当尾数的值不为 0 时,其绝对值应大于或等于 0.5,这称为浮点数的规格化表示。对不符合这一规定的浮点数,要通过修改阶码并同时左右移动尾数的办法使其变成满足这一要求的表示形式,这种操作被称为浮点数的规格化处理,对浮点数的运算结果就经常需要进行规格化处理。

当一个浮点数的尾数为 0,不论其阶码为何值,该浮点数的值都为 0。当阶码的值为它能表示的最小一个值或更小的值时,不管其尾数为何值,计算机都把该浮点数看成 0 值,通常称其为机器零,此时该浮点数的所有各位(包括阶码位和尾数位)都清为 0。

按国际电子与电气工程师协会 IEEE 的标准规定,常用的浮点数的格式如表 2.2 所示。

表 2.2 常用的浮点数的格式

类 型	符号位	阶码	尾数	总位数
短浮点数	1	8	23	32
长浮点数	1	11	52	64
临时浮点数	1	15	64	80

对短浮点数和长浮点数,当其尾数不为 0 值时,其最高位必定为 1,在将这样的浮点数写入内存或磁盘时,不必给出该位,可左移一位去掉它,这种处理技术称为隐藏位技术,目的是用同样多位的尾数能多保存一位二进制位。在将浮点数取回运算器执行运算时,再恢复该隐藏位的值。对临时浮点数,不使用隐藏位技术。

可以看到,浮点数比定点小数和整数使用起来更方便。例如,可以用浮点数直接表示电子的质量 9×10^{-28} g,太阳的质量 2×10^{33} g,圆周率 3.1416 等。上述值都无法直接用定点小数或整数表示,要受数值范围和表示格式各方面的限制。

2.2.2 字符信息的编码

计算机中的信息表示汉字编码

计算机中的信息包括数据信息和控制信息,数据信息又可分为数值信息和非数值信息。非数值信息和控制信息包括字母、各种控制符号和图形符号等,它们都以二进制编码方式存入计算机并得以处理,这种对字母和符号进行编码的二进制代码称为字符代码(character code)。人们使用计算机,基本手段是通过键盘与计算机打交道。从键盘上输入的命令和数据实际上表现为一个个英文字母、标点符号和数字,都是非数值数据。然而计算机只能存储二进制,这就需要用二进制的 0 和 1 对各种字符进行编码。例如,在键盘上输入英文字母 A,存入计算机的是 A 的编码 01000001,它已不再代表数值量,而是一个文字信息。

计算机中的数据是用二进制表示的,而人们习惯用十进制数,那么在输入输出时,对数据就要进行十进制和二进制之间的转换处理。因此,必须采用一种编码的方法,由计算机自己来承担这种识别和转换工作。

1. BCD 码

BCD(Binary Code Decimal)码(二-十进制编码)是用 4 个二进制数表示一个十进制数的编码,BCD 码有多种编码方法,常用的是 8421 码。表 2.3 给出了十进制数 0~19 的 8421 码。

8421 码是将十进制数码 0~9 中的每个数分别用 4 位二进制编码表示,从左至右每一位对应的数是 8、4、2、1,这种编码方法比较直观、简要,对于多位数,只需将它的每一位数字按表 2.3 中的对应关系用 8421 码直接列出即可。例如,将十进制数 1209.56 转换成 BCD 码如下:

$$(1209.56)_{10} = (0001\ 0010\ 0000\ 1001.0101\ 0110)_{BCD}$$

表 2.3 十进制数与 BCD 码的对照表

十进制数	8421 码	十进制数	8421 码
0	0000	10	00010000
1	0001	11	00010001
2	0010	12	00010010
3	0011	13	00010011
4	0100	14	00010100
5	0101	15	00010101
6	0110	16	00010110
7	0111	17	00010111
8	1000	18	00011000
9	1001	19	00011001

8421 码与二进制之间的转换不是直接的,要先将 8421 码表示的数转换成十进制数,再将十进制数转换成二进制数。例如:

$$(1001\ 0010\ 0011.0101)_{BCD} = (923.5)_{10} = (1110011011.1)_2$$

2. ASCII 码

计算机中,对非数值的文字和其他符号进行处理时,要对文字和符号进行数字化处理,即用二进制编码来表示文字和符号。字符代码是用二进制编码来表示字母、数字以及专门符号。在计算机系统中,有两种重要的字符编码方式:ASCII 码和 EBCDIC 码。EBCDIC 主要用于 IBM 的大型主机,ASCII 码用于微型机与小型机。

ASCII(American Standard Code for Information Interchange)码,即美国信息交换标准代码,是目前计算机中普遍采用的一种编码,ASCII 码是基于拉丁字母的一套计算机编码系统。它主要用于显示现代英语和其他西欧语言,它是现今最通用的单字节编码系统,并等同于国际标准 ISO/IEC 646。ASCII 码使用指定的 7 位或 8 位二进制数组合来表示 128 种或 256 种可能的字符。标准 ASCII 码也称为基础 ASCII 码,使用 7 位二进制数来表示所有的大写和小写字母、数字 0~9、标点符号以及在美式英语中使用的特殊控制字符。其中:

0~31 及 127(共 33 个)是控制符或通信专用符。控制符有 LF(换行)、CR(回车)、FF(换页)、DEL(删除)、BS(退格)和 BEL(响铃)等;通信专用符有 SOH(文头)、EOT(文尾)和 ACK(确认)等,ASCII 码值 8、9、10 和 13 分别转换为退格、制表、换行和回车符。它们并没有特定的图形显示,但会依不同的应用程序而对文本显示有不同的影响。

32~126(共 95 个)是可显示字符(32 是空格),其中 48~57 为 0~9 共 10 个阿拉伯数字,65~90 为 26 个大写英文字母,97~122 为 26 个小写英文字母,其余为一些标点符号和运算符号等。

ASCII 码有 7 位版本和 8 位版本两种,国际上通用的是 7 位版本,有 128 个元素,只需用 7 个二进制位($2^7=128$)表示,其中控制符 33 个,阿拉伯数字 10 个,大小写英文字母 52 个,各种标点符号和运算符号 32 个。在计算机中实际用 8 位表示一个字符,最高位为

0。例如,数字 0 的 ASCII 码为 48,大写英文字母 A 的 ASCII 码为 65,空格的 ASCII 码为 32,等等。有的计算机教材中的 ASCII 码用十六进制数表示,这样,数字 0 的 ASCII 码为 30H,字母 A 的 ASCII 为 41H,等等。ASCII 码如表 2.4 和表 2.5 所示。

表 2.4 ASCII 表

ASCII 值	控制字符	ASCII 值	控制字符	ASCII 值	控制字符	ASCII 值	控制字符
0	NUT	32	(space)	64	@	96	'
1	SOH	33	!	65	A	97	a
2	STX	34	"	66	B	98	b
3	ETX	35	#	67	C	99	c
4	EOT	36	$	68	D	100	d
5	ENQ	37	%	69	E	101	e
6	ACK	38	&	70	F	102	f
7	BEL	39	'	71	G	103	g
8	BS	40	(	72	H	104	h
9	HT	41	)	73	I	105	i
10	LF	42	*	74	J	106	j
11	VT	43	+	75	K	107	k
12	FF	44	,	76	L	108	l
13	CR	45	-	77	M	109	m
14	SO	46	.	78	N	110	n
15	SI	47	/	79	O	111	o
16	DLE	48	0	80	P	112	p
17	DCI	49	1	81	Q	113	q
18	DC2	50	2	82	R	114	r
19	DC3	51	3	83	S	115	s
20	DC4	52	4	84	T	116	t
21	NAK	53	5	85	U	117	u
22	SYN	54	6	86	V	118	v
23	TB	55	7	87	W	119	w
24	CAN	56	8	88	X	120	x
25	EM	57	9	89	Y	121	y
26	SUB	58	:	90	Z	122	z
27	ESC	59	;	91	[	123	{
28	FS	60	<	92	/	124	|
29	GS	61	=	93	]	125	}
30	RS	62	>	94	^	126	~
31	US	63	?	95	—	127	DEL

表 2.5 ASCII 表(二进制)

L\H	0000	0001	0010	0011	0100	0101	0110	0111
0000	NUL	DLE	SP	0	@	P	`	p
0001	SOH	DC1	!	1	A	Q	a	q
0010	STX	DC2	"	2	B	R	b	r
0011	ETX	DC3	#	3	C	S	c	s
0100	EOT	DC4	$	4	D	T	d	t
0101	ENQ	NAK	%	5	E	U	e	u
0110	ACK	SYN	&	6	F	V	f	v
0111	BEL	ETB	'	7	G	W	g	w
1000	BS	CAN	(	8	H	X	h	x
1001	HT	EM	(	9	I	Y	i	y
1010	LF	SUB	*	:	J	Z	j	z
1011	VT	ESC	+	;	K	[	k	{
1100	FF	FS	'	<	L	\	l	|
1101	CR	GS	—	=	M		m	}
1110	SO	RS	.	>	N	^	n	~
1111	SI	US	/	?	O	_	o	DEL

EBCDIC(扩展的二-十进制交换码)是西文字符的另一种编码,采用8位二进制表示,共有256种不同的编码,可表示256个字符,在某些计算机中也常使用。

ASCII 码具有以下特点。

(1) 表中前 32 个字符和最后一个字符为控制符,在通信中起控制作用。

(2) 10 个数字字符和 26 个英文字母由小到大排列,且数字在前,大写字母次之,小写字母在最后,这一特点可用于字符数据的大小比较。

(3) 数字 0~9 由小到大排列,ASCII 码分别为 48~57,ASCII 码与数值恰好相差 48。

(4) 在英文字母中,A 的 ASCII 码值为 65,a 的 ASCII 码值为 97,且由小到大依次排列。因此,只要知道了 A 和 a 的 ASCII 码,也就知道了其他字母的 ASCII 码。

3. 汉字编码

汉字编码(Chinese character encoding)为汉字设计的一种便于输入计算机的代码。由于电子计算机现有的输入键盘与英文打字机键盘完全兼容。因而如何输入非拉丁字母的文字(包括汉字)便成了多年来人们研究的课题。汉字信息处理系统一般包括编码、输入、存储、编辑、输出和传输。编码是关键,不解决这个问题,汉字就不能进入计算机。

汉字也是字符,与西文字符比较,汉字数量大,字形复杂,同音字多,这就给汉字在计算机内部的存储、传输、交换、输入、输出等带来了一系列的问题。为了能直接使用西文标准键盘输入汉字,必须为汉字设计相应的编码,以适应计算机处理汉字的需要。

汉字进入计算机的3种途径如下。

① 机器自动识别汉字。计算机通过"视觉"装置,用光电扫描等方法识别汉字。

② 通过语音识别输入。计算机利用人们给它配备的"听觉器官",自动辨别汉语语音要素,从不同的音节中找出不同的汉字,或从相同音节中判断出不同汉字。

③ 通过汉字编码输入。根据一定的编码方法,由人借助输入设备将汉字输入计算机。

1) 外码

外码也称为输入码,是用来将汉字输入计算机中的一组键盘符号。常用的输入码有拼音码、五笔字型码、自然码、表形码、认知码、区位码和电报码等,一种好的编码应有编码规则简单、易学好记、操作方便、重码率低、输入速度快等优点,每个人可根据自己的需要进行选择。目前较常用的中文输入法是搜狗拼音输入法。

2) 国标码

1981年我国颁布了《信息交换用汉字编码字符集·基本集》,代号为 GB 2312-80,是国家规定的用于汉字信息处理的代码依据,这种编码称为国标码。在国标码的字符集中共收录了6763个常用汉字和682个非汉字字符(图形、符号),其中一级汉字3755个,以汉语拼音为序排列;二级汉字3008个,以偏旁部首进行排列。

国标 GB 2312-80 规定,所有的国标汉字与符号组成一个 94×94 的矩阵,在此方阵中,每一行称为一个"区"(区号为01~94),每一列称为一个"位"(位号为01~94),该方阵实际组成了一个有94个区,每个区内有94个位的汉字字符集,每一个汉字或符号在码表中都有一个唯一的位置编码,称为该字符的区位码。

使用区位码方法输入汉字时,必须先在表中查找汉字并找出对应的代码,才能输入。区位码输入汉字的优点是无重码,而且输入码与内部编码的转换方便。

3) 机内码

汉字的机内码是计算机系统内部对汉字进行存储、处理、传输统一使用的代码,又称为汉字内码。由于汉字数量多,一般用2B来存放汉字的内码。在计算机内汉字字符必须与英文字符区别开,以免造成混乱。英文字符的机内码是用一字节来存放 ASCII 码,一个 ASCII 码占一字节的低7位,最高位为0。为了区分,汉字机内码中两字节的最高位均置1。例如,汉字"中"的国标码为 5650H(0101011001010000)$_2$,机内码为 D6D0H(1101011011010000)$_2$。

4) 汉字的字型码

字型码是汉字的输出码,输出汉字时都采用图形方式,无论汉字的笔画多少,每个汉字都可以写在同样大小的方块中。通常用 16×16 点阵来显示汉字。

每一个汉字的字型都必须预先存放在计算机内,例如,GB 2312 字符集的所有字符的形状描述信息集合在一起,称为字型信息库,简称字库。通常分为点阵字库和矢量字库。目前汉字字型的产生方式大多是用点阵,即用点阵表示汉字的字型。根据汉字输出精度的要求,有不同密度点阵。汉字字型点阵有 16×16 点阵、24×24 点阵、32×32 点阵等。汉字字型点阵中每个点的信息用一位二进制码来表示,1 表示对应位置处是黑点,0 表示对应位置处是空白。字型点阵的信息量很大,所占存储空间也很大,例如 16×16 点阵,每个汉字就要占 32B(16×16÷8=32);24×24 点阵的字型码需要用 72B(24×24÷8=72)。因此,字型点阵只能用来构成"字库",而不能用来替代机内码用于机内存储。字库中存储了每个汉字的字型点阵代码,不同的字体(如宋体、仿宋、楷体、黑体等)对应着不同的字库。在输出汉字时,计算机要先到字库中去找到它的字型描述信息,然后再把字型送去输出。

下面讨论输入码、区位码、国标码与机内码的联系与区别。键盘是当前微机的主要输入设备,输入码就是使用英文键盘输入汉字时的编码。按输入码编码的主要依据,大体可分为顺序码、音码、形码和音形码 4 类,如"保"字,用全拼,输入码为 bao,用区位码,输入码为 1703,用五笔字型则为 wks。计算机只识别由 0、1 组成的代码,ASCII 码是英文信息处理的标准编码,汉字信息处理也必须有一个统一的标准编码。GB 2312—80 共对 6763 个汉字和 682 个图形字符进行了编码,其编码原则为:汉字用两字节表示,每字节用七位码(高位为 0),国家标准将汉字和图形符号排列在一个 94 行 94 列的二维代码表中,每两字节分别用两位十进制编码,前字节的编码称为区码,后字节的编码称为位码,此即区位码,如"保"字在二维代码表中处于 17 区第 3 位,区位码即为 1703。

国标码并不等于区位码,它是由区位码稍做转换得到,其转换方法为:先将十进制的区码和位码转换为十六进制的区码和位码,这样就得到一个与国标码有相对位置差的代码,再将这个代码的第一字节和第二字节分别加上 20H,就得到国标码。例如,"保"字的国标码为 3123H,它是经过下面的转换得到的:

$$1703D \longrightarrow 1103H \xrightarrow{+20H} 3123H$$

国标码是汉字信息交换的标准编码,但因其前后字节的最高位为 0,与 ASCII 码发生冲突,如"保"字,国标码为 31H 和 23H,而西文字符 1 和 # 的 ASCII 码也为 31H 和 23H,现假如内存中有两字节为 31H 和 23H,这到底是一个汉字"保",还是两个西文字符 1 和 #,就出现了二义性,显然,国标码是不可能在计算机内部直接采用的,于是,汉字的机内码采用变形国标码,其变换方法为:将国标码的每字节都加上 128,即将两字节的最高位由 0 改为 1,其余 7 位不变。例如,"保"字的国标码为 3123H,前字节为 00110001B,后字节为 00100011B,高位改 1,分别为 10110001B 和 10100011B,即 B1A3H,因此,"保"字的机内码就是 B1A3H。显然,汉字机内码的每字节都大于 128,这就解决了与西文字符的 ASCII 码冲突的问题。

2.2.3 多媒体信息在计算机中的表示

1. 媒体及其类别

媒体(media)就是人与人之间实现信息交流的中介,简单地说,就是信息的载体,也称为媒介。多媒体就是多重媒体的意思,可以理解为直接作用于人感官的文字、图形、图

多媒体信息在计算机中的表示

像、动画、声音和视频等各种媒体的统称,即多种信息载体的表现形式和传递方式。

多媒体(multimedia)是指在计算机系统中组合两种或两种以上媒体的一种人机交互式信息交流和传播媒体,使用的媒体包括文字、图片、照片、声音(包含音乐、语音旁白和特殊音效)、动画和影片,以及程序所提供的互动功能。

多媒体是超媒体(hypermedia)系统中的一个子集,而超媒体系统是使用超链接(hyperlink)构成的全球信息系统,全球信息系统是因特网上使用 TCP/IP 和 UDP/IP 的应用系统。二维的多媒体网页使用 HTML、XML 等语言编写,三维的多媒体网页使用 VRML 等语言编写。许多多媒体作品使用光盘发行,以后将更多地使用网络发行。

媒体分为感觉媒体、表示媒体、表现媒体、存储媒体和传输媒体。

1) 感觉媒体

感觉媒体是指能直接作用于人们的感觉器官,使人能直接产生感觉的一类媒体。感觉媒体包括人类的各种语言、文字、音乐、自然界的其他声音、静止的或活动的图像、图形和动画等信息。常见的感觉媒体分为文本、图形、图像、动画、音频和视频。

(1) 文本是指输入的字符和汉字,具有字体、字号、颜色等属性。在计算机中,表示文本信息的方式主要有两种:点阵文本和矢量文本。

(2) 图形是指由计算机绘制的各种几何图形。

(3) 图像是指由数码照相机、数码摄像机或图形扫描仪等输入设备获取的照片、图片等。图像可以看成是由许许多多的点组成的,单个的点称为像素(pixel),它是表示图像的最小单位。

(4) 动画是指借助计算机生成的一系列可供动态实时演播的连续图像。动画是依靠人的"视觉暂留"功能来实现的,将一系列变化微小的画面按照一定的时间间隔显示在屏幕上,就可以得到物体运动的效果。

(5) 音频是指数字化的声音,它可以是解说、音乐、自然界的各种声音和人工合成声音等。

(6) 视频是指由摄像机等输入设备获取的活动画面。由摄像机得到的视频图像是一种模拟视频图像,模拟视频图像输入计算机需经过模数(A/D)转换后才能进行编辑和存储。

2) 表示媒体

表示媒体是指信息的表示形式或载体,是为了加工、处理和传输感觉媒体而构造出来的一类媒体,主要指各种编码,如图像编码、声音编码和文本编码等。表示媒体包括以下 3 种。

(1) 视觉媒体。包括位图图像、矢量图形、动画、视频和文本等,它们通过视觉传递信息。

(2) 听觉媒体。包括波形声音、语音和音乐等,它们通过听觉传递信息。

(3) 触觉媒体。就是环境媒体,包括温度、压力、湿度及人对环境的感觉,它们通过触觉传递信息。

3) 表现媒体

表现媒体又称为显示媒体,是计算机用于输入输出信息的媒体,如键盘、鼠标、光笔、显示器、扫描仪、打印机和数字化仪等。

4) 存储媒体

存储媒体指用于储存表示媒体的物理介质,如纸张、磁带、磁盘、光盘和胶卷等。

5) 传输媒体

传输媒体是指用于传输表示媒体的介质,也就是将表示媒体从一台计算机传送到另一台计算机的通信载体,如同轴电缆、双绞线、电缆、光纤和电话线等。传输媒体分为以下两类。

(1) 引导性媒体(线缆媒体)。电磁波沿着一个固态媒体传播,例如金属导体、玻璃或塑料。

(2) 非引导性媒体(无线媒体)。提供了传输电磁信号的手段,但不加以引导,例如大气层和外层空间。

2. 多媒体技术

多媒体技术(multimedia technology)是利用计算机对文本、图形、图像、声音、动画和视频等多种信息综合处理,建立逻辑关系和人机交互作用的技术。多媒体技术以数字化为基础,能够对多种媒体信息进行采集、加工处理、存储和传递,并能使各种媒体信息之间建立起有机的逻辑联系,集成为一个具有良好交互性的系统。真正的多媒体技术所涉及的对象是计算机技术的产物,而其他的单纯事物,如电影、电视和音响等,均不属于多媒体技术的范畴。多媒体技术有以下主要特点。

(1) 集成性。能够对信息进行多通道统一获取、存储、组织与合成。采用了数字信号,可以综合处理文字、声音、图形、动画、图像和视频等多种信息,并将这些不同类型的信息有机地结合在一起。

(2) 控制性。多媒体技术是以计算机为中心,综合处理和控制多媒体信息,并按人的要求以多种媒体形式表现出来,同时作用于人的多种感官。

(3) 交互性。交互性是多媒体应用有别于传统信息交流媒体的主要特点之一。传统信息交流媒体只能单向地、被动地传播信息,而多媒体技术则可以实现人对信息的主动选择和控制。信息以超媒体结构进行组织,可以方便地实现人机交互。换言之,人可以按照自己的思维习惯和意愿主动地选择和接受信息,拟定观看内容的路径。

(4) 非线性。多媒体技术的非线性特点将改变人们传统循序性的读写模式。以往人们的读写方式大都采用章、节、页的框架,循序渐进地获取知识,而多媒体技术借助超文本链接(Hypertext Link)的方法,把内容以一种更灵活、更具变化的方式呈现给读者。

(5) 实时性。当用户给出操作命令时,相应的多媒体信息都能够得到实时控制。

(6) 互动性。它可以形成人与机器、人与人及机器间的互动,互相交流的操作环境及身临其境的场景,人们根据需要进行控制。人机相互交流是多媒体最大的特点。

(7) 信息使用的方便性。用户可以按照自己的需要、兴趣、任务要求、偏爱和认知特点来使用信息,任取图、文、声等信息表现形式。

(8) 信息结构的动态性。"多媒体是一部永远读不完的书。"用户可以按照自己的目的和认知特征重新组织信息,增加、删除或修改节点,重新建立链接。

3. 多媒体技术涉及的内容

多媒体技术涉及以下几个方面内容。

(1) 多媒体数据压缩：多模态转换、压缩编码。

(2) 多媒体处理：音频信息处理，如音乐合成、语音识别、文字与语音相互转换，图像处理和虚拟现实。

(3) 多媒体数据存储：多媒体数据库。

(4) 多媒体数据检索：基于内容的图像检索和视频检索。

(5) 多媒体著作工具：多媒体同步、超媒体和超文本。

(6) 多媒体通信与分布式多媒体：CSCW、会议系统、VOD和系统设计。

(7) 多媒体专用设备技术：多媒体专用芯片技术和多媒体专用输入输出技术。

(8) 多媒体应用技术：CAI与远程教学，GIS与数字地球以及多媒体远程监控等。

4. 多媒体技术的基本类型

多媒体技术分为文本、图像、动画、声音和视频影像等基本类型。

(1) 文本是以文字和各种专用符号表达的信息形式，它是现实生活中使用得最多的一种信息存储和传递方式。用文本表达信息给人充分的想象空间，它主要用于对知识的描述性表示，如阐述概念、定义、原理和问题以及显示标题、菜单等内容。

(2) 图像是多媒体软件中最重要的信息表现形式之一，它是决定一个多媒体软件视觉效果的关键因素。

(3) 动画利用人的视觉暂留特性，快速播放一系列连续运动变化的图形图像，也包括画面的缩放、旋转、变换和淡入淡出等特殊效果。通过动画可以把抽象的内容形象化，使许多难以理解的教学内容变得生动有趣。合理使用动画可以达到事半功倍的效果。

(4) 声音是人们用来传递信息、交流感情最方便、最熟悉的方式之一。在多媒体课件中，按其表达形式，可将声音分为讲解、音乐和效果3类。

(5) 视频影像具有时序性与丰富的信息内涵，常用于交代事物的发展过程。视频非常类似于我们熟知的电影和电视，有声有色，在多媒体中充当重要的角色。

5. 多媒体技术应用

近年来，多媒体技术得到迅速发展，多媒体系统的应用更以极强的渗透力进入人类生活的各个领域，如游戏、教育、档案、图书、娱乐、艺术、股票债券、金融交易、建筑设计、家庭和通信等。其中，运用最多、最广泛也最早的就是电子游戏，千万青少年甚至成年人为之着迷，可见多媒体的魅力。多媒体技术的主要应用可以概括如下。

(1) 教育(形象教学、模拟展示)。电子教案、形象教学、模拟交互过程、网络多媒体教学和仿真工艺过程。

(2) 商业广告(特技合成、大型演示)。影视商业广告、公共招贴广告、大型显示屏广告和平面印刷广告。

(3) 影视娱乐业(电影特技、变形效果)。电视/电影/卡通混编特技、演艺界MTV特技制作、三维成像模拟特技、仿真游戏和赌博游戏。

(4) 医疗(远程诊断、远程手术)。网络多媒体技术、网络远程诊断和网络远程操作。

(5) 旅游(景点介绍)。风光重现、风土人情介绍、服务项目。

（6）人工智能模拟（生物、人类智能模拟）。生物形态模拟、生物职能模拟和人类行为智能模拟。

6. 图形图像的表示方法

在计算机科学中，图形和图像这两个概念是有区别的。图形一般指用计算机绘制的画面，如直线、圆、圆弧、任意曲线和图表等；图像则是指由输入设备捕捉的实际场景画面或以数字化形式存储的任意画面。

具有多媒体功能的计算机除可以处理数值和字符信息外，还可以处理图像和声音信息。在计算机中，图像和声音的使用能够增强信息的表现能力。图像（picture）有多种含义，其中最常见的定义是各种图形和影像的总称。图像格式即图像文件存放的格式，通常有 JPEG、TIFF、RAW、BMP、GIF 和 PNG 等。由于数码相机拍下的图像文件很大，存储容量却有限，因此图像通常都会经过压缩再存储。计算机中的图像从处理方式上分为位图和矢量图。

位图图像（bitmap）也称为点阵图像或绘制图像，是由称为像素（图片元素）的单个点组成的。这些点可以进行不同的排列和染色以构成图样。当放大位图时，可以看见构成整个图像的无数单个方块。扩大位图尺寸的效果是增大单个像素，从而使线条和形状显得模糊不清；然而，如果从稍远的位置观看它，位图图像的颜色和形状又显得是连续的。位图图像如图 2.1 所示。一般情况下，位图是工具拍摄后得到的。处理位图时要着重考虑分辨率，输出图像的质量取决于处理过程开始时设置的分辨率高低。

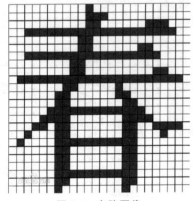

图 2.1　点阵图像

矢量图是根据几何特性来绘制图形，矢量可以是一个点或一条线，矢量图只能靠软件生成，文件占用存储空间较小，因为这种类型的图像文件包含独立的分离图像，可以自由地无限制地重新组合。它的特点是放大后图像不会失真，与分辨率无关，适用于图形设计、文字设计和一些标志设计、版式设计等。位图与矢量图的比较如表 2.5 所示。矢量图与位图最大的区别是，矢量图不受分辨率的影响。

表 2.5　位图与矢量图的比较

图像类型	组成	优点	缺点	常用制作工具
位图（点阵图像）	像素	只要有足够多的不同色彩的像素，就可以制作出色彩丰富的图像，逼真地表现自然界的景象	缩放和旋转容易失真，同时文件容量较大	Photoshop、画图等
矢量图像	数学向量	文件容量较小，在进行放大、缩小或旋转等操作时图像不会失真	不易制作色彩变化太多的图像	Flash、CorelDRAW 等

矢量图与位图的效果有天壤之别,矢量图无限放大也不模糊,大部分位图都是由矢量导出来的,也可以说矢量图就是位图的源码,源码是可以编辑的。

由于图形只保存算法和相关控制点即可,因此图形文件所占用的存储空间一般较小,但在进行屏幕显示时,由于需要扫描转换的计算过程。因此,显示速度相对于位图来说略显得慢一些,但输出质量较好。

常用的图形文件存储格式包括以下几种。

(1) CDR 格式是 CorelDRAW 软件专用的一种图形文件存储格式。

(2) AI 格式是 Illustrator 软件专用的一种图形文件存储格式。

(3) DXF 格式是 AutoCAD 软件的图形文件格式,该格式以 ASCII 方式存储图形,可以被 CorelDRAW、3ds Max 等软件调用和编辑。

(4) EPS 格式是一种通用格式,可用于矢量图形、像素图像以及文本的编码,即在一个文件中同时记录图形、图像与文字。

图像文件格式是记录和存储影像信息的格式。对数字图像进行存储、处理和传播,必须采用一定的图像格式,也就是把图像的像素按照一定的方式进行组织和存储,把图像数据存储成文件就得到图像文件。图像文件格式决定了应该在文件中存放何种类型的信息,文件如何与各种应用软件兼容,文件如何与其他文件交换数据。

图像是由一系列排列有序的像素组成的,在计算机中常用的存储格式有 BMP、TIFF、JPEG、GIF、PSD 和 PDF 等格式。

(1) BMP 格式是 Windows 中的标准图像文件格式,它以独立于设备的方法描述位图,各种常用的图形图像软件都可以对该格式的图像文件进行编辑和处理。

(2) TIFF 格式是常用的位图图像格式,TIFF 位图可具有任何大小的尺寸和分辨率,用于打印、印刷输出的图像建议存储为该格式。

(3) JPEG 格式是一种高效的压缩格式,可对图像进行大幅度的压缩,最大限度地节约网络资源,提高传输速度。因此,用于网络传输的图像一般存储为该格式。

(4) GIF 格式可在各种图像处理软件中通用,是经过压缩的文件格式。因此,一般占用空间较小,适合于网络传输,一般常用于存储动画效果图片。

(5) PSD 格式是 Photoshop 软件中使用的一种标准图像文件格式,可以保留图像的图层信息、通道蒙版(就是选框的外部,选框的内部就是选区)信息等,便于后续修改和特效制作。一般在 Photoshop 中制作和处理的图像建议存储为该格式,以最大限度地保存数据信息,待制作完成后再转换成其他图像文件格式,进行后续的排版、拼版和输出工作。

(6) PDF 格式又称为可移植(或可携带)文件格式,具有跨平台的特性,并包括对专业的制版和印刷生产有效的控制信息,可以作为印前领域通用的文件格式。

目前,网页上较普遍使用的图片格式为 GIF 和 JPG(JPEG)这两种图片压缩格式,因其在网上的装载速度很快,所有较新的图像软件都支持 GIF、JPG 格式。

计算机通过指定每个独立的点(或像素)在屏幕上的位置来存储图像,最简单的图像是单色图。单色图像包含的颜色仅仅有黑色和白色两种。为了理解计算机怎样对单色图像进行编码,可以考虑把一个网格叠放到图上。网格把图分成许多单元,每个单元相当于计算机屏幕上的一个像素。对于单色图,每个单元(或像素)都标记为黑色或白色。如果图像单元对应的颜色为黑色,则在计算机中用 0 来表示;如果图像单元对应的颜色为白色,则在计算机中用 1 来表示。网格的每一行用一串 0 和 1 来表示,如图 2.2 所示。

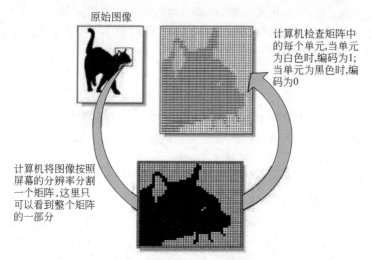

图 2.2　存储一幅单色位图图像

对于单色图来说,用来表示满屏图像的比特数和屏幕中的像素数正好相等。所以,用来存储图形的字节数等于比特数除以 8;若是彩色图,其表示方法与单色图类似,只不过需要使用更多的二进制位以表示出不同的颜色信息。

一幅图像可以看作是由一个个像素点构成的,图像的信息化,就是对每个像素用若干个二进制数码进行编码。图像信息数字化后,往往还要进行压缩。

7. 声音在计算机中的表示方法

音频格式是指要在计算机内播放或处理音频文件,是对声音文件进行数-模转换的过程。音频格式最大带宽是 20kHz,速率介于 40~50kHz,采用线性脉冲编码调制(PCM),每一量化步长都具有相等的长度。常见的数字音频格式有以下几种。

(1) WAV 格式是微软公司开发的一种微机音频格式,也称为波形声音文件,是最早的数字音频格式,被 Windows 平台及其应用程序广泛支持。WAV 格式支持许多压缩算法,支持多种音频位数、采样频率和声道,采用 44.1kHz 的采样频率,16 位量化位数,与 CD 一样。WAV 格式对存储空间需求太大不便于交流和传播。

(2) MIDI(Musical Instrument Digital Interface)又称为乐器数字接口,是数字音乐/电子合成乐器的统一国际标准。它定义了计算机音乐程序、数字合成器及其他电子设备交换音乐信号的方式,规定了不同厂家的电子乐器与计算机连接的电缆和硬件及设备间数据传输的协议,可以模拟多种乐器的声音。MIDI 文件就是 MIDI 格式的文件,在 MIDI 文件中存储的是一些指令,把这些指令发送给声卡,由声卡按照指令将声音合成出来。

(3) CD 格式的扩展名是 CDA,取样频率为 44.1kHz,16 位量化位数,与 WAV 一样。但 CD 存储采用了音轨的形式,记录的是波形流,是一种近似无损的格式。

(4) MP3(MPEG-1 Audio Layer 3)于 1992 年合并至 MPEG 规范中。MP3 能够以

高音质、低采样率对数字音频文件进行压缩。音频文件(主要是大型文件,例如 WAV 文件)能够在音质损失很小的情况下(人耳根本无法察觉这种音质损失)把文件压缩到更小的程度。

(5) MP3Pro 是由瑞典 Coding 科技公司开发的,其中包含了两大技术:一是来自 Coding 科技公司所特有的解码技术;二是由 MP3 的专利持有者法国汤姆森多媒体公司和德国 Fraunhofer 集成电路协会共同研究的一项译码技术。MP3Pro 可以在基本不改变文件大小的情况下改善原先的 MP3 音乐音质。它能够在以较低的比特率压缩音频文件的情况下,最大程度地保持压缩前的音质。

(6) WMA(Windows Media Audio)格式是以减少数据流量但保持音质的方法来达到更高的压缩率的目的,其压缩率一般可以达到 1:18。此外,WMA 还可以通过 DRM(Digital Rights Management)方案加入防止复制,或者加入限制播放时间和播放次数,甚至是播放机器的限制,可有力地防止盗版。

(7) MP4 采用的是美国电话电报公司(AT&T)所研发的以"知觉编码"为关键技术的 a2b 音乐压缩技术,由美国网络技术公司(GMO)及 RIAA 联合公布的一种新的音乐格式。MP4 在文件中采用了保护版权的编码技术,只有特定的用户才可以播放,有效地保证了音乐版权的合法性。另外,MP4 的压缩比达到了 1:15,体积较 MP3 更小,音质却没有下降。不过因为只有特定的用户才能播放这种文件,因此其流传与 MP3 相比差距甚远。

(8) SACD(SA 即 SuperAudio)是由 Sony 公司正式发布的。它的采样率为 CD 格式的 64 倍,即 2.8224MHz。SACD 重放频率带宽达 100kHz,为 CD 格式的 5 倍,24 位量化位数,远远超过 CD,声音的细节表现更为丰富、清晰。

(9) QuickTime 是苹果公司于 1991 年推出的一种数字流媒体,它面向视频编辑(先用摄影机摄录下预期的影像,再在计算机上用视频编辑软件将影像制作成碟片的编辑过程)、Web 网站创建和媒体技术平台,QuickTime 支持几乎所有主流的个人计算平台,可以通过互联网提供实时的数字化信息流、工作流与文件回放功能。现有版本为 QuickTime 1.0、2.0、3.0、4.0 和 5.0,在 5.0 版本中还融合了支持最高 A/V 播放质量的播放器等多项新技术。

(10) VQF 格式是由 YAMAHA 和 NTT 共同开发的一种音频压缩技术,它的压缩率能够达到 1:18。因此,相同情况下压缩后 VQF 的文件体积比 MP3 小 30%~50%,更便利于网上传播,同时音质极佳,接近 CD 音质(16 位 44.1kHz 立体声)。但 VQF 未公开技术标准,至今未能流行开来。

(11) DVD Audio 是新一代的数字音频格式,与 DVD Video 尺寸以及容量相同,为音乐格式的 DVD 光碟,取样频率为 48kHz/96kHz/192kHz 和 44.1kHz/88.2kHz/176.4kHz(可选择),量化位数可以为 16、20 或 24bit(或 b),它们之间可自由地进行组合。低采样率的 192kHz、176.4kHz 虽然是 2 声道重播专用,但它最多可收录到 6 声道。而以 2 声道 192kHz/24b 或 6 声道 96kHz/24b 收录声音,可容纳 74min 以上的录音,动态范围达 144dB,整体效果出类拔萃。

通常,声音是用一种模拟(连续的)波形来表示的,该波形描述了振动波的形状。如

图 2.3 所示,一个声音信号有 3 个要素,分别是基线、周期和振幅。

声音的表示方法是以一定的时间间隔对音频信号进行采样,并将采样结果进行量化,转化成数字信息的过程,如图 2.4 所示。声音的采样是在数字模拟转换时将模拟波形分割成数字信号波形的过程,采样的频率越大,所获得的波形越接近实际波形,即保真度越高。

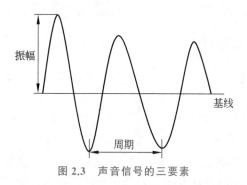 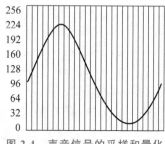

图 2.3　声音信号的三要素　　　　图 2.4　声音信号的采样和量化

自然界的声音是一种连续变化的模拟信息,可以采用 A/D 转换器对声音信息进行数字化。

8. 视频在计算机中的表示方法

视频信息可以看成由连续变换的多幅图像构成,播放视频信息,每秒需传输和处理 25 幅以上的图像。视频信息数字化后的存储量相当大,所以需要进行压缩处理。视频文件的扩展名有 avi、mpg 等。

视频是现代计算机多媒体系统中的重要一环。为了适应存储视频的需要,人们设定了不同的视频文件格式来把视频和音频放在一个文件中,以方便同时回放。

视频文件格式有不同的分类,如微软视频(wmv、asf、asx)、Real Player 视频(rm、rmvb)、MPEG 视频(mpg、mpeg、mpe)、手机视频(sgp)、Apple 视频(mov)、Sony 视频(mp4、m4v)和其他常见视频(avi、dat、mkv、flv、vob)。

(1) AVI(Audio Video Interactive)格式把视频和音频编码混合在一起储存。AVI 是最长寿的格式,而且已显老态。AVI 格式上限制比较多,只能有一个视频轨道和一个音频轨道(现在有非标准插件可加入最多两个音频轨道),还可以有一些附加轨道,如文字等。AVI 格式不提供任何控制功能。

(2) WMV(Windows Media Video)格式是微软公司开发的一组数位视频编解码格式的通称,ASF(Advanced Systems Format)是其封装格式。ASF 封装的 WMV 文档具有"数位版权保护"功能。封装格式(也称为容器)就是将已经编码压缩好的视频轨和音频轨按照一定的格式放到一个文件中,也就是说封装格式仅仅是一个外壳,也可以把它当成一个放视频轨和音频轨的文件夹。通俗地讲,视频轨相当于饭,而音频轨相当于菜,封装格式就是一个碗或者一个锅,是用来盛放饭菜的容器。

(3) MPEG(Moving Picture Experts Group,运动图像专家组)格式,是一个国际标准化组织(ISO)认可的媒体封装形式,受到大部分计算机的支持。其储存方式多样,可以适应不同的应用环境。MPEG-4 文档的容器格式在 Layer 1(mux)、14(mpg)、15(avc)等中规定。MPEG 的控制功能丰富,可以有多个视频(即角度)、音轨、字幕(位图字幕)等。MPEG 的一个简化版本 3GP 还广泛应用于准 3G 手机上。

(4) MPEG-1 格式是一种 MPEG 多媒体格式,用于压缩和存储音频和视频。用于计算机和游戏,MPEG-1 的分辨率为 352×240 像素,帧速率为每秒 25 帧(PAL)。MPEG-1 可以提供和租赁录像带一样的视频质量。

帧速率(FPS,Frames Per Second,帧/秒)是指每秒钟刷新的图片的帧数,也可以理解为图形处理器每秒钟能够刷新几次。对影片内容而言,帧速率指每秒所显示的静止帧格数。要生成平滑连贯的动画效果,帧速率一般不小于 8;而电影的帧速率为 24fps。捕捉动态视频内容时,此数字愈高愈好。

根据不同条件下的实时视频传输的要求,可以将视频的服务质量分为 5 个等级。分别是高清晰度会议电视(HDTV)、演播质量数字电视、广播质量电视、VCR 质量电视和电视会议质量。在 IP 网络多媒体通信的应用中,由于考虑 IP 网络的带宽的限定,目前采用的视频服务质量主要是 5 个质量等级中最差的一个等级。

(5) MPEG-2 格式是一种 MPEG 多媒体格式,用于压缩和存储音频及视频。供广播质量的应用程序使用,MPEG-2 定义了支持添加封闭式字幕和各种语言通道功能的协议。

(6) DivX 格式是由 DivXNetworks 公司发明的,类似于 MP3 的数字多媒体压缩技术。DivX 基于 MPEG-4,可以把 MPEG-2 格式的多媒体文件压缩至原来的 10%,更可把 VHS 录像带格式的文件压至原来的 1%。通过 DSL 或 CableModem 等宽带设备,它可以让用户欣赏全屏的高质量数字电影。同时它还允许在其他设备(如数字电视、蓝光播放器、PocketPC、数码相框和手机)上观看,对机器的要求不高,这种编码的视频对硬件的要求是:CPU 是 300MHz 以上、64MB 内存和一个 8MB 显存的显卡,就可以流畅地播放了。采用 DivX 格式的文件小,图像质量更好,一张 CD-ROM 可容纳 120min 的质量接近 DVD 的电影。

(7) DV(数字视频)格式通常用于指用数字格式捕获和储存视频的设备(诸如便携式摄像机)。有 DV 类型Ⅰ和 DV 类型Ⅱ两种 AVI 文件。

DV 类型Ⅰ数字视频 AVI 文件包含原始的视频和音频信息。DV 类型Ⅰ文件通常小于 DV 类型Ⅱ文件,并且与大多数 A/V 设备兼容,诸如 DV 便携式摄像机和录音机。

DV 类型Ⅱ数字视频 AVI 文件包含原始的视频和音频信息,同时还包含作为 DV 音频副本的单独音轨。DV 类型Ⅱ比 DV 类型Ⅰ兼容的软件更加广泛,因为大多数使用 AVI 文件的程序都希望使用单独的音轨。

(8) MKV 格式(Matroska)是一种新的多媒体封装格式,这个封装格式可把多种不同编码的视频及 16 条或以上不同格式的音频和语言不同的字幕封装到一个 Matroska Media 文件内。它也是一种开放源代码的多媒体封装格式。Matroska 同时还可以提供非常好的交互功能,而且比 MPEG 的交互功能更方便、强大。

(9) RM / RMVB 格式(Real Video 或 Real Media)文件是由 RealNetworks 公司开发的一种文件容器。它通常只能容纳 Real Video 和 Real Audio 编码的媒体。该文件带

有一定的交互功能,允许编写脚本以控制播放。RM,尤其是可变比特率的 RMVB 格式,体积很小,非常受到网络下载者的欢迎。

(10) MOV 格式(QuickTime Movie)是由苹果公司开发的容器,由于苹果计算机在专业图形领域的统治地位,QuickTime 格式基本上成为电影制作行业的通用格式。1998 年 2 月 11 日,国际标准化组织认可 QuickTime 文件格式作为 MPEG-4 标准的基础。QuickTime 可储存的内容相当丰富,除了视频和音频以外还支持图片和文字(文本字幕)等。

(11) OGG 格式(Ogg Media)是一个完全开放性的多媒体系统计划,OGM(Ogg Media File)是其容器格式。OGM 可以支持多视频、音频、字幕(文本字幕)等多种轨道。

(12) MOD 格式,是 JVC 公司生产的硬盘摄录机所采用的存储格式名称。

2.3 本章小结

在计算机系统中,各种字母和数字符号的组合、语音、图形和图像等统称为数据,数据经过加工后就成为信息。计算机系统实质是对二进制信息的存储和处理,日常事务处理主要是十进制数据和各种字符、汉字信息,如何利用二进制代码来有效地表示各种信息是本章的主要内容。进位记数制中常用的有二进制、八进制、十进制和十六进制数据,它们之间的相互转换方法是本章学习的基本要求,要了解定点数与浮点数的意义与使用方法,了解原码、反码和补码的含义,掌握英文与汉字的存储方法,掌握 ASCII 码、汉字输入码、机内码、输出码等内容,了解多媒体技术的概念、涉及的内容、基本类型、应用、图形与声音的表示方法。

习题

一、选择题

1. 在计算机中,所有信息的存放与处理采用(   )。
   A. ASCII 码   B. 二进制   C. 十六进制   D. 十进制
2. 在汉字国标码字符集中,汉字和图形符号的总个数为(   )。
   A. 3755   B. 3008   C. 7445   D. 6763
3. 用十六进制数给某存储器的各字节编地址,其地址编号是 0000~FFFF,则该存储器的容量是(   )。
   A. 64KB   B. 256KB   C. 640KB   D. 1MB
4. 将十进制数 215.6531 转换成二进制数是(   )。
   A. 11110010.000111   B. 11101101.110011
   C. 11010111.101001   D. 11100001.111101
5. 将二进制数 1101101110 转换为八进制数是(   )。
   A. 1555   B. 1556   C. 1557   D. 1558

6. 将二进制数 1110111 转换成十六进制数是(   )。
   A. 77   B. D7   C. E7   D. F7

7. 将十进制数 269 转换为十六进制数是(   )。
   A. 10E   B. 10D   C. 10C   D. 10B

8. 在计算机内部,数据是以(   )的形式加工、处理和传送的。
   A. 二进制   B. 八进制   C. 十六进制   D. 十进制

9. 下列各种进制的数中最小的数是(   )。
   A. 213D   B. 10AH   C. 335O   D. 110111000B

10. 十六进制数 3FC3 转换为对应的二进制数是(   )。
    A. 11111111000011   B. 01111111000011
    C. 01111111000001   D. 11111111000001

11. 将十进制的整数化为 N 进制整数的方法是(   )。
    A. 乘 N 取整法   B. 除 N 取整法   C. 乘 N 取余法   D. 除 N 取余法

12. 计算机的机器数有位数的限制,这是由于计算机(   )的限制。
    A. 硬件设备   B. 操作系统   C. 软件   D. 输出设备

13. 已知大写字母 A 的 ASCII 码值为 $(65)_{10}$,则小写字母 a 的 ASCII 码值是(   )。
    A. 21H   B. 61H   C. 93H   D. 2FH

14. 下列关于字符之间大小关系的排列正确的是(   )。
    A. 空格符＞d＞D   B. 空格符＞D＞d
    C. d＞D＞空格符   D. D＞d＞空格符

15. 原码是用(   )表示符号的二进制代码。
    A. 最高位   B. 最后一位   C. 第 4 位   D. 任意位

16. 负数的补码是(   )各位求反,然后末位加 1。
    A. 先对符号   B. 先对原码中除符号位以外的
    C. 先对原码   D. 不对

17. 用补码表示的、带符号的八位二进制数可表示的整数范围是(   )。
    A. －128～＋127   B. －127～＋127
    C. －128～＋128   D. －127～＋128

18. 已知最高位为符号位的 8 位机器码 10111010。当它是原码时,表示的十进制真值是(   )。
    A. ＋58   B. －58   C. ＋70   D. －70

19. 补码 10110111 代表的十进制负数是(   )。
    A. 67   B. －53   C. －73   D. －4

20. 已知某计算机的字长是 8 位,则二进制数 －101010 的原码表示为(   )。
    A. 11010101   B. 10101010   C. 11010110   D. 00101010

21. 十进制数 75 在某计算机内部用二进制代码 10110101 表示,表示方式为(   )。
    A. ASCII 码   B. 原码   C. 反码   D. 补码

22. 将175转换成十六进制,结果为( )。
    A. AFH   B. 10FH   C. D0H   D. 98H
23. 如果$(73)_X = (3B)_{16}$,则 X 为( )。
    A. 2   B. 8   C. 10   D. 16
24. 数据处理的基本单位是( )。
    A. 位   B. 字节   C. 字   D. 双字
25. 已知字母 m 的 ASCII 码值为 6DH,则字母 p 的 ASCII 码值是( )。
    A. 68H   B. 69H   C. 70H   D. 71H
26. 汉字"往"的区位码是4589,其国标码是( )。
    A. CDF9H   B. C5F9H   C. 4D79H   D. 65A9H
27. 一个汉字的编码为B5BCH,它可能是( )。
    A. 国标码   B. 机内码   C. 区位码   D. ASCII 码
28. 一个汉字字形采用( )点阵时,其字形码要占72B。
    A. 16×16   B. 24×24   C. 32×32   D. 48×48
29. 多媒体技术的主要特性有( )。
    (1) 多样性;(2) 集成性;(3) 交互性;(4) 实时性。
    A. 仅(1)   B. (1),(2)   C. (1),(2),(3)   D. 全部
30. 根据多媒体的特性,以下属于多媒体范畴的是( )。
    (1) 交互式视频游戏;(2) 有声图书;(3) 彩色画报;(4) 彩色电视。
    A. 仅(1)   B. (1),(2)   C. (1),(2),(3)   D. 全部
31. 位图与矢量图比较,可以看出( )。
    A. 对于复杂图形,位图比矢量图画对象更快
    B. 对于复杂图形,位图比矢量图画对象更慢
    C. 位图与矢量图占用空间相同
    D. 位图比矢量图占用空间更少

二、填空题

1. 将下列十进制数转换成相应的二进制数。
    $(68)_{10} = ($ $)_2$
    $(347)_{10} = ($ $)_2$
    $(57.687)_{10} = ($ $)_2$
2. 将下列二进制数转换成相应的十进制数、八进制数和十六进制数。
    $(101101)_2 = ($ $)_{10} = ($ $)_8 = ($ $)_{16}$
    $(11110010)_2 = ($ $)_{10} = ($ $)_8 = ($ $)_{16}$
    $(10100.1011)_2 = ($ $)_{10} = ($ $)_8 = ($ $)_{16}$
3. 在计算机中,一字节由( )个二进制位组成,一个汉字的内码由( )字节组成。

4. 与十进制数 17.5625 相等的八进制数是（　　）。

5. 计算机中存储数据的最小单位是（　　），存储容量的基本单位是（　　）。

6. 1GB=（　　）B=（　　）KB=（　　）MB。

7. $(2008)_{10}$＋$(5B)_{16}$的结果是（　　）。分别计算二进制、八进制、十进制和十六进制的结果。

8. 文本、声音、（　　）、（　　）和（　　）等信息的载体中的两个或多个的组合构成了多媒体。

9. 多媒体系统是指利用（　　）处理和控制多媒体信息的系统。

10. 多媒体具有（　　）、（　　）、（　　）等特性。

11. 在多媒体技术中，存储声音的常用文件格式有（　　）和（　　）。

12. 常用的图像文件格式是（　　）、（　　）、（　　）、（　　）、（　　）、（　　）。

13. 一般地说，用文字、符号或数码串表示特定对象、信号和状态的过程都可以称为（　　）。

14. 数据在计算机内的表示形式称为（　　），被机器数表示的原来的数称为机器数的（　　）。

三、简答题

1. 计算机为什么要采用二进制数码？
2. 什么是编码？计算机中常用的信息编码有哪几种？请列出它们的名称。
3. 什么是计算机外码？什么是计算机内码？简述它们之间的区别。
4. 数据的存储单位有哪些？它们之间的关系是什么？
5. 正数和负数的原码、反码和补码如何表示的？如何进行加法运算？
6. 浮点数是如何表示的？各部分分别代表什么含义？
7. 什么是汉字的输入码、交换码和机内码？
8. 常用的图像文件和声音文件有哪些？
9. 什么是位图？什么是矢量图？两者主要的区别是什么？
10. 什么是多媒体？它包括哪些内容？

第 3 章　计算机硬件基础

> **本章学习目标**
> - 熟练掌握计算机硬件系统的基本组成。
> - 了解计算机的指令系统与机器语言。
> - 熟练掌握微型计算机系统的组成及其性能指标。

本章先介绍计算机硬件的基本组成部分和冯·诺依曼体系结构,再介绍计算机的指令系统以及机器语言、汇编语言和高级语言,最后介绍微型计算机的组成及性能指标。

3.1　计算机硬件的基本组成

冯·诺依曼体系结构和微处理器基础

计算机硬件(computer hardware)是指计算机系统中由电子、机械和光电元件等组成的各种物理装置的总称。这些物理装置按系统结构的要求构成一个有机整体,为计算机软件运行提供物质基础。简言之,计算机硬件的功能是输入并存储程序和数据,以及执行程序把数据加工成可以利用的形式。从外观上来看,微机由主机箱和外部设备组成。主机箱内主要包括 CPU、内存、主板、硬盘驱动器、光盘驱动器、各种扩展卡(声卡、显卡、网卡)、连接线和电源等;外部设备包括鼠标、键盘、显示器、音箱、打印机、U 盘和视频设备等,这些设备通过接口和连接线与主机相连。计算机硬件的组成如图 3.1 所示。

存储设备

输入输出设备

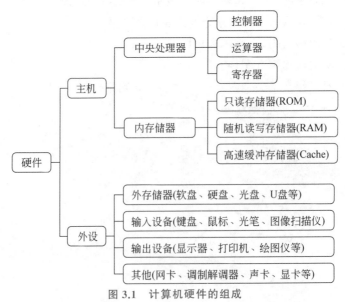

图 3.1　计算机硬件的组成

3.1.1 冯·诺依曼机体系结构

冯·诺依曼理论的要点是,数字计算机的数制采用二进制;计算机应该按照程序顺序执行。人们把冯·诺依曼的这个理论称为冯·诺依曼体系结构,如图 3.2 所示。

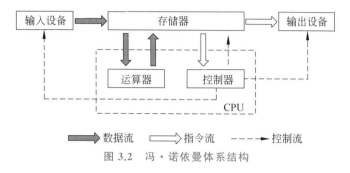

图 3.2 冯·诺依曼体系结构

从 ENIAC 到当前最先进的计算机都采用的是冯·诺依曼体系结构,所以冯·诺依曼是当之无愧的数字计算机之父。

电子计算机的问世,最重要的奠基人是英国科学家艾伦·图灵和美籍匈牙利科学家冯·诺依曼。图灵的贡献是建立了图灵机的理论模型,奠定了人工智能的基础,而冯·诺依曼则是首先提出了计算机体系结构的设想。

1945 年,冯·诺依曼提出存储程序原理,把程序本身当作数据来对待,程序和程序处理的数据用同样的方式存储,并确定了存储程序计算机的五大组成部分和基本工作方法。70 多年以来,计算机制造技术发生了巨大变化,但冯·诺依曼体系结构仍然沿用至今。

计算机的基本原理是存储程序和程序控制。预先要把指挥计算机如何进行操作的指令序列(称为程序)和原始数据通过输入设备输送到计算机内存中。每一条指令中明确规定了计算机从哪个地址取数,进行什么操作,然后送到什么地址去等步骤。

计算机在运行时,先从内存中取出第一条指令,通过控制器的译码,按指令的要求,从存储器中取出数据进行指定的运算和逻辑操作等加工,然后再按地址把结果送到内存中去。接下来,再取出第二条指令,在控制器的指挥下完成规定操作。依此进行下去,直至遇到停止指令。

程序与数据一样存储,按程序编排的顺序,一步一步地取出指令,自动地完成指令规定的操作,是计算机最基本的工作原理。

1. 冯·诺依曼体系结构

20 世纪 30 年代中期,科学家冯·诺依曼大胆地提出,抛弃十进制,采用二进制作为数字计算机的数制基础。同时,他还提出预先编制计算程序,然后由计算机来按照人们事前规定的计算顺序来执行数值计算工作。

1945 年 6 月,冯·诺依曼提出了在数字计算机内部的存储器中存放程序的概念,按这一结构建造的计算机称为存储程序计算机,又称为通用计算机。冯·诺依曼计算机主要由运算器、控制器、存储器和输入设备和输出设备组成,其特点是:程序以二进制代码的形式存放在存储器中;所有的指令都由操作码和地址码组成;指令在存储器中按照执行的顺序存放;以运算器和控制器作为计算机结构的中心等。冯·诺依曼计算机广泛应用于数据处理和控制方面,但是也存在一定的局限性。

(1) 采用存储程序方式,指令和数据不加区别混合存储在同一个存储器中。数据和程序在内存中是没有区别的,它们都是内存中的数据,当EIP(32位机的指令寄存器)指针指向哪,CPU就加载哪段内存中的数据,如果是不正确的指令格式,CPU就会发生错误中断。指令和数据都可以送到运算器进行运算,即由指令组成的程序是可以修改的。

(2) 存储器是按地址访问的线性编址的一维结构,每个单元的位数是固定的。

(3) 指令由操作码和地址组成。操作码指明本指令的操作类型,地址码指明操作数和地址。操作数本身无数据类型的标志,它的数据类型由操作码确定。

(4) 通过执行指令直接发出控制信号控制计算机的操作。指令在存储器中按其执行顺序存放,由指令计数器指明要执行的指令所在的单元地址。指令计数器只有一个,一般按顺序递增,但执行顺序可随运算结果或当时的外界条件而改变。

(5) 以运算器为中心,I/O设备与存储器间的数据传送都要经过运算器。

(6) 数据以二进制表示。

2. 冯·诺依曼体系结构的特点

计算机系统由硬件系统和软件系统两大部分组成。冯·诺依曼体系结构奠定了现代计算机的基本结构,其特点如下。

(1) 计算机处理的数据和指令一律用二进制数表示。

(2) 顺序执行程序。计算机运行过程中,把要执行的程序和处理的数据首先存入主存储器(内存),计算机执行程序时,将自动地按顺序从主存储器中取出指令一条一条地执行,这一概念称为顺序执行程序。

(3) 计算机硬件由运算器、控制器、存储器、输入设备和输出设备五大部分组成。

运算器(arithmetic unit)由算术逻辑单元(ALU)、累加器、状态寄存器和通用寄存器组等组成。算术逻辑单元的基本功能为加、减、乘、除四则运算,与、或、非、异或等逻辑操作,以及移位、求补等操作。计算机运行时,运算器的操作和操作种类由控制器决定。运算器处理的数据来自存储器;处理后的结果数据通常送回存储器,或暂时寄存在运算器中。运算器与控制器共同组成了CPU的核心部分。

控制器(control unit)是整个计算机系统的控制中心,它指挥计算机各部分协调地工作,保证计算机按照预先规定的目标和步骤有条不紊地进行操作及处理。控制器从存储器中逐条取出指令,分析每条指令规定的是什么操作以及所需数据的存放位置等,然后根据分析的结果向计算机其他部件发出控制信号,统一指挥整个计算机完成指令所规定的操作。计算机自动工作的过程,实际上是自动执行程序的过程,而程序中的每条指令都是由控制器来分析执行的,它是计算机实现"程序控制"的主要设备。

通常把控制器与运算器合称为中央处理器(Central Processing Unit,CPU)。工业生产中总是采用最先进的超大规模集成电路技术来制造中央处理器,即CPU芯片。它是计算机的核心设备。它的性能(主要是工作速度和计算精度)对计算机的整体性能有全面的影响。

硬件系统的核心是中央处理器。它主要由控制器和运算器等组成,并采用大规模集成电路工艺制成的芯片,又称为微处理器芯片。

CPU 品质的高低,直接决定了一个计算机系统的档次。反映 CPU 品质的最重要指标是主频和数据传送的位数。主频说明了 CPU 的工作速度,主频越高,CPU 的运算速度越快。常用的 CPU 主频有 1.5GHz、2.0GHz、2.4GHz 等。CPU 传送数据的位数是指计算机在同一时间能同时并行传送的二进制信息位数。常说的 16 位机、32 位机和 64 位机,是指该计算机中的 CPU 可以同时处理 16 位、32 位和 64 位的二进制数据。随着型号的不断更新,微机的性能也不断提高。

存储器(memory)是计算机系统中的记忆设备,用来存放程序和数据。计算机中全部信息,包括输入的原始数据、计算机程序、中间运行结果和最终运行结果都保存在存储器中。它根据控制器指定的位置存入和取出信息。有了存储器,计算机才有记忆功能,才能保证正常工作。按用途可将存储器分为主存储器(内存)和辅助存储器(外存)。外存通常是磁性介质或光盘等,能长期保存信息。内存指主板上的存储部件,用来存放当前正在执行的数据和程序,但仅用于暂时存放程序和数据,关闭电源或断电后,内存中的数据会丢失。

输入设备(input device)是向计算机输入数据和信息的设备,是计算机与用户或其他设备通信的桥梁。输入设备是用户和计算机系统之间进行信息交换的主要装置之一。键盘、鼠标、摄像头、扫描仪、光笔、手写输入板、游戏杆和语音输入装置等都属于输入设备。输入设备是人或外部与计算机进行交互的一种装置,用于把原始数据和处理这些数据的程序输入到计算机中。计算机能够接收各种各样的数据,既可以是数值型的数据,也可以是各种非数值型的数据,如图形、图像和声音等都可以通过不同类型的输入设备输入计算机中,进行存储、处理和输出。

输出设备(output device)用于处理计算机数据的输出显示、打印、播放声音和控制外围设备操作等,把各种计算结果数据或信息以数字、字符、图像和声音等形式表示出来。

3. 冯·诺依曼体系结构的作用

冯·诺依曼体系结构是现代计算机的基础,现在大多数计算机仍然采用冯·诺依曼体系结构,只是做了一些改进而已,并没有从根本上突破冯·诺依曼体系结构。

根据冯·诺依曼体系结构构成的计算机必须具有如下功能:把需要的程序和数据送至计算机中;必须具有长期记忆程序、数据、中间结果及最终运算结果的能力;能够完成各种算术、逻辑运算和数据传送等数据加工处理的能力;能够根据需要控制程序走向,并能根据指令控制机器的各部件协调操作;能够按照要求将处理结果输出给用户。

将指令和数据同时存放在存储器中,是冯·诺依曼体系结构的特点之一,计算机由控制器、运算器、存储器、输入设备和输出设备 5 部分组成,冯·诺依曼提出的计算机体系结构奠定了现代计算机的结构理念。

3.1.2 微处理器基础

微处理器是用一片或几片大规模集成电路组成的中央处理器。这些电路执行控制部件和算术逻辑部件的功能。微处理器与传统的中央处理器相比,具有体积小、质量小和容易模块化等优点。微处理器的基本组成部分有寄存器堆、运算器、时序控制电路以及数据和地址总线。微处理器能完成取指令、执行指令以及与外界存储器和逻辑部件交换信息等操作,是微型计算机的运算控制部分。它可与存储器和外围电路芯片组成微型计算机。

中央处理器是指计算机内部对数据进行处理并对处理过程进行控制的部件,伴随着大规模集成电路技术的迅速发展,芯片集成度越来越高,CPU可以集成在一个半导体芯片上,这种具有中央处理器功能的大规模集成电路器件被统称为微处理器。注意,微处理器本身并不等于微型计算机,仅仅是微型计算机的中央处理器。

微处理器已经无处不在,无论是录像机、智能洗衣机、移动电话等家电产品,还是汽车引擎控制、数控机床、导弹精确制导等都要嵌入各类不同的微处理器。微处理器不仅是微型计算机的核心部件,也是各种数字化智能设备的关键部件。国际上的超高速巨型计算机、大型计算机等高端计算系统也都采用大量的通用高性能微处理器建造。

1. 微处理器的分类

根据微处理器的应用领域,微处理器可以分为3类:通用高性能微处理器、嵌入式微处理器和微控制器。

通用高性能微处理器追求高性能,它们用于运行通用软件,配备完备、复杂的操作系统。

嵌入式微处理器强调处理特定应用问题的高性能,主要用于运行面向特定领域的专用程序,配备轻量级操作系统,主要用于蜂窝电话、CD播放机等消费类家电。

微控制器价位相对较低,在微处理器市场上需求量最大,主要用于汽车、空调、自动机械等领域的自控设备。

2. 微处理器的发展历程

CPU从最初发展至今已经有几十年的历史了,按照其处理信息的字长,CPU可以分为4位微处理器、8位微处理器、16位微处理器、32位微处理器以及最新的64位微处理器,可以说个人计算机的发展是随着CPU的发展而前进的。微机是指以大规模、超大规模集成电路为主要部件,以集成了计算机主要部件——控制器和运算器的微处理器(MicroProcessor Unit,MPU)为核心的计算机。经过多年的发展,微处理器的发展大致可分为6代。

(1) 第一代(1971—1973年)。通常是4位或8位微处理器,典型的是Intel 4004和Intel 8008微处理器。Intel 4004是一种4位微处理器,可进行4位二进制的并行运算,它有45条指令,速度为0.05MIPS(Million Instructions Per Second,每秒百万条指令)。Intel 4004的功能有限,主要用于计算器、电动打字机、照相机、台秤、电视机等家用电器上,使这些电器设备具有智能化,从而提高它们的性能。Intel 8008 是世界上第一种 8 位的微处理器。存储器采用 PMOS 工艺。该阶段计算机工作速度较慢,微处理器的指令系统不完整,存储器容量很小,只有几百字节,没有操作系统,只有汇编语言。主要用于工业仪表和过程控制。

(2) 第二代(1974—1977 年)。典型的微处理器有 Intel 8080/8085,Zilog 公司的 Z80 和 Motorola 公司的 M6800。与第一代微处理器相比,集成度提高了 1~4 倍,运算速度提高了 10~15 倍,指令系统相对比较完善,已具备典型的计算机体系结构及中断、直接存储器存取等功能。

由于微处理器可用来完成很多以前需要用较大设备完成的计算任务,价格又便宜,于是各半导体公司开始竞相生产微处理器芯片。但这些芯片基本没有改变 Intel 8080 的基本特点,都属于第二代微处理器。它们均采用 NMOS 工艺,集成度约 9000 个晶体管,平均指令执行时间为 1~2μs,采用汇编语言、BASIC、FORTRAN 编程,使用单用户操作系统。

(3) 第三代(1978—1984 年),即 16 位微处理器。1978 年,Intel 公司率先推出 16 位微处理器 Intel 8086,同时,为了方便原来的 8 位机用户,Intel 公司又提出了一种准 16 位微处理器 Intel 8088。1981 年,美国 IBM 公司将 8088 芯片用于其研制的 IBM-PC 中,从而开创了全新的微机时代。也正是从 Intel 8088 开始,个人计算机(PC)的概念开始在全世界范围内发展起来。从 8088 应用到 IBM-PC 上开始,个人计算机真正走进了人们的工作和生活之中,它也标志着一个新时代的开始。

(4) 第四代(1985—1992 年),即 32 位微处理器。1985 年 10 月 17 日,Intel 公司划时代的产品 80386DX 正式发布了,其内部包含 27.5 万个晶体管,时钟频率为 12.5MHz,后逐步提高到 20MHz、25MHz、33MHz,最后还有少量的 40MHz 产品。

(5) 第五代(1993—2005 年)是奔腾(Pentium)系列微处理器时代。典型产品是 Intel 公司的奔腾系列芯片及与之兼容的 AMD 的 K6 系列微处理器芯片。内部采用了超标量指令流水线结构,并具有相互独立的指令和数据高速缓存。随着 MMX(MultiMedia eXtended)微处理器的出现,使微机的发展在网络化、多媒体化和智能化等方面跨上了更高的台阶。

(6) 第六代(2005 年至今)是酷睿(Core)系列微处理器时代。"酷睿"是一款领先节能的新型微架构,设计的出发点是提供卓然出众的性能和能效,提高每瓦特性能,也就是所谓的能效比。早期的酷睿是基于笔记本处理器的。"酷睿 2"英文名称为 Core 2 Duo,是 Intel 公司在 2006 年推出的新一代基于 Core 微架构的产品体系称,于 2006 年 7 月 27 日发布。"酷睿 2"是一个跨平台的构架体系,包括服务器版、桌面版和移动版三大领域。其中,服务器版的开发代号为 Woodcrest,桌面版的开发代号为 Conroe,移动版的开发代号为 Merom。

"酷睿 2"处理器的 Core 微架构是 Intel 公司的以色列设计团队在 Yonah 微架构基础之上改进而来的新一代 Intel 架构。最显著的变化在于对各个关键部分进行强化。为了提高两个核心的内部数据交换效率,采取共享式二级缓存设计,两个核心共享高达 4MB 的二级缓存。

2010 年 6 月,Intel 公司再次发布革命性的处理器——第二代 Core i3/i5/i7。它隶属于第二代智能酷睿家族,全部基于全新的 Sandy Bridge 微架构,相比第一代产品主要有 5 点重要革新:①采用全新 32nm 的 Sandy Bridge 微架构,更低功耗,更强性能;②内置高性能 GPU,视频编码、图形性能更强;③睿频加速技术 2.0,更智能,更高效能;④引入全新环形架构,带来更高带宽与更低延迟;⑤全新的 AVX、AES 指令集,加强浮点运算与加密解密运算。

2012 年 4 月 24 日,Intel 公司正式发布了 Ivy Bridge(IVB)处理器。22nm Ivy Bridge 会将执行单元的数量翻一番,达到最多 24 个,自然会带来性能上的进一步跃进。Ivy Bridge 会加入支持 DX11 的集成显卡。另外,新加入的 XHCI USB 3.0 控制器则共享其中 4 条通道,从而提供最多 4 个 USB 3.0,从而支持原生 USB 3.0。CPU 的制作采用 3D 晶体管技术,耗电量会减少一半。

3. 微处理器的组成

微处理器由算术逻辑单元(Arithmetic Logical Unit,ALU)、存储器、I/O 接口总线组成。其中,运算器和控制器是其主要组成部分。

1) 算术逻辑单元

算术逻辑单元主要完成算术运算(+、-、×、÷、比较)和各种逻辑运算(与、或、非、异或、移位)等操作。ALU 是组合电路,本身无寄存操作数的功能,因而必须有保存操作数的两个寄存器:暂存器(TMP)和累加器(AC),累加器既向 ALU 提供操作数,又接收 ALU 的运算结果。

定时与控制逻辑是微处理器的核心控制部件,负责对整个计算机进行控制,包括从存储器中取指令,分析指令(即指令译码)以确定指令操作和操作数地址,取操作数,执行指令规定的操作,送运算结果到存储器或 I/O 端口等。它还向微机的其他各部件发出相应的控制信号,使 CPU 内外各部件间协调工作。

内部总线用来连接微处理器的各功能部件并传送微处理器内部的数据和控制信号。

必须指出,微处理器本身并不能单独构成一个独立的工作系统,也不能独立地执行程序,必须配上存储器和输入输出设备构成一个完整的微型计算机后才能独立工作。

2) 存储器

微型计算机的存储器用来存放当前正在使用的或经常使用的程序和数据。存储器按读写方式分为随机存储器(Random Access Memory,RAM)和只读存储器(Read Only Memory,ROM)。RAM 也称为读写存储器,工作过程中 CPU 可根据需要随时对其内容进行读或写操作。RAM 是易失性存储器,即其内容在断电后会全部丢失,因而只能存放暂时性的程序和数据。ROM 的内容只能读出不能写入,断电后其所存信息仍保留不变,是非易失性存储器,所以 ROM 常用来存放永久件的程序和数据。如初始导引程序、监控程序、操作系统中的基本输入输出管理程序(BIOS)等。

3) I/O 接口

输入输出接口电路是微型计算机的重要组成部件。它是微型计算机连接外部输入输出设备及各种控制对象并与外界进行信息交换的逻辑控制电路。由于外设的结构、工作速度、信号形式和数据格式等各不相同,因此它们不能直接挂接到系统总线上,必须用输入输出接口电路来做中间转换,才能实现与 CPU 间的信息交换。I/O 接口也称为 I/O 适配器,不同的外设必须配备不同的 I/O 适配器。I/O 接口电路是微型计算机应用系统必不可少的重要组成部分。任何一个微机应用系统的研制和设计,实际上主要是 I/O 接口的研制和设计。

4)总线

总线是计算机系统中各部件之间传送信息的公共通道,是微型计算机的重要组成部件。它由若干条通信线和起驱动隔离作用的各种三态门器件组成。微型计算机在结构形式上总是采用总线结构,即构成微型计算机的各功能部件(微处理器、存储器、I/O 接口电路等)之间通过总线相连接,这是微型计算机系统结构上的独特之处。采用总线结构之后,使系统中各功能部件间的相互关系转变为各部件面向总线的单一关系,一个部件(功能板/卡)只要符合总线标准,就可以连接到采用这种总线标准的系统中,从而使系统功能扩充或更新容易,结构简单,可靠性大大提高。在微型计算机中,根据总线所处位置和应用场合,总线被分为以下 4 级。

(1) 片内总线。它位于微处理器芯片内部,故称为芯片内部总线。用于微处理器内部 ALU 和各种寄存器等部件间的互连及信息传送。由于受芯片面积及对外引脚数的限制,片内总线大多采用单总线结构,这有利于芯片集成度和成品率的提高,如果要求加快内部数据传送速度,也可采用双总线或三总线结构。

(2) 片总线。片总线又称为元件级(芯片级)总线或局部总线。微机主板、单板机以及其他一些插件板卡(如各种 I/O 接口板卡)本身就是一个完整的子系统,板卡上包含 CPU、RAM、ROM 和 I/O 接口等各种芯片,这些芯片间也是通过总线来连接的,因为这有利于简化结构,减少连线,提高可靠性,方便信息的传送与控制。通常把各种板卡上实现芯片间相互连接的总线称为片总线或元件级总线,如图 3.3 所示。

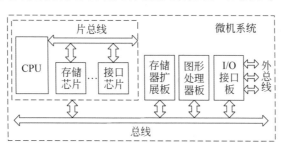

图 3.3　片总线结构

对于一台完整的微型计算机来说,各种板卡只是一个子系统,是一个局部,故又把片总线称为局部总线,而把用于连接微型计算机各功能部件插卡的总线称为系统总线。

(3) 内总线。内总线又称为系统总线或板级总线。因为该总线是用来连接微机各功能部件而构成一个完整的微机系统,所以称为系统总线。系统总线是微机系统中最重要的总线,人们平常所说的微机总线就是指系统总线,如 PC 总线、AT 总线(ISA 总线)和 PCI 总线等。

系统总线上传送的信息包括数据信息、地址信息和控制信息。因此，系统总线包含 3 种不同功能的总线，即数据总线(Data Bus，DB)、地址总线(Address Bus，AB)和控制总线(Control Bus，CB)，如图 3.4 所示。

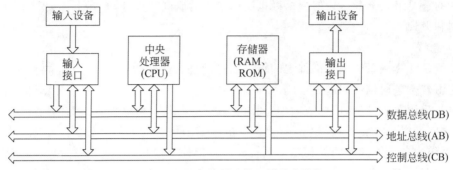

图 3.4　总线和微型计算机的基本结构

数据总线用于传送数据信息。数据总线是双向三态形式的总线，既可以把 CPU 的数据传送到存储器或 I/O 接口等其他部件，也可以将其他部件的数据传送到 CPU。数据总线的位数是微型计算机的一个重要指标，通常与微处理的字长相一致。例如，Intel 8086 微处理器字长是 16 位，其数据总线宽度也是 16 位。需要指出的是，数据的含义是广义的，它可以是真正的数据，也可以指令代码或状态信息，有时甚至是一个控制信息。因此，在实际工作中，数据总线上传送的并不一定仅仅是真正意义上的数据。

地址总线是专门用来传送地址的，由于地址只能从 CPU 传向外部存储器或 I/O 端口，所以地址总线总是单向三态的，这与数据总线不同。地址总线的位数决定了 CPU 可直接寻址的内存空间大小，例如 8 位微型计算机的地址总线为 16 位，则其最大可寻址空间为 2^{16}B＝64KB；16 位微型计算机的地址总线为 20 位，其可寻址空间为 2^{20}B＝1MB。一般来说，若地址总线为 n 位，则可寻址空间为 2^nB。

控制总线用来传送控制信号和时序信号。控制信号中，有的是微处理器送往存储器和 I/O 接口电路的，如读/写信号、片选信号和中断响应信号等；也有的是其他部件反馈给 CPU 的，例如中断申请信号、复位信号、总线请求信号和限备就绪信号等。因此，控制总线的传送方向因具体控制信号而定，一般是双向的，控制总线的位数要根据系统的实际控制需要而定。实际上控制总线的具体情况主要取决于 CPU。

(4) 外总线。外总线也称为通信总线。用于两个系统之间的连接与通信，如两台微型计算机之间、微型计算机系统与其他电子仪器或电子设备之间的通信。常用的外总线有 IEEE-488 总线、VXI 总线和 RS-232 串行总线等。外总线不是微型计算机系统本身固有的，只有微型计算机应用系统中才有。

4. 中国微处理器的研发

2004 年 2 月 18 日，由清华大学自主研发的 32 位微处理器 THUMP 芯片领到了由教育部颁发的"身份证"。其典型工作频率为 400MHz，功耗为 1.17mW/MHz，芯片颗粒 40 片，最高工作频率可达 500MHz，当时是目前国内工作频率最高的微处理器。这标志着我国在自主研发 CPU 芯片领域迈开了实质性的一大步。

龙芯三号是中国科学院计算技术研究所自主研发的龙芯系列 CPU 芯片的第三代产品,也是国家在第十一个五年计划期间重点支持的科研项目。龙芯三号是国内首款采用 65nm 先进工艺、主频达到 1GHz 的多核 CPU 处理器,标志着我国在关键器件及其核心技术上取得的重要进展。龙芯三号包括单核、4 核与 16 核 3 款产品,分别用于桌面计算机、高性能服务器等设备,亦可用于 IP 核授权。

2008 年末,4 核龙芯三号流片(像流水线一样通过一系列工艺步骤制造芯片,称为流片)成功。该芯片采用 65nm 工艺,主频 1GHz,晶体管数目达到 4.25 亿个,并增加专门服务于 Java 程序的协处理器,以提高 Linux 环境下 Java 程序的执行效率,并实现了指令缓存追踪技术等。龙芯三号最终将实现对内峰值每秒 500~1000 亿次的计算速度。龙芯课题组组长胡伟武透露,龙芯三号 CPU 的研发工作已经全面启动,有 3 个目标:65nm、16 核和 1000 亿次运算速度。

3.1.3 存储设备

存储设备是用于储存信息的设备,通常是将信息数字化后再利用电、磁或光学等方式的媒体加以存储。

1. 常见的存储设备

常见的存储设备主要有以下 6 种类型。

(1) 利用电能方式存储信息的设备,如各式存储器(RAM、ROM)。

(2) 利用磁能方式存储信息的设备,如硬盘、软盘(已经淘汰)、磁带、磁芯存储器、磁泡存储器(20 世纪 70 年代出现,但是在 20 世纪 80 年代硬盘价格急剧下降的情况下未能获得商业上的成功)和 U 盘。

(3) 利用光学方式存储信息的设备,如 CD 或 DVD。

(4) 利用磁光方式存储信息的设备,如 MO(磁光盘)。

(5) 利用其他物体(如纸卡、纸带等)存储信息的设备,如打孔卡、打孔带和绳结等。

(6) 专用存储系统,用于数据备份或容灾的专用信息系统,利用高速网络进行大数据量存储的设备。

2. 可移动存储设备

可移动存储设备主要有以下 5 种。

(1) PD(Phase Change Rewritable Optical Disk Drive,相变式可重复擦写光盘驱动器)光驱。PD 光盘采用相变光方式,数据再生原理与 CD 光盘一样,是根据反射光量的差以 1 和 0 来判别信号。PD 光盘与 CD 光盘形状一样,为了保护盘面数据而装在盒内使用。PD 光盘系统在计算机、工作站环境中被广泛使用,采用与软盘、硬盘同样数据构造的单元格式,而且还采用了在计算机环境立即可被使用的 512b/单元的 MCAV 格式,采用该格式可比采用 CLV 格式的 CD-R/CD-RW 更高速地进行读写操作,并实现了寻找速度的高速化。

(2) MO(Magneto Optical)。目前 MO 介质已成为一个计算环境,用户可把其整个计算系统,包括操作系统、应用软件和自己的工作文件,装在一个 MO 介质上。从 MO 系统的性能来看,已达到了完全在 MO 上运行,而不用加载到硬盘驱动器上的水平,大大拓宽了 MO 的应用领域,也使得 MO 具有了更强的技术生命力和市场竞争力。目前的介质技术已使得 MO 光盘的速度、可靠性、位存储价格、可重写次数和存档时间等方面达到了令人比较满意的水平,这些特点使得 MO 在与纯光记录设备 CD-RW/DVD-RAM 的竞争中处于不可替代的地位。

(3) 移动硬盘(mobile hard disk)。顾名思义,是以硬盘为存储介质,计算机之间交换大容量数据,强调便携性的存储产品。市场上绝大多数的移动硬盘都是以标准硬盘为基础的,而只有很少部分的是以微型硬盘(1.8 英寸硬盘等),但价格因素决定着主流移动硬盘还是以标准笔记本硬盘为基础。因为采用硬盘为存储介制,所以移动硬盘在数据的读写模式与标准 IDE 硬盘是相同的。移动硬盘多采用 USB、IEEE 1394 等传输速度较快的接口,可以较高的速度与系统进行数据传输。

另外,普通的硬盘通过硬盘盒或其他转换接口设备也能达到移动硬盘的效果。这种方式通常采用 USB 接口与计算机连接,现也有以 eSATA 或 USB 3.0 接口与计算机接入的。

与闪存盘以闪存(Flash Memory)作为存储介质不同,移动硬盘物理上还是以标准硬盘或微硬盘作为存储介质。因此,移动硬盘的抗震能力不如闪存盘,但所能提供的容量较大。移动硬盘所需要的电量比闪存盘大,有的时候,特别是使用前置式 USB 集线器的时候,一个 USB 接口不能够提供充足的电量,则需要使用两个 USB 接口为其供电。因此,许多移动硬盘产品使用的是一根三个分支的数据线,其中一个分支用于供电不足时补充供电,现在也有一些使用低耗笔记本硬盘的移动硬盘由于耗电低而不再需要带辅助供电的三叉 USB 线。对于使用台式机硬盘接入硬盘盒或转换线的移动硬盘,由于台式机硬盘所使用的电压和电流较笔记本硬盘高,所以均需要外置电源。另有一种 WiFi/Bluetooth 无线网络硬盘,此类移动硬盘无须连线即可与个人计算机交换数据。

(4) U 盘(USB removable(mobile) hard disk)。全称为 USB 接口移动硬盘,U 盘的称呼最早来源于朗科公司生产的一种新型存储设备,名曰"优盘",使用 USB(通用串行总线)接口与主机进行连接后,U 盘的资料就可放到计算机上,计算机上的数据也可以放到 U 盘上。而之后生产的类似技术的设备由于朗科已进行专利注册,而不能再称为"优盘",而改称谐音的"U 盘"或形象地称为"闪存""闪盘"等。后来 U 盘这个称呼因其简单易记而广为人知。U 盘最大的特点是:小巧,便于携带,存储容量大,价格便宜。目前,一般的 U 盘容量有 8GB、16GB、32GB 等。

(5) 闪存卡(Flash Card)。闪存卡是利用闪存(Flash Memory)技术存储电子信息的存储器,一般应用在数码相机、掌上电脑和 MP3 等小型数码产品中作为存储介质,其外观小巧,犹如一张卡片,所以称为闪存卡。根据不同的生产厂商和不同的应用,闪存卡包括 Smart Media(SM 卡)、Compact Flash(CF 卡)、PCI-e 闪存卡、MultiMedia Card(MMC 卡)、Secure Digital(SD 卡)、Memory Stick(记忆棒)、XD-Picture Card(XD 卡)和微硬盘

(Microdrive)等,这些闪存卡虽然外观和规格不同,但是技术原理都是相同的。

3. 存储器

存储器(memory)是计算机系统中的记忆设备,用来存放程序和数据。计算机中的全部信息,包括输入的原始数据、计算机程序、中间运行结果和最终运行结果都保存在存储器中。它根据控制器指定的位置存入和取出信息。有了存储器,计算机才有记忆功能,才能保证正常工作。存储器按用途可分为主存储器(主存、内存)和辅助存储器(辅存、外存)内存指主板上的存储部件,用来存放当前正在执行的数据和程序,但仅用于暂时存放程序和数据,关闭电源或断电后内存中的数据会丢失。外存通常是磁性介质或光盘等,能长期保存信息。

1) 内存

内存是计算机中重要的部件之一,它是与CPU进行直接沟通的桥梁。计算机中所有程序的运行都是在内存中进行的,因此内存的性能对计算机的影响非常大。内存也被称为内存储器,其作用是暂时存放CPU中的运算数据,以及与硬盘等外部存储器交换的数据。只要计算机在运行中,CPU就会把需要运算的数据调到内存中进行运算,当运算完成后CPU再将结果传送出来,内存的运行也决定了计算机的稳定运行。内存是由内存芯片、电路板和金手指等部分组成的。

内存速度快、容量小,当前运行的程序与数据存放在内存中,内存直接与CPU打交道,包括寄存器、高速缓冲存储器(Cache)和主存储器。寄存器在CPU芯片的内部,高速缓冲存储器也制作在CPU芯片内,而主存储器由插在主板内存插槽中的若干内存条组成。内存的质量好坏与容量大小会影响计算机的运行速度。平常使用的程序,如Windows操作系统、打字软件和游戏软件等,一般都是安装在硬盘等外存上,但是必须把它们调入内存中运行,才能真正使用其功能。

微型计算机的存储器有磁芯存储器和半导体存储器,微型机的内存都采用半导体存储器。半导体存储器从使用功能上分为两种:有随机存储器(Random Access Memory,RAM),又称为读写存储器;只读存储器(Read Only Memory,ROM)。

(1) 随机存储器。随机存储器是一种可以随机读写数据的存储器,也称为读写存储器。RAM有两个特点:一是可以读出,也可以写入。读出时并不损坏原来存储的内容,只有写入时才修改原来所存储的内容。二是RAM只能用于暂时存放信息,一旦断电,存储内容立即消失,即具有易失性。RAM分为DDR内存和SDRAM内存(SDRAM内存由于容量低,存储速度慢,稳定性差,已经被DDR内存淘汰了)。内存属于电子式存储设备,它由电路板和芯片组成,特点是体积小,速度快,有电可存,无电清空,即计算机在开机状态时内存中可存储数据,关机后将自动清空其中的所有数据。内存有DDR、DDRⅡ、DDRⅢ三大类,容量为1~64GB。通常所说的计算机内存就是指RAM。

RAM通常由MOS型半导体存储器组成,根据其保存数据的机理又可分为动态(Dynamic RAM,DRAM)和静态(Static RAM,SRAM)两大类。DRAM的特点是集成度高,主要用于大容量内存储器;SRAM的特点是存取速度快,主要用于高速缓冲存储器。

(2) 只读存储器。其特点是只能读出信息而不能随意写入信息,在主板上的ROM

中固化了一个基本输入输出系统,称为 BIOS(基本输入输出系统),其主要作用是完成对系统的加电自检、系统中各功能模块的初始化、系统的基本输入输出的驱动程序及引导操作系统。存储的内容采用掩膜技术,由厂家一次性写入,并永久保存下来。它一般用来存放专用的固定的程序和数据。只读存储器是一种非易失性存储器,一旦写入信息后,无须外加电源来保存信息,不会因断电而丢失。

只读存储器包括以下几种。

ROM 只读内存是一种只能读取数据的内存。在制造过程中,将数据以一特制光罩(mask)烧录于线路中,其数据内容在写入后就不能更改,所以有时又称为光罩式只读内存(mask ROM)。此内存的制造成本较低,常用于计算机的开机启动。

PROM 是可编程只读存储器,一般可编程一次。PROM 出厂时各个存储单元均为 1 或均为 0。用户使用时,再使用编程的方法使 PROM 存储所需要的数据。PROM 需要用电和光照的方法米编写要存储的程序和信息。但只能编写一次,第一次写入的信息就被永久性地保存起来。PROM 内部有行列式的熔丝,视需要利用电流将其烧断,写入所需的数据,但仅能写入一次。

EPROM 是可擦除可编程只读存储器,可多次编程。它便于用户根据需要来写入所需的数据,并能把已写入的内容擦去后再改写,即它是一种多次改写的 ROM。由于能够改写,所以能对写入的信息进行校正,在修改错误后再重新写入。

OTPROM 是一次编程只读内存,写入原理同 EPROM,但是为了节省成本,编程写入之后就不再擦除,因此不设置透明窗。

EEPROM 是电子式可擦除可编程只读内存,运行原理类似于 EPROM,但是擦除的方式是使用高电场来完成的,因此不需要透明窗。

(3) CMOS 存储器(Complementary Metal Oxide Semiconductor Memory,互补金属氧化物半导体存储器)。CMOS 存储器是一种只需要极少电量就能存放数据的芯片。由于耗能极低,CMOS 存储器可以由集成到主板上的一个小电池供电,这种电池在计算机通电时还能自动充电。因为 CMOS 芯片可以持续获得电量,所以即使在关机后也能保存有关计算机系统配置的重要数据。在计算机领域,CMOS 常指保存计算机基本启动信息(如日期、时间和启动设置等)的芯片。有时人们会把 CMOS 和 BIOS 混称,其实 CMOS 是主板上的一块可读写的 RAM 芯片,是用来保存 BIOS 的硬件配置和用户对某些参数的设定。

(4) 高速缓冲存储器(Cache)。Cache 也是经常遇到的概念,它位于 CPU 与内存之间,是一个读写速度比内存更快的存储器。当 CPU 向内存中写入或读出数据时,这个数据也被存储进高速缓冲存储器中。当 CPU 再次需要这些数据时,CPU 就从高速缓冲存储器读取数据,而不是访问较慢的内存;当然,如果需要的数据在 Cache 中没有,CPU 会再去读取内存中的数据。

2) 外存

外存储器是指除计算机内存及 CPU 缓存以外的存储器,此类存储器一般断电后仍然能保存数据。常见的外存储器有磁盘、光盘、U 盘等。磁盘有软磁盘(已淘汰)和硬磁盘两种。光盘有只读型光盘 CD-ROM、一次写入型光盘 WORM 和可重写型光盘 MO 3

种。外存能长期保存信息,并且不依赖于电来保存信息,但是由于读写头是由机械部件带动,速度与 CPU 相比就慢得多。注意,CPU 不直接与外存打交道。图 3.5 是某款硬盘与 U 盘。

(a) 硬盘　　　　　　　(b) U 盘

图 3.5　硬盘和 U 盘

从冯·诺依曼的存储程序工作原理及计算机的组成来说,计算机分为运算器、控制器、存储器和输入输出设备,这里的存储器就是指内存,而硬盘属于输入输出设备。

CPU 运算所需要的程序代码和数据来自内存,内存中的内容则来自硬盘,所以硬盘并不直接与 CPU 打交道。硬盘相对于内存来说就是外部存储器。

(1) 硬盘(Hard Disk Drive,HDD)。全名温切斯特式硬盘(简称温盘),是计算机主要的存储媒介之一,由一个或者多个铝制或者玻璃制的碟片组成。这些碟片外覆盖有铁磁性材料。绝大多数硬盘都是固定硬盘,被永久性地密封固定在硬盘驱动器中。

硬盘可分为固态硬盘、机械硬盘和混合硬盘。固态硬盘采用闪存颗粒来存储,机械硬盘采用磁性碟片来存储,混合硬盘是把磁性硬盘和闪存集成到一起的一种硬盘。硬盘的转速和容量会影响读写速度和系统运行速度。

硬盘的基本参数包括容量、转速、平均访问时间、传输速率和缓存等。

① 容量。作为计算机系统的数据存储器,硬盘最主要的参数是容量。硬盘的容量以 MB、GB 或 TB 为单位,常见的换算式为: 1TB = 1024GB,1GB = 1024MB,1MB = 1024KB。但硬盘厂商通常使用的是 GB,并且换算公式为 1GB = 1000MB,因此在 BIOS 中或在格式化硬盘时看到的容量会比厂家的标称值要小。硬盘的容量指标还包括硬盘的单碟容量。所谓单碟容量是指硬盘单片盘片的容量,单碟容量越大,单位成本越低,平均访问时间也越短。

一般情况下硬盘越大,单位字节的价格就越便宜,但是超出主流容量的硬盘除外。

② 转速。转速是硬盘内电机主轴的旋转速度,也就是硬盘盘片在一分钟内所能完成的最大转数。转速的快慢是标示硬盘档次的重要参数之一,它是决定硬盘内部传输速率的关键因素之一,在很大程度上直接影响硬盘的速度。硬盘的转速越快,硬盘寻找文件的速度也就越快,硬盘的传输速率也就得到了提高。硬盘转速以每分钟多少转来表示,单位为 rpm(revolutions per minute)。rpm 值越大,内部传输速率就越快,访问时间就越短,

硬盘的整体性能也就越好。

家用的普通硬盘的转速一般有 5400rpm 和 7200rpm。高转速硬盘也是台式机用户的首选；而笔记本计算机则是以 4200rpm 和 5400rpm 为主，虽然已经有公司发布了 10 000rpm 的笔记本计算机硬盘，但在市场中还较为少见；服务器用户对硬盘性能要求最高，服务器中使用的 SCSI 硬盘的转速基本都采用 10 000rpm，甚至还有 15 000rpm 的，性能要超出家用产品很多。较高的转速可缩短硬盘的平均寻道时间和实际读写时间，但随着硬盘转速的不断提高，也带来了温度升高、电机主轴磨损加大、工作噪声增大等负面影响。

③ 平均访问时间。平均访问时间是指磁头从起始位置到达目标磁道位置，并且从目标磁道上找到要读写的数据扇区所需的时间。平均访问时间体现了硬盘的读写速度，它包括硬盘的寻道时间和等待时间，即

$$平均访问时间＝平均寻道时间＋平均等待时间$$

硬盘的平均寻道时间是指硬盘的磁头移动到盘面指定磁道所需的时间。这个时间当然越小越好，硬盘的平均寻道时间通常是 8～12ms，而 SCSI 硬盘的平均寻道时间则小于或等于 8ms。

硬盘的等待时间，又称为潜伏期(latency)，是指磁头已处于要访问的磁道，等待所要访问的扇区旋转至磁头下方的时间。平均等待时间为盘片旋转一周所需的时间的一半，一般应在 4ms 以下。

④ 传输速率。硬盘的数据传输率是指硬盘读写数据的速度，单位为兆字节每秒(MB/s)。硬盘传输速率又包括内部传输速率和外部传输速率。

内部传输速率也称为持续传输速率，它反映了硬盘缓冲区未用时的性能。内部传输速率主要依赖于硬盘的旋转速度。

外部传输速率也称为突发数据传输速率或接口传输速率，是系统总线与硬盘缓冲区之间的数据传输速率，外部传输速率与硬盘接口类型和硬盘缓存的大小有关。

Fast ATA 接口硬盘的最大外部传输速率为 16.6MB/s，而 Ultra ATA 接口的硬盘则达到 33.3MB/s。2012 年 12 月，有人研制出传输速率为 1.5GB/s 的固态硬盘。

⑤ 缓存。缓存是硬盘控制器上的一块内存芯片，具有极快的存取速度，它是硬盘内部存储和外界接口之间的缓冲器。由于硬盘的内部传输速率和外部传输速率不同，缓存在其中起到一个缓冲的作用。缓存的大小与速度是直接关系硬盘的传输速率的重要因素，能够大幅度地提高硬盘的整体性能。当硬盘存取零碎数据时需要不断地在硬盘与内存之间交换数据，有了大缓存，则可以将那些零碎数据暂存在缓存中，减小外系统的负荷，也提高了数据的传输速率。

硬盘尺寸有很多种。3.5 英寸硬盘广泛用于各种台式计算机；2.5 英寸笔记本硬盘广泛用于笔记本电脑、桌面一体机、移动硬盘及便携式硬盘播放器；8 英寸微型硬盘广泛用于超薄笔记本电脑、移动硬盘及苹果播放器；3 英寸微型硬盘产品单一，是三星公司独有的技术，仅用于三星公司的移动硬盘；1.0 英寸微型硬盘最早由 IBM 公司开发，称为 MicroDrive 微硬盘(简称 MD)，因符合 CFⅡ标准，所以广泛用于单反数码相机；0.85 英寸微型硬盘产品单一，是日立公司的独有技术，用于日立的一款硬盘手机，前 Rio 公司的几款 MP3 播放器也采用了这种硬盘。

硬盘的接口类型包括 ATA、SATA、SATAⅡ、SATAⅢ、SCSI 和光纤通道。

ATA(Advanced Technology Attachment)用传统的 40-pin 并口数据线连接主板与硬盘，外部接口速率最大为 133MB/s，因为并口线的抗干扰性太差，且排线占空间，不利计算机散热，将逐渐被 SATA 所取代。

IDE(Integrated Drive Electronics)，即电子集成驱动器，俗称 PATA 并口。

SATA 是接口发展的趋势。2001 年，由英特尔、APT、戴尔、IBM、希捷、迈拓这几大厂商组成的 Serial ATA 委员会正式确立了 Serial ATA 1.0 规范。2002 年，虽然串行 ATA 的相关设备还未正式上市，但 Serial ATA 委员会已抢先确立了 Serial ATA 2.0 规范。Serial ATA 采用串行连接方式，串行 ATA 总线使用嵌入式时钟信号，具备了更强的纠错能力，与以往相比，其最大的区别在于能对传输指令(不仅仅是数据)进行检查，如果发现错误会自动矫正。

SATAⅡ是芯片巨头英特尔公司与硬盘巨头希捷公司在 SATA 的基础上发展起来的，其主要特征是外部传输速率从 SATA 的 150MB/s 进一步提高到了 300MB/s，此外还包括原生命令队列(Native Command Queuing，NVQ)、端口多路器(Port Multiplier)、交错启动(Staggered Spin-up)等一系列的技术特征。但是并非所有的 SATA 硬盘都可以使用 NCQ 技术，除了硬盘本身要支持 NCQ 之外，也要求主板芯片组的 SATA 控制器支持 NCQ。

SATA Ⅲ的正式名称为 SATA Revision 3.0，是串行 ATA 国际组织(SATA-IO)在 2009 年 5 月发布的新版规范，主要是传输速率达到 6GB/s，同时向下兼容旧版规范 SATA Revision 2.6，接口和数据线都没有变动。SATA 3.0 接口技术标准是 2007 年上半年英特尔公司提出的，由英特尔公司的存储产品架构设计部技术总监 Knut Grimsrud 负责。Knut Grimsrud 表示，SATA 3.0 的传输速率将达到 6GB/s，将在 SATA 2.0 的基础上增加一倍。

SCSI(Small Computer System Interface，小型计算机系统接口)是同 IDE(ATA)完全不同的接口，IDE 接口是普通 PC 的标准接口，而 SCSI 并不是专门为硬盘设计的接口，是一种广泛应用于小型机上的高速数据传输技术。SCSI 接口具有应用范围广、多任务、带宽大、CPU 占用率低以及热插拔等优点，但较高的价格使得它很难如 IDE 硬盘一样普及。因此，SCSI 硬盘主要应用于中、高端服务器和高档工作站中。

光纤通道(fibre channel)和 SCSI 接口一样，最初也不是为硬盘设计开发的接口技术，而是专门为网络系统设计的。它是随着存储系统对速度的需求，才逐渐应用到硬盘系统中。光纤通道硬盘是为提高多硬盘存储系统的速度和灵活性才开发的，它的出现大大提高了多硬盘系统的通信速度。光纤通道的主要特性有热插拔性、高速带宽、远程连接以及连接设备数量大等。光纤通道是为服务器这样的多硬盘系统环境而设计的，能满足高端工作站、服务器、海量存储子网络、外设间通过集线器、交换机和点对点连接进行双向、串行数据通信等系统对高数据传输速率的要求。

硬盘制造厂商主要有希捷、西部数据、日立、东芝和三星等。

希捷公司成立于 1979 年，现为全球第二大的硬盘、磁盘和读写磁头制造商，希捷公司在设计、制造和销售硬盘领域居全球领先地位，提供用于企业、台式机、移动设备和消费电子的产品。希捷公司于2005年并购迈拓(Maxtor),2011年4月收购三星(Samsung)公司旗下的硬盘业务。

西部数据(Western Digital)公司是全球知名的硬盘厂商,现为全球第一大硬盘制造商,成立于1979年,总部位于美国加州,在世界各地设有分公司或办事处,为全球用户提供存储器产品。2011年3月,西部数据公司收购日立公司之后,市场份额达到近50%,取代希捷公司成为名副其实的硬盘老大。

日立(Hitachi)集团是全球最大的综合跨国集团之一,2002年并购IBM公司的硬盘生产事业部门,2011年3月被西部数据公司收购。

东芝(Toshiba)公司是日本最大的半导体制造商,主要生产移动存储产品。

三星(Samsung)公司是韩国最大的企业集团,生产的硬盘用于台式机、移动设备和消费电子等产品。2011年4月19日,希捷公司正式宣布以13.75亿美元收购三星公司硬盘业务。2011年12月20日,希捷公司宣布已完成对三星电子有限公司旗下硬盘业务的收购交易。

硬盘维护应注意以下事项。

① 保持计算机工作环境清洁。硬盘以带有超精过滤纸的呼吸孔与外界相通,它可以在普通无净化装置的室内环境中使用,若在灰尘严重的环境下,灰尘会被吸附到PCBA的表面、主轴电机的内部以及堵塞呼吸过滤器,因此必须防尘。还有环境潮湿、电压不稳定都可能导致硬盘损坏。

② 养成正确关机的习惯。硬盘在工作时突然关闭电源,可能会导致磁头与盘片猛烈摩擦而损坏硬盘,还会使磁头不能正确复位而造成硬盘的划伤。关机时一定要注意面板上的硬盘指示灯是否还在闪烁,只有当硬盘指示灯停止闪烁,硬盘结束读写后才可关机。

③ 正确移动硬盘,注意防震。移动硬盘时最好等待关机十几秒,硬盘完全停转后再进行。在开机时硬盘高速转动,轻轻的震动都可能使碟片与读写头相互摩擦而产生磁片坏轨或读写头毁损。最好等待关机十几秒硬盘完全停转后再重新启动电源,可避免电源因瞬间突波对硬盘造成伤害。在硬盘的安装、拆卸过程中应多加小心,硬盘移动、运输时严禁磕碰,最好用泡沫或海绵包装保护,尽量减少震动。注意,硬盘厂商所谓的"抗撞能力"或"防震系统"等,指在硬盘在未启动状态下的防震和抗撞能力,而非开机状态下的功能。

(2) 光盘。用于计算机系统的光盘有3类:只读光盘(CD-ROM)、一次写入光盘(CD-R)和可擦写光盘(CD-RW)等。光盘以光信息作为存储物的载体。光盘可分为不可擦写光盘(如CD-ROM、DVD-ROM等)和可擦写光盘(如CD-RW、DVD-RAM等)。光盘是利用激光原理进行读写的设备,可以存放各种文字、声音、图形、图像和动画等多媒体数字信息。高密度光盘(Compact Disc)是近代发展起来的不同于完全磁性载体的光学存储介质,用聚焦的氢离子激光束处理记录介质的方法存储和再生信息,又称激光光盘。光盘凭借大容量得以广泛使用。

CD光盘的最大容量大约是700MB,DVD盘片单面4.7GB,最多能刻录约4.59GB的数据(因为DVD的1GB=1000MB,而硬盘的1GB=1024MB);双面8.5GB,最多约能刻8.3GB的数据,蓝光盘(BD)的容量则比较大,其中HD DVD单面单层15GB、双层30GB;

BD 单面单层 25GB,双面 50GB,三层 75GB,四层 100GB。

光盘的存储原理比较特殊,里面存储的信息不能被轻易地改变。也就是说,常见的光盘生产出来的时候是什么样就是什么样。那有没有办法把自己写的文章存在光盘上呢?当然有!只要有一个 CD 刻录机和空的 CD-R 光盘,就能将自己的文章存在光盘上。其他像 DVD 等介质的刻录也是一样的,要注意的是,绝大部分 DVD 刻录机都能刻录 CD,即所谓的"向下兼容"。

刻录机可以分两种:一种是 CD 刻录,另一种是 DVD 刻录。使用刻录机可以刻录音像光盘、数据光盘和启动盘等。方便存储数据和携带。CD 的容量是 700MB,DVD 的容量是 4.5GB(双层 8.5GB),BD 的容量在 25GB 以上。

外部存储器都是可以从计算机中拆卸下来的,常见的外部存储器有硬盘、光盘、U 盘、SD(Security Data,数据安全)卡和 TF(T-Flash)卡等。

光盘的分类如下。

CD(Compact-Disc)光盘:模拟数据通过大型刻录机在 CD 上刻出许多连肉眼都看不见的小坑。

CD-DA(CD-Audio):用来储存数位音效的光碟片。CD-ROM 兼容此规格的音乐片。

CD-ROM(Compact-Disc-Read-Only-Memory):只读光盘机。1986 年,SONY 和 Philips 公司一起制定了黄皮书标准,定义了用于计算机数据存储的 MODE1 和用于压缩视频图像存储的 MODE2 两类型,使 CD 成为通用的存储介质。

CD-PLUS 是将 CD-Audio 音效放在 CD 的第一轨,其后存放数据文件,这样 CD 只会读到前面的音轨,不会读到数据轨,达到计算机与音响两用的好处。

CD-ROM XA(CD-ROM-eXtended-Architecture):分为 FORM1 和 FORM2 两种,以及一种增强型 CD 标准 CD+。

VCD(Video-CD):激光视盘,指全动态、全屏播放的激光影视光盘。

CD-I(Compact-Disc-Interactive):互动式光盘系统,1992 年实现全动态视频图像播放。

Photo-CD:可存储 100 张具有 5 种格式的高分辨率照片,可加上相应的解说词和背景音乐或插曲,成为有声电子图片集。

CD-R(Compact-Disc-Recordable):在光盘上加一层可一次性记录的染色层以供刻录。

CD-RW:在光盘上加一层可改写的染色层,通过激光可在光盘上反复多次写入数据。

SDCD(Super-Density-CD):双面提供 5GB 的存储量,数据压缩比不高。

MMCD(Multi-Media-CD):单面提供 3.7GB 存储量,数据压缩比较高。

HD-CD(High-Density-CD):高密度光盘,容量大,单面容量 4.7GB,双面容量高达 9.4GB。

MPEG-2:1994 年 ISO/IEC 组织制定的运动图像及其声音编码标准,针对广播级的图像和立体声信号的压缩和解压缩。

DVD(Digital-Versatile-Disk)：数字多用光盘，以 MPEG-2 为标准，拥有 4.7GB 的大容量，可储存 133min 的高分辨率全动态影视节目，包括杜比数字环绕声音轨道，图像和声音质量是 VCD 所不及的。

DVD+RW：可反复写入的 DVD 光盘，又称为 DVD-E。容量为 3.0GB，采用 CAV 技术来获得较高的数据传输速率。

PD 光驱(Power Disk2)：Panasonic 公司开发的技术，将可写光驱和 CD-ROM 合二为一，有 LF-1000(外置式)和 LF-1004(内置式)两种类型。容量为 650MB，数据传输速率达 5.0MB/s，采用微型激光头和精密机电伺服系统。

DVD-RAM：容量大，价格低，速度快，兼容性高。

UMD(Universal Media Disc)：采用 660nm 红光镭射双层记录方式，最高容量为 1.83GB。UMD 规格有 UMD Audio 和 UMD Video 两种，采用了新一代的 H.264/AVC 影像压缩标准以及 SONY 公司自主制定的 ATRAC3 Plus 音频压缩标准。为防止盗版和保证该项技术的独占权，UMD 光盘只有只读格式，使用 128 位 AES 加密技术，而且所有 UMD 光盘只由 SONY 公司独家生产，技术不外流，市场上没有任何 UMD 空白盘或者 UMD 刻录机出售。

BD(Blu-ray Disc ROM)是一种只读光盘，能够存储大量数据的外部存储媒体，可称为蓝光光盘。BD 是 DVD 之后的下一代光盘格式之一，用于存储高品质的影音以及高容量的数据。

(3) U 盘。全称为 USB 闪存驱动器(USB flash disk)。它是一种使用 USB 接口的无需物理驱动器的微型高容量移动存储产品，通过 USB 接口与计算机连接，实现即插即用，是移动存储设备之一。U 盘最大的优点是：小巧，便于携带，存储容量大，价格便宜，性能可靠。一般的 U 盘容量有 2GB、4GB、8GB、16GB、32GB、64GB 等。U 盘中无任何机械式装置，抗震性能极强。另外，U 盘还具有防潮防磁、耐高低温等特性，安全可靠性很好。

U 盘几乎不会让水或灰尘渗入，也不会被刮伤，而这些对于旧式的携带式存储设备(如光盘、软盘等)是严重的问题。U 盘所使用的固态存储设计使其能够抵抗无意间的外力撞击，不过，小尺寸的 U 盘也让它们常常被放错地方、忘掉或遗失。

U 盘虽然小，但相对来说有很大的存储容量。随着科技的发展，U 盘容量也依摩尔定律(由英特尔创始人之一戈登·摩尔提出来的，其内容为当价格不变时，集成电路上可容纳的晶体管数目约每隔 18 个月便会增加一倍，性能也将提升一倍。换言之，每一美元所能买到的计算机性能，将每隔 18 个月翻一番。这一定律揭示了信息技术进步的速度)飞速猛增。

与其他的闪存设备相同，U 盘在总读取与写入次数上也有限制。U 盘在正常使用状况下可以读写数十万次，但当 U 盘变旧时，写入的动作会更耗费时间。许多 U 盘支持写入保护机制。这种在外壳上的开关可以防止计算机写入或修改磁盘上的数据。写入保护机制可以防止计算机病毒文件写入 U 盘，以防止病毒的传播。没有写保护功能的 U 盘则成了多种病毒随自动运行等功能传播的途径。

U盘比起机械式的磁盘来说更能容忍外力的撞击,但仍然可能因为严重的物理损坏而发生故障或遗失数据。在组装计算机时,错误的USB连接端口接线也可能损坏U盘的电路。

3.1.4 输入和输出设备

输入输出设备(I/O)起着人和计算机、设备和计算机、计算机和计算机的联系作用。属于计算机的外围设备。

输入设备(input device)是向计算机输入数据和信息的设备,是计算机与用户或其他设备通信的桥梁。输入设备是用户和计算机系统之间进行信息交换的主要装置之一。

键盘、鼠标、摄像头、扫描仪、光笔、手写输入板、游戏杆、语言输入装置、数码绘图板、轨迹球和麦克风等都属于输入设备,是人或外部环境与计算机进行交互的一种装置,用于把原始数据和处理这些数据的程序输入计算机中。

现在的计算机能够接收各种各样的数据,既可以是数值型的数据,也可以是各种非数值型的数据,如图形、图像和声音等都可以通过不同类型的输入设备输入计算机中,进行存储、处理和输出。

输出设备(output device)是人与计算机交互的一种部件,用于数据的输出。它把各种计算结果数据或信息以数字、字符、图像和声音等形式表示出来。常见的输出设备有显示器、打印机、绘图仪、影像输出系统、语音输出系统(音箱)和磁记录设备等。

控制台打字机、光笔和显示器等既可以作为输入设备,也可以作为输出设备。

1. 输入设备

输入设备是把待输入的信息转换成能被计算机处理的数据形式的设备。计算机输入的信息有数字、模拟量、文字符号、语声和图形图像等形式。对于这些信息形式,计算机往往无法直接处理,必须把它们转换成相应的数字编码后才能处理。输入信息的传输速率变化也很大,它们与计算机的工作速率不相匹配。输入设备的一个作用是使这两方面协调起来,提高计算机的工作效率。输入设备的种类很多,除文字及数字输入设备外,模拟信号的输入设备有数/模、模/数转换设备;图形、图像的输入设备有模式信息输入输出设备;脱机输入信息用的数据准备装置有数据准备设备等。

计算机的输入设备按功能可分为几类:①字符输入设备,如键盘;②光学阅读设备,如光学标记阅读机、光学字符阅读机;③图形输入设备,如鼠标、操纵杆、光笔;④图像输入设备,如摄像机、扫描仪和传真机;⑤模拟输入设备,如语言模数转换识别系统。

输入方式包括穿孔卡片输入、穿孔带输入、磁带输入、磁盘输入、字符阅读、CRT终端、汉字输入、图形输入、语音输入和模拟量输入。

1) 键盘

键盘(keyboard)是最常用也是最主要的输入设备,通过键盘可以将英文字母、数字和标点符号等输入计算机中,从而向计算机发出命令、输入数据等。键盘广泛应用于微型计算机和各种终端设备上,计算机操作者通过键盘向计算机输入各种指令和数据,指挥计算机工作。计算机的运行情况输出到显示器,操作者可以很方便地利用键盘和显示器与计算机对话,对程序进行修改、编辑,控制和观察计算机的运行。常用的台式机键盘如图3.6所示,它由一组开关矩阵组成,包括数字键、字母键、符号键、功能键及控制键等。

图 3.6　普通台式机键盘

键盘的按键数出现过 83 键、87 键、93 键、96 键、101 键、102 键、104 键和 107 键等。104 键键盘是在 101 键键盘的基础上为 Windows 平台增加了 3 个快捷键。107 键的键盘是为了满足日语输入而单独增加了 3 个键的键盘。在某些需要大量输入单一数字的系统中还有一种小型数字录入键盘,基本上就是将标准键盘的小键盘独立出来,以达到缩小体积、降低成本的目的。

常规键盘具有 CapsLock(字母大小写锁定)、NumLock(数字小键盘锁定)和 ScrollLock(滚动锁定键)3 个指示灯(部分无线键盘已经省略这 3 个指示灯),标示键盘的当前状态,这些指示灯一般位于键盘的右上角。不管键盘形式如何变化,基本的按键排列还是保持基本不变,可以分为主键盘区、数字辅助键盘区、功能键区和控制键区(也称为编辑键区),对于多功能键盘还增添了快捷键区。

随着笔记本电脑的兴起,一种便携型新原理键盘诞生,这就是四节输入法键盘。该键盘进一步提高了操作的简便性和输入性能,并将鼠标功能融合在键盘按键中。另外,还有对长时间面对计算机的人有好处的人体键盘。

键盘的接口有 AT 接口、PS/2 接口和 USB 接口,台式机多采用 PS/2 接口,大多数主板都提供 PS/2 键盘接口。而较老的主板常常提供 AT 接口,也被称为"大口",这种接口已经不常见了。USB 是一种新型接口,一些公司迅速推出了 USB 接口的键盘。

键盘从不同的角度可以进行不同的分类。

(1) 普通型:一般台式机键盘的分类可以根据击键数、按键工作原理和键盘外形等分类。

(2) 按编码分:全编码键盘和非编码键盘两种。

(3) 按应用分:台式机键盘、笔记本电脑键盘、工控机键盘、速录机键盘、双控键盘、超薄键盘和手机键盘。

(4) 按码元性质分:字母键盘和数字键盘。

(5) 按工作原理分:机械式键盘、塑料薄膜式键盘、导电橡胶式键盘、无接点静电电容键盘。

(6) 按文字输入分:单键输入键盘、双键输入键盘和多键输入键盘,常用的键盘属于单键输入键盘,速录机键盘属于多键输入键盘,四节输入法键盘属于双键输入键盘。

(7) 按键的工作原理分：机械式键盘和电容式键盘。

(8) 按外形分：标准键盘和人体工程学键盘。

计算机键盘中的全部键按基本功能可分成4组，即键盘的4个分区：主键盘区、功能键区、编辑键区和数字键区。

(1) 主键盘区。主键盘也称为标准打字键盘，此键区除包含26个英文字母、10个数字、各种标点符号、数学符号和特殊符号等47个字符键外，还有若干基本的功能控制键。

① 字母键：所有字母键在键面上均印有大写的英文字母，表示上挡符号为大写，下挡符号为小写（即通常情况下，单按此键时输入下挡小写符号）。其键位排列形式与标准英文打字机相同。

② 数字键：主键盘第1行的一部分，键面上印有数字。单按时输入下挡键面数字。

③ 换挡键Shift：键面上的标记符号为Shift或↑，主键盘的第4排左右两边各一个换挡键，其功能相同，用于大小写转换以及上挡符号的输入。操作时，先按住换挡键，再按其他键，输入该键的上挡符号；不按换挡键，直接按该键，则输入键的下挡符号。若先按住换挡键，再按字母键，字母的大小写进行转换（即原为大写转为小写，或原为小写转为大写）。

④ 大写字母锁定键CapsLock：在104主键盘左边的中间位置上，用于大小写输入状态的转换，此键盘为开关键。通常（开机状态下）系统默认输入小写，按一下此键后，键盘右上方中间CapsLock指示灯亮，表示此时默认状态为大写，输入的字母为大写字母；再按一次此键，CapsLock灯灭，表示此时状态为小写，输入的字母为小写字母。

⑤ 空格键Space：整个键盘上最长的一个键。按一下此键，将输入一个空白字符，光标向右移动一格。

⑥ 回车键Enter：键面上的标记符号为Enter，位于主键盘右边中间，大部分键盘的这个键较大。在中英文文字编辑软件中，此键具有换段功能，当本段的内容输入完成，按回车键后，在当前光标处插入一个回车符，光标带着该字符及后面的部分一起移到下一行之首。在DOS命令状态下或许多计算机程序设计语言中，按回车键确认命令或该行程序输入结束，命令则开始执行。

⑦ 强行退出键Esc：位于键盘顶行最左边。在DOS状态下，按下此键，当前输入的命令作废（在未按回车键之前），光标处显示"\"，光标移到下行之行首，回到系统提示符状态"＞"下，此时可重新输入正确的命令和字符串；在许多软件中，按此键为中止当前操作状态。

⑧ 跳格键Tab：键面上的标记符号为Tab。在主键盘左边，用于快速移动光标。在制表格时，按一下该键，使光标移到下一个制表位置，两个跳格位置的间隔一般为8个字符，除非另作改变。同时按下Shift＋Tab组合键将使光标左移到前一跳格位置。

⑨ 控制键Ctrl：在主键盘下方左右各一个，此键不能单独使用，与其他键配合使用可产生一些特定的功能。为了便于书写，往往把Ctrl写为^。如Ctrl＋P组合键可写为^P，其功能为接通或断开打印机（在接通打印机后，屏幕上出现的字符将在打印机上打印）。

⑩ 转换键Alt，又称为变换键：在主键盘下方靠近空格键处，左右各一个，该键同样不能单独使用，用来与其他键配合产生一些特定功能。例如，在Super-CCDOS中，Alt＋F4

组合键的功能是选择五笔字型输入法,Alt+F9 组合键的功能是选择图形或符号等。有时为书写方便,也把组合键 Alt+F4 写成~F4。在 Windows 操作中 Alt+F4 组合键是关闭当前程序窗口。

⑪ 退格键 BackSpace:键面上的标记符号为 BackSpace 或←。按下此键将删除光标左侧的一个字符,光标位置向左移动一格。

⑫ Windows 键:键面上的标记符号为 ![], 也称为 Windows 徽标键。在 Ctrl 键和 Alt 键之间,主键盘左右各一个,因键面的标识符号是 Windows 操作系统的徽标而得名。此键通常和其他键配合使用,单独使用时的功能是打开"开始"菜单。

⑬ Application 键:此键通常和其他键配合使用,单独使用时的功能是弹出当前 Windows 对象的快捷菜单。

(2) 功能键区。也称为专用键区,包含 F1~F12 共 12 个功能键,主要用于扩展键盘的输入控制功能。各个功能键的作用在不同的软件中通常有不同的定义。

(3) 编辑键区。也称为光标控制键区,主要用于控制或移动光标。

① 插入键 Insert:在编辑状态时,用作插入/改写状态的切换键。在插入状态下,输入的字符插入到光标处,同时光标右边的字符依次后移一个字符位置,在此状态下按 Insert 键后变为改写状态,这时在光标处输入的字符覆盖原来的字符。系统默认为插入状态。

② 删除键 Delete:删除当前光标所在位置的字符,同时光标后面的字符依次前移一个字符位置。

③ 光标归首键 Home:快速移动光标至当前编辑行的行首。

④ 光标归尾键 End:快速移动光标至当前编辑行的行尾。

⑤ 上翻页键 PageUp:光标快速上移一页,所在列不变。

⑥ 下翻页键 PageDown:光标快速下移一页,所在列不变。PageUp 和 PageDown 这两个键被统称为翻页键。

⑦ 光标左移键←:光标左移一个字符位置。

⑧ 光标右移键→:光标右移一个字符位置。

⑨ 光标上移键↑:光标上移一行,所在列不变。

⑩ 光标下移键↓:光标下移一行,所在列不变。←、↑、→和↓这 4 个键被统称为方向键或光标移动键。

⑪ 屏幕硬拷贝键 PrintScreen:当和 Shift 键配合使用时是把屏幕当前的显示信息输出到打印机。在 Windows 系统中,如不连接打印机,则是复制当前屏幕内容到剪贴板,再粘贴到画图等程序中,即可把当前屏幕内容截取成图片。如用 Alt+PrintScreen 组合键,与上面不同的是截取当前窗口的图像而不是整个屏幕。

⑫ 屏幕锁定键 ScrollLock:其功能是使屏幕暂停(锁定)/继续显示信息。当锁定有效时,键盘中的 ScrollLock 指示灯亮,否则此指示灯灭。

⑬ 暂停键/中断键 Pause/Break:键面上的标记符号为 Pause。单独使用时是暂停键 Pause,其功能是暂停系统操作或屏幕显示输出。按一下此键,系统当时正在执行的操作暂停。当和 Ctrl 键配合使用时是中断键 Break,其功能是强制中止当前程序运行。

(4) 数字键区。也称为小键盘、副键盘或数字/光标移动键盘。其主要用于数字符号的快速输入。在数字键盘中,各个数字符号键的分布紧凑、合理,适于单手操作,在录入内容为纯数字符号的文本时,使用数字键盘比使用主键盘更方便,更有利于提高输入速度。

① 数字锁定键 NumLock:用来控制数字键区的数字/光标控制键的状态。这是一个开关键,按下该键,键盘上的 NumLock 灯亮,此时小键盘上的数字键输入数字;再按一次 NumLock 键,该指示灯灭,数字键作为光标移动键使用。故数字锁定键又称数字/光标移动转换键。

② 插入键 Ins:即 Insert 键。

③ 删除键 Del:即 Delete 键。

下面介绍键盘标准指法。

(1) 结构:按功能划分,键盘总体上可分为 5 个区,分别为打字键区(主键盘区)、功能键区、光标移动键区、编辑/数字键区和专用键区,如图 3.7 所示。

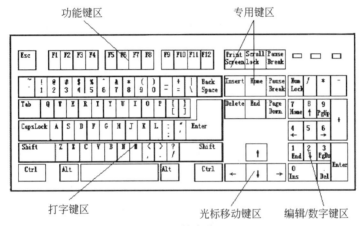

图 3.7 键盘分区

(2) 基本键:打字键区是最常用的键区,通过它可实现各种文字和控制信息的录入。打字键区的正中央有 8 个基本键,即左边的 A、S、D、F 键和右边的 J、K、L 和分号键,其中 F、J 两个键上都有一个凸起的小棱杠,以便盲打时手指能通过触觉定位。

(3) 基本键指法:开始打字前,左手小指、无名指、中指和食指应分别虚放在 A、S、D、F 键上,右手的食指、中指、无名指和小指应分别虚放在 J、K、L 和分号键上,两个大拇指则虚放在空格键上。基本键是打字时手指所处的基准位置,击打其他任何键,手指都是从这里出发,而且打完后又须立即退回到基本键位。

(4) 其他键的手指分工:掌握了基本键及其指法,就可以进一步掌握打字键区的其他键位了,左手食指负责的键位有 4、6、R、T、F、G、V、B 共 8 个键,中指负责 3、E、D、C 共 4 个键,无名指负责 2、W、S、X 键,小指负责 1、Q、A、Z 及其左边的所有键位。右左手食指负责 6、7、Y、U、H、J、N、M 共 8 个键,中指负责 8、I、K 和逗号共 4 个键,无名指负责 9、O、L 和句号共 4 个键,小指负责 0、P、分号、斜线及其右边的所有键位。这么一划分,整个键盘的手指分工就一清二楚了,按任何键,只需把手指从基本键位移到相应的键上,正确输入后，再返回基本键位即可。键盘指法分工如图 3.8 所示。

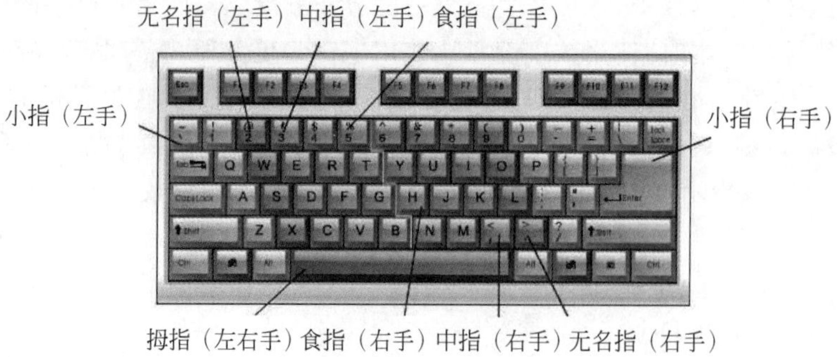

图 3.8　基本指法分工

如果说 CPU 是计算机的心脏，显示器是计算机的脸，那么键盘就是计算机的嘴，是它实现了人和计算机的顺畅沟通。以前的键盘只是对计算机的简单操作，如今键盘被赋予了更多的功能。具有多媒体功能的键盘能让计算机的使用者得以直接在键盘上控制，而不需要用鼠标点选屏幕上的 Internet 小图标，还有特定按键可以控制 CD-ROM、上网、收发 E-mail、声音调节等。有的在键盘的下边有一个圆形的调节盘，可以代替鼠标的功能使用。

无线技术的应用使键盘摆脱了线的限制和束缚，一端是计算机，另一端可毫无拘束，自由地操作。应用于无线键盘的技术主要有蓝牙、红外线等，两者在传输的距离及抗干扰性方面有着不同。一般地，蓝牙在传输距离和安全保密性方面要优于红外线。红外线的传输有效距离为 1~2m，而蓝牙的有效距离约为 10m。无线键盘的前途无量。不仅在于解决计算机周边配备的问题，也为未来计算机多功能、娱乐化的发展铺平了道路。利用电视的屏幕浏览 Internet，收看网络电视节目，正可利用无线键盘来控制，使无线功能得到淋漓尽致地展现。

选购键盘时应注意键盘的触感、外观、做工、布局、噪声、键位冲突和尺寸问题。键盘的主要品牌有罗技、戴尔、微软、双飞燕、SUNSEA（日海）、普拉多、金翅膀、新贵、明基、三星、多彩、力胜电子、爱国者、森松尼、技嘉、惠普、现代、雷柏、盛世云、宜堡斯和 cherry。

2）鼠标

鼠标（mouse）是计算机的输入设备，分有线和无线两种，是计算机显示系统纵横坐标定位的指示器，因形似老鼠而得名。鼠标的标准称呼是"鼠标器"。鼠标的使用是为了使计算机的操作更加简便，来代替键盘烦琐的指令。鼠标的发明人是美国科学家道格拉斯·恩格尔巴特。

系统普遍使用的是二键或三键的鼠标。鼠标通过鼠标线与主机设备面板的接口相连。鼠标的组成结构如图 3.9 所示。

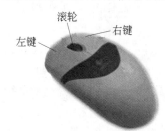

图 3.9　鼠标的组成结构

鼠标按工作原理及内部结构的不同可以分为机械式、光机式和光电式。鼠标按接口类型可分为串行鼠标、PS/2 鼠标、总线鼠标和 USB 鼠标（多为光电鼠标）4 种。串行鼠标是通过串行口与计算机相连,有 9 针接口和 25 针接口两种。PS/2 鼠标通过一个 6 针微型 DIN 接口与计算机相连,它与键盘的接口非常相似,使用时应注意区分。总线鼠标的接口在总线接口卡上,USB 鼠标通过一个 USB 接口直接插在计算机的 USB 口上。

鼠标有 5 个基本操作。两键、三键或多键鼠标的基本操作方法都基本相同,主要包括移动、单击、双击、右击和拖动 5 个基本操作。

移动:通过移动鼠标使屏幕上的光标同步移动。

单击:移动鼠标指针指向对象,然后快速按下鼠标左键并弹起的过程。

双击:移动鼠标指针指向对象,连续两次按下鼠标左键并弹起的过程。

右击:也称为右键单击,移动鼠标指针指向对象,快速按下鼠标右键并弹起的过程。

拖动:移动鼠标指针指向对象,按住鼠标左键的同时移动鼠标指针到其他位置,然后释放鼠标左键的过程。

在使用三键鼠标时,正确把握鼠标的姿势是手掌掌心压住鼠标,大拇指和小指自然放在鼠标的两侧,食指和无名指分别控制鼠标的左键和右键,中指用来控制鼠标中间的滚轮键。

鼠标指针的类型及表示的意义如表 3.1 所示。

表 3.1 鼠标指针的类型及表示的意义

鼠标指针	表示的意义	鼠标指针	表示的意义	鼠标指针	表示的意义
↖	准备状态	↕	调整对象垂直大小	+	精确调整对象
↖?	帮助选择	↔	调整对象水平大小	I	文本输入状态
↖⌛	后台处理	⤢	等比例调整对象 1	⊘	禁用状态
⌛	忙碌状态	⤡	等比例调整对象 2	✒	手写状态
✥	移动对象	↑	其他选择	☝	链接状态

无线鼠标主要有 3 种。一是 27MHz 的无线鼠标,其发射距离在 2m 左右,而且信号不稳定,相对比较低档。二是 2.4GHz 无线鼠标,其接收信号的距离在 7~15m,信号比较稳定,这是在市场中最常见的无线鼠标。三是蓝牙鼠标,其发射频率和 2.4GHz 鼠标一样,接收信号的距离也一样,可以说蓝牙鼠标是 2.4GHz 鼠标的一个特例。但是蓝牙鼠标最大的特点就是通用性,全世界所有的蓝牙鼠标不分品牌和频率都是通用的,反映在实际中的好处就是如果计算机带蓝牙,那么不需要蓝牙适配器,就可以直接连接,可以节约一个 USB 插口。而普通的 2.4GHz 和 27MHz 的鼠标必须要一个专业配套的接收器插在计算机上才能接收信号。

鼠标的主要国外品牌有微软、LG、戴尔、雷蛇、精灵、Steelseries 和 QPAD 等,主要的国内品牌有联想、明基、双飞燕、雷柏、瑞马、班德、QISUNG(旗胜)、DIGIBOY(数码神童)、SUNSEA(日海)、多彩、新贵、华硕、爱国者、鲨鱼、紫光电子、杰雕、标王、森松尼和清华炫光 X-LSWAB 等。

3) 扫描仪

扫描仪(scanner)是一种光、机、电一体化的高科技产品,它是将各种形式的图像信息输入计算机的重要工具,是继键盘和鼠标之后的第三代计算机输入设备。扫描仪具有比键盘和鼠标更强的功能,从最原始的图片、照片、胶片到各类文稿资料都可用扫描仪输入计算机中,进而实现对这些图像形式的信息的处理、管理、使用、存储和输出等,配合光学字符识别(Optic Character Recognize, OCR)软件还能将扫描的文稿转换成计算机的文本形式。

扫描仪是利用光电技术和数字处理技术,以扫描方式将图形或图像信息转换为数字信号的装置。扫描仪通常作为计算机外部仪器设备。照片、文本页面、图纸、美术图画、照相底片、菲林软片,甚至纺织品、标牌面板、印制板样品等三维对象都可作为扫描对象,提取原始的线条、图形、文字、照片、平面实物并将之转换成可以编辑及加入文件中的格式。

密度范围对扫描仪来说是非常重要的性能参数,密度范围又称为像素深度,它代表扫描仪所能分辨的亮光和暗调的范围,通常滚筒扫描仪的密度范围大于 3.5,而平面扫描仪的密度范围一般为 2.4~3.5。一般扫描仪如图 3.10 所示。

图 3.10　扫描仪

扫描仪属于计算机辅助设计(CAD)中的输入系统,通过计算机软件和计算机输出设备(激光打印机、激光绘图仪)接口,组成印前计算机处理系统,适用于办公自动化(OA),广泛应用在标牌面板、印制板和印刷行业等。其用途和实际意义在于:可在文档中组织美术品和图片;将印刷好的文本扫描输入文字处理软件中,免去重新打字的麻烦;对印制版和标牌面板样品扫描录入计算机中,可对该板进行布线图的设计和复制,解决了抄板问题,提高了抄板效率;可实现印制板草图的自动录入和编辑,实现汉字面板和复杂图标的自动录入和图片的修改;在多媒体产品中添加图像;在文献中集成视觉信息使之更有效地交换和通信。

扫描仪可分为滚筒式扫描仪和平板扫描仪,近年诞生了笔式扫描仪、便携式扫描仪、馈纸式扫描仪、胶片扫描仪、底片扫描仪和名片扫描仪。

滚筒式扫描仪(rotating drum image scanner)是目前最精密的扫描仪器,它一直是高精密度彩色印刷的最佳选择。它也称为电子分色机。它的工作过程是将正片或原稿用分色机扫描存入计算机,因为分色后的图档是以 C、M、Y、K 或 R、G、B 的形式记录正片或原稿的色彩信息,这个过程就被叫成分色或电分(电子分色)。

平板扫描仪(flatbed scanner),又称为平台式扫描仪或台式扫描仪,是指由 CCD 或 CIS 等光学器件来完成扫描工作的扫描设备。平板扫描仪诞生于 1984 年,是办公用扫描仪的主流产品之一。其扫描幅面一般为 A4 或者 A3。

滚筒式扫描仪与平板扫描仪的主要区别是,滚筒式扫描仪采用 PMT(光电倍增管)光电传感技术,而不是 CCD,能够捕获到正片和原稿最细微的色彩。一台 4000 DPI 分辨率的滚筒式扫描仪,按常规的150线印刷要求,可以把一张4×5的正片放大13倍。现在的滚筒式扫描仪可以毫无问题地与苹果机或PC相连接,扫描得到的数字图像可用Photoshop等软件进行需要的修改和色彩调整。而平板扫描仪则是由CCD器件来完成扫描工作的。工作原理不同,决定了两种扫描仪性能上的差异。

① 最高密度范围不同。滚筒扫描仪的最高密度可达4.0,而一般中低档平板扫描仪只有3.0左右,因而滚筒扫描仪在暗调的地方可以扫描出更多细节,并提高了图像的对比度。

② 图像清晰度不同。滚筒扫描仪有4个光电倍增管,其中3个用于分色(红、绿和蓝色),另一个用于虚光蒙版。它可以使不清楚的物体变得更清晰,可提高图像的清晰度,而CCD则没有这方面的功能。

③ 图像细腻程度不同。用光电倍增管扫描的图像输出印刷后,其细节清楚,网点细腻,网纹较小,而平板扫描仪扫描的照片质量在图像的精细度方面相对要差些。滚筒式扫描仪的精度非常高但价格昂贵,平常只要用普通平板式扫描仪就可以了。

笔式扫描仪又称为扫描笔或微型扫描仪,是2000年前后出现的产品,最初的扫描宽度大约只有四号汉字大小,使用时,贴在纸上一行一行地扫描,主要用于文字识别;而从2002年开始,3R推出的普兰诺RC800出现后,可以扫描A4幅度大小的纸张,最高可达400DPI,是贴着纸张拖动扫描;2009年10月,3R推出第三代扫描笔——艾尼提微型扫描笔HSA600,不仅可扫描A4幅面的纸张,而且扫描分辨率高达600DPI,并以其TF卡即插即用的移动功能可随处可扫可读数据,扫描输出彩色或黑白的JPG图片格式。其也无须安装任何驱动程序。另外,还免费提供OCR软件,可让扫描文件直接转换成Word文档。

笔式扫描仪分为两种:一种是Anyty(艾尼提)手刮式扫描笔,如HSA600、RC800;另一种是汉王等的行式扫描笔,如V800。

便携式扫描仪(portable scanner)出于轻薄的考虑,主流型号都使用了CIS(接触式图像传感器)元件。便携式扫描仪不管是在扫描速度还是易操性方面都要比平板式扫描仪强出很多。独特的高效能双面扫描让用户可以更加快捷地进行文档整理,在工作时还无须预热,开机即可扫描,大大提高了工作效率,也符合节约能源理念。

便携式扫描仪可以在各种场合作为扫描工具使用,可以使用于报纸、杂志、书籍、笔记、发票、合同、素描、重要文件、证明书、规划图、地图、参考材料等。便携式扫描仪可以在任何地方、任何场合(飞机内、客户的办公室、图书馆、公共汽车上)、任何文档使用,不管是什么资料,都可以记录成文件供阅览和打印。便携式扫描仪适用于任何人群,如商务人员、工程师、会计师、记者、保险代理商、政府官员、老师、学生、律师、图像设计师、建筑设计管理人员、办公室管理人员等。

馈纸式扫描仪又称为小滚筒式扫描仪,由于平板扫描仪价格昂贵,手持式扫描仪扫描宽度小,为满足A4幅面文件扫描的需要,推出了这种产品,这种产品绝大多数采用CIS技术,光学分辨率为300DPI,有彩色和灰度两种,彩色型号一般为24位彩色,也有极少数馈纸式扫描仪采用CCD技术,扫描效果明显优于CIS技术的产品。但由于结构限制,体积一般明显大于CIS技术的产品。随着平板扫描仪价格的下降,这类产品也于1997年前后退出了历史舞台。不过2001年左右又出现了一种新型产品,这类产品与老产品的最大区别是体积很小,并采用内置电池供电,甚至有的不需要外接电源,直接依靠计算机内部电源供电,主要目的是与笔记本计算机配套,又称为笔记本式扫描仪。

胶片扫描仪大体分为两种:①工业用激光胶片扫描仪。适用于各个工业领域,包括核能、石化、航空航天、军工、船舶以及各类特种设备等行业。主要是用于工业无损检测(X射线、γ射线照相)后的底片数字化扫描。②医疗用胶片扫描仪。光学密度也可达到4.3。适用于医疗X光底片的数字化。发达国家大型的医院一般都是用CR、DR、CT和MIR,很少有使用胶片扫描仪进行X光底片数字化的,唯一例外的是乳腺癌X光检查底片的数字化。

胶片扫描仪的主要功能如下:支持大幅面快速胶片扫描,图像不需要拼接;BMP、JPG等通用图像格式与DICOM/DICONDE图像之间的相互转换;全中文界面,操作简单。它还具有图像处理(窗宽、窗位调整)、局部放大缩小、上下镜像、左右镜像、负像、测量(长度、周长、面积、灰度值/黑度值)、标注(文字、直线、矩形、椭圆、曲线、多边形、箭头)、漫游、伪彩变换、正向或逆向90°旋转图像导出、窗格调整和复原等功能。

胶片扫描仪的扫描效果是平板扫描仪不能比拟的,主要任务就是扫描各种透明胶片,扫描幅面从135底片到4英寸×6英寸甚至更大,光学分辨率不低于1000DPI,一般可以达到2700DPI,更高精度的产品则属于专业级产品。扫描介质包括书本、立体物品、文件、杂志、相片等。不同品牌的性能不同,现在市面上用得多的有中晶、方正等。

名片扫描仪是能够扫描名片的扫描仪,以其小巧的体积和强大的识别管理功能成为许多人办公人士最能干的商务小助手。名片扫描仪由一台高速扫描仪、一个质量稍高一点的OCR(光学字符识别系统)再配上一个名片管理软件组成。

名片扫描仪最基本的构成:一个高速的便携式扫描仪(一般为A4以下的幅面)和一个高识别率的OCR识别软件。有部分名片扫描仪采用的是拍摄成像,这样其构成就是高清摄像头加上OCR识别软件。

市场上主流的名片扫描仪的主要功能以高速输入、准确的识别率、快速查找、数据共享、原版再现、在线发送以及能够导入PDA等为基本标准。尤其是通过计算机可以与掌上计算机或手机连接使用这一功能越来越为使用者所看重。此外,名片扫描仪的操作简便性和便携性也是选购者注重的两个方面。

扫描仪的技术指标包括分辨率、灰度级、色彩数、扫描速度和扫描幅面。

分辨率是扫描仪最主要的技术指标,它表示扫描仪对图像细节上的表现能力,即决定了扫描仪所记录图像的细致度,其单位为PPI(Pixels Per Inch)。通常用每英寸长度上扫描图像所含有像素点的个数来表示。大多数扫描的分辨率为300~2400PPI。PPI数值越大,扫描的分辨率越高,扫描图像的品质越高。但这是有限度的,当分辨率大于某一特定值时,只会使图像文件增大而不易处理,并不能对图像质量产生显著的改善。对于丝网印刷应用而言,扫描分辨率为600PPI就已经足够了。

扫描分辨率一般有两种:真实分辨率(光学分辨率)和插值分辨率。

光学分辨率就是扫描仪的实际分辨率,它是决定图像的清晰度和锐利度的关键性能指标。

插值分辨率则是通过软件运算的方式来提高分辨率的数值,即用插值的方法将采样点周围遗失的信息填充进去,因此也被称为软件增强的分辨率。例如,扫描仪的光学分辨率为300PPI,则可以通过软件插值运算法将图像分辨率提高到600PPI,插值分辨率所获得的细节资料要少些。尽管插值分辨率不如真实分辨率,但它大大降低扫描仪的价格,且对一些特定的工作(例如,扫描黑白图像或放大较小的原稿)十分有用。

灰度级表示图像的亮度层次范围。级数越多,扫描仪图像亮度范围越大,层次越丰富,多数扫描仪的灰度级为256。256级灰阶可以真实呈现出比肉眼所能辨识出来的层次还多的灰阶层次。

色彩数表示彩色扫描仪能够产生颜色的范围,通常用表示每个像素点颜色的数据位数(即比特,bit)表示。越多的位数可以表现越复杂的图像信息。例如,常说的真彩色图像指的是每个像素点由3个8位的彩色通道组成,即用24位二进制数表示,红、绿、蓝通道结合可以产生2^{24}种颜色的组合,色彩数越多,扫描的图像越鲜艳真实。

扫描速度有多种表示方法,因为扫描速度与分辨率、内存容量、软盘存取速度、显示时间和图像大小有关,通常用指定的分辨率和图像尺寸下的扫描时间来表示。

扫描幅面表示扫描图稿尺寸的大小,常见的有 A4、A3、A0 幅面等。

2. 输出设备

输出设备是计算机硬件系统的终端设备,用于接收计算机数据的输出显示、打印、声音、控制外围设备操作等。也是把各种计算结果数据或信息以数字、字符、图像、声音等形式表现出来。常见的输出设备有显示器、打印机、绘图仪、影像输出系统、语音输出系统、磁记录设备等。

1) 显示器

显示器(display)通常也称为监视器,属于计算机输出设备。它是一种将一定的电子文件通过特定的传输设备显示到屏幕上,然后再反射到人眼的显示工具。显示器的常见种类包括 CRT、LCD、LED、3D 和等离子等。

CRT(Cathode Ray Tube)是一种使用阴极射线管的显示器。它是应用最广泛的显示器之一,CRT 纯平显示器具有可视角度大、无坏点、色彩还原度高、色度均匀、可调节的多分辨率模式、响应时间极短等 LCD 显示器难以超过的优点。按照不同的标准,CRT 显示器可划分为不同的类型。主要技术参数包括 CRT 显像管、阴罩、像素、点距、场频、行频、视频带宽、分辨率、最大可视区域、隔行/逐行、安全认证、即插即用、控制方式和接口方式。

LCD(Liquid Crystal Display,液晶显示器)的优点是机身薄,占地小,辐射小。LCD 的工作原理是:在显示器内部有很多液晶粒子,它们有规律地排列成一定的形状,并且它们的每一面的颜色都不同,分为红色、绿色和蓝色。这三原色能还原成任意的其他颜色,当显示器收到计算机的显示数据时会控制每个液晶粒子转动到不同颜色的面,来组合成不同的颜色和图像。液晶显示屏的缺点是色彩不够艳,可视角度不高等。液晶显示器如图 3.11 所示。

LED(Light Emitting Diode,发光二极管)是一种通过控制半导体发光二极管的显示方式来显示文字、图形、图像、动画、视频和录像信号等各种信息的显示屏幕。最初,LED

图 3.11 液晶显示器

只是作为微型指示灯,在计算机、音响和录像机等高档设备中应用,随着大规模集成电路和计算机技术的不断进步,LED 显示器正在迅速崛起,逐渐扩展到证券行情股票机、数码相机、PDA 以及手机领域。LED 显示器集微电子技术、计算机技术和信息处理于一体,以其色彩鲜艳、动态范围广、亮度高、寿命长、工作稳定可靠等优点,成为最具优势的新一代显示媒体,LED 显示器已广泛应用于大型广场、商业广告、体育场馆、信息传播、新闻发布和证券交易等,可以满足不同环境的需要。

3D(Three Dimensions,三维)显示器一直被公认为显示技术发展的终极梦想,多年来有许多企业和研究机构从事这方面的研究。传统的 3D 电影在银幕上有两组图像(来源于在拍摄时互成角度的两台摄影机),观众必须戴上偏光镜才能消除重影(让一只眼只接受一组图像),形成视差(parallax),产生立体感。

等离子显示器(Plasma Display Panel,PDP)是采用了近几年来高速发展的等离子平面屏幕技术的新一代显示设备。等离子显示器的优越性是厚度薄、分辨率高、占用空间少且可作为家中的壁挂电视使用,代表了未来计算机显示器的发展趋势。

显示器的参数包括点距、分辨率、扫描频率、刷新率、功耗和电磁辐射等。

(1) 点距(或条纹间距)。点距是显示器的一个非常重要的硬件指标。所谓点距,是指一种给定颜色的一个发光点与离它最近的相邻同色发光点之间的距离,这种距离不能用软件来更改,这一点与分辨率是不同的。在任何相同分辨率下,点距越小,图像就越清晰,14 英寸显示器常见的点距有 0.31mm 和 0.28mm;所谓条纹间距,是指某些显示器用条纹代替标准的 CRT 的色点,与色点相比,产生的图像更亮更清晰,条纹间距一般在 0.25~0.26mm,价格比普通显示器贵。一般 14 英寸 LCD 的可视面积为 285.7mm×214.3mm,最大分辨率为 1024×768 像素,则点距等于可视宽度/水平像素(或者可视高度/垂直像素),即 285.7mm/1024≈0.279mm(或者是 214.3mm/768≈0.279mm)。

(2) 分辨率。不能把分辨率和点距混为一谈,这是两个截然不同的概念。分辨率是指像素点与点之间的距离,像素数越多,其分辨率就越高。因此,分辨率通常是以像素数来计量的,如 640×480 像素,其像素数为 30 7200,其中 640 为水平像素数,480 为垂直像素数。

由于在图形环境中,高分辨率能有效地收缩屏幕图像,因此,在屏幕尺寸不变的情况下,其分辨率不能越过它的最大合理限度,否则就失去了意义。

显示器大小与最大分辨率的关系如下:14 英寸,1024×768 像素;15 英寸,1280×1024 像素;17 英寸,1600×1280 像素;21 英寸,1600×1280 像素。

(3) 扫描频率。扫描频率是指显示器每秒钟扫描的行数,单位为 kHz(千赫兹)。它决定着最大逐行扫描清晰度和刷新速度。水平扫描频率、垂直扫描频率和分辨率这三者是密切相关的,每种分辨率都有其对应的最基本的扫描速度,例如,用于文字处理、分辨率为1024×768像素的水平扫描速率为64kHz。还有的显示器采用的是隔行扫描形式,即先扫描所有的偶数行,再扫描所有的奇数行,与逐行扫描相比,隔行扫描产生的新图像的频率只有逐行扫描的一半,闪烁现象更为严重。当然,即使显示器再好,其扫描频率也只能达到显示卡所能驱动的水平。

(4) 刷新速度。显示器的刷新率指每秒钟出现新图像的数量,单位为Hz(赫兹)。刷新率越高,图像的质量就越好,闪烁越不明显,人眼的感觉就越舒适。一般认为,70~72Hz的刷新率即可保证图像的稳定。

(5) 功耗。作为微机耗电最大的外设之一,显示器的功率消耗问题已越来越受到人们的关注。美国环保局(EPA)发起了"能源之星"计划。该计划规定,在微机非使用状态,即待机状态下,耗电低于30W的计算机和外围设备均可获得EPA的能源之星标志,这就是人们常说的"绿色产品"。因此,在购买显示器时,要看它是否有EPA标志。

(6) 电磁辐射又称为电子烟雾,由空间共同移送的电能量和磁能量所组成,而该能量是由电荷移动所产生的;举例说,正在发射信号的射频天线所发出的移动电荷便会产生电磁能量。电磁"频谱"包括形形色色的电磁辐射,从极低频的电磁辐射至极高频的电磁辐射,两者之间还有无线电波、微波、红外线、可见光和紫外光等。电磁频谱中射频部分的一般定义是频率为3kHz~300GHz的辐射。

与显示器相匹配的是显卡。显卡全称为显示接口卡(video card,graphics card),又称为显示适配器(video adapter),显卡是个人计算机最基本的组成部分之一。显卡的用途是将计算机系统所需要的显示信息进行转换驱动,并向显示器提供行扫描信号,控制显示器的正确显示,是连接显示器和个人计算机主板的重要元件,是人机对话的重要设备之一。显卡作为计算机主机里的一个重要组成部分,承担输出显示图形的任务,对于从事专业图形设计的人来说显卡比较重要。民用显卡图形芯片供应商主要包括AMD(超威半导体)和NVidia(英伟达)。

显卡分为核芯显卡、集成显卡、独立显卡。

(1) 核芯显卡是Intel产品的新一代图形处理核心,与以往的显卡设计不同,Intel公司凭借其在处理器制造上的先进工艺以及新的架构设计,将图形核心与处理核心整合在同一块基板上,构成一颗完整的处理器。智能处理器架构这种设计上的整合大大缩减了处理核心、图形核心、内存及内存控制器间的数据周转时间,有效地提升处理效能并大幅降低芯片组的整体功耗,有助于缩小核心组件的尺寸,为笔记本计算机、一体机等产品的设计提供了更大的选择空间。

核芯显卡和传统意义上的集成显卡并不相同。核芯显卡将图形核心整合在处理器中,进一步加强了图形处理的效率,并把集成显卡中的"处理器+南桥+北桥(图形核心+内存控制+显示输出)"三芯片解决方案精简为"处理器(处理核心+图形核心+内存控制)+主板芯片(显示输出)"的双芯片模式,有效降低了核心组件的整体功耗,更有利于延长笔记本计算机的续航时间。

核芯显卡的优点如下:低功耗是核芯显卡最主要的优势,由于新的精简架构及整合设计,核芯显卡对整体能耗的控制更加优异,高效的处理性能大幅缩短了运算时间,进一步缩减了系统平台的能耗。高性能也是它的主要优势,核芯显卡拥有诸多优势技术,可以带来充足的图形处理能力,相较前一代产品,其性能的进步十分明显。核芯显卡可支持 DX10/DX11、SM 4.0、OpenGL 2.0 以及全高清 Full HD MPEG2/H.264/VC-1 格式解码等技术,即将加入的性能动态调节更可大幅提升核芯显卡的处理能力,令其完全满足普通用户的需求。

核芯显卡的缺点是:配置核芯显卡的 CPU 通常价格较高,同时其难以胜任大型游戏。

(2) 集成显卡是将显示芯片、显存及其相关电路都集成在主板上,与其融为一体的元件。集成显卡的显示芯片有单独的,但大部分都集成在主板的北桥芯片中。一些主板集成的显卡也在主板上单独安装了显存,但其容量较小,集成显卡的显示效果与处理性能相对较弱,不能对显卡进行硬件升级,但可以通过 CMOS 调节频率或刷入新 BIOS 文件实现软件升级来挖掘显示芯片的潜能。

集成显卡的优点是功耗低、发热量小,部分集成显卡的性能已经可以媲美入门级的独立显卡,所以不用花费额外的资金购买独立显卡。

集成显卡的缺点是:性能相对略低,且固化在主板或 CPU 上,本身无法更换,如果必须换,就只能换主板。

(3) 独立显卡是指将显示芯片、显存及其相关电路单独做在一块电路板上,自成一体,而作为一块独立的板卡存在,它需占用主板的扩展插槽(ISA、PCI、AGP 或 PCI-E)。

AGP(Accelerate Graphical Port,加速图像处理端口)接口是 Intel 公司开发的一个视频接口技术标准,是为了解决 PCI 总线的低带宽而开发的接口技术。它通过将图形卡与系统主内存连接起来,在 CPU 和图形处理器之间直接开辟了更快的总线。其发展经历了 AGP 1.0(AGP1X/2X)、AGP 2.0(AGP4X)和 AGP 3.0(AGP8X)。最新的 AGP8X 的理论带宽为 2.1Gb/s。到 2009 年,AGP 接口已经被 PCI-E 接口基本取代。

PCI Express(PCI-E)是新一代的总线接口,而采用此类接口的显卡产品于 2004 年正式面世。在 2001 年的 Intel 开发者论坛上,Intel 公司提出了要用新一代的技术取代 PCI 总线和多种芯片的内部连接,并称之为第三代 I/O 总线技术。在 2001 年年底,包括 Intel、AMD、DELL 和 IBM 在内的 20 多家业界主导公司开始起草新技术的规范,并在 2002 年完成,将其正式命名为 PCI Express。

独立显卡的优点如下:单独安装了显存,一般不占用系统内存,在技术上也较集成显卡先进得多,能够比集成显卡得到更好的显示效果和性能,容易进行显卡的硬件升级。

独立显卡的缺点是:系统功耗有所加大,发热量也较大,需额外花费购买显卡的资金,同时(特别是对笔记本电脑)占用更多空间。

按照对显卡性能的不同要求,独立显卡实际上分为两类:一类是专门为游戏设计的娱乐显卡,另一类则是用于绘图和 3D 渲染的专业显卡。

显卡的标准分类如下:

MDA(Monochrome Display Adapter)卡,即单色字符显示卡。其分辨率为 720×350 像素,行频为 18.432kHz,场频为 50Hz,多数用于银行、医院等系统。

CGA(Color Graphics Adapter)卡,即彩色图形显示卡。可显示 4 种颜色,接收离散的 TTL 数字信号或合成的视频信号,分辨率为 320×200 像素和 640×200 像素,行频为 15.7kHz,场频为 60Hz。

EGA(Enhanced Graphics Adapter)卡,即增强图形显示卡。可显示16种颜色,接收离散的TTL数字信号,与CGA兼容,是双频显示器,行频可以是15.7kHz和21.8kHz,场频为60Hz,分辨率为640×350像素。

VGA(Video Graphics Array)卡,即视频图形阵列显示卡。VGA(包括SVGA)是目前最常用的一种显示器类型,可以显示256种颜色,接收R、G、B 3个模拟信号。VGA还可以运行单色应用软件。其分辨率为640×480像素,行频为31.5kHz,场频为60Hz或70Hz。

SVGA(Super VGA)卡,即超级视频图形阵列显示卡。分辨率为800×600像素和1024×768像素,行频为31.5kHz和35.5kHz,场频为50~86Hz。

2) 打印机

打印机(printer)是计算机的输出设备之一,用于将计算机处理的结果打印在相关介质上。衡量打印机性能的指标有3项:打印分辨率、打印速度和噪声。

打印机的种类很多:按打印元件对纸是否有击打动作,分为击打式打印机与非击打式打印机;按打印字符结构,分为全形字打印机和点阵字符打印机;按一行字在纸上形成的方式,分为串式打印机与行式打印机;按所采用的技术,分为柱形、球形、喷墨式、热敏式、激光式、静电式、磁式、发光二极管式等打印机。

打印机将计算机的运算结果或中间结果以人所能识别的数字、字母、符号和图形等,依照规定的格式印在纸上的设备。打印机正向轻、薄、短、小、低功耗、高速度和智能化方向发展。

串式点阵字符非击打式打印机主要有喷墨式和热敏式打印机两种。行式点阵字符非击打式打印机主要有激光、静电、磁式和发光二极管式打印机。

按用途可将打印机分为办公和事务通用打印机、商用打印机和专用打印机。在办公和事务通用打印机这一应用领域,针式打印机一直占领主导地位。由于针式打印机具有中等分辨率和打印速度,耗材便宜,同时还具有高速跳行、多份副本打印、宽幅面打印、维修方便等特点,是办公和事务处理中打印报表、发票等的优选机种。商用打印机是指商业印刷用的打印机,由于这一领域要求印刷的质量比较高,有时还要处理图文并茂的文档,因此,一般选用高分辨率的激光打印机。专用打印机一般是指各种存折打印机、平推式票据打印机、条形码打印机和热敏印字机等用于专用系统的打印机。

新型打印机分为蓝牙打印机、家用打印机、便携式打印机和网络打印机。

蓝牙打印机是一种小型打印机,通过蓝牙来实现数据的传输,可以随时随地打印各种小票和条形码,与常规的打印机的区别在于可以对感应卡进行操作,可以读取感应卡的卡号和各扇区的数据,也可以对各扇区写数据。

家用打印机是指与家用计算机配套进入家庭的打印机,根据家庭使用打印机的特点,低档的彩色喷墨打印机逐渐成为主流产品。

便携式打印机一般用于与笔记本电脑配套,具有体积小、质量小、可用电池驱动、便于携带等特点。

网络打印机用于网络系统,要为多数人提供打印服务,因此要求这种打印机具有打印速度快、能自动切换仿真模式和网络协议、便于网络管理员进行管理等特点。

下面详细介绍针式打印机、喷墨式打印机和激光打印机。

针式打印机是一种特殊的打印机,与喷墨、激光打印机都存在很大的差异,而针式打印机的这种特殊功能是其他类型的打印机不能取代的。因此,针式打印机一直都有着自己独特的市场份额,服务于一些特殊的行业用户。针式打印机如图3.12所示。

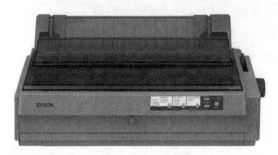

图 3.12 针式打印机

针式打印机是通过打印头中的24根针击打复写纸,从而形成字体,在使用中,用户可以根据需求来选择多联纸张,一般常用的多联纸有2联、3联、4联纸,也有使用6联纸的打印机。多联纸一次性打印完成只有针式打印机能够做到,喷墨打印机和激光打印机无法实现多联纸打印。

对于医院、银行、邮局、彩票、保险和餐饮等行业的用户来说,针式打印机是他们的必备产品之一,因为只有通过针式打印机才能快速完成各项单据的复写,为用户提供高效的服务,而且还能为这些窗口行业用户存底。另外,还有一些快递公司使用针式打印机来取代以往的手写工作,大大提高了工作效率。

针式打印机接口类型指的是针式打印机与计算机系统采用何种方式进行连接。目前针式打印机常见的有并口(也称为IEEE 1284,Centronics)、串口(也称为RS-232接口)和USB接口。

针式打印机的种类繁多,形式各异,一般分为打印机械装置和控制与驱动电路两大部分。针式打印机在正常工作时有3种运动,即打印头的横向运动、打印纸的纵向运动和打印针的击针运动。这些运动都是由软件控制驱动系统通过一些精密机械进行的。

一般针打有两种工作方式:文本方式(Text Mode)和位映像方式(Bit Image Print Mode)。

各类针式打印机从表面上看没有什么区别,但随着专用化和专业化的需要,出现了不同类型的针式打印机,其中主要有通用针式打印机、存折针式打印机、行式针式打印机和高速针式打印机等几种。

针式打印机主要的技术参数和性能指标如下。

(1) 打印方式。表明针式打印机在打印过程中所采用的模式。例如,"双向逻辑选距"打印方式,在该打印方式下,打印机将根据每行打印内容的具体位置来控制打印头的启停位置,以节省时间,提高打印速度和效率;又如"可选择单双向"打印方式,在该方式下,可由用户根据打印要求选择每次打印时打印头的起始位置。单向打印是打印每一行时,打印头都要先回到初始位置,然后再打印,打印效率较低,但字符或图像上下衔接精度高;双向打印是打印头横向来回移动时均进行打印,打印效率高,但由于机械部件精度的影响,可能会造成字符或图像上下衔接部分有一定的错位,对打印质量会带来影响。

(2) 打印头。在选购时应注意打印头的针数,目前绝大多数的打印机都采用 24 针的打印头。这种打印头具有打印速度快、打印质量好的特点,其性能参数主要是针的寿命,如 2 亿次/针。另外,在选择打印机时要注意打印机的打印点密度,点密度定义为在水平方向上每英寸打印的点数,用 DPI 表示。打印质量较高的打印机其点密度可以达到 360DPI。

(3) 字符集。字符集是打印机中字库种类的说明,通过字符集可以看出该打印机属于哪一种类型。中文打印机的字符集种类较为齐全,一般包括有 ASCII 码点阵字符集、汉字点阵字符集以及国际字符组点阵字符集等,通常上述字符集是按国家标准制定的。如 GB 5007 标准(宋体 24×24 点阵字符集)和 GB 2312-80(宋体 32×32 点阵字符集)。

(4) 打印速度。这是点阵打印机重要的性能指标,它反映出打印机的综合性能,一般只给出打印一行西文字符或中文汉字时的打印速度。标准的说明应是在草稿方式下,按照每英寸打印 10 个西文字符(10CPI)的方式,每秒钟能打印的字符数目。现在速度较快的打印机其打印速度一般在 200 字/秒以上。

(5) 行距。在说明书中一般都有行距指标,因为它是说明输纸操作精度和性能的重要指标,尤其是最小输纸距离(如 $1/360''$ 或 $n/368''$)更能反映出其输纸组件的控制能力和精密程度。

(6) 接口。大多数打印机配置了 Centronics 并行接口,其他标准的接口一般是作为附件而另外购置。

(7) 最大缓冲容量。该指标间接表明了打印机在打印时对计算机主机工作效率的影响。缓冲容量大,一次输入的数据就多,打印机处理和打印所需的时间就长。因此,与计算机通信的次数就可以减少,使主机效率提高。

(8) 输纸方式。一台好的打印机应具备多种输纸功能,这反映出其机构设计是否合理及全面。一般情况下应有连续纸输送的链轮装置,以保证输纸的精度和避免输纸过程中的偏斜。另外,是否具备单页纸和卡片纸的输送能力,以及是否具备平推进纸的能力,对票据打印十分重要。

(9) 纸宽及纸厚度。纸宽指标反映出打印机最大的打印宽度,目前通用打印机的纸宽一般为 9 英寸(窄行)和 13.6 英寸(宽行)。纸厚度则反映出打印头的击打能力,这项指标对于需要复写副本的用途很重要。一般用"正本+复写份数"来表示。

喷墨打印机按工作原理可分为固体喷墨和液体喷墨两种(后者更为常见),而液体喷墨方式又可分为气泡式(Canon 和 HP)与液体压电式(Epson)。气泡技术(bubble jet)是通过加热喷嘴使墨水产生气泡,喷到打印介质上。喷墨打印机如图 3.13 所示。

喷墨打印机采用的技术主要有两种:连续式喷墨技术与随机式喷墨技术。早期的喷墨打印机以及当前大幅面的喷墨打印机都是采用连续式喷墨技术,而当前市面流行的喷墨打印机都普遍采用随机喷墨技术。连续喷墨技术以电荷调制型为代表,随机式喷墨系统中墨水只在打印需要时才喷射,所以又称为按需式技术。

喷墨打印机是在针式打印机之后发展起来的,采用非击打的工作方式。比较突出的

图 3.13 喷墨打印机

优点有体积小、操作简单方便、打印噪音低、使用专用纸张时可以打出和照片相媲美的图片等。

喷墨打印机按打印头的工作方式可以分为压电喷墨技术和热喷墨技术两大类型。按照喷墨的材料性质又可以分为水质料、固态油墨和液态油墨等类型的打印机。

喷墨打印机的性能取决于分辨率和色彩调和能力。分辨率 DPI(每英寸所打印的点数)是业界衡量打印质量的一个重要标准。它本身表现了在每英寸的范围内喷墨打印机可打印的点数。单色打印时 DPI 值越高打印效果越好,而彩色打印时情况比较复杂。通常打印质量的好坏要受 DPI 值和色彩调和能力的双重影响。由于一般彩色喷墨打印机的黑白打印分辨率与彩色打印分辨率可能会有所不同,所以选购时一定要注意看商家所说的分辨率是哪一种分辨率,是否是最高分辨率。一般至少应选择在 360DPI 以上的喷墨打印机。对于使用彩色喷墨打印机的用户而言,打印机的色彩调和能力是非常重要的指标。

图 3.14 激光打印机

激光打印机是将激光扫描技术和电子照相技术相结合的打印输出设备。与其他打印设备相比,激光打印机有打印速度快、成像质量高等优点,但其使用成本相对高昂。激光打印机如图 3.14 所示。

激光打印机按其打印输出速度可分为 3 类:低速激光打印机(每分钟输出 10~30 页)、中速激光打印机(每分钟输出 40~120 页)以及高速激光打印机(每分钟输出 130~300 页)。

激光打印机仍以惠普、佳能、爱普生占据主要市场,此外,还有利盟(Lexmark)、施乐、松下、理光等系列。我国的联想公司和方正公司也相继生产出了适用的激光打印机,并也占据了一些市场份额。

激光打印机是由激光器、声光调控器、高频驱动、扫描器、同步器及光偏转器等组成,其作用是把接口电路送来的二进制点阵信息调制在激光束上,之后扫描到感光体上。感光体与照相机构组成电子照相转印系统,把射到感光鼓上的图文映像转印到打印纸上,其原理与复印机相同。激光打印机是将激光扫描技术和电子显像技术相结合的非击打输出设备。它的机型不同,打印功能也有区别,但工作原理基本相同。

激光打印机因为有高压电路和高温电路,所以电子辐射和热辐射都对人体有一定的影响,应注意孕妇及幼儿的防护或远离这些设备。打印过程中,高温加热会带出一些粉墨颗粒物,对呼吸不利,应尽量避免长时间在激光打印机边工作。

与针式打印机和喷墨打印机相比,激光打印机有非常明显的优点。

（1）高密度。激光打印机的打印分辨率最低为 300DPI,还有 400DPI、600DPI、800DPI、1200DPI、2400DPI 和 4800DPI 等高分辨率。

（2）高速度。激光打印机的打印速度最低为 4ppm,一般为 12ppm、16ppm,有些激光打印机的打印速度可以达到 24ppm 以上。

（3）噪声低。一般在 53dB 以下,非常适合在安静的办公场所使用。

（4）处理能力强。激光打印机的控制器中有 CPU、内存和控制器,相当于计算机的主板,所以它可以进行复杂的文字处理和图形、图像处理,这是针式打印机与喷墨打印机所不能完成的,也是页式打印机与行式打印机的区别。

激光打印机的发展方向是价格大幅度下降,机芯性能大幅度提高,控制技术日益完善。

3) 绘图仪

绘图仪是计算机的图形输出设备。绘图仪是能按照人们要求自动绘制图形的设备。它可将计算机的输出信息以图形的形式输出。主要可绘制各种管理图表和统计图、大地测量图、建筑设计图、电路布线图、各种机械图与计算机辅助设计图等。

绘图仪一般都是采用"增量法"来绘制图形的,绘图仪画笔有 4 个基本移动方向和 4 个组合方向,加上抬笔和落笔共有 10 个基本动作,绘图仪的曲线段是由画笔用一些连续的小直线段近似画出的。

现代的绘图仪已具有智能化的功能,它自身带有微处理器,可以使用绘图命令,具有直线和字符演算处理以及自检测等功能。

绘图仪是一种输出图形的硬拷贝设备。绘图仪在绘图软件的支持下可绘制出复杂、精确的图形,是各种计算机辅助设计不可缺少的工具。绘图仪的性能指标主要有绘图笔数、图纸尺寸、分辨率、接口形式及绘图语言等。

绘图仪的构成,绘图仪一般是由驱动电机、插补器、控制电路、绘图台、笔架、机械传动等部分组成。绘图仪除了必要的硬设备之外,还必须配备丰富的绘图软件。只有软件与硬件结合起来,才能实现自动绘图。软件包括基本软件和应用软件两种。

绘图仪的种类很多,按结构和工作原理可以分为滚筒式绘图仪和平台式绘图仪两大类。

① 滚筒式绘图仪。当 X 向步进电机通过传动机构驱动滚筒转动时,链轮就带动图纸移动,从而实现 X 方向运动。Y 方向的运动,是由 Y 向步进电机驱动笔架来实现的。这种绘图仪结构紧凑,绘图幅面大。但它需要使用两侧有链孔的专用绘图纸。

② 平台式绘图仪。绘图平台上装有横梁,笔架装在横梁上,绘图纸固定在平台上。X 向步进电机驱动横梁连同笔架,向 X 方向运动;Y 向步进电机驱动笔架沿着横梁导轨,

向 Y 方向运动。图纸在平台上的固定方法有 3 种,即真空吸附、静电吸附和磁条压紧。平台式绘图仪绘图精度高,对绘图纸无特殊要求,应用比较广泛。

4) 适配器(adapter)

适配器就是一个接口转换器,它可以是一个独立的硬件接口设备,允许硬件或电子接口与其他硬件或电子接口相连,也可以是信息接口,比如电源适配器、三脚架基座转接部件、USB 与串口的转接设备等。在计算机中,适配器通常内置于可插入主板插槽的卡中(也有外置的),卡中的适配信息与处理器和适配器支持的设备间进行交换。

3.2 指令系统与机器语言

指令系统是计算机硬件的语言系统,也称为机器语言,它是软件和硬件的主要界面,从系统结构的角度看,它是系统程序员看到的计算机的主要属性。因此,指令系统表征了计算机的基本功能,决定了机器所要求的能力,也决定了指令的格式和机器的结构。在为计算机设计指令系统时,应对指令格式、类型及操作功能给予应有的重视。

机器语言(machine language)是一种指令集的体系,这种指令集称为机器码(machine code),是计算机的 CPU 可直接识别的计算机语言。汇编语言(assembly language)是面向机器的程序设计语言,也称为符号语言,使用汇编语言编写的程序,计算机不能直接识别。高级语言是较接近自然语言和数学公式的编程语言,基本脱离了计算机硬件系统,用人们更易理解的方式编写程序,计算机不能直接识别。

3.2.1 指令系统及指令的执行过程

指令系统及指令的执行过程

1. 指令系统

计算机指令就是指挥机器工作的指示和命令,程序就是一系列按一定顺序排列的指令,执行程序的过程就是计算机的工作过程。控制器靠指令指挥机器工作,人们用指令表达自己的意图,并交给控制器执行。一台计算机所能执行的各种不同指令的全体称为计算机的指令系统,不同型号的计算机均有特定的指令系统,其指令内容和格式各不相同。

通常一条指令包括两方面的内容:操作码和操作数,操作码决定要完成的操作,操作数指参加运算的数据及其所在的单元地址。在计算机中,操作要求和操作数地址都由二进制数码表示,分别称为操作码和地址码,整条指令以二进制编码的形式存放在存储器中。指令的种类和数量与具体的机型有关。

指令系统是指计算机所能执行的全部指令的集合,它描述了计算机内全部的控制信息和逻辑判断能力。不同计算机的指令系统包含的指令种类和数目也不同,但一般均包含算术运算型、逻辑运算型、数据传送型、判定和控制型、移位操作型、位(位串)操作型、输入和输出型等指令。指令系统是表征一台计算机性能的重要因素,它的格式与功能不仅直接影响计算机的硬件结构,而且也直接影响系统软件,影响计算机的适用范围。

一条指令就是机器语言的一个语句,它是一组有意义的二进制代码,指令的基本格式如下：

操作码字段＋地址码字段

其中，操作码字段指明了指令的操作性质及功能，地址码字段则给出了操作数或操作数的地址。

指令系统的发展经历了从简单到复杂的演变过程。早在 20 世纪五六十年代，计算机大多数由分立元件的晶体管或电子管组成，其体积庞大，价格也很昂贵，因此计算机的硬件结构比较简单，所支持的指令系统也只有十几至几十条最基本的指令，而且寻址方式简单。到 20 世纪 60 年代中期，随着集成电路的出现，计算机的功耗、体积和价格等不断下降，硬件功能不断增强，指令系统也越来越丰富。在 20 世纪 70 年代，高级语言已成为大、中、小型机的主要程序设计语言，计算机应用日益普及。由于软件的发展超过了软件设计理论的发展，复杂的软件系统设计一直没有很好的理论指导，导致软件质量无法保证，从而出现了"软件危机"。人们认为，缩小机器指令系统与高级语言的语义差距，为高级语言提供更多的支持，是缓解软件危机有效和可行的办法。计算机设计者们利用当时已经成熟的微程序技术和飞速发展的 VLSI 技术，增设了各种各样的复杂的、面向高级语言的指令，使指令系统越来越庞大。这是几十年来人们在设计计算机时保证和提高指令系统有效性方面传统的想法和做法。

计算机的指令格式与机器的字长、存储器的容量及指令的功能都有很大的关系。从便于程序设计、增加基本操作并行性、提高指令功能的角度来看，指令中应包含多种信息。但在有些指令中，由于部分信息可能无用，这将浪费指令所占的存储空间，并增加了访存次数，也许反而会影响速度。因此，如何合理、科学地设计指令格式，使指令既能给出足够的信息，又使其长度尽可能地与机器的字长相匹配，以节省存储空间，缩短取指时间，提高机器的性能，这是指令设计中的一个重要问题。

计算机是通过执行指令来处理各种数据的。为了指出数据的来源、操作结果的去向以及所执行的操作，一条指令必须包含下列信息。

（1）操作码。它具体说明了操作的性质及功能。一台计算机可能有几十条至几百条指令，每一条指令都有一个相应的操作码，计算机通过识别该操作码来完成不同的操作。

（2）操作数的地址。CPU 通过该地址就可以取得所需的操作数。

（3）操作结果的存储地址。把对操作数的处理所产生的结果保存在该地址中，以便再次使用。

（4）下条指令的地址。执行程序时，大多数指令按顺序依次从主存中取出执行，只有在遇到转移指令时，程序的执行顺序才会改变。为了压缩指令的长度，可以用一个程序记数器（Program Counter，PC）存放指令地址。每执行一条指令，PC 的指令地址就自动加 1（设该指令只占一个主存单元），指出将要执行的下一条指令的地址。当遇到执行转移指令时，则用转移地址修改 PC 的内容。由于使用了 PC，指令中就不必显式地给出下一条将要执行指令的地址。

一条指令实际上包括两种信息，即操作码和地址码。操作码（Operation Code，OP）用来表示该指令所要完成的操作（如加、减、乘、除、数据传送等），其长度取决于指令系统中的指令条数。地址码用来描述该指令的操作对象，它或者直接给出操作数，或者指出操作数的存储器地址或寄存器地址(即寄存器名)。

各计算机公司设计生产的计算机,其指令的数量与功能、指令格式、寻址方式和数据格式都有差别,即使是一些常用的基本指令,如算术逻辑运算指令、转移指令等,也是各不相同的。因此,尽管各种型号计算机的高级语言基本相同,但将高级语言程序(例如FORTRAN语言程序)编译成机器语言后,差别也是很大的。因此,将用机器语言表示的程序移植到其他计算机上去几乎是不可能的。

指令系统的性能决定了计算机的基本功能,它的设计直接关系计算机的硬件结构和用户的需要。一个完善的指令系统应满足如下要求。

(1) 完备性,指用汇编语言编写各种程序时,指令系统直接提供的指令足够使用,而不必用软件来实现。完备性要求指令系统丰富、功能齐全、使用方便。

(2) 有效性,指利用该指令系统所编写的程序能够高效率地运行,高效率主要表现在程序占据存储空间小和执行速度快。

(3) 规整性,包括指令系统的对称性、匀齐性,以及指令格式和数据格式的一致性。对称性是指在指令系统中所有的寄存器和存储器单元都可同等对待,所有的指令都可使用各种寻址方式。匀齐性是指一种操作性质的指令可以支持各种数据类型。指令格式和数据格式的一致性是指指令长度和数据长度有一定的关系,以方便处理和存取。

(4) 兼容性,至少要能做到"向上兼容",即低档机上运行的软件可以在高档机上运行。

根据指令内容确定操作数地址的过程称为寻址。完善的寻址方式可为用户组织和使用数据提供方便。寻址方式有以下几种。

(1) 直接寻址:指令地址域中表示的是操作数地址。

(2) 间接寻址:指令地址域中表示的是操作数地址的地址,即指令地址码对应的存储单元所给出的是地址 A,操作数据存放在地址 A 指示的主存单元内。有的计算机的指令可以多次间接寻址,如地址 A 指示的主存单元内存放的是另一地址 B,而操作数据存放在地址 B 指示的主存单元内,这种情况称为多重间接寻址。

(3) 立即寻址:指令地址域中表示的是操作数本身。

(4) 变址寻址:指令地址域中表示的是变址寄存器号 i 和位移值 D。将指定的变址寄存器内容 E 与位移值 D 相加之和为操作数地址。许多计算机具有双变址功能,即将两个变址寄存器内容与位移值相加,得到操作数地址。变址寻址有利于数组操作和程序共用。同时,位移值长度可短于地址长度,因而指令长度可以缩短。

(5) 相对寻址:指令地址域中表示的是位移值 D。程序记数器内容(即本条指令的地址) K 与位移值 D 相加之和为操作数地址。当程序在主存储器浮动时,相对寻址能保持原有程序功能。

此外,还有自增寻址、自减寻址和组合寻址等寻址方式。寻址方式可由操作码确定,也可在地址域中设定标志指明寻址方式。

按照指令的功能可将其划分为以下5种。

(1) 数据处理指令,包括算术运算指令、逻辑运算指令、移位指令和比较指令等。

(2) 数据传送指令,包括寄存器之间、寄存器与主存储器之间的传送指令等。

(3) 程序控制指令,包括条件转移指令、无条件转移指令和转子程序指令等。

（4）输入输出指令，包括各种外围设备的读、写指令等。有的计算机将输入输出指令包含在数据传送指令类中。

（5）状态管理指令，包括诸如实现置存储保护、中断处理等功能的管理指令。

指令还可以划分为以下几种类型。

（1）向量指令和标量指令。有些大型机和巨型机设置功能齐全的向量运算指令系统。向量指令的基本操作对象是向量，即有序排列的一组数。若指令为向量操作，则由指令确定向量操作数的地址（主存储器起始地址或向量寄存器号），并直接或隐含地指定增量、向量长度等其他向量参数。向量指令规定处理机按同一操作处理向量中的所有分量，可有效地提高计算机的运算速度。不具备向量处理功能，只对单个量即标量进行操作的指令称为标量指令。

（2）特权指令和用户指令。在多用户环境中，某些指令的不恰当使用会引起计算机的系统性混乱。存储保护、中断处理和输入输出等指令均称为特权指令，不允许用户直接使用。为此，处理机一般设置特权和用户两种状态，或称管（理）态和目（的）态。在特权状态下，程序可使用包括特权指令在内的全部指令；在用户状态下，只允许使用非特权指令，或称用户指令。用户如使用特权指令则会发生违章中断。如用户需要向操作系统申请某些服务，如输入输出等，可使用"广义指令"，或称为"进监督""访管"等的指令。

2. 指令的执行过程

一条指令的执行过程按时间顺序可分为以下几个步骤。

（1）CPU 发出指令地址。将指令指针寄存器（IP）的内容——指令地址经地址总线送入存储器的地址寄存器中。

（2）从地址寄存器中读取指令。将读出的指令暂存于存储器的数据寄存器中。

（3）将指令送往指令寄存器。将指令从数据寄存器中取出，经数据总线送入控制器的指令寄存器中。

（4）指令译码。将指令寄存器中的操作码部分送指令译码器，经译码器分析产生相应的操作控制信号，送往各个执行部件。

（5）按指令操作码执行。

（6）修改程序记数器的值，形成下一条要取指令的地址。若执行的是非转移指令，即顺序执行，则指令指针寄存器的内容加 1，形成下一条要取指令的地址。指令指针寄存器也称为程序记数器。

3. 中断

中断指当出现需要时，CPU 暂时停止当前程序的执行，转而执行处理新情况的程序和执行过程，即在程序运行过程中，系统出现了一个必须由 CPU 立即处理的情况，此时，CPU 暂时中止程序的执行，转而处理这个新情况的过程就称为中断。

中断是计算机中的一个十分重要的概念，在现代计算机中毫无例外地都要采用中断技术。举一个日常生活中的例子来说明中断，假如你正在给朋友写信，电话铃响了，这时你放下手中的笔去接电话，通话完毕再继续写信。这个例子就表现了中断及其处理过程：

电话铃声使你暂时中止当前的工作,而去处理更为急需处理的事情(接电话),把急需处理的事情处理完毕之后,再回头来继续原来的事情。在这个例子中,电话铃声称为"中断请求",你暂停写信去接电话称为"中断响应",接电话的过程就是"中断处理",相应地,在计算机执行程序的过程中,由于出现某个特殊情况(或称为"事件"),使得CPU中止现行程序,而转去执行处理该事件的处理程序(也称为中断处理或中断服务程序),待中断服务程序执行完毕,再返回断点继续执行原来的程序,这个过程称为中断。

计算机为什么要采用中断? 为了说明这个问题,再举一个例子。假设有一个朋友来拜访你,但是由于不知道何时到达,你只能在大门等待,于是什么事情也干不了。如果在门口装一个门铃,你就不必在门口等待而去干其他的工作,朋友来了按门铃通知你,这时才中断你的工作去开门,这样就避免等待和浪费时间。计算机也是一样,例如打印输出,CPU传送数据的速度高,而打印机打印的速度低,如果不采用中断技术,CPU将经常处于等待状态,效率极低。而采用了中断方式,CPU可以进行其他的工作,只在打印机缓冲区中的当前内容打印完毕发出中断请求之后,才予以响应,暂时中断当前工作,转去执行向缓冲区传送数据,传送完成后又返回执行原来的程序,这样就大大地提高了计算机系统的效率。

在上面的例子中,如果在电话铃响的同时门铃也响了,那么你将在"接电话"和"开门"这两个中断请求中选择先响应哪一个请求。这就有一个谁优先的问题。如果"开门"比"接电话"重要(或者说"开门"比"接电话"的优先级高),那么就应该先开门,然后再接电话,接完电话后再回头来继续写信。这就是说,当同时有多个中断请求时,应该先响应优先级较高的中断请求。

3.2.2 机器语言和汇编语言基础

机器语言和汇编语言基础

1. 机器语言(machine language)

机器语言是用二进制代码表示的计算机能直接识别和执行的机器指令的集合。它是计算机的设计者通过计算机的硬件结构赋予计算机的操作功能。机器语言具有灵活、直接执行和速度快等特点,是低级语言。

一条指令就是机器语言的一个语句,它是一组有意义的二进制代码,指令的基本格式如,操作码字段和地址码字段,其中操作码指明了指令的操作性质及功能,地址码则给出了操作数或操作数的地址。

用机器语言编写程序,编程人员要首先熟记所用计算机的全部指令代码和代码的含义。在编程时,程序员得自己处理每条指令和每一数据的存储分配和输入输出,还得记住编程过程中每步所使用的工作单元处在何种状态。这是一件十分烦琐的工作。编写程序花费的时间往往是实际运行时间的几十倍或几百倍。而且,编出的程序全是0和1组成的指令代码,直观性差,还容易出错。除了计算机生产厂家的专业人员外,绝大多数的程序员已经不再学习机器语言了。

机器语言的主要缺点如下。

(1) 大量繁杂琐碎的细节牵制着程序员，使他们不可能有更多的时间和精力去从事创造性的劳动，执行对他们来说更为重要的任务，如确保程序的正确性、高效性。

(2) 程序员既要驾驭程序设计的全局，又要深入每一个局部直到实现的细节，即使智力超群的程序员也常常会顾此失彼，屡出差错，因而所编出的程序可靠性差，且开发周期长。

(3) 由于用机器语言进行程序设计的思维和表达方式与人们的习惯大相径庭，只有经过较长时间职业训练的程序员才能胜任，使得程序设计曲高和寡。

(4) 因为机器语言的书面形式全是"密"码，所以可读性差，不便于交流与合作。

(5) 因为它严重地依赖于具体的计算机，所以可移植性差，重用性差。这些弊端造成当时的计算机应用未能迅速得到推广。

各计算机公司设计生产的计算机，其指令的数量与功能、指令格式、寻址方式和数据格式都有差别，即使是一些常用的基本指令，如算术逻辑运算指令、转移指令等，也是各不相同的。因此，尽管各种型号计算机的高级语言基本相同，但将高级语言程序编译成机器语言后，其差别也是很大的。因此将用机器语言表示的程序移植到其他计算机上去几乎是不可能的。从计算机的发展过程已经看到，由于构成计算机的基本硬件发展迅速，计算机的更新换代是很快的，这就存在软件如何跟上的问题。众所周知，一台新计算机推出交付使用时，仅有少量系统软件（如操作系统等）可提交用户，大量软件是不断充实的，尤其是语言程序，有相当一部分是用户在使用计算机时不断产生的，这就是所谓第三方提供的软件。

为了缓解新计算机的推出与原有应用程序的继续使用之间的矛盾，1964年在设计IBM 360计算机时所采用的系列机思想较好地解决了这一问题。从此以后，每个计算机公司生产的同一系列的计算机尽管其硬件实现方法可以不同，但指令系统、数据格式和I/O系统等保持相同，因而软件完全兼容（在此基础上产生了兼容机）。当研制该系列计算机的新型号或高档产品时，尽管指令系统可以有较大的扩充，但仍保留了原来的全部指令，保持软件向上兼容的特点，即低档机或旧机型上的软件不加修改即可在比它高档的新机器上运行，以保护用户在软件上的投资。

2. 汇编语言（assembly language）

汇编语言是面向机器的程序设计语言。在汇编语言中，用助记符（memoni）代替机器指令的操作码，用地址符号（symbol）或标号（label）代替指令或操作数的地址，如此就增强了程序的可读性并且降低了编写难度，像这样符号化的程序设计语言就是汇编语言，因此也称为符号语言。使用汇编语言编写的程序，计算机不能直接识别，还要由汇编程序转换成机器指令。汇编程序将符号化的操作代码组装成处理器可以识别的机器指令，这个组装的过程称为组合或者汇编。汇编语言是低级语言。

汇编是把汇编语言书写的程序翻译成与之等价的机器语言程序。汇编程序输入的是用汇编语言书写的源程序，输出的是用机器语言表示的目标程序。汇编语言是为特定计算机或计算机系列设计的一种面向机器的语言，由汇编执行指令和汇编伪指令组成。采用汇编语言编写程序虽不如高级程序设计语言简便、直观，但是汇编得到的目标程序占用内存较少,运行效率较高,且能直接引用计算机的各种设备资源。它通常用于编写系统的核心部分程序,或编写需要耗费大量运行时间和实时性要求较高的程序段。汇编程序包括简单汇编程序、模块汇编程序、条件汇编程序、宏汇编程序和高级汇编程序。

汇编程序的工作过程如下:首先输入汇编语言源程序。其次,检查语法的正确性,如果正确,则将源程序翻译成等价的二进制或浮动二进制的机器语言程序,并根据用户的需要输出源程序和目标程序的对照清单;如果语法有错,则输出错误信息,指明错误的部位、类型和编号。最后,对已汇编出的目标程序进行善后处理。

汇编语言是直接面向处理器(processor)的程序设计语言。处理器是在指令的控制下工作的,处理器可以识别的每一条指令称为机器指令。每一种处理器都有自己可以识别的一整套指令,称为指令集。处理器执行指令时,根据不同的指令采取不同的动作,完成不同的功能,既可以改变自己内部的工作状态,也能控制其他外围电路的工作状态。

人类最容易接受自己每天都使用的自然语言。为了使机器指令的书写和理解变得容易,需要借鉴自然语言的优点,为此就引入了汇编语言。汇编语言使用符号来代表不同的机器指令,而这些符号非常接近于自然语言的要素。基本上,汇编语言里的每一条指令都对应着处理器的一条机器指令。

汇编语言包括两个部分:语法部分和编译器。语法部分提供与机器指令相对应的助记符,方便指令的书写和阅读。当然,汇编语言的符号可以被人类接受,但不能被处理器识别,为此,还要由汇编语言编译器将这些助记符转换成机器指令。

根据应用领域的不同,处理器的种类繁多,比如用于工业控制和嵌入式计算的 Z80、MC68000 和 MCS-51。广泛应用于个人计算机的 Intel x86 系列,以及基于 ARM 体系结构的处理器,包括苹果公司在内的大企业都是 ARM 的客户。事实上,今天的 ARM 是最受欢迎的 32 位嵌入式处理器,而且,今天的 ARM 处理器比 Intel 奔腾系列卖得还多,基本上是 3∶1 的比例。

不同的处理器有不同的指令集。正是因为这个原因,每一种处理器都会有自己专属的汇编语言语法规则和编译器。即使是同一种类型的处理器,也可能拥有不同的汇编语言编译器。一个明显的例子是 Intel x86 系列的处理器,围绕它就开发出好多种编译器来,如 MASM、NASM、FASM、TASM 和 AT&T 等,而且每一种编译器都使用不同的语法。

汇编语言的优点如下。

(1) 因为用汇编语言设计的程序最终被转换成机器指令,故能够保持机器语言的一致性以及直接、简捷的特点,并能像机器指令一样访问和控制计算机的各种硬件设备,如磁盘、存储器、CPU 和 I/O 端口等。使用汇编语言,可以访问所有能够被访问的软硬件资源。

(2) 汇编语言目标代码简短,占用内存少,执行速度快,是高效的程序设计语言,经常与高级语言配合使用,以改善程序的执行速度和效率,弥补高级语言在硬件控制方面的不足,应用十分广泛。

汇编语言的缺点如下。

(1) 汇编语言是面向机器的,处于整个计算机语言层次结构的底层,故被视为一种低级语言,通常是为特定的计算机或系列计算机专门设计的。不同的处理器有不同的汇编语言语法和编译器,编译的程序无法在不同的处理器上执行,缺乏可移植性。

(2) 难于从汇编语言代码上理解程序设计意图,可维护性差,即使是完成简单的工作也需要大量的汇编语言代码,很容易产生错误,难于调试。

(3) 使用汇编语言必须对某种处理器非常了解,而且只能针对特定的体系结构和处理器进行优化,开发效率很低,周期长且单调。

历史上,汇编语言曾经是非常流行的程序设计语言之一。随着软件规模的增长,以及随之而来的对软件开发进度和效率的要求,高级语言逐渐取代了汇编语言。但即便如此,高级语言也不可能完全替代汇编语言的作用。就拿 Linux 内核来讲,虽然绝大部分代码是用 C 语言编写的,但仍然不可避免地在某些关键地方使用了汇编代码。由于这部分代码与硬件的关系非常密切,即使是 C 语言也会显得力不从心,而汇编语言则能够很好地扬长避短,最大限度地发挥硬件的性能。

首先,汇编语言的大部分语句直接对应着机器指令,执行速度快,效率高,代码体积小,在那些存储器容量有限,但需要快速和实时响应的场合比较有用,例如仪器仪表和工业控制设备中。其次,在系统程序的核心部分,以及与系统硬件频繁打交道的部分,可以使用汇编语言。例如,操作系统的核心程序段、I/O 接口电路的初始化程序、外部设备的低层驱动程序,以及频繁调用的子程序、动态连接库、某些高级绘图程序和视频游戏程序等。再次,汇编语言可以用于软件的加密和解密、计算机病毒的分析和防治,以及程序的调试和错误分析等各个方面。最后,通过学习汇编语言,能够加深对计算机原理和操作系统等课程的理解,能够感知、体会和理解机器的逻辑功能,为理解各种软件系统的原理打下技术理论基础,也为掌握硬件系统的原理打下实践应用基础。

汇编语言的特点如下。

(1) 机器相关性。这是一种面向机器的低级语言,通常是为特定的计算机或系列计算机专门设计的。因为是机器指令的符号化表示,故不同的机器就有不同的汇编语言。使用汇编语言能面向机器并较好地发挥机器的特性,得到质量较高的程序。

(2) 高速度和高效率。汇编语言保持了机器语言的优点,具有直接和简捷的特点,可有效地访问、控制计算机的各种硬件设备,如磁盘、存储器、CPU 和 I/O 端口等,且占用内存少,执行速度快,是高效的程序设计语言。

(3) 编写和调试的复杂性。由于是直接控制硬件,且简单的任务也需要很多汇编语言语句。因此,在进行程序设计时必须面面俱到,需要考虑到一切可能的问题,合理调配和使用各种软硬件资源。这样,就不可避免地加重了程序员的负担。与此相同,在程序调试时,一旦程序的运行出了问题,就很难发现。

3. 计算机语言(computer language)

计算机语言指用于人与计算机之间通信的语言。计算机语言是人与计算机之间传递信息的媒介。计算机系统最大的特征是指令通过一种语言传达给机器。为了使计算机进行各种工作,就需要有一套用以编写计算机程序的数字、字符和语法规划,由这些字符和语法规则组成计算机各种指令(或各种语句)。这些就是计算机能接受的语言。

计算机语言的种类非常多,总的来说可以分成机器语言、汇编语言和高级语言三大类。

计算机的每一次动作,每一个步骤,都是按照已经用计算机语言编好的程序来执行的,程序是计算机要执行的指令的集合,而程序全部是用人们所掌握的语言来编写的,所以人们要控制计算机,一定要通过计算机语言向计算机发出命令。

(1) 解释类。执行方式类似于日常生活中的"同声传译",应用程序源代码一边由相应语言的解释器"翻译"成目标代码(机器语言),一边执行。因此,效率比较低,而且不能生成可独立执行的可执行文件,应用程序不能脱离其解释器,但这种方式比较灵活,可以动态地调整和修改应用程序。

(2) 编译类。编译是指在应用源程序执行之前,就将程序源代码"翻译"成目标代码(机器语言)。因此,目标程序可以脱离其语言环境独立执行,使用比较方便,效率较高。但应用程序一旦需要修改,必须先修改源代码,再重新编译生成新的目标文件(*.OBJ)才能执行,只有目标文件而没有源代码,修改很不方便。如今大多数的编程语言都是编译型的,例如 Visual Basic、Visual C++、Visual FoxPro 和 Delphi 等。

如今通用的编程语言有两种形式:汇编语言和高级语言。

汇编语言和机器语言实质是相同的,都是直接对硬件操作,只不过汇编语言的指令采用了英文缩写的标识符,容易识别和记忆。源程序经汇编生成的可执行文件不仅比较小,而且执行速度很快。

高级语言是绝大多数编程者的选择。与汇编语言相比,它不但将许多相关的机器指令合成为单条指令,并且去掉了与具体操作有关但与完成工作无关的细节,例如使用堆栈、寄存器等,这样就大大简化了程序中的指令。同时,由于省略了很多细节,编程者也就不需要有太多的专业知识。

高级语言主要是相对于低级语言而言,它并不是特指某一种具体的语言,而是包括了很多编程语言,最受欢迎的 5 种编程语言是 PHP、Java、Python、C、C++,这些语言的语法和命令格式都各不相同。

高级语言所编制的程序不能直接被计算机识别,必须经过转换才能被执行,按转换方式可将它们分为两类:解释类和编译类。

面向对象程序设计以及数据抽象在现代程序设计思想中占有很重要的地位,未来语言的发展将不再是一种单纯的语言标准,将会以一种完全面向对象,更易表达现实世界,更易为人编写,其使用将不再只是专业的编程人员,人们完全可以用制定真实生活中的一项工作流程的简单方式来完成编程。

(1) 简单性:提供最基本的方法来完成指定的任务,只需理解一些基本的概念,就可以用它编写出适合于各种情况的应用程序。

(2) 面向对象:提供简单的类机制以及动态的接口模型。对象中封装状态变量以及相应的方法,实现了模块化和信息隐藏;提供了一类对象的原型,并且通过继承机制使子类可以使用父类所提供的方法,实现了代码的复用。

(3) 安全性:用于网络及分布环境下有安全机制保证。

(4) 平台无关性:使程序可以方便地被移植到网络上的不同机器和不同平台。

高级语言有 BASIC(True BASIC、QBASIC、Visual Basic)、C、C++、Pascal、FORTRAN、智能化语言(LISP、Prolog、CLIPS、OpenCyc、Fazzy)、动态语言(Python、PHP、Ruby、Lua)等。

特别要提到的是,在 C 语言诞生以前,系统软件主要是用汇编语言编写的。由于汇编语言程序依赖于计算机硬件,其可读性和可移植性都很差;但一般的高级语言又难以实现对计算机硬件的直接操作(这正是汇编语言的优势),于是人们盼望有一种兼有汇编语言和高级语言特性的新语言,这就是 C 语言诞生的契机。

高级语言的发展也经历了从早期语言到结构化程序设计语言,从面向过程到非过程化程序语言的过程。相应地,软件的开发也由最初的个体手工作坊式的封闭式生产发展为产业化、流水线式的工业化生产。

高级语言的下一个发展目标是面向应用,也就是说,只需要告诉程序要干什么,程序就能自动生成算法,自动进行处理,这就是非过程化的程序语言。

常见的计算机语言包括 C 语言、C++、汇编语言、Pascal、Visual Basic、Java 和 C♯等。

① C 语言是 Dennis Ritchie 在 20 世纪 70 年代创建的,它功能更强大且与 ALGOL 保持更连续的继承性,而 ALGOL 则是 COBOL 和 FORTRAN 的结构化继承者。C 语言被设计成一个比它的前辈更精巧、更简单的版本,它适于编写系统级的程序,如操作系统。在此之前,操作系统是使用汇编语言编写的,而且不可移植。C 语言是第一个使得系统级代码移植成为可能的编程语言。

优点:有益于编写小而快的程序;很容易与汇编语言结合;具有很高的标准化,因此其他平台上的各种版本非常相似。

缺点:不容易支持面向对象技术。语法有时会非常难以理解,并造成滥用。

移植性:C 语言的核心以及 ANSI 函数调用都具有移植性,但仅限于流程控制、内存管理和简单的文件处理。其他方面则与平台有关。例如,为 Windows 和 Mac 开发可移植的程序,用户界面部分就需要用到与系统相关的函数调用。这一般意味着程序员必须写两次用户界面代码,幸好有一些库可以减轻工作量。

② C++ 语言是具有面向对象特性的 C 语言的继承者。面向对象编程(OOP)是结构化编程的下一步。面向对象(OO)程序由对象组成,其中的对象是数据和函数离散集合。有许多可用的对象库存在,这使得编程简单得只需要将一些程序"构件"堆在一起(至少理论上是这样)。例如,有很多的 GUI 和数据库的库实现为对象的集合。

优点:组织大型程序时 C++ 比 C 语言好得多。很好地支持了面向对象机制。通用数据结构,如链表和可增长的阵列组成的库减轻了由于处理低层细节而带来的负担。

缺点:C++ 非常大而复杂。C++ 与 C 语言一样存在语法滥用问题。比 C 语言慢。大多数编译器没有把整个语言正确地实现。

移植性:C++ 比 C 语言好,但依然不够理想,这是因为它具有与 C 语言相同的缺点。大多数可移植性用户界面库都使用 C++ 对象实现。

③ 汇编语言是计算机处理器实际运行的指令的命令形式表示法。要特别注意的是,把汇编语言翻译成真实的机器码的工具称为"汇编程序",把这种语言称为"汇编程序"是错误的。

优点:汇编语言是最小、最快的语言。汇编语言高手能编写出比任何其他语言能快得多的程序。

缺点:难学,语法晦涩,效率低,造成大量额外代码。

移植性：因为这门语言是为一种单独的处理器设计的，根本没有移植性可言。如果一个程序使用了某个特殊处理器的扩展功能，就无法移植到其他同类型的处理器上（例如，AMD 的 3DNow 指令无法移植到其他奔腾系列的处理器上）。

④ Pascal 语言是由 Nicolas Wirth 在 20 世纪 70 年代早期设计的，因为他对于 FORTRAN 和 COBOL 没有强制训练学生的结构化编程感到很失望，"空心粉式代码"变成了规范，而当时的语言又不反对它。Pascal 被设计为强行使用结构化编程。最初的 Pascal 被严格设计成教学使用，最终，大量的拥护者促使它闯入了商业编程领域。当 Borland 发布 IBM-PC 上的 Turbo Pascal 时，Pascal 辉煌一时。集成的编辑器，闪电般的编译器加上低廉的价格使之变得不可抵抗，Pascal 成了为 MS-DOS 编写小程序的首选语言。然而时日不久，C 编译器变得更快，并具有优秀的内置编辑器和调试器。Pascal 在 1990 年 Windows 开始流行时走到了尽头，Borland 公司放弃了 Pascal 而把目光转向了为 Windows 编写程序的 C++，从此 Turbo Pascal 很快被人遗忘。

Pascal 比 C 语言简单。虽然两者语法类似，但 Pascal 缺乏很多 C 语言所具有的简洁操作符。这既是好事又是坏事。虽然很难写出难以理解的"聪明"代码，它同时也使得一些低级操作，如位操作变得困难起来。

优点：易学，平台相关的运行（Delphi）非常好。

缺点：面向对象的 Pascal 继承者（Modula、Oberon）尚未成功。语言标准不被编译器开发者认同。

移植性：很差。Pascal 语言没有移植性工具包处理与平台相关的功能。

⑤ Visual Basic 是微软公司开发的可视化编程语言。

优点：整洁的编辑环境；易学；即时编译导致简单、迅速的原型；大量可用的插件。

缺点：程序很大，而且运行时需要几个巨大的运行时动态连接库。虽然表单型和对话框型的程序很容易完成，但是要编写好的图形程序却比较难。调用 Windows 的 API 程序的方法非常笨拙，因为 Visual Basic 的数据结构没有很好地映射到 C 语言中。有面向对象功能，但不是完全的面向对象。

移植性：非常差。因为 Visual Basic 是微软公司的产品，自然就被局限在 Windows 平台上。

⑥ Java 是 Sun 公司最初设计用于嵌入程序的可移植性的"小 C++"。在网页上运行小程序的想法吸引了不少人的目光，于是，这门语言迅速崛起。事实证明，Java 不仅仅适合在网页上内嵌动画，还是一门极好的完全的编程语言。虚拟机机制、垃圾回收以及没有指针等使它很容易实现不易崩溃且不会泄露资源的可靠程序。

虽然不是 C++ 的正式续篇，但 Java 从 C++ 中借用了大量的语法。它丢弃了很多 C++ 的复杂功能，从而形成一门紧凑而易学的语言。与 C++ 不同的是，Java 强制面向对象编程，要在 Java 里写非面向对象的程序就像要在 Pascal 里写"空心粉式代码"一样困难。

优点：二进制码可移植到其他平台。程序可以在网页中运行。内含的类库非常标准且极其健壮。自动分配和垃圾回收避免程序中的资源泄露。网上有数量巨大的代码程序。

缺点：使用一个虚拟机来运行可移植的字节码而非本地机器码，程序比真正的编译器慢。有很多技术(例如即时编译器)极大地提高了Java的速度,但其速度永远比不过机器码方案。早期的功能(如AWT)没经过慎重考虑,虽然被正式废除,但为了保持向后兼容不得不保留。越高级的技术处理低级的机器功能越困难,Sun公司为这门语言增加新功能的速度太慢。

移植性:Java的移植性在常用语言中是最好的,但仍未达到它本应达到的水平。低级代码具有非常高的可移植性,但是,很多UI及新功能在某些平台上不稳定。

多数创作工具有点像Visual Basic,只是它们工作在更高的层次上。大多数工具使用一些拖曳式的流程图来模拟流程控制。很多内置了解释型的程序语言,但是这些语言都无法像上述语言那样健壮。

优点:快速原型。如果要开发的游戏符合工具制作的主旨,使用创作工具开发的游戏比使用其他语言开发的更快。在很多情况下,可以创造一个不需要任何代码的简单游戏。使用插件程序,如Shockware及IconAuthor播放器,可以在网页上发布很多创作工具生成的程序。

缺点:有专利权的限制,功能将受到工具的限制。必须考虑工具是否能满足开发游戏的需要,因为有很多事情是那些创作工具无法完成的。某些工具会产生臃肿的程序。

移植性:因为创作工具是具有专利权的,游戏的移植性与工具息息相关。有些系统,如Director可以在几种平台上创作和运行,有些工具则在某一平台上创作,在多种平台上运行,还有的是仅能在单一平台上创作和运行。

⑦ C♯是一种精确、简单、类型安全、面向对象的语言。它是.NET的代表性语言。微软总裁兼首席执行官Steve Ballmer把它定义为:.NET代表一个集合和一个环境,它可以作为平台支持下一代Internet的可编程结构。

C♯有以下特点。

a. 完全面向对象。

b. 支持分布式。

c. 自动管理内存机制。

d. 安全性和可移植性。

e. 指针的受限使用。

f. 多线程。与Java类似,C♯可以由一个主进程分出多个执行小系统的多线程。C♯是在Java流行起来后所诞生的一种新的程序开发语言。

在没有程序语言以前,计算机科学家们写程序都是以开关电闸(即用二进制)来实现(表示)的。后来有了汇编语言,又有了C语言,直到今天有了C++、Java、Visual Basic、Python等各种各样的编程语言层出不穷。在计算机语言不断地演化过程中,每一种语言都有一些共性是不变的。这些共性可概括为三点:①内存电位的设置(置1或0);②条件判断(if…else)可通过逻辑门实现;③循环,也就是程序下一条指令地址可设置。

4. 高级语言

由于汇编语言依赖于硬件体系,且助记符量大难记,于是人们又发明了更加易用的高级语言。在这种语言下,其语法和结构更类似普通英文,且由于远离对硬件的直接操作,使得一般人经过学习之后都可以编程。高级语言通常按其基本类型、代系、实现方式和应用范围等分类。

计算机语言具有高级语言和低级语言之分。高级语言主要是相对于汇编语言而言的,它是较接近自然语言和数学公式的编程,基本脱离了计算机的硬件系统,用人们更易理解的方式编写程序。

高级语言并不是特指某一种具体的语言,而是包括很多编程语言,如目前流行的Java、C、C++、C♯、Pascal、Python、LISP、Prolog、FoxPro和Visual C++等,这些语言的语法和命令格式都不相同。

低级语言分为机器语言(二进制语言)和汇编语言(符号语言),这两种语言都是面向机器的语言,和具体机器的指令系统密切相关。机器语言用指令代码编写程序,而汇编语言用指令助记符来编写程序。

高级语言与计算机的硬件结构及指令系统无关,它有更强的表达能力,可方便地表示数据的运算和程序的控制结构,能更好地描述各种算法,而且容易学习和掌握。但高级语言编译生成的程序代码一般比用汇编程序语言设计的程序代码要长,执行的速度也慢,所以汇编语言适合编写一些对速度和代码长度要求高的程序和直接控制硬件的程序。高级语言、汇编语言和机器语言都是用于编写计算机程序的语言。

高级语言程序"看不见"计算机的硬件结构,不能用于编写直接访问计算机硬件资源的系统软件或设备控制软件。为此,一些高级语言提供了与汇编语言之间的调用接口。用汇编语言编写的程序可作为高级语言的一个外部过程或函数,利用堆栈来传递参数或参数的地址。

高级语言的类型如下。

(1) 命令式语言。这种语言的语义基础是模拟"数据存储/数据操作"的图灵机可计算模型,十分符合现代计算机体系结构的自然实现方式。其中,产生操作的主要途径是依赖语句或命令。现代流行的大多数语言都是这一类型,例如FORTRAN、Pascal、COBOL、C、C++、BASIC、Ada、Java和C♯等,各种脚本语言也被看作是此种类型。

(2) 函数式语言。这种语言的语义基础是基于数学函数概念的值映射的λ算子可计算模型。这种语言非常适合于进行人工智能等工作的计算。典型的函数式语言有Lisp、Haskell、ML、Scheme和F♯等。

(3) 逻辑式语言。这种语言的语义基础是基于一组已知规则的形式逻辑系统。这种语言主要用在专家系统的实现中。最著名的逻辑式语言是Prolog。

(4) 面向对象语言。现代语言中的大多数都提供面向对象的支持,但有些语言是直接建立在面向对象基本模型上的,语言的语法形式的语义就是基本对象操作。主要的纯面向对象语言是Smalltalk。虽然各种语言属于不同的类型,但它们各自都不同程度地对其他类型的运算模式有所支持。

程序设计语言从机器语言到高级语言的抽象带来的主要好处如下。

(1) 高级语言接近算法语言,易学,易掌握,一般工程技术人员只要几周时间的培训就可以胜任程序员的工作。

(2) 高级语言为程序员提供了结构化程序设计的环境和工具,使得设计出来的程序可读性好,可维护性强,可靠性高。

（3）高级语言远离机器语言,与具体的计算机硬件关系不大,因此所写出来的程序可移植性好,重用率高。

（4）由于把繁杂琐碎的事务交给了编译程序去做,所以高级语言的自动化程度高,开发周期短,且程序员得到解脱,可以集中时间和精力去从事对于他们来说更为重要的创造性劳动,以提高程序的质量。

高级语言有两种执行方式：解释方式与编译方式。计算机不能直接理解高级语言,只能直接理解机器语言,所以必须把高级语言翻译成机器语言,计算机才能执行程序。两种执行方式只是翻译的时间不同。

编译型语言写的程序执行之前需要一个专门的编译过程,把程序编译成为机器语言的文件,例如 exe 文件,以后要运行时就不用重新翻译了,直接使用编译的结果就行了（exe 文件）,因为翻译只做了一次,运行时不需要翻译,所以编译型语言的程序执行效率高。但这也不能一概而论,部分解释型语言的解释器通过在运行时动态优化代码,甚至能够使其性能超过编译型语言。

解释型语言则不同,其程序不需要编译,省了一道工序。解释性语言程序在运行的时候才翻译,例如解释性 BASIC 语言,专门有一个解释器能够直接执行 BASIC 程序,每个语句都是执行时才翻译。这样解释型语言每执行一次就要翻译一次,效率比较低。解释是一句一句地翻译。

采用编译方式时,源程序的执行分两步：编译和运行。先通过一个存放在计算机内的称为编译程序的机器语言程序把源程序全部翻译成和机器语言表示等价的目标程序代码,然后计算机再运行此目标代码,以完成源程序要处理的运算并取得结果。

采用解释方式时,源程序输入计算机后,解释程序将源程序逐句翻译,翻译一句执行一句,边翻译边执行,不产生目标程序。

两者的区别是：编译方式把源程序的执行过程严格地分成编译和运行两大步,即先把源程序全部翻译成目标代码,然后再运行此目标代码,获得执行结果。解释方式则是按照源程序中语句的动态顺序直接地逐句进行分析解释,并立即执行。

编译型与解释型两者各有利弊。前者由于程序执行速度快,同等条件下对系统要求较低,因此像开发操作系统、大型应用程序和数据库系统等时都采用它,像 C/C++、Pascal/Object Pascal(Delphi)等都是编译型语言。而一些网页脚本、服务器脚本及辅助开发接口这样的对速度要求不高、对不同系统平台间的兼容性有一定要求的程序则通常使用解释型语言,如 JavaScript、VBScript、Perl、Python、Ruby 和 MATLAB 等。

随着硬件的升级和设计思想的变革,编译型和解释型语言的界线越来越模糊,主要体现在一些新兴的高级语言上,而解释型语言的自身特点也使得编译器厂商愿意花费更多成本来优化解释器,解释型语言的性能超过编译型语言也是必然的。

例如,求 1+2+…+100 之和,分别用汇编语言和高级语言完成,下面是程序的比较。

汇编语言源程序：

```
DATAS SEGMENT
    BuF   DB 1,2,3,4,…,100
```

```
        BuF2 DW ?
DATAS   ENDS
CODES   SEGMENT
        ASSUME   CS:CODES,DS:DATAS
START:
        MOV    AX,DATAS
        MOV    DS,AX
        MOV    SI,OFFSET BuF
        MOV    CL,100
        MOV    AX,0
KK: ADC    AX,[SI]
        INC    SI
        LOOP   KK
        MOV    BuF2,AX
        MOV    AH,4CH
        INT    21H
CODES   ENDS
END     START
```

C语言源程序：

```
#include<stdio.h>
void main()
{
    int i=0;
    long sum=0;
    while(i<=100)
    {
        sum=sum+i;
        i++;
    }
    printf("sum=%d\n",sum);
    getchar()();
}
```

微型计算机及其性能指标上半部分

微型计算机及其性能指标下半部分

3.3 微型计算机及其性能指标

微型计算机简称微型机或微机，由于其具备人脑的某些功能，所以也称其为微电脑。它是由大规模集成电路组成的体积较小的电子计算机。它是以微处理器为基础，配以内存储器及输入输出（I/O）接口电路和相应的辅助电路而构成的裸机。其特点是体积小、灵活性大、价格便宜、使用方便。把微型计算机集成在一个芯片上即构成单片微型计算机（single chip microcomputer）。由微型计算机配以相应的外围设备（如打印机）及其他专用电路、电源、面板、机架以及足够的软件构成的系统称为微型计算机系统（microcomputer system），即通常所说的电脑。

3.3.1 微型计算机

自1981年美国IBM公司推出第一代微型计算机IBM-PC以来,微型计算机以其执行结果精确、处理速度快、性价比高、轻便小巧等特点迅速进入社会各个领域,且技术不断更新,产品快速换代,从单纯的计算工具发展成为能够处理数字、符号、文字、语言、图形、图像、音频和视频等多种信息的强大多媒体工具。如今的微型计算机产品无论从运算速度、多媒体功能、软硬件支持还是易用性等方面都比早期产品有了很大飞跃。便携机更是以使用便捷、无线联网等优势越来越多地受到移动办公人士的喜爱,一直保持着高速发展的态势。

微型计算机俗称电脑,其准确的称谓应该是微型计算机系统。它可以简单地定义为:在微型计算机硬件系统的基础上配置必要的外围设备和软件构成的实体。

微型计算机系统从全局到局部存在3个层次:微型计算机系统、微型计算机和微处理器(CPU)。单纯的微处理器和单纯的微型计算机都不能独立工作,只有微型计算机系统才是完整的信息处理系统,才具有实用意义。

一个完整的微型计算机系统包括硬件系统和软件系统两大部分。硬件系统由运算器、控制器、存储器(含内存、外存和缓存)以及各种输入输出设备组成,采用指令驱动方式工作。软件系统可分为系统软件和应用软件。系统软件是指管理、监控和维护计算机资源(包括硬件和软件)的软件。它主要包括操作系统、各种语言处理程序、数据库管理系统以及各种工具软件等。其中,操作系统是系统软件的核心,用户只有通过操作系统才能完成对计算机的各种操作。应用软件是为某种应用目的而编制的计算机程序,如文字处理软件、图形图像处理软件、网络通信软件、财务管理软件、CAD软件和各种程序包等。

从外观上看,微型计算机的基本配置是主机箱、键盘、鼠标和显示器4部分。另外,微型计算机还常常配置打印机和音箱。微型计算机的硬件组成如图3.15所示。

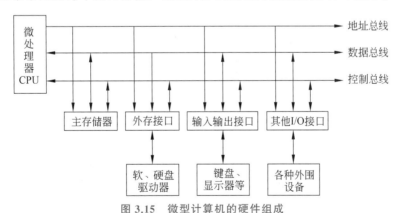

图3.15 微型计算机的硬件组成

1. 微型计算机的硬件部分

完整的计算机系统包括两大部分,即硬件系统和软件系统。所谓硬件,是指构成计算机的物理设备,即由机械、电子器件构成的具有输入、存储、计算、控制和输出功能的实体部件。下面介绍微型计算机主机的各个部件。

1）电源

电源是微型计算机中不可缺少的供电设备，它的作用是将 220V 交流电转换为微型计算机中使用的 5V、12V 和 3.3V 直流电，其性能的好坏，直接影响其他设备工作的稳定性，进而会影响整机的稳定性。笔记本计算机以自带锂电池作为电源。

2）主板

主板是微型计算机中各个部件工作的一个平台，它把微型计算机的各个部件紧密连接在一起，各个部件通过主板进行数据传输。也就是说，微型计算机中重要的"交通枢纽"都在主板上，它工作的稳定性影响着整机工作的稳定性。主板一般为矩形电路板，上面安装了组成计算机的主要电路系统，一般有 BIOS 芯片、I/O 控制芯片、键盘和面板控制开关接口、指示灯插接件、扩充插槽、主板及插卡的直流电源供电接插件等元件。

主板，又称为主机板（mainboard）、系统板（systemboard）或母板（motherboard），它安装在机箱内，是微型计算机最基本的也是最重要的部件之一。

主板采用了开放式结构。主板上大都有 6~15 个扩展插槽，供 PC 外围设备的控制卡（适配器）插接。通过更换这些插卡，可以对微型计算机的相应子系统进行局部升级，使厂家和用户在配置机型方面有更大的灵活性。总之，主板在整个微型计算机系统中扮演着举足轻重的角色。可以说，主板的类型和档次决定着整个微型计算机系统的类型和档次。主板的性能影响着整个微型计算机系统的性能。主板结构就是根据主板上各元器件的布局排列方式、尺寸大小、形状以及所使用的电源规格等制定出的通用标准，所有主板厂商都必须遵循。

主板结构分为 AT、Baby-AT、ATX、Micro ATX、LPX、NLX、Flex ATX、EATX、WATX 以及 BTX 等。其中，AT 和 Baby-AT 是多年前的老主板结构，已经被淘汰；而 LPX、NLX、Flex ATX 则是 ATX 的变种，多见于国外的品牌机，国内尚不多见；EATX 和 WATX 则多用于服务器/工作站主板；ATX 是市场上最常见的主板结构，扩展插槽较多，PCI 插槽数量为 4~6 个，大多数主板都采用此结构；Micro ATX 又称为 Mini ATX，是 ATX 结构的简化版，就是常说的"小板"，扩展插槽较少，PCI 插槽数量在 3 个或 3 个以下，多用于品牌机并配备小型机箱；而 BTX 则是 Intel 公司制定的最新一代主板结构。主板结构如图 3.16 所示。

芯片组（chipset）是主板的核心组成部分，几乎决定了这块主板的功能，进而影响整个微型计算机系统性能的发挥。按照在主板上排列位置的不同，通常分为北桥芯片和南桥芯片。北桥芯片提供对 CPU 的类型和主频、内存的类型和最大容量、ISA/PCI/AGP 插槽、ECC 纠错等支持。南桥芯片则提供对 KBC（键盘控制器）、RTC（实时时钟控制器）、USB（通用串行总线）、Ultra DMA/33(66)EIDE 数据传输方式和 ACPI（高级能源管理）等的支持。其中，北桥芯片起着主导性的作用，也称为主桥（host bridge）。

扩展插槽是主板上用于固定扩展卡并将其连接到系统总线上的插槽，也称为扩展槽或扩充插槽。扩展插槽是一种添加或增强微型计算机特性及功能的方法。扩展插槽的种类和数量的多少是决定一块主板好坏的重要指标。有多种类型和足够数量的扩展插槽就意味着今后有足够的可升级性和设备扩展性，反之，则会在今后的升级和设备扩展方面碰到巨大的

图 3.16　主板结构

障碍。

主板主要的对外接口包括硬盘接口、软驱接口、COM 接口（串口）、PS/2 接口、USB 接口、LPT 接口（并口）、MIDI 接口和 SATA 接口。

(1) 硬盘接口：可分为 IDE 接口和 SATA 接口。在型号较老的主板上，多集成两个 IDE 接口，通常 IDE 接口都位于 PCI 插槽下方，从空间上则垂直于内存插槽（也有与之平行的）。而新型主板上，IDE 接口大多缩减，甚至没有，代之以 SATA 接口。

(2) 软驱接口：连接软驱所用，多位于 IDE 接口旁，比 IDE 接口略短一些，因为它是 34 针的，所以数据线也略窄一些。

(3) COM 接口（串口）：大多数主板都提供了两个 COM 接口，分别为 COM1 和 COM2，作用是连接串行鼠标和外置 Modem 等设备。

(4) PS/2 接口：功能比较单一，仅能用于连接键盘和鼠标。一般情况下，鼠标的接口为绿色，键盘的接口为紫色。

(5) USB 接口：是如今最为流行的接口，最大可以支持 127 个外围设备，并且可以独立供电，其应用非常广泛。USB 接口可从主板上获得 500mA 的电流，支持热插拔，真正做到了即插即用。一个 USB 接口可同时支持高速和低速 USB 外围设备的访问，由一条四芯电缆连接，其中两条是正负电源，另外两条是数据传输线。高速外围设备的传输速率为 12Mb/s，低速外围设备的传输速率为 1.5Mb/s。此外，USB 2.0 标准的最高传输速率可达 480Mb/s。USB 3.0 已经出现在主板中，并已开始普及。

(6) LPT 接口（并口）：一般用来连接打印机或扫描仪。使用 LPT 接口的打印机与扫描仪已经基本很少了，多为使用 USB 接口的打印机与扫描仪。

(7) MIDI 接口：声卡的 MIDI 接口和游戏杆接口是共用的。

(8) SATA 接口：SATA 是 Serial Advanced Technology Attachment（串行高级技术附件，一种基于行业标准的串行硬件驱动器接口）的缩写，是由 Intel、IBM、Dell、APT、Maxtor 和 Seagate 公司共同提出的硬盘接口规范，在 IDF Fall 2001 大会上，Seagate 公司

宣布了 Serial ATA 1.0 标准，正式宣告了 SATA 规范的确立。SATA 规范将硬盘的外部传输速率理论值提高到了 150MB/s，比 PATA 标准 ATA/100 高出 50%，比 ATA/133 也要高出约 13%，而随着未来后续版本的发展，SATA 接口的速率还可扩展到 2X 和 4X（300MB/s 和 600MB/s）。从其发展计划来看，未来的 SATA 也将通过提升时钟频率来提高接口传输速率，让硬盘也能够超频。

主板可以按芯片、总线、芯片组、结构和功能来分类。

(1) 按芯片分。

① Intel：Socket386、Socket486、Socket586、Socket686、Socket370、Socket478、LGA 776、LGA 1156、LGA 1155(分为 6 系、7 系两个系列)、LGA 1366、LGA 2011。2013 年，由于 Intel 公司推出 22nm Haswell 的新规格 CPU，Ivy Bridge 的 LGA 1155 升级成为 LGA 1150。

② AMD：Socket AM2\AM2+、AM3\AM3+、FM1、FM2。

(2) 按总线分。

ISA(Industry Standard Architecture)：工业标准体系结构总线。

EISA(Extension Industry Standard Architecture)：扩展工业标准体系结构总线。

MCA(Micro Channel)：微通道总线。

此外，为了解决 CPU 与高速外围设备之间传输速率慢的"瓶颈"问题，出现了两种局部总线。

① VESA(Video Electronic Standards Association)：视频电子标准协会局部总线，简称 VL 总线。

② PCI(Peripheral Component Interconnect)：外围部件互连局部总线，简称 PCI 总线。486 级的主板多采用 VL 总线，而奔腾主板多采用 PCI 总线。

① USB(Universal Serial Bus)，通用串行总线。

② IEEE 1394(美国电气及电子工程师协会 1394 标准)，俗称"火线"(Fire Ware)。

(3) 按逻辑控制芯片组分类。这些芯片组中集成了对 CPU、Cache、I/O 和总线的控制。586 以上的主板对芯片组的作用尤为重视。Intel 公司出品的用于 586 主板的芯片组有 LX 早期的用于 Pentium 60MHz 和 66MHz CPU 的芯片组。NX 海王星(Neptune)，支持 Pentium 75 MHz 以上的 CPU，在 Intel 430 FX 芯片组推出之前很流行，现在已不多见。FX 在 430 和 440 两个系列中均有该芯片组，前者用于 Pentium，后者用于 Pentium Pro。HX Intel 430 系列用于可靠性要求较高的商用微型计算机。VX Intel 430 系列，在 HX 基础上针对普通的多媒体应用进行了优化和精简，有被 TX 取代的趋势。TX Intel 430 系列的最新芯片组，专门针对 Pentium MMX 技术进行了优化。GX、KX Intel 450 系列，用于 Pentium Pro，GX 用于服务器，KX 用于工作站和高性能桌面 PC。MX Intel 430 系列，专门用于笔记本计算机的奔腾级芯片组。非 Intel 公司的芯片组有：VT82C5xx 系列，VIA 公司出品的 586 芯片组；SiS 系列，SiS 公司出品，在非 Intel 芯片组中名气较大；Opti 系列，Opti 公司出品，采用的主板商较少。

(4) 按结构分。AT 标准尺寸的主板因 IBM-PC/AT 首先使用而得名，有的 486、586 主板也采用 AT 结构布局。Baby-AT 袖珍尺寸的主板，比 AT 主板小，因而得名，很多原装机的一体化主板首先采用此主板结构。ATX 是改进型的 AT 主板，对主板上元件布局做了优化，有更好的散热性和集成度，需要配合专门的 ATX 机箱使用。BTX 主板是 ATX 主板的改进型，它使用窄板(low-profile)设计，使部件布局更加紧凑。针对机箱内外气流的运动特性，主板工程师们对主板的布局进行了优化设计，使计算机的散热性能和效率更高，噪声更小，主板的安装拆卸也变得更加简便。BTX 在一开始就制定了 3 种规格，分别是 BTX、Micro BTX 和 Pico BTX。这 3 种 BTX 的宽度相同，都是 266.7mm，不同之处在于主板的大小和扩展性有所不同。一体化(all in one)主板上集成了声音、显示等多种电路，一般不需再插卡就能工作，具有高集成度和节省空间的优点，但也有维修不便和升级困难的缺点。在原装品牌机中采用较多。NLX 是 Intel 最新的主板结构，最大特点是主板、CPU 的升级灵活方便有效，不再需要每推出一种 CPU 就必须更新主板设计。此外，还有一些上述主板的变形结构，如华硕主板就大量采用了 3/4 Baby-AT 尺寸的主板结构。

(5) 按功能分。PnP 功能带有 PnP BIOS 的主板配合 PnP 操作系统，可帮助用户自动配置主机外围设备，做到即插即用。节能(绿色)功能一般在开机时有能源之星(Energy Star)标志，能在用户不使用主机时自动进入等待和休眠状态，在此期间降低 CPU 及各部件的功耗。无跳线主板是一种新型的主板，是对 PnP 主板的进一步改进。在这种主板上，连 CPU 的类型、工作电压等都无须用跳线开关，均自动识别，只需用软件略做调整即可。经过超频改写标签(remark)的 CPU 在这种主板上将无所遁形。486 以前的主板一般没有上述功能，586 以上的主板均配有 PnP 和节能功能，部分原装品牌机中还可通过主板控制主机电源的通断，进一步做到智能开关机，这在兼容机主板上还很少见，但肯定是将来的一个发展方向。无跳线主板将是主板发展的另一个方向。

(6) 其他分类。按主板的结构特点分类还可分为基于 CPU 的主板、基于适配电路的主板和一体化主板等类型。基于 CPU 的一体化的主板是较佳的选择。按印制电路板(Printed-Circuit Board,PCB)的工艺分类又可分为双层结构板、四层结构板和六层结构板等，以四层结构板的产品为主。按元件安装及焊接工艺分类又有表面安装焊接工艺板和 DIP 传统工艺板。按 CPU 插座分类有 Socket 7 主板、Slot 1 主板等。按存储器容量分类有 16MB 主板、32MB 主板、64MB 主板等。按是否即插即用分类有 PnP 主板、非 PnP 主板等。按系统总线的带宽分类有 66MHz 主板、100MHz 主板等。按数据端口分类有 SCSI 主板、EDO 主板、AGP 主板等。按扩展槽分类有 EISA 主板、PCI 主板、USB 主板等。按生产厂家分类有华硕主板、技嘉主板等。

主板的平面是一块 PCB，一般采用四层板或六层板。相对而言，为节省成本，低档主板多为四层板：主信号层、接地层、电源层、次信号层，而六层板则增加了辅助电源层和中信号层。因此，六层 PCB 的主板抗电磁干扰能力更强，主板也更加稳定。

主板的工作原理：在电路板下面，是 4 层错落有致的电路布线；在上面，则为分工明确的各个部件：插槽、芯片、电阻和电容等。当主机加电时，电流会在瞬间通过 CPU、南北桥芯片、内存插槽、AGP 插槽、PCI 插槽、IDE 接口以及主板边缘的串口、并口和 PS/2 接口等。随后，主板会根据 BIOS(基本输入输出系统)来识别硬件，并进入操作系统发挥支撑系统平台工作的功能。

3) CPU

CPU 是一台计算机的运算核心和控制核心。其功能主要是解释计算机指令以及处理计算机软件中的数据。CPU 由运算器、控制器、寄存器、高速缓存及实现它们之间联系的数据、控制及状态的总线构成。作为整个系统的核心，CPU 也是整个系统最高的执行单元。因此，CPU 已成为决定微型计算机性能的核心部件，很多用户都以它为标准来判断微型计算机的档次。中央处理器是一块超大规模的集成电路，它与内部存储器和输入输出设备合称为电子计算机三大核心部件。CPU 如图 3.17 所示。

图 3.17　两款主流 CPU

CPU 的主要功能包括处理指令、执行操作、控制时间和处理数据。

处理指令：是指控制程序中指令的执行顺序。程序中的各指令之间是有严格顺序的，必须严格按程序规定的顺序执行，才能保证计算机系统工作的正确性。

执行操作：一条指令的功能往往是由计算机中的部件执行一系列的操作来实现的。CPU 要根据指令的功能，产生相应的操作控制信号，发给相应的部件，从而控制这些部件按指令的要求进行工作。

控制时间：就是对各种操作实施时间上的定时。在一条指令的执行过程中，在什么时间做什么操作均应受到严格的控制。只有这样，计算机才能有条不紊地工作。

处理数据，即对数据进行算术运算和逻辑运算，或进行其他的信息处理。其功能主要是解释计算机指令以及处理计算机软件中的数据，并执行指令。CPU 在微型计算机中又称为微处理器，计算机的所有操作都受 CPU 控制，CPU 的性能指标直接决定了微型计算机系统的性能指标。CPU 具有 4 个方面的基本功能：数据通信、资源共享、分布式处理以及提供系统可靠性。其运作原理可基本分为 4 个阶段：提取(fetch)、解码(decode)、执行(execute)和写回(writeback)。

CPU 的工作过程如下：CPU 从存储器或高速缓冲存储器中取出指令，放入指令寄存器，并对指令译码。它把指令分解成一系列的微操作，然后发出各种控制命令，执行微操作系列，从而完成一条指令的执行。指令是计算机规定执行操作的类型和操作数的基本命令。指令是由一字节或者多字节组成，其中包括操作码字段、一个或多个有关操作数地址的字段以及一些表征机器状态的状态字以及特征码。有的指令中也直接包含操作数本身。

计算机的发展主要表现在其核心部件微处理器的发展上，每当一款新型的微处理器出现时，就会带动计算机系统的其他部件的相应发展，如计算机体系结构的进一步优化，存储器存取容量的不断增大以及存取速度的不断提高,外围设备的不断改进,新设备的不断出现等。

CPU 的性能参数包括主频、外频、总线频率、倍频系数和缓存。

计算机的性能在很大程度上由 CPU 的性能所决定,而 CPU 的性能主要体现在其运行程序的速度上。影响运行速度的性能指标包括 CPU 的工作频率、Cache 容量、指令系统和逻辑结构等参数。

主频也称为时钟频率,单位是 MHz(兆赫兹)或 GHz(吉赫兹),用来表示 CPU 的运算、处理数据的速度。通常,主频越高,CPU 处理数据的速度就越快。

$$CPU 的主频 = 外频 \times 倍频系数$$

主频和实际的运算速度存在一定的关系,但并不是一个简单的线性关系。所以,CPU 的主频与 CPU 实际的运算能力是没有直接关系的,主频表示在 CPU 内数字脉冲信号振荡的速度。在 Intel 公司的处理器产品中也可以看到这样的例子:1 GHz Itanium 芯片能够表现得差不多跟 2.66 GHz 至强(Xeon)/Opteron 一样快,或是 1.5 GHz Itanium 2 大约跟 4 GHz Xeon/Opteron 一样快。CPU 的运算速度还要看 CPU 的流水线、总线等各方面的性能指标。

外频是 CPU 的基准频率,单位是 MHz。CPU 的外频决定着整块主板的运行速度。通俗地说,在台式机中所说的超频都是超 CPU 的外频(当然,一般情况下,CPU 的倍频都是被锁住的)。但对于服务器 CPU 来讲,超频是绝对不允许的。前面说到 CPU 决定着主板的运行速度,两者是同步运行的,如果把服务器 CPU 超频了,改变了外频,会产生异步运行(台式机很多主板都支持异步运行),这样会造成整个服务器系统的不稳定。绝大部分微机系统中外频与主板前端总线不是同步速度的,而外频与前端总线(FSB)频率又很容易被混为一谈。

前端总线(FSB)是将 CPU 连接到北桥芯片的总线。前端总线频率(即总线频率)是直接影响 CPU 与内存直接数据交换的速度。有一条公式可以计算,即数据带宽=(总线频率×数据位宽)/8,数据传输最大带宽取决于所有同时传输的数据的宽度和传输频率。例如,支持 64 位的至强 Nocona,前端总线是 800MHz,按照公式,它的数据传输最大带宽是 6.4GB/s。

外频与前端总线频率的区别如下:前端总线的速度指的是数据传输的速度,外频是 CPU 与主板之间同步运行的速度。也就是说,100MHz 外频特指数字脉冲信号在每秒钟振荡一亿次;而 100MHz 前端总线指的是每秒 CPU 可接收的数据传输量是 100MHz×64b÷8=800MB。

倍频系数是指 CPU 主频与外频之间的相对比例关系。在相同的外频下,倍频越高,CPU 的频率也越高。但实际上,在相同外频的前提下,高倍频的 CPU 本身意义并不大。这是因为 CPU 与系统之间的数据传输速率是有限的,一味追求高主频而得到高倍频的 CPU 就会出现明显的"瓶颈"效应,即 CPU 从系统中得到数据的极限速度不能够满足 CPU 运算的速度。一般除了工程样板的 Intel 的 CPU 都是锁了倍频的,少量的如 Intel 酷睿 2 核心的奔腾双核 E6500K 和一些至尊版的 CPU 不锁倍频。而 AMD 之前都没有锁,AMD 推出了黑盒版 CPU(即不锁倍频版本,用户可以自由调节倍频,调节倍频的超频方式比调节外频稳定得多)。

　　缓存大小也是 CPU 的重要指标之一,而且缓存的结构和大小对 CPU 速度的影响非常大,CPU 内缓存的运行频率极高,一般是和处理器同频运作,工作效率远远大于系统内存和硬盘。实际工作时,CPU 往往需要重复读取同样的数据块,而缓存容量的增大,可以大幅度提升 CPU 内部读取数据的命中率,而不用再到内存或者硬盘上寻找,以此提高系统性能。但是出于 CPU 芯片面积和成本的考虑,缓存都很小。

　　L1 Cache(一级高速缓存)是 CPU 的第一层高速缓存,分为数据缓存和指令缓存。内置的 L1 Cache 的容量和结构对 CPU 的性能影响较大,不过高速缓存均由静态 RAM 组成,结构较复杂,在 CPU 管芯面积不能太大的情况下,L1 Cache 的容量不可能做得太大。一般服务器 CPU 的 L1 Cache 的容量通常在 32～256KB。

　　L2 Cache(二级高速缓存)是 CPU 的第二层高速缓存,分内部和外部两种芯片。内部芯片二级缓存运行速度与主频相同,而外部的二级高速缓存则只有主频的一半。L2 Cache 容量也会影响 CPU 的性能,原则是越大越好。以前家庭用 CPU 容量最大的是512KB;笔记本计算机中也可以达到 2MB;而服务器和工作站上用 CPU 的 L2 Cache 更高,可以达到 8MB 以上。

　　早期的 L3 Cache(三级高速缓存)是外置式的,能够降低内存延迟,同时提升大数据量计算时处理器的性能。降低内存延迟和提升大数据量计算能力对游戏都很有帮助。而在服务器领域增加 L3 Cache 在性能方面仍然有显著的提升。例如,具有较大 L3 Cache 的配置利用物理内存会更有效,故它比较慢的磁盘 I/O 子系统可以处理更多的数据请求。具有较大 L3 Cache 的处理器提供更有效的文件系统缓存行为及较短的消息和处理器队列长度。

　　CPU 依靠指令来控制系统,每款 CPU 在设计时就规定了一系列与其硬件电路相配合的指令系统。指令的强弱也是 CPU 的重要指标,指令集是提高微处理器效率的最有效工具之一。

　　从现阶段的主流体系结构讲,指令集可分为复杂指令集和精简指令集两部分(指令集共有 4 个种类),而从具体运用看,如 Intel 公司的 MMX(Multi Media Extended,此为AMD 公司猜测的全称,Intel 公司并没有说明词源)、SSE(Streaming-Single instruction multiple data-Extensions)、SSE2、SSE3、SSE4 系列和 AMD 公司的"3DNow!"等都是 CPU 的扩展指令集,分别增强了 CPU 的多媒体、图形图像和 Internet 等的处理能力。

　　CISC(Complex Instruction Set Computer)指令集,也称为复杂指令集。在 CISC 微处理器中,程序的各条指令是按顺序串行执行的,每条指令中的各个操作也是按顺序串行执行的。顺序执行的优点是控制简单,但计算机各部分的利用率不高,执行速度慢。其实它是 Intel 公司生产的 x86 系列(也就是 IA-32 架构)CPU 及其兼容 CPU(如 AMD、VIA)使用的指令集。

　　RISC(Reduced Instruction Set Computer)意为精简指令集计算机。20 世纪 80 年代RISC 型 CPU 诞生了,相对于 CISC 型 CPU,RISC 型 CPU 不仅精简了指令系统,还采用了超标量和超流水线结构,大大增加了并行处理能力。RISC 指令集是高性能 CPU 的发展方向。与传统的 CISC(复杂指令集)相比,RISC 的指令格式统一,种类比较少,寻址方式也比复杂指令集少。当然,处理速度就提高很多了。在中高档服务器中普遍采用这一指令系统的 CPU,特别是高档服务器全都采用 RISC 指令系统的 CPU。RISC 指令系统更加适合高档服务器的操作系统 Windows 7,Linux 也属于类 UNIX 的操作系统。RISC 型 CPU 与 Intel 和 AMD 公司的 CPU 在软件和硬件上都不兼容。

在中高档服务器中采用 RISC 指令集的 CPU 主要有 PowerPC 处理器、SPARC 处理器、PA-RISC 处理器、MIPS 处理器和 Alpha 处理器。

4) 内存

内存又称为内部存储器,属于电子式存储设备,它由电路板和芯片组成,特点是体积小,速度快,有电可存,无电清空,即计算机在开机状态时内存中可存储数据,关机后将自动清空其中的所有数据。内存有 SD、DDR、DDR Ⅱ 和 DDR Ⅲ 四大类,容量为 1~64GB。内存条如图 3.18 所示。

5) 硬盘

硬盘属于外部存储器,由金属磁片制成,而磁片有记忆功能,所以存储到磁片上的数据,不论在开机还是关机状态下,都不会丢失。硬盘容量很大,已达 TB 级,尺寸有 3.5 英寸、2.5 英寸、1.8 英寸和 1.0 英寸等,接口有 IDE、SATA 和 SCSI 等,其中 SATA 接口最普遍。

移动硬盘是以硬盘为存储介质,强调便携性的存储产品。市场上绝大多数的移动硬盘都是以标准硬盘为基础的,而只有很少部分的是微型硬盘(1.8 英寸硬盘等),但价格因素决定了主流移动硬盘还是以标准笔记本计算机硬盘为基础。因为采用硬盘为存储介质,所以移动硬盘在数据的读写模式上与标准 IDE 硬盘是相同的。移动硬盘多采用 USB、IEEE 1394 等传输速度较快的接口,可以较高的速度与系统进行数据传输。

6) 声卡

声卡是组成多媒体计算机必不可少的一种硬件设备,其作用是当发出播放命令后,声卡将计算机中的声音数字信号转换成模拟信号送到音箱上发出声音。声卡如图 3.19 所示。

图 3.18　内存条

图 3.19　声卡

声卡的基本功能是把来自话筒、磁带和光盘的原始声音信号加以转换,输出到耳机、扬声器、扩音机、录音机等声响设备,或通过音乐设备数字接口(MIDI)使乐器发出美妙的声音。声卡的主要作用有以下几点。

(1) 生成和还原数字声音文件。通过声卡及相应的驱动程序的控制,采集来自话筒、收录机等声源的信号,压缩后被存放在计算机系统的内存或硬盘中。激光盘压缩的数字化声音文件还原成高质量的声音信号,放大后通过扬声器播出。

(2) 对数字化的声音文件进行加工,以达到某一特定的音频效果。

(3) 调节音量,对各种音源进行组合,实现混响器的功能。

(4) 应用合成技术,通过声卡朗读文本信息,如读英语单词和句子,演奏音乐等。

(5) 音频识别功能,让操作者用口令指挥计算机工作。

(6) 指挥电子乐器。在驱动程序的作用下,声卡可以将 MIDI 格式存放的文件输出到相应的电子乐器中,发出相应的声音,使电子乐器受声卡的指挥。

声卡主要分为板卡式、集成式和外置式 3 种接口类型,以适用不同用户的需求,这 3 种类型的产品各有优缺点。

7) 显卡

显卡在工作时与显示器配合输出图形和文字,显卡的作用是将计算机系统所需要的显示信息进行转换驱动,并向显示器提供行扫描信号,控制显示器的正确显示。显卡是连接显示器和个人计算机主板的重要元件,是人机对话的重要设备之一。显卡如图 3.20 所示。

8) 网卡

网卡是工作在数据链路层的网络组件,是局域网中连接计算机和传输介质的接口,不仅能实现与局域网传输介质之间的物理连接和电信号匹配,还涉及帧的发送与接收、帧的封装与拆封、介质访问控制、数据的编码与解码以及数据缓存等功能。网卡的作用是充当计算机与网线之间的桥梁,它是用来建立局域网并连接到 Internet 的重要设备之一。网卡如图 3.21 所示。在整合型主板中,常把声卡、显卡、网卡部分或全部集成在主板上。

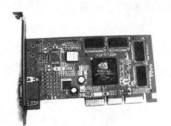

图 3.20 显卡

图 3.21 网卡

9) 调制解调器

调制解调器(modem)俗称"猫",其类型可分为内置式和外置式、有线式和无线式。调制解调器是通过电话线上网时必不可少的设备之一。它的作用是将计算机上处理的数字信号转换成电话线传输的模拟信号。随着 ADSL 宽带网的普及,内置式调制解调器逐渐退出了市场。

10) 软驱

软驱用来读取软盘中的数据。软盘为可读写外部存储设备,与主板用 FDD 接口连接,现已被淘汰。

11) 光驱

光驱(optical disk driver)是计算机用来读写光盘内容的设备,也是在台式机和笔记本计算机里比较常见的一个部件。随着多媒体的应用越来越广泛,使得光驱在计算机诸多配件中已经成为标准配置。光驱可分为 CD-ROM 驱动器、DVD 光驱(DVD-ROM)、康宝(COMBO)和 DVD 刻录机(DVD-RAM)等。光驱的读写能力和速度也日益提升,从 4×、16×、32× 到 40×、48×。

12) 显示器

显示器(monitor)有大有小,有薄有厚,品种多样,其作用是把计算机处理后的结果显示出来。它是一个输出设备,是计算机必不可少的部件之一。显示器分为 CRT、LCD 和 LED 三大类,接口有 VGA、DVI 两类。

13) 键盘

键盘(keyboard)分为有线和无线两类。键盘是主要的输入设备,通常为 104 键或 105 键,用于把文字、数字等输入计算机,以及计算机操控。

14) 鼠标

当移动鼠标(mouse)时,计算机屏幕上就会有一个箭头指针跟着移动,并可以很准确指到想指的位置,快速地在屏幕上定位,它是人们使用计算机不可缺少的部件之一,是输入设备。键盘和鼠标接口有 PS/2 和 USB 两种。鼠标分为光电式和机械式两种(机械式鼠标已被光电式淘汰)。

15) 音箱

音箱(loud speaker)通过音频线连接到功率放大器,再通过晶体管把声音放大,输出到喇叭上,从而使喇叭发出计算机的声音。一般的计算机音箱按声道可分为 2、2.1、3.1、4、4.1、5.1、7.1 这几种,音质也各有差异。

16) 打印机

通过打印机(printer)可以把计算机中的文件打印到纸上,它是重要的输出设备之一。在打印机领域形成了针式打印机、喷墨打印机和激光打印机三足鼎立的局面,各自发挥其优点,满足各界用户不同的需求。

17) 视频设备

视频设备包括摄像头、扫描仪、数码相机、数码摄像机和电视卡等设备,用于处理视频信号。

18) 闪存盘

闪存盘(flash disk)通常也被称为优盘、U 盘或闪盘,是一个通用串行总线 USB 接口的无需物理驱动器的微型高容量移动存储产品,它采用的存储介质为闪存(flash memory)。闪存盘一般包括闪存、控制芯片和外壳。闪存盘具有可多次擦写、速度快而且防磁、防震、防潮的优点。闪存盘采用流行的 USB 接口,体积只有大拇指大小,质量约 20g,不用驱动器,无须外接电源,即插即用,实现在不同计算机之间进行文件交流的功能,存储容量从 1GB 到 128GB 不等,以满足不同的需求。

19) 移动存储卡及读卡器

存储卡是利用闪存技术达到存储电子信息的存储器,一般应用在数码相机、MP3、MP4 等小型数码产品中作为存储介质,外观小巧,犹如一张卡片,所以称为存储卡。根据不同的生产厂商和不同的应用,存储卡有 Smart Media(SM 卡)、Compact Flash(CF 卡)、Multi Media Card(MMC 卡)、Secure Digital(SD 卡)、Memory Stick(记忆棒)和 TF 卡等多种类型,这些存储卡虽然外观和规格不同,但是技术原理都是相同的。

由于存储卡本身并不能直接被计算机辨认,读卡器就是一个两者沟通的桥梁。读卡器(card reader)可使用很多种存储卡,如Compact Flash、Smart Media和Microdrive等,作为存储卡的信息存取装置。读卡器使用USB 1.1/USB 2.0的传输接口,支持热插拔。与普通USB设备一样,只需插入计算机的USB端口就可以使用了。存储卡按照速度来划分,有USB 1.1和USB 2.0;按用途来划分,有单一读卡器和多合一读卡器。

2. 微型计算机的软件部分

所谓软件,是指计算机系统的组成部分,是指挥计算机进行计算、判断、处理信息的程序系统。软件系统可分为系统软件和应用软件两大类。

系统软件由一组控制计算机系统并管理其资源的程序组成,其主要功能包括:启动计算机,存储、加载和执行应用程序,对文件进行排序、检索,将程序语言翻译成机器语言等。实际上,系统软件可以看作用户与计算机的接口,它为应用软件和用户提供了控制和访问硬件的手段,这些功能主要由操作系统完成。此外,编译系统和各种工具软件也属此类,它们从另一方面辅助用户使用计算机。

应用软件是为满足用户不同领域、不同问题的应用需求而提供的软件。它可以拓宽计算机系统的应用领域,放大硬件的功能。

1) 操作系统

操作系统(Operating System,OS)是管理、控制和监督计算机软硬件资源协调运行的程序系统,由一系列具有不同控制和管理功能的程序组成,它是直接运行在计算机硬件上的、最基本的系统软件,是系统软件的核心。操作系统是计算机发展中的产物,它的主要目的有两个:一是方便用户使用计算机,是用户和计算机的接口。例如,用户输入一条简单的命令就能自动完成复杂的功能,这就是操作系统帮助的结果。二是统一管理计算机系统的全部资源,合理组织计算机工作流程,以便充分、合理地发挥计算机的效率。

操作系统通常应包括下列五大功能模块。

(1) 处理器管理。当多个程序同时运行时,解决处理器(CPU)时间的分配问题。

(2) 作业管理。完成某个独立任务的程序及其所需的数据组成一个作业。作业管理的任务主要是为用户提供一个使用计算机的界面,使其方便地运行自己的作业,并对所有进入系统的作业进行调度和控制,尽可能高效地利用整个系统的资源。

(3) 存储器管理。为各个程序及其使用的数据分配存储空间,并保证它们互不干扰。

(4) 设备管理。根据用户提出使用设备的请求进行设备分配,同时还能随时接收设备的请求(称为中断),如要求输入信息。

(5) 文件管理。主要负责文件的存储、检索、共享和保护,为用户提供文件操作的方便。

操作系统的种类繁多,依其功能和特性分为批处理操作系统、分时操作系统和实时操作系统等;依同时管理用户数的多少分为单用户操作系统和多用户操作系统。另外,还有适合管理计算机网络环境的网络操作系统。

微型计算机操作系统随着微型计算机硬件技术的发展而发展,从简单到复杂。

Microsoft 公司开发的 DOS 是单用户单任务系统,而 Windows 操作系统则是单用户多任务系统,经过十几年的发展,已从 Windows 3.1 发展到 Windows NT、Windows 2000 和 Windows XP,最新版本是 Windows 10。它是微型计算机中广泛使用的操作系统之一。Linux 是一个源码公开的操作系统,已被越来越多的用户所采用,是 Windows 操作系统强有力的竞争对手。

2) 语言处理系统

人和计算机交流信息使用的语言称为计算机语言或称程序设计语言。计算机语言通常分为机器语言、汇编语言和高级语言 3 类。如果要在计算机上运行高级语言程序,就必须配备程序语言翻译程序(以下简称翻译程序)。翻译程序本身是一组程序,不同的高级语言都有相应的翻译程序。翻译的方法有两种。

一种称为"解释"。早期的 BASIC 源程序的执行都采用这种方式。它调用计算机配备的 BASIC"解释程序",在运行 BASIC 源程序时,逐条把 BASIC 的源程序语句进行解释和执行,它不保留目标程序代码,即不产生可执行文件。这种方式速度较慢,每次运行都要经过解释,边解释边执行。

另一种称为"编译",它调用相应语言的编译程序,把源程序变成目标程序(以 obj 为扩展名),然后再用连接程序把目标程序与库文件相连接形成可执行文件。尽管编译的过程复杂一些,但它形成的可执行文件(以 exe 为扩展名)可以反复执行,速度较快。运行程序时只要输入可执行程序的文件名,再按 Enter 键即可。

对源程序进行解释和编译任务的程序分别称为编译程序和解释程序,如 FORTRAN、COBOL、Pascal 和 C 等高级语言,使用时需有相应的编译程序;BASIC、LISP 等高级语言,使用时需要相应的解释程序。

3) 服务程序

服务程序能够提供一些常用的服务性功能,它们为用户开发程序和使用计算机提供了方便,像微型计算机上经常使用的诊断程序、调试程序和编辑程序均属此类。

4) 数据库管理系统

数据库是指按照一定联系存储的数据集合,可为多种应用共享。数据库管理系统(DataBase Management System,DBMS)则是能够对数据库进行加工、管理的系统软件。其主要功能是建立、消除、维护数据库及对库中数据进行各种操作。数据库系统主要由数据库、数据库管理系统以及相应的应用程序组成。数据库系统不但能够存放大量的数据,更重要的是能迅速、自动地对数据进行检索、修改、统计、排序和合并等操作,以得到所需的信息。

数据库技术是计算机技术中发展最快、应用最广的一个分支。可以说,在今后的计算机应用开发中大都离不开数据库。因此,了解数据库技术尤其是微型计算机环境下的数据库应用是非常必要的。

应用软件从其服务对象的角度又可分为通用软件和专用软件两类。

3.3.2 微型计算机的性能指标

微型计算机的主要性能指标包括运算速度、主频、字长、内存储器的容量、外存储器的容量、存取周期、I/O 的速度和性价比。

(1) 运算速度是衡量计算机性能的一项重要指标。通常所说的计算机运算速度(平均运算速度),是指每秒钟所能执行的指令条数,一般用"百万条指令每秒"来描述。微型计算机一般采用主频来描述运算速度,主频越高,运算速度就越快。

(2) 主频。CPU 的主频,即 CPU 内核工作的时钟频率(CPU Clock Speed)。通常所说的某 CPU 是多少兆赫兹的,就是 CPU 的主频。微型计算机一般采用主频来描述运算速度,例如,Pentium/133 的主频为 133MHz,Pentium4 的主频为 1.5GHz。

(3) 字长。一般说来,计算机在同一时间内处理的一组二进制数称为一个计算机字,而这组二进制数的位数就是字长。在其他指标相同时,字长越大,计算机处理数据的速度就越快,精度越高。

(4) 内存储器的容量。内存储器简称内存或主存,是 CPU 可以直接访问的存储器,需要执行的程序与需要处理的数据就是存放在内存中的。内存容量的大小反映了计算机即时存储信息的能力。内存容量越大,系统功能就越强大,能处理的数据量就越庞大。

(5) 外存储器的容量。外存储器的容量通常是指硬盘的容量(包括内置硬盘和移动硬盘)。外存储器的容量越大,可存储的信息就越多,可安装的应用软件就越丰富。

(6) 存取周期。把信息代码存入存储器,称为"写";把信息代码从存储器中取出,称为读。存储器进行一次读或写操作所需的时间称为存储器的访问时间(或读写时间),而连续启动两次独立的读或写操作(如连续的两次读操作)所需的最短时间称为存取周期。

(7) I/O 的速度。主机 I/O 的速度取决于 I/O 总线的设计,这对于慢速设备(例如键盘、打印机)关系不大,但对于高速设备则影响十分明显。

(8) 性价比。性价比即性能与价格之比。同样的价格,商品品质好则性价比高。

3.3.3 微型计算机的关键技术

微型计算机的关键技术主要集中在以下 9 个方面。

1. CPU 技术

CPU 是微型计算机的核心部件,是提高系统整体性能的关键,它主要包括运算器和控制器两个部件。在微型计算机不断向超轻、超薄方向发展的今天,要求 CPU 在保持高性能和高速度的同时还要在设计上考虑以下 3 个要素。

① 低耗电。降低工作电压,减少电源消耗,以更有效地延长工作时间。

② 低耗热。降低热量产生,以求高速运算下系统的稳定性。

③ 高密度引脚封装,缩小体积,提供更多功能。

2. 主板技术

主板不但决定着微型计算机的性能,而且也决定其工作的稳定性和可靠性。微型计算机所追求的轻薄、散热性强、性能稳定必须要求合理地把各种控制芯片、显卡、声卡以及各种外设接口等整合在一起,这些技术实质上就是主板的研发技术。

3. 显示屏技术

显示屏是微型计算机最吸引人的地方,使用的基本是 LCD。LCD 的最大特点是驱动电压小、功耗小、无辐射,而且还具有平、薄、轻及易实现大面积显示的特点。LCD 内部机械尺寸、安装尺寸、驱动电路及数据接口会有许多不同之处,但相同尺寸的 LCD 在分辨率和点距相同时显示标准基本一致。

4. 电源技术

电源技术是体现微型计算机尤其是便携机性能的重要环节,是其灵活性和稳定性的根本。

电源系统通常包括电源适配器、充电电池和电源管理系统等。系统的电池寿命和专用电源管理可以通过硬件、软件或固件等方式进行优化。这些要素可以相互协调,共同平衡系统的电源使用和性能。

便携机在无交流电源的地方大多采用充电电池供电。锂离子电池由于较普通镍镉和镍氢电池,具有体积小、质量小、自放电率低、无记忆效应的优点,已成为便携机普遍采用的电池。不过,微型燃料电池以其续航能力强、无环境污染等特点已开始成为便携式计算机电池的发展方向。

5. 存储技术

移动存储器是相对于固定在计算机上的存储器而言的,其最大的优点在于安装和拆除都很方便。它主要包括机械结构的移动硬盘和没有机械结构的闪存两大类。

6. 接口技术

微型计算机 CPU 与外围设备及存储器的连接和数据交换都需要通过接口设备来实现,前者被称为 I/O 接口,后者被称为存储器接口。存储器通常在 CPU 的同步控制下工作,接口电路比较简单;而 I/O 设备品种繁多,其相应的接口电路也各不相同。平时所说的接口即指 I/O 接口。

7. 触控板技术

微型计算机内置的常见鼠标设备(确切地说应是指点设备)有 4 种:指点杆、触摸屏、触摸板和轨迹球。其中,触控板(触摸板)使用最为广泛。除了 IBM 和东芝公司的笔记本计算机采用 IBM 公司发明的指点杆外,其他大多采用触摸板鼠标。第三代触摸板已经把功能扩展为手写板。触摸板的优点是反应灵敏、移动快;缺点是反应过于灵敏,造成定位精度较低,且环境适应性较差,不适合在潮湿、多灰的环境中工作。

8. 软件技术

软件是计算机信息处理、制造、通信、防御以及研究和开发等多种用途的基础,是整个系统的灵魂。系统硬件尤其是微处理器日新月异的更新速度牵动了全新运算体系的发展,硬件对相应软件的要求愈来愈严格,使得微型计算机软件的开发朝着高效率、低成本、可靠性高、简单化和模块化的方向发展。网络技术和应用的快速发展,也使得软件技术呈现出网络化、服务化与全球化的发展态势。

9. 微型化技术

随着移动计算市场需求的快速增长,计算机微型化的发展趋势日益凸现,所涉及的技术有电子元器件的微型化和模块化、微型长效电池、微电子技术带动的超大规模集成电路和(超)精细加工技术等。

微电子技术的特点是精细或超精细的微加工技术,微型计算机是这门技术的结晶。微电子技术迅速发展,将促进微型计算机系统的微型化、多功能化、高性能化乃至智能化等技术的不断发展。

微型化、多功能、高频化、高可靠性、防静电和抗电磁干扰的各类片式电子元器件(KLD、KLM)顺应了微型计算机产品便携式、网络化和多媒体化以及更轻、更薄、更短、更小的发展需求,在微型计算机上得到广泛应用。

模块化设计可以将微型计算机的各种功能化器件集成到一个个小小的模块中,使得微型计算机具有安装方便、升级容易、体积小、结构紧凑、运行维护简单和成本低的特点。而微型模块化设计更是顺应了微型机小巧、便携、功能强、集成度高、智能化的发展趋势。

3.4 本章小结

计算机硬件是由许多不同功能的模块化的部件组合而成的,在软件的配合下完成输入、处理、储存和输出4个操作步骤。根据硬件的不同功能可将其分为5类。①输出设备(显示器、打印机、音箱等);②输入设备(鼠标、键盘、摄像头等);③中央处理器;④存储器(内存、硬盘、光盘、U盘以及存储卡等);⑤主板(在各个部件之间进行协调工作,是一个重要的连接载体)。

本章介绍了以下内容:计算机硬件的基本组成和冯·诺依曼体系结构;微处理器的组成结构,运算器和控制器的主要作用;计算机常用存储设备,包括RAM、ROM、硬盘、光盘和U盘;输入和输出设备,包括键盘、鼠标、扫描仪、显示器和打印机等;计算机的指令系统以及机器语言、汇编语言和高级语言;微型计算机的组成及主要性能指标。

习题

一、选择题

1. 64位微型计算机中的64是指该微型计算机(　　)。

A. 能同时处理 64 位二进制数 B. 能同时处理 64 位十进制数
C. 具有 64 根地址总线 D. 运算精度可达小数点后 64 位

2. 微型计算机的分类通常以微处理器的( )来划分。
   A. 规格　　　　B. 芯片名　　　　C. 字长　　　　D. 寄存器的数目

3. 微处理器处理的数据基本单位为字。一个字的长度通常是( )。
   A. 16 个二进制位 B. 32 个二进制位
   C. 64 个二进制位 D. 与微处理器芯片的型号有关

4. ROM 与 RAM 的主要区别是( )。
   A. 断电后，ROM 内保存的信息会丢失，而 RAM 则可长期保存信息，不会丢失
   B. 断电后，RAM 内保存的信息会丢失，而 ROM 则可长期保存信息，不会丢失
   C. ROM 是外存储器，RAM 是内存储器
   D. ROM 是内存储器，RAM 是外存储器

5. 计算机存储器主要由内存储器和( )组成。
   A. 外存储器　　B. 硬盘　　　　C. 软盘　　　　D. 光盘

6. 在下列设备中，不能作为微机的输出设备的是( )。
   A. 打印机　　　B. 显示器　　　C. 绘图仪　　　D. 键盘

7. 存储器是用来存放( )信息的主要部件。
   A. 十进制　　　B. 二进制　　　C. 八进制　　　D. 十六进制

8. SRAM 存储器是( )。
   A. 静态随机存储器 B. 静态只读存储器
   C. 动态随机存储器 D. 动态只读存储器

9. 16 根地址总线的寻址范围是( )。
   A. 512KB　　　B. 64KB　　　　C. 640KB　　　D. 1MB

10. 下面的叙述中错误的是( )。
    A. 个人微机键盘上的 Ctrl 键起控制作用的，它必须与其他键同时按下才有作用
    B. 键盘属于输入设备，但显示器上显示的内容既有计算机输出的结果，又有用户通过键盘输入的内容，所以显示器既是输入设备，又是输出设备
    C. 计算机指令是指挥 CPU 进行操作的命令，指令通常由操作码和操作数组成
    D. 个人微机在使用过程中突然断电，内存 RAM 中保存的信息全部丢失，ROM 中保存的信息不受影响

11. 在微机中，VGA 的含义是( )。
    A. 微机的型号　B. 键盘的型号　C. 显示标准　　D. 显示器型号

12. CD-ROM 是一种大容量的外部存储设备，其特点是( )。
    A. 只能读不能写 B. 处理数据的速度低于软盘
    C. 只能写不能读 D. 既能写也能读

13. 在 CPU 中，指令寄存器的作用是( )。
    A. 保存后续指令地址
    B. 保存当前正在执行的一条指令

C. 保存将被存储的下一个数据字节的地址

D. 保存CPU所访问的主存单元的地址

14. 数据一旦存入后,不能改变其内容,所存储的数据只能读取,但无法将新数据写入的存储器称为(　　)。
　　A. 磁芯　　　　　　　　　　　　B. 只读存储器
　　C. 硬盘　　　　　　　　　　　　D. 随机存取存储器

15. 电子计算机的算术逻辑单元、控制单元及存储单元统称为(　　)。
　　A. UPS　　　　B. ALU　　　　C. CPU　　　　D. 主机

16. 磁盘存储器的主要技术指标有4项,下面不属于这4项指标之一的是(　　)。
　　A. 存储容量　　B. 盘片数　　　C. 磁道尺寸　　D. 寻址时间

17. 微型计算机的外存是指(　　)。
　　A. RAM　　　　B. ROM　　　　C. 磁盘　　　　D. 虚拟盘

18. 磁盘上的磁道是(　　)。
　　A. 记录密度不同的同心圆　　　　B. 记录密度相同的同心圆
　　C. 一条阿基米德螺线　　　　　　D. 两条阿基米德螺线

19. 在程序查询方式下控制外围设备,(　　)可进行数据传送。
　　A. 随时　　　　　　　　　　　　B. 外围设备准备就绪时
　　C. 外围设备没有准备就绪时　　　D. 外围设备正在进行其他工作时

20. 中断过程的顺序是(　　)。
　　①中断请求　②中断响应　③中断处理　④中断识别　⑤中断返回
　　A. ①②③④⑤　B. ①②④⑤　　C. ①③②⑤　　D. ①②③⑤

21. 关于DMA传递方式的特点,以下叙述中不正确的是(　　)。
　　A. 数据从外围设备读到CPU,再从CPU把数据送到内存
　　B. DMA方式指高速外围设备(一般指磁盘存储器)与内存之间直接进行数据交换
　　C. 数据传输需要使用总线
　　D. 在DMA期间总线使用权是交给DMA控制器的

22. (　　)是指从CPU芯片上引出的信号。
　　A. 系统总线　　B. 地址总线　　C. 局部总线　　D. 标准局部总线

23. 微型计算机硬件系统的性能主要取决于(　　)。
　　A. 微处理器　　B. 内存储器　　C. 显示适配卡　　D. 硬磁盘存储器

24. 计算机字长取决于(　　)的宽度。
　　A. 控制总线　　B. 数据总线　　C. 地址总线　　D. 通信总线

25. 下列打印机中,打印效果最佳的一种是(　　)。
　　A. 点阵打印机　B. 激光打印机　C. 热敏打印机　D. 喷墨打印机

26. 微型计算机系统采用总线结构对CPU、存储器和外部设备进行连接。总线通常由3部分组成,它们是(　　)。
　　A. 逻辑总线、传输总线和通信线　　B. 地址总线、运算总线和逻辑总线
　　C. 数据总线、信号总线和传输总线　　D. 数据总线、地址总线和控制总线

27. 微型计算机的内存储器是( )。
    A. 按二进制位编址   B. 按字节编址
    C. 按字长编址   D. 根据微处理器型号不同而编址不同
28. 硬盘工作时应特别注意避免( )。
    A. 噪声   B. 震动   C. 潮湿   D. 日光
29. 光驱的倍速越大,( )。
    A. 数据传输越快   B. 纠错能力越强
    C. 所能读取光盘的容量越大   D. 播放 VCD 的效果越好
30. 分辨率为 1280×1024 像素,256 种颜色的 17 英寸显示器的显存容量至少应为( )。
    A. 1MB   B. 2MB   C. 4MB   D. 8MB
31. Cache 和 RAM 一般是( )存储器。
    A. 随机存取   B. 顺序存取   C. 先进先出存取   D. 先进后出存取
32. Cache 一般采用( )半导体芯片。
    A. ROM   B. PROM   C. DRAM   D. SRAM
33. 主存现在主要由( )半导体芯片组成。
    A. ROM   B. PROM   C. DRAM   D. SRAM
34. 计算机的主机包括( )。
    A. 运算器和控制器   B. CPU 和磁盘存储器
    C. 硬件和软件   D. CPU 和主存
35. CPU 不能直接访问的存储器是( )。
    A. ROM   B. RAM   C. Cache   D. CD-ROM
36. 微型计算机中,控制器的基本功能是( )。
    A. 存储各种控制信息   B. 传输各种控制信号
    C. 产生各种控制信息   D. 控制系统各部件正确地执行程序
37. 下列叙述中,属于 RAM 的特点的是( )。
    A. 可随机读写数据,且断电后数据不会丢失
    B. 可随机读写数据,断电后数据将全部丢失
    C. 只能顺序读写数据,断电后数据将部分丢失
    D. 只能顺序读写数据,且断电后数据将全部丢失
38. 在微型计算机中,运算器和控制器合称为( )。
    A. 逻辑部件   B. 算术运算部件
    C. 微处理器   D. 算术和逻辑部件
39. 下列设备中,属于输出设备的是( )。
    A. 扫描仪   B. 显示器   C. 触摸屏   D. 光笔
40. 下列设备中,属于输入设备的是( )。
    A. 声音合成器 B. 激光打印机 C. 光笔   D. 显示器
41. CPU 控制外设工作的方式有( )。
    ① 程序查询输入输出方式
    ② 中断输入输出方式

③ DMA 输入输出方式

A. ①　　　　B. ①+②　　　　C. ①+③　　　　D. ①+②+③

42. 标准接口的鼠标器一般连接在（　　）上。

　　A. 并行接口　　B. 串行接口　　C. 显示器接口　　D. 打印机接口

43. 微型计算机配置高速缓冲存储器是为了解决（　　）。

　　A. 主机与外围设备之间速度不匹配问题

　　B. CPU 与辅助存储器之间速度不匹配问题

　　C. 内存储器与辅助存储器之间速度不匹配问题

　　D. CPU 与内存储器之间速度不匹配问题

二、填空题

1. 光驱用倍速来表示数据的传输速率，其中 4 倍速是指每秒钟传输（　　）KB 的数据。
2. 显示器的分辨率用（　　）来表示。
3. 微型计算机中常把 CD-ROM 称为（　　）光盘，它属于（　　）存储器。
4. CRT 显示器也称为（　　）显示器。
5. CGA、EGA 和 VGA 这 3 种显示器中，显示性能最差的是（　　）。
6. 微型计算机系统中的总线由（　　）、（　　）和（　　）组成。
7. 某机器有 32 根地址线，直接寻址范围可达（　　）。
8. 目前常用的微型计算机总线类型有（　　）、（　　）、（　　）和（　　）。
9. 计算机可以直接执行的指令一般包括（　　）和（　　）两部分。
10. 显示器三大技术指标为（　　）、点间距与灰度级。

三、简答题

1. 计算机硬件系统由哪几部分组成？简述各组成部分的基本功能。
2. 什么是硬件？什么是软件？它们有何关系？
3. 什么是指令？计算机的指令由哪两部分组成？什么是程序？
4. 简述计算机的工作原理。
5. 计算机存储器可分为几类？它们的主要区别是什么？
6. 计算机系统的主要性能指标有哪些？
7. 显示器的主要指标有哪些？
8. 简述 RAM 和 ROM 的区别。
9. 什么是中断？中断经过哪几步？
10. 为什么要增加 Cache？它有什么特点？
11. 简述机器语言、汇编语言和高级语言的主要特点及区别。
12. 什么叫主机？什么叫裸机？什么叫外设？
13. 简述计算机高级程序语言的两种工作方式（解释方式和编译方式）的区别。
14. 简述计算机的基本组成中各部件的主要功能以及各部件之间的关系。

第 4 章 计算机软件基础

本章学习目标
- 熟练掌握计算机软件系统的组成。
- 熟练掌握操作系统的概念和功能。
- 熟练掌握 Windows 10 操作系统的使用方法。

本章先介绍计算机软件系统的组成部分,再介绍系统软件和应用软件的组成及特点,最后介绍 Windows 10 操作系统的相关知识及使用方法。

4.1 计算机软件系统概述

计算机软件系统概述

计算机系统由计算机硬件系统和软件系统两部分组成。硬件系统包括中央处理器、存储器和外围设备等;软件系统是计算机的运行程序和相应的文档。计算机系统具有接收和存储信息、按程序快速计算和判断并输出处理结果等功能。完整的计算机系统如图 4.1 所示。

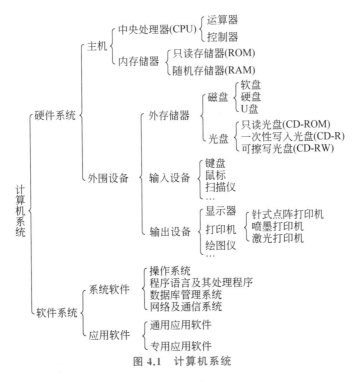

图 4.1 计算机系统

计算机软件(computer software,也称为软件)是指计算机系统中的程序及其文档。程序是计算任务的处理对象和处理规则的描述;文档是为了便于了解程序所需的阐明性资料。程序必须装入计算机内部才能工作,文档一般是给人看的,不一定装入计算机。

软件是用户与硬件之间的接口。用户主要是通过软件与计算机进行交流。软件是计算机系统设计的重要依据。为了方便用户,为了使计算机系统具有较高的总体效用,在设计计算机系统时,必须通盘考虑软件与硬件的结合,以及用户的要求和软件的要求。计算机软件系统的组成如图 4.2 所示。

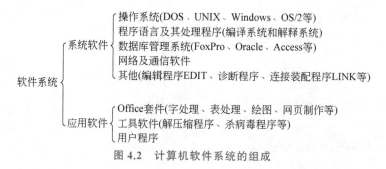

图 4.2 计算机软件系统的组成

系统软件是各类操作系统,如 Windows、Linux、UNIX 等,还包括操作系统的补丁程序及硬件驱动程序。应用软件种类更多,如工具软件、游戏软件和管理软件等都属于应用软件类。

软件的含义包括 3 点。

(1) 运行时,它能够提供所要求的功能和性能的指令或计算机程序集合。

(2) 程序能够满意地处理信息的数据结构。

(3) 描述程序功能需求以及程序如何操作和使用所要求的文档。

软件的特点有以下 4 点。

(1) 计算机软件与一般文字作品的目的不同。计算机软件多用于某种特定目的,如控制一定的生产过程,使计算机完成某些工作;而文字作品则是为了阅读欣赏,满足人们的精神文化生活需要。

(2) 要求法律保护的侧重点不同。《中华人民共和国著作权法》一般只保护作品的形式,不保护作品的内容;而计算机软件则要求保护其内容。

(3) 计算机软件语言与文字作品语言不同。计算机软件语言是一种符号化、形式化的语言,其表现力十分有限;文字作品则是人类的自然语言,其表现力十分丰富。

(4) 计算机软件可援引多种法律保护,文字作品则只能援引《中华人民共和国著作权法》。

4.1.1 系统软件

系统软件(system software)是指控制和协调计算机及外围设备,支持应用软件开发和运行的系统,是无须用户干预的各种程序的集合,主要功能是调度、监控和维护计算机系统;负责管理计算机系统中各种独立的硬件,使得它们可以协调工作。系统软件使得计算机使用者和其他软件将计算机当作一个整体而不需要顾及底层每个硬件是如何工作的。

一般来讲,系统软件包括操作系统和一系列基本的工具(如编译器、数据库管理、存储器格式化、文件系统管理、用户身份验证、驱动管理和网络连接等方面的工具)。

系统软件的主要特征是:与硬件有很强的交互性;能对资源共享进行调度管理;能解决并发操作处理中存在的协调问题;其中的数据结构复杂,外部接口多样化,便于用户反复使用。系统软件主要包括操作系统、程序语言及其处理程序、数据库管理系统和系统辅助程序。

1. 操作系统

在计算机软件中最重要且最基本的就是操作系统。它是最底层的软件,控制所有计算机运行的程序并管理整个计算机的资源,是计算机裸机与应用程序及用户之间的桥梁。没有它,用户就无法使用某种软件或程序。

操作系统是计算机系统的控制和管理中心,从资源角度来看,它具有处理机管理、存储器管理、设备管理和文件管理4项功能。

常用的操作系统有 DOS、Windows、UNIX、Linux 和 OS/2 等。

2. 程序语言及其处理程序

计算机解题的一般过程是:用户用计算机语言编写程序,输入计算机,然后由计算机将其翻译成机器语言,在计算机上运行后输出结果。程序设计语言的发展经历了5代,即机器语言、汇编语言、高级语言、非过程化语言和智能语言。

机器语言由二进制 0、1 代码指令构成,不同的 CPU 具有不同的指令系统。机器语言程序难编写、难修改、难维护,需要用户直接对存储空间进行分配,编程效率极低,但计算机可以直接识别。目前,这种语言已经被淘汰。

汇编语言指令是机器指令的符号化,与机器指令存在着直接的对应关系,所以汇编语言同样存在着难学难用、容易出错、维护困难等缺点。但是汇编语言也有自己的优点,可直接访问系统接口,汇编程序翻译成的机器语言程序的效率高。从软件工程角度来看,只有在高级语言不能满足设计要求,或不具备支持某种特定功能的技术性能(如特殊的输入输出)时,汇编语言才被使用。计算机不能直接运行汇编语言,需要用汇编程序翻译。

高级语言是面向用户的、基本上独立于计算机种类和结构的语言。其最大的优点是,形式上接近于算术语言和自然语言,概念上接近于人们通常使用的概念。高级语言的一个命令可以代替几条、几十条甚至几百条汇编语言的指令。因此,高级语言易学易用,通用性强,应用广泛。计算机不能直接运行高级语言,需要对其进行解释或编译。

1) 从应用角度分类

从应用角度来看,高级语言可以分为基础语言、结构化语言和专用语言。

(1) 基础语言。也称为通用语言,它历史悠久,流传很广,有大量已开发的软件库,拥有众多的用户,为人们所熟悉和接受。属于这类语言的有 FORTRAN、COBOL、BASIC

和ALGOL等。

（2）结构化语言。20世纪70年代以来,结构化程序设计和软件工程的思想日益为人们所接受和欣赏。在它们的影响下,先后出现了一些很有影响的结构化语言,这些结构化语言直接支持结构化的控制结构,具有很强的过程结构和数据结构能力。Pascal、C和Ada语言就是它们的突出代表。

C语言功能丰富,表达能力强,有丰富的运算符和数据类型,使用灵活方便,应用面广,移植能力强,编译质量高,目标程序效率高,具有高级语言的优点。同时,C语言还具有低级语言的许多特点,如允许直接访问物理地址,能进行位操作,能实现汇编语言的大部分功能,可以直接对硬件进行操作等。用C语言编译程序产生的目标程序,其质量可以与汇编语言产生的目标程序相媲美。C语言具有"可移植的汇编语言"的美称,成为编写应用软件、操作系统和编译程序的重要语言之一。

（3）专用语言。它是为某种特殊应用而专门设计的语言,通常具有特殊的语法形式。一般来说,这种语言的应用范围狭窄,移植性和可维护性不如结构化程序设计语言。目前使用的专业语言已有数百种,应用比较广泛的有APL语言、Forth语言和LISP语言。

2）从客观系统的描述分类

从描述客观系统来看,程序设计语言可以分为面向过程语言和面向对象语言。

（1）面向过程语言。以"数据结构＋算法"程序设计范式构成的程序设计语言称为面向过程语言。前面介绍的程序设计语言大多为面向过程语言。

（2）面向对象语言。以"对象＋消息"程序设计范式构成的程序设计语言称为面向对象语言。目前比较流行的面向对象语言有Java、C++和Python等。

Java语言是一种面向对象的、不依赖于特定平台的程序设计语言,具有简单、可靠、可编译、可扩展、多线程、结构中立、类型显示说明、动态存储管理和易于理解等特点,是一种理想的、用于开发Internet应用软件的程序设计语言。

4GL是非过程化语言,编码时只需说明"做什么",不需描述算法细节。

数据库查询和应用程序生成器是4GL的两个典型应用。用户可以用结构化查询语言（Structured Query Language,SQL）对数据库中的信息进行复杂的操作。用户只需将要查找的内容在什么地方、根据什么条件进行查找等信息告诉SQL,SQL将自动完成查找过程。应用程序生成器则是根据用户的需求"自动生成"满足需求的高级语言程序。真正的第四代程序设计语言应该说还没有出现。目前,被认为是第四代语言的有UNIFACE、PowerBuilder、SQL、dBASE、Oracle、Sybase等。第四代程序设计语言是面向应用,为最终用户设计的一类程序设计语言。它具有缩短应用开发过程、降低维护代价、最大限度地减少调试过程中出现的问题以及对用户友好等优点。

3. 语言处理程序

计算机只能直接识别和执行机器语言,因此要在计算机上运行高级语言程序,就必须配备程序语言翻译程序。翻译程序本身是一组程序,不同的高级语言都有相应的翻译程序。

语言处理程序一般是由汇编程序、编译程序、解释程序和相应的操作程序等组成。它是为用户设计的编程服务软件,其作用是将高级语言源程序翻译成计算机能识别的目标程序。语言处理程序将用程序设计语言编写的源程序转换成机器语言的形式,以便计算机能够运行,这一转换是由翻译程序来完成的。翻译程序除了要完成语言间的转换外,还要进行语法、语义等方面的检查,翻译程序统称为语言处理程序,共有 3 种:汇编程序、编译程序和解释程序。汇编程序是把汇编语言书写的程序翻译成与之等价的机器语言程序的翻译程序。编译程序是把用高级程序设计语言书写的源程序,翻译成等价的机器语言格式目标程序的翻译程序。解释程序是把高级语言书写的源程序作为输入,解释一句后就提交计算机执行一句,并不形成目标程序。

4. 数据库管理系统

数据库管理系统(DataBase Management System,DBMS)是一种操纵和管理数据库的大型软件,用于建立、使用和维护数据库。它对数据库进行统一的管理和控制,以保证数据库的安全性和完整性。用户通过 DBMS 访问数据库中的数据,数据库管理员也通过 DBMS 进行数据库的维护工作。它可使多个应用程序和用户用不同的方法在同时或不同时刻去建立、修改和询问数据库。大部分 DBMS 提供数据定义语言(Data Definition Language,DDL)和数据操作语言(Data Manipulation Language,DML),供用户定义数据库的模式结构与权限约束,实现对数据的追加、删除等操作。

数据库管理(DataBase Manage)是有关建立、存储、修改和存取数据库中信息的技术,是指为保证数据库系统的正常运行和服务质量,有关人员须进行的技术管理工作。负责这些技术管理工作的个人或集体称为数据库管理员(DBA)。数据库管理的主要内容有数据库的调优、数据库的重组、数据库的重构、数据库的安全管控、报错问题的分析和汇总以及数据库数据的日常备份。数据库的设计只是提供了数据的类型、逻辑结构、联系、约束和存储结构等有关数据的描述,这些描述称为数据模式。

5. 系统辅助程序

系统辅助处理程序也称为软件研制开发工具、支持软件、软件工具,主要有编辑程序、调试程序、装配和连接程序。

4.1.2 应用软件

应用软件(application software)是用户可以使用的各种程序设计语言,以及用各种程序设计语言编制的应用程序的集合,分为应用软件包和用户程序。应用软件包是利用计算机解决某类问题而设计的程序的集合,供多用户使用。应用软件是为满足用户不同领域、不同问题的应用需求而提供的软件。

应用软件是为了某种特定的用途而开发的软件。它可以是一个特定的程序,例如一个图像浏览器;也可以是一组功能联系紧密、互相协作的程序的集合,例如微软公司的 Office 软件;还可以是一个由众多独立程序组成的庞大的软件系统。

较常见的应用软件有以下几类:文字处理软件,如 WPS、Word 等;信息管理软件;辅助设计软件,如 AutoCAD;实时控制软件,如极域电子教室等;教育与娱乐软件。

1. 传统应用软件

主要的办公软件有微软 Office、永中 Office、WPS、苹果 iWork 和 Google Docs 等。

主要的图像处理软件有 Adobe Photoshop、影视屏王等。

主要的媒体播放器有 PowerDVD XP、Real Player、Windows Media Player、暴风影音(MyMPC)、千千静听等。

主要的媒体编辑器有声音处理软件 cool2.1、视频解码器 ffdshow 等。

主要的媒体格式转换器有 Moyea FLV to Video Converter Pro、Total Video Converter、WinAVI Video Converter、WinMPG Video Convert、WinMPG IPod Convert、Real Media Editor 和格式化工厂等。

主要的图像浏览工具有 ACDSee 等。

截图工具有 epsnap、HyperSnap 等。

图像/动画编辑工具有 Flash、Adobe Photoshop CS2、GIF Movie Gear、picasa、光影魔术手等。

通信工具有 QQ、微信等。

编程/程序开发软件有 Java 以及 JDK、JCreatorPro、Eclipse、Jdoc;VisualASM、Masm for Windows 集成实验环境、RadASM 等汇编语言环境;Microsoft Visual Studio 2005、SQL 2005;私服网页开发系统(代码大全)、网页开发系统。

翻译软件有金山词霸 PowerWord、MagicWin(多语种中文系统)、systran 等。

防火墙和杀毒软件有 McAFee(卖咖啡)、ZoneAlarm pro、金山毒霸、卡巴斯基、江民、瑞星、诺顿、360 安全卫士等。

阅读器有 CAJViewer、Adobe Reader、PdfFactory Pro 等。

输入法有紫光输入法和智能 ABC、五笔、QQ 拼音、搜狗等输入法。

网络电视有 powerplayer、pplive、ppmate、PPNtv、ppstream、QQLive、uusee 等。

系统优化/保护工具有 Windows 清理助手 arswp、Windows 优化大师、超级兔子、360 安全卫士、数据恢复文件 EasyRecovery Pro、影子系统、硬件检测工具 everest、MaxDOS(DOS 系统)、GHOST 等。

下载软件有 Thunder、WebThunder、bitcomet、eMule、flashget 等。

其他常用软件还有 WINRAR,压缩软件;DAEMON Tools,虚拟光驱;Mathtype,数学编辑工具;UltraEdit,文本编辑器;GoogleEarthWin,可以观看全地球;ChmDecompiler,Chm 电子书批量反编译器;PeanutHull,花生壳客户端,用来架设个人网站;Spread 和 MultiRow,表格图表类软件。

2. 新一代应用软件

传统应用系统几乎都是面向特定应用和固化需求的管理信息系统,其系统功能关注重点是为特定应用提供业务处理的服务。新一代应用系统(AS 2.0)强调的是与行业(业务)的无关性和软件的产品化。为此,首先,作为应用系统的核心部分,新一代应用系统中的应用软件将其重点转向了对业务需求变化的管理,其系统功能的关注重点也随之转向了提供支持业务变化的服务,通过这些服务提供的功能,加载和实现各类业务的处理和加工。其次,新一代应用系统中的应用软件应该都由产品化的构件组成,每个构件相互独立,可拆卸,易装配,通过持续、不断地完善和拓展构件的性能和功能,应用系统的支撑能力得以持续发展。新一代应用软件的主要特点如下。

1) 描述和定义变化的元数据管理

元数据是变化管理的关键,它们的作用是用标准化的方式记录下每一个应用系统要件的属性,定义出每一项业务在相应要件中的差异以及实现的结果,例如每一个数据项、每一个数据集合(表格、物理表)、每一个流程以及每一个指标等,分别都有哪些属性(包括注释和管理用的业务属性)描述,应该用什么形式描述等。

2) 解析和执行变化的业务管理

传统应用系统的业务往往都是采用直接编码的方式实现,而在 AS 2.0 中的业务,一般都是通过业务加载的方式实现。所谓业务加载,就是利用相关工具,通过对元数据的定义或者配置产生相应的编码集合,进行适当的组合实现业务需求的过程。这个过程实际上是对应用所发生各类变化的详细描述,而应用系统就是通过对这些描述的解析和执行来实现对应用的支撑。

3) 记录和保存变化的档案管理

这里的档案管理分为两个概念:一个是内容变化的归档管理,指的是传统的纸质档案管理,以及信息系统处理的各类业务所涉及的,需要归档的电子信息内容的管理;另一个是需求变化的归档管理,指的是为了实现业务需求的变化,对信息系统相关功能进行维护和变更结果的归档管理。

4) 监视和控制变化的状态管理

变化的状态指的是支持 AS 2.0 的机房、网络、设备和系统软件等环境要件每次变更、调整过程的时点记录,服务器、中间件和应用系统等各种应用资源在运行时间变化的时点记录,各种业务构件、业务进程在运行时间的时点记录,各类应用及其支撑环境在应用过程中问题的提交、响应和结果的记录等等。在传统的应用系统中,它们通常是用人工或日志的形式进行记录,而 AS 2.0 则应该提供专门的共享环境进行集中、统一的记录、分析、关联和知识化等方面的管理。

4.2 操作系统概述

操作系统是电子计算机系统中负责支撑应用程序运行环境以及用户操作环境的系统软件,同时也是计算机系统的核心与基石。它的职责常包括对硬件的直接监管、对各种计算资源(如内存、处理器时间等)的管理以及提供诸如作业管理之类的面向应用程序的服务等。

操作系统是方便用户管理和控制计算机软硬件资源的系统软件(或程序集合)。从用户的角度看,操作系统是对计算机硬件的扩充;从人机交互方式来看,操作系统是用户与计算机的接口;从计算机的系统结构看,操作系统是一种层次、模块结构的程序集合,属于

操作系统概述

有序分层法,是无序模块的有序层次调用。操作系统在设计方面体现了计算机技术和管理技术的结合。操作系统是软件,而且是系统软件。它在计算机系统中的作用可以从两方面理解:对内,操作系统管理计算机系统的各种资源,扩充硬件的功能;对外,操作系统提供良好的人机界面,方便用户使用计算机。它在整个计算机系统中具有承上启下的作用。操作系统在软硬件系统中所处的位置如图 4.3 所示。

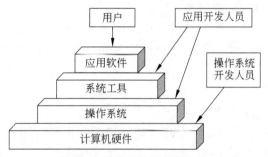

图 4.3 操作系统所处的位置

在计算机系统上配置操作系统的主要目标,首先与计算机系统的规模有关。通常对配置在大中型计算机系统中的操作系统,由于计算机价格昂贵,因此都比较看重计算机使用的有效性,而且还希望操作系统具有非常强的功能;但对于配置在微型计算机中的计算机操作系统,由于微型计算机的价格相对比较便宜,此时计算机使用的有效性也就显得不那么重要了,而人们更关注的是使用的方便性。影响操作系统的主要目标的另一个重要因素是操作系统的应用环境。例如,对于应用在查询系统中的操作系统,应满足用户对响应时间的要求;又如,对应用在实时工业控制和武器控制环境下的操作系统,则要求其具有实时性和高度可靠性。

目前微型计算机上常见的操作系统有 Windows、Linux、UNIX、OS/2 和 NetWare 等。所有的操作系统都具有并发性、共享性、虚拟性和不确定性 4 个基本特征。

操作系统大致可分为 6 种类型。

(1) 简单操作系统。它是计算机初期所配置的操作系统,如 IBM 公司的磁盘操作系统 DOS/360 和微型计算机的操作系统 CP/M 等。这类操作系统的功能主要是操作命令的执行,文件服务、支持高级程序设计语言编译程序和控制外部设备等。

(2) 分时系统。它支持位于不同终端的多个用户同时使用一台计算机,彼此独立,互不干扰,用户感到好像一台计算机全为他所用。

(3) 实时操作系统。它是为实时计算机系统配置的操作系统。其主要特点是资源的分配和调度,首先要考虑实时性,然后才是效率。此外,实时操作系统应有较强的容错能力。

(4) 网络操作系统。它是为计算机网络配置的操作系统。在其支持下,网络中的各台计算机能互相通信和共享资源。其主要特点是与网络的硬件相结合来完成网络的通信任务。

(5) 分布式操作系统。它是为分布计算系统配置的操作系统。它在资源管理、通信控制和操作系统的结构等方面都与其他操作系统有较大的区别。由于分布式计算机系统的资源分布于系统的不同计算机上,操作系统对用户的资源需求不能像一般的操作系统那样等待有资源时直接分配的简单做法,而是要在系统的各台计算机上搜索,找到所需资源后才进行分配。对于有些资源,如具有多个副本的文件,还必须考虑一致性。一致性是指若干个用户对同一个文件所同时读出的数据是一致的。为了保证一致性,操作系统须控制文件的读写等操作,使得多个用户可同时读一个文件,而任一时刻最多只能有一个用户在修改文件。分布式操作系统的通信功能类似于网络操作系统。由于分布式计算机系统不像网络分布得很广,同时分布式操作系统还要支持并行处理,因此它提供的通信机制和网络操作系统提供的有所不同,它要求通信速度高。分布式操作系统的结构也不同于其他操作系统,它分布于系统的各台计算机上,能并行地处理用户的各种需求,有较强的容错能力。

(6) 智能操作系统(智能软件)。智能软件是指能产生人类智能行为的计算机软件。智能软件不仅可在传统的冯·诺依曼体系结构的计算机系统上运行,而且可在新一代的非冯·诺依曼体系结构的计算机系统上运行。

4.2.1 操作系统的产生、发展和现状

1. 1980 年前

第一台计算机并没有操作系统。这是由于早期个人计算机的建立方式(如同建造机械计算机)与效能不足以执行这样的程序。

但在 1947 年发明了晶体管,以及莫里斯·威尔克斯(Maurice Vincent Wilkes)发明的微程序方法,使得计算机不再是机械设备,而是电子产品。系统管理工具以及简化硬件操作流程的程序很快就出现了,且成为操作系统的基础。

到了 20 世纪 60 年代早期,商用计算机制造商制造了批次处理系统,此系统可将工作的建置、调度以及执行序列化。此时,厂商为每一台不同型号的计算机创造不同的操作系统。因此,为某台计算机而写的程序无法移植到其他计算机上执行,即使是同型号的计算机也不行。

到了 1964 年,IBM 公司推出了一系列用途与价位都不同的大型计算机 IBM System/360,它是大型主机的经典之作。而它们都共享代号为 OS/360 的操作系统(而非每种产品都用量身定做的操作系统)。让单一操作系统适用于整个系列的产品是 System/360 成功的关键,且实际上 IBM 公司的大型系统便是此系统的后裔;为 System/360 所写的应用程序依然可以在现代的 IBM 计算机上执行。

System/360 还包含另一个优点:永久存储设备——硬盘驱动器的面世(IBM 公司称之为 DASD,即 Direct Access Storage Device)。另一个关键是分时概念的建立:将大型计算机珍贵的时间资源适当分配到所有使用者身上。分时也让使用者有独占整台计算机的感觉,Multics 的分时系统是此时众多新操作系统中实践此观念最成功的。

1963 年,奇异公司与贝尔实验室合作以 PL/1 语言建立的 Multics 是激发 20 世纪 70 年代众多操作系统建立的灵感来源,尤其是由贝尔实验室的丹尼斯·里奇与汤普逊所建

立的 UNIX 系统,为了实践平台移植能力,此操作系统在 1969 年由 C 语言重写;另一个广为市场采用的小型计算机操作系统是 VMS。

2. 20 世纪 80 年代

第一代微型计算机并不像大型计算机或小型计算机,没有安装操作系统的需求或能力。它们只需要最基本的操作系统,通常这种操作系统都是从 ROM 读取的,此种程序被称为监视程序(monitor)。

20 世纪 80 年代,家用计算机开始普及。通常此时的计算机拥有 8 位处理器加上 64KB 内存、屏幕、键盘以及低音质喇叭。而 20 世纪 80 年代早期最著名的套装计算机为使用微处理器 6510(6502 芯片特别版)的 Commodore C64。此计算机没有操作系统,而是以 8KB 只读内存 BIOS 初始化彩色屏幕、键盘以及软驱和打印机。它可用 8KB 只读内存 BASIC 语言来直接操作 BIOS,并用此编写程序,大部分是游戏。此 BASIC 语言的解释器勉强可算是此计算机的操作系统。

早期最著名的磁盘启动型操作系统是 CP/M,它支持许多早期的微型计算机,且被 MS-DOS 大量抄袭其功能。最早的 IBM-PC 的架构类似于 C64。当然,它们也使用了 BIOS 以初始化与抽象化硬件的操作,甚至也附了一个 BASIC 解释器!但是它的 BASIC 优于其他公司产品的原因在于其可携性,并且兼容于任何符合 IBM-PC 架构的计算机。这样的 PC 可利用 Intel 8088 处理器(16 位寄存器)寻址,并最多可有 1MB 的内存,然而最初只有 640KB。软式磁盘机取代了过去的磁带机,成为新一代的储存设备,并可在 512KB 的空间上读写。为了支持更进一步的文件读写概念,磁盘操作系统(Disk Operating System,DOS)诞生了。此操作系统可以合并任意数量的磁区,因此可以在一张磁盘片上放置任意数量与大小的文件。各文件以文件名区分。IBM 公司并没有很在意其上的 DOS,因此以向外部公司购买的方式取得操作系统。

1980 年微软公司取得了与 IBM 公司的合约,并且收购了一家公司出产的操作系统,在将之修改后以 MS-DOS 的名义推出,此操作系统可以直接让程序操作 BIOS 与文件系统。到了 Intel 80286 处理器的时代,才开始实现基本的内存保护措施。MS-DOS 的架构并不能完全满足所有需求,因为它同时只能执行最多一个程序(如果想要同时执行程序,只能使用 TSR 的方式跳过 OS 而由程序自行处理多任务的部分),且没有任何内存保护措施。对驱动程序的支持也不够完整,因此导致诸如音效设备必须由程序自行设置的状况,造成很多不兼容的情况。许多应用程序因此跳过 MS-DOS 的服务程序,而直接访问硬件设备以取得较好的功能。虽然如此,MS-DOS 还是变成了 IBM-PC 上最常用的操作系统(IBM 公司自己也推出了 DOS,称为 IBM-DOS 或 PC-DOS)。MS-DOS 的成功使得微软公司成为地球上最赚钱的公司之一。

20 世纪 80 年代另一个崛起的操作系统是 macOS,此操作系统紧紧与麦金塔计算机捆绑在一起。此时一位施乐帕罗奥托研究中心员工 Dominik Hagen 访问了苹果公司的史蒂夫·乔布斯,并且向他展示了此时施乐开发的图形用户界面。苹果公司准备向施乐公司购买此技术,但因帕罗奥托研究中心并非商业单位而是研究单位,因此施乐公司回绝了这项买卖。在此之后,苹果公司认为个人计算机的未来必定属于图形用户界面,因此也开始开发自己的图形化操作系统。现在许多基本的图形化接口技术与规则都是由苹果公司打下的基础(如下拉式菜单、桌面图标、拖曳式操作与双击等)。但严格来说,图形用户界面的确是施乐创始的。

3. 20 世纪 90 年代

Apple I 计算机是苹果公司的第一代产品。延续了 20 世纪 80 年代的竞争,20 世纪 90 年代出现了许多影响未来个人计算机市场的操作系统。由于图形用户界面日趋繁复,操作系统的能力也越来越复杂与巨大,因此强韧且具有弹性的操作系统就成了迫切的需求。当时是许多套装类的个人计算机操作系统互相竞争的时代。

20 世纪 80 年代从市场崛起的苹果公司,由于旧系统的设计不良,其后继发展乏力,苹果公司决定重新设计操作系统。经过许多失败的项目后,苹果公司于 1997 年推出新操作系统——macOS 的测试版,而后推出的正式版取得了巨大的成功,让原先失意离开苹果公司的乔布斯风光再现。

除了商业主流的操作系统外,从 20 世纪 80 年代起在开放源码的世界中,BSD 系统也发展了非常久的一段时间,但在 20 世纪 90 年代由于与 AT&T 的法律争端,使得远在芬兰赫尔辛基大学的另一个开源操作系统——Linux 兴起。Linux 内核是一个标准 POSIX 内核,其血缘可算是 UNIX 家族的一支。Linux 与 BSD 家族都搭配 GNU 计划所开发的应用程序,但是由于使用的许可证以及历史因素的影响,Linux 取得了相当可观的开源操作系统市场占有率,而 BSD 则小得多。

相比于 MS-DOS 的架构,Linux 除了拥有傲人的可移植性(MS-DOS 只能运行在 Intel CPU 上),它也是一个分时多进程内核,并具有良好的内存空间管理(普通的进程不能存取内核区域的内存)。想要存取任何非自己的内存空间的进程只能通过系统调用来实现。一般进程是处于用户模式(user mode)下,而执行系统调用时会被切换成内核模式(kernel mode),所有的特殊指令只能在内核模式执行,此措施让内核可以完善地管理系统内部与外部设备,并且拒绝无权限的进程提出的请求。因此从理论上说,任何应用程序执行时的错误都不可能让系统崩溃(crash)。

另外,微软公司对于更强大的操作系统呼声的回应便是 Windows NT 于 1993 年的面世。

1983 年开始,微软公司就想要为 MS-DOS 建构一个图形化的操作系统应用程序,称为 Windows(有人说这是比尔·盖茨被苹果公司的 Lisa 计算机上市所刺激)。

一开始 Windows 并不是一个操作系统,只是一个应用程序,其运行平台还是纯 MS-DOS 系统,这是因为当时的 BIOS 设计以及 MS-DOS 的架构不好之故。

在 20 世纪 90 年代初,微软公司与 IBM 公司的合作破裂,微软公司从 OS/2(早期为命令行模式,后来成为一个很成功但是曲高和寡的图形化操作系统)项目中抽身,在 1993 年 7 月 27 日推出 Windows NT 3.1,一个以 OS/2 为基础的图形化操作系统,并在 1995 年 8 月 15 日推出 Windows 95。直到这时,Windows 系统依然是建立在 MS-DOS 的基础上,因此消费者都期待微软公司将在 2000 年推出的 Windows 2000,因为它才算是第一个脱离 MS-DOS 基础的图形化操作系统。

Windows NT 系统的架构为：在硬件层之上，有一个由微内核直接接触的硬件抽象层(HAL)，而不同的驱动程序以模块的形式挂载在内核上执行。因此，微内核可以使用诸如输入输出、文件系统、网络、信息安全机制与虚拟内存等功能。而系统服务层提供所有统一规格的函数调用库，可以统一所有子系统的实现方法。例如，尽管 POSIX 与 OS/2 对于同一服务的名称与调用方法差异甚大，它们一样可以无碍地运行于系统服务层上。在系统服务层之上的子系统都是用户模式，因此可以避免用户程序执行非法操作。

DOS 系统将每个 DOS 程序当成一个进程执行，并以个别独立的 MS-DOS 虚拟机承载其运行环境。另一个是 Windows 3.1 NT 模拟系统，实际上是在 Win32 子系统下执行 Win16 程序。因此，达到了安全管理为 MS-DOS 与早期 Windows 系统所撰写的旧版程序的能力。然而，此架构只在 Intel 80386 处理器及后继机型上运行。而且某些会直接读取硬件的程序，例如，大部分的 Win16 游戏，就无法套用这套系统，因此很多早期游戏便无法在 Windows NT 上运行。Windows NT 有 3.1、3.6、3.51 和 4.0 版。

Windows 2000 是 Windows NT 的改进系列（事实上是 Windows NT 5.0），Windows XP(Windows NT 5.1) 以及 Windows Server 2003(Windows NT 5.2)、Windows Vista(Windows NT 6.0) 和 Windows 7(Windows NT 6.1) 也都是基于 Windows NT 架构的。

而 20 世纪 90 年代渐渐增长并越趋复杂的嵌入式设备市场也推动了嵌入式操作系统的成长。

大型机与嵌入式系统使用多样化的操作系统。大型主机有许多开始支持 Java 及 Linux，以便共享其他平台的资源。嵌入式系统则可谓百家争鸣，从用于 Sensor Networks 的 Berkeley Tiny OS 到可以运行 Microsoft Office 的 Windows CE 都有。

目前，现代操作系统通常都有图形用户界面(GUI)，并附加鼠标或触控板等有别于键盘的输入设备。旧的 OS 或性能导向的服务器通常不会有如此友好的界面，而是以命令行界面(CLI)加上键盘为输入设备。以上两种界面其实都是所谓的壳(shell)，其功能为接受并处理用户的指令(例如单击按钮，或在命令行输入指令)。

选择要安装的操作系统通常与其硬件架构有很大关系，只有 Linux 与 BSD 几乎可在所有硬件架构上运行，而 Windows NT 仅移植到了 DEC Alpha 与 MIPS Magnum。在 20 世纪 90 年代早期，个人计算机的选择就已被局限在 Windows 家族、类 UNIX 家族以及 Linux 上，而以 Linux 及 macOS X 为最主要的替代选择。

大型机与嵌入式系统使用的操作系统多种多样。在服务器方面 Linux、UNIX 和 Windows Server 占据了市场的大部分份额。在超级计算机方面，Linux 取代 UNIX 成为第一大操作系统。

4.2.2 操作系统的功能和定义

1. 操作系统的功能

操作系统的主要功能是资源管理、程序控制和人机交互等。计算机系统的资源可分为设备资源和信息资源两大类。设备资源指的是组成计算机的硬件设备，如中央处理器、主存储器、磁盘存储器、打印机、磁带存储器、显示器、键盘输入设备和鼠标等。信息资源指的是存放于计算机内的各种数据,如文件、程序库、知识库、系统软件和应用软件等。

操作系统位于底层硬件与用户之间,是两者沟通的桥梁。用户可以通过操作系统的用户界面输入命令;操作系统则对命令进行解释,驱动硬件设备,实现用户要求。

1) 资源管理

系统的设备资源和信息资源都是操作系统根据用户需求按一定的策略来进行分配和调度的。操作系统的存储管理负责把内存单元分配给需要内存的程序以便让它执行,在程序执行结束后将它占用的内存单元收回以便再使用。对于提供虚拟存储的计算机系统,操作系统还要与硬件配合做好页面调度工作,根据执行程序的要求分配页面,在执行中将页面调入和调出内存以及回收页面等。

处理器管理(或称处理器调度)是操作系统资源管理功能的另一个重要内容。在一个允许多道程序同时执行的系统里,操作系统会根据一定的策略将处理器交替地分配给系统内等待运行的程序。一个等待运行的程序只有在获得了处理器后才能运行。一个程序在运行中若遇到某个事件,例如,启动外部设备而暂时不能继续运行下去,或一个外部事件的发生等,操作系统就要处理相应的事件,然后将处理器重新分配。

操作系统的设备管理功能主要是分配和回收外围设备以及控制外围设备按用户程序的要求进行操作等。非存储型外围设备(如打印机、显示器等)可以直接作为一个设备分配给一个用户程序,在使用完毕后回收以便给另一个需要该设备的用户使用。存储型的外围设备(如磁盘、磁带等)则提供存储空间给用户,用来存放文件和数据。存储型外围设备的管理与信息管理是密切结合的。

信息管理是操作系统的一个重要的功能,主要是向用户提供一个文件系统。一般来说,一个文件系统向用户提供创建文件、撤销文件、读写文件、打开和关闭文件等功能。有了文件系统后,用户可按文件名存取数据而无须知道这些数据存放在哪里。这种做法不仅便于用户使用,而且有利于用户共享公共数据。此外,由于文件建立时允许创建者规定使用权限,这就可以保证数据的安全性。

2) 程序控制

一个用户程序的执行自始至终是在操作系统控制下进行的。一个用户将他要解决的问题用某一种程序设计语言编写了一个程序后,就将该程序连同对它执行的要求输入计算机内,操作系统会根据要求控制这个用户程序的执行直到结束。操作系统控制用户的执行主要有以下内容:调入相应的编译程序,将用某种程序设计语言编写的源程序编译成计算机可执行的目标程序,分配内存储等资源将程序调入内存并启动,按用户指定的要求处理执行中出现的各种事件以及与操作员联系请示有关意外事件的处理等。

3) 人机交互

操作系统的人机交互功能是决定计算机系统"友善性"的一个重要因素。人机交互功能主要靠可输入输出的外围设备和相应的软件完成。可供人机交互使用的设备主要有键盘、鼠标、显示器、各种模式识别设备等。与这些设备相应的软件就是操作系统提供人机交互功能的部分。人机交互部分的主要作用是控制有关设备的运行和理解并执行通过人机交互设备传来的有关的各种命令和要求。

4）进程管理

操作系统的职能主要是对处理机进行管理。为了提高 CPU 的利用率而采用多道程序技术。通过进程管理来协调多道程序之间的关系，使 CPU 得到充分的利用。

进程是具有一定独立功能的程序关于某个数据集合上的一次运行活动，是系统进行资源分配和调度的一个独立单位。进程是正在运行的程序实体，并且包括这个运行的程序中占据的所有系统资源，如 CPU（寄存器）、I/O 设备、内存和网络资源等。很多人在回答进程的概念时，往往只会说它是一个运行的实体，而忽略了进程所占据的资源。例如，同样一个程序，同一时刻被运行了两次，那么它们就是两个独立的进程。

程序是指令和数据的有序集合，其本身没有任何运行的含义，是一个静态的概念。而进程是程序在处理机上的一次执行过程，是一个动态的概念。程序可以作为一种软件资料长期存在，而进程是有一定生命期的。程序是永久的，进程是暂时的。进程更能真实地描述并发，而程序不能；进程是由进程控制块、程序段和数据段 3 部分组成；进程具有创建其他进程的功能，而程序没有。同一程序同时运行于若干个数据集合上，属于若干个不同的进程。也就是说，同一程序可以对应多个进程。因此，程序与进程是一对多的关系。在传统的操作系统中，程序并不能独立运行，作为资源分配和独立运行的基本单位都是进程。

进程是操作系统中最基本、最重要的概念。进程的概念主要有两点：第一，进程是一个实体；第二，进程是一个"执行中的程序"。

进程的特征如下。

（1）动态性。进程的实质是程序在多道程序系统中的一次执行过程，进程是动态产生、动态消亡的。

（2）并发性。任何进程都可以同其他进程一起并发执行。

（3）独立性。进程是一个能独立运行的基本单位，同时也是系统分配资源和调度的独立单位。

（4）异步性。由于进程间的相互制约，使进程具有执行的间断性，即进程按各自独立的、不可预知的速度向前推进。

（5）结构特征。进程由程序、数据和进程控制块 3 部分组成。

多个不同的进程可以包含相同的程序：一个程序在不同的数据集里就构成不同的进程，能得到不同的结果；但是执行过程中，程序不能发生改变。

进程执行时的间断性决定了进程可能具有多种状态。事实上，运行中的进程可能具有以下 3 种基本状态，如图 4.4 所示。

（1）就绪状态（ready）。进程已获得除处理器外的所需资源，等待分配处理器资源；只要分配了处理器，进程就可执行。就绪状态可以按多个优先级划分队列。例如，当一个进程由于时间片用完而进入就绪状态时，排入低优先级队列；当进程由 I/O 操作完成而进入就绪状态时，排入高优先级队列。

（2）运行状态（running）。进程占用处理器资源，处于此状态的进程的数目小于或等于处理器的数目。在没有其他进程可以执行时（如所有进程都在阻塞状态），通常会自动执行系统的空闲进程。

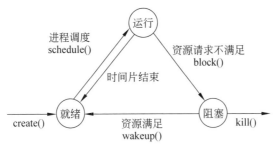

图 4.4　进程的 3 种基本状态

（3）阻塞状态（blocked）。由于进程等待某种条件（如 I/O 操作或进程同步），在条件满足之前无法继续执行。该事件发生前，即使把处理机分配给该进程也无法运行。

不论是常驻程序还是应用程序，都以进程为标准执行单位。当年运用冯·诺依曼架构建造计算机时，每个中央处理器最多只能同时执行一个进程。早期的操作系统（如 DOS）也不允许任何程序打破这个限制，且 DOS 同时只有执行一个进程（虽然 DOS 宣称拥有终止并等待驻留能力，可以部分且艰难地解决这问题）。现代的操作系统，即使只拥有一个 CPU，也可以利用多进程（multitask）功能同时执行多个进程。进程管理指的是操作系统调用多个进程的功能。

由于大部分计算机只包含一个中央处理器，在单内核（core）的情况下多进程只是简单迅速地切换各进程，让每个进程都能够执行，在多内核或多处理器的情况下，所有进程通过协同技术在各处理器或内核上转换。同时执行的进程越多，每个进程能分配到的时间比率就越小。很多操作系统在遇到此问题时会出现诸如音效断续或鼠标跳格的情况（称为崩溃，此时操作系统只能不停执行自己的管理程序并耗尽系统资源，其他使用者或硬件的程序均无法执行）。进程管理通常实现了分时的概念，大部分操作系统可以利用指定不同的特权等级（priority），为每个进程改变所占的分时比例。特权越高的进程，执行优先级越高，单位时间内占的比例也越高。交互式操作系统也提供某种程度的回馈机制，让直接与使用者交互的进程拥有较高的特权值。

5）内存管理

内存管理是指软件运行时对计算机内存资源的分配和使用的技术。其最主要的目的是如何高效、快速地分配内存资源，并且在适当时释放和回收内存资源。一个执行中的程序，例如，网页浏览器在个人计算机或是图灵机（Turing machine）中，为一个进程将资料转换于真实世界及计算机内存之间，然后将数据存于内存（一个程序是一组指令的集合，一个进程是执行中的程序）。一个程序由以下两部分构成：本文区段，也就是指令，供 CPU 使用及执行；数据区段，存储程序内部设定的数据，如常数。

内存管理对于编写出高效率的 Windows 程序是非常重要的，因为 Windows 是多任务系统，它的内存管理与 DOS 相比有很大的差异。DOS 是单任务操作系统，应用程序分配到内存后如果不主动释放，操作系统是不会对它做任何改变的。但 Windows 不一样，它在同一时刻可能有多个应用程序共享内存，有时为了使某个任务更好地执行，Windows 系统可能会将分配给其他任务的内存进行移动甚至删除。因此，在 Windows 应用程序中使用内存时,要遵循 Windows 内存管理的一些约定,以尽量提高 Windows 内存的利用率。

根据帕金森定律:"你给程序再多内存,程序也会想尽办法耗光。"因此,程序员通常希望系统给他无限量且无限快的存储器。大部分的现代计算机存储器架构都是层次结构式的,最快且数量最少的寄存器为首,然后是高速缓存、内存储器以及最慢的磁盘存储设备。而操作系统的内存管理提供查找可用的存储空间、配置与释放存储空间以及交换内存和低速存储设备的内容等功能。这种被称为虚拟内存管理的功能大幅增加了每个进程可获得的存储空间(通常是 4GB,即使实际上 RAM 的数量远小于这个数目)。然而,这也带来了略微降低运行效率的缺点,严重时甚至会导致进程崩溃。

内存管理的另一个重点活动就是借助 CPU 的帮助来管理虚拟位置。如果同时有许多进程存储于存储设备上,操作系统必须防止它们干扰对方的存储器内容。分区存储器空间可以达成目标。每个进程只会看到整个存储器空间被配置给它自己。CPU 事先保存了几个表以比对虚拟位置与实际存储器位置,这种方法称为标签页(paging)配置。

通过为每个进程分配独立的位置空间,操作系统也可以轻易地一次释放某进程所占据的所有内存。如果这个进程不释放内存,操作系统可以退出进程并将内存自动释放。

6)虚拟内存

虚拟内存是计算机系统内存管理的一种技术。它使得应用程序认为它拥有连续的可用内存(一个连续完整的地址空间),而实际上,它通常是被分隔成多个物理内存碎片,还有一部分暂时存储在外部磁盘存储器上,在需要时进行数据交换。

7)用户接口

用户接口包括作业级接口和程序级接口。作业级接口是为了便于用户直接或间接地控制自己的作业而设置的。它通常包括联机用户接口与脱机用户接口。程序级接口是为用户程序在执行中访问系统资源而设置的,通常由一组系统调用组成。

在早期的单用户单任务操作系统(如 DOS)中,每台计算机只有一个用户,每次运行一个程序,且程序不是很大,单个程序完全可以存放在物理内存中。这时虚拟内存并没有太大的用处。但随着程序占用内存容量的增长和多用户多任务操作系统的出现,在设计程序时,程序所需要的内存空间与计算机系统实际配备的内存空间之间往往存在着矛盾。例如,在某些低档的计算机中,物理内存的容量较小,而某些程序却需要很大的内存才能运行;而在多用户多任务系统中,多个用户或多个任务更新全部内存,要求同时执行程序。这些同时运行的程序到底占用物理内存的哪一部分,在编写程序时是无法确定的,必须等到程序运行时才动态分配。

为此,人们希望在编写程序时独立编址,既不考虑程序是否能在物理内存中放得下,也不考虑程序应该存放在什么物理位置。而在程序进入内存时,则分配给每个程序一定的内存空间,由地址转换部件将编程时的地址转换成物理内存的地址。如果分配的内存不够,则只调入当前正在运行的或将要运行的程序块(或数据块),其余部分暂时驻留在辅存中。

也有把操作系统的功能概括为处理器管理、存储器管理、设备管理、文件管理和作业管理等模块,它们相互配合,共同完成操作系统既定的全部职能。

(1) 处理器管理。最基本的功能是处理中断事件,处理器只能发现中断事件并产生中断而不能进行处理。配置了操作系统后,就可对各种事件进行处理。处理器管理的另一功能是处理器调度。处理器可能是一个,也可能是多个,不同类型的操作系统针对不同情况采取不同的调度策略。

(2) 存储器管理。主要是指针对内存的管理。其主要任务是分配内存空间,保证各作业占用的内存空间不发生矛盾,并使各作业在自己所属的内存区中不互相干扰。

(3) 设备管理。负责管理各类外围设备(外设),包括设备的分配、启动和故障处理等。其主要任务是:当用户使用外围设备时必须提出要求,待操作系统进行统一分配后才能使用。当用户的程序运行到需要使用某外设时,由操作系统负责驱动外设。操作系统还具有处理外设中断请求的能力。

(4) 文件管理。指操作系统对信息资源的管理。在操作系统中,将负责存取和管理信息的部分称为文件系统。文件是在逻辑上具有完整意义的一组相关信息的有序集合,每个文件都有一个文件名。文件管理支持文件的存储、检索和修改等操作以及文件的保护功能。操作系统一般都提供功能较强的文件系统,有的还提供数据库系统来实现信息的管理工作。

(5) 作业管理。每个用户请求计算机系统完成的一个独立的操作称为作业。作业管理包括作业的输入和输出以及作业的调度与控制。

2. 操作系统的定义

操作系统是管理和控制计算机硬件与软件资源的计算机程序,是直接运行在"裸机"(指没有配置操作系统和其他软件的电子计算机)上的最基本的系统软件,任何其他软件都必须在操作系统的支持下才能运行。

操作系统是用户和计算机的接口,同时也是计算机硬件和其他软件的接口。操作系统的功能包括管理计算机系统的硬件、软件及数据资源,控制程序运行,改善人机界面,为其他应用软件提供支持等,使计算机系统的所有资源最大限度地发挥作用。它提供了各种形式的用户界面,使用户有一个好的工作环境。它还为其他软件的开发提供必要的服务和相应的接口。实际上,用户是不用接触操作系统的,操作系统管理着计算机硬件资源,同时响应应用程序的资源请求,为其分配资源,如划分 CPU 时间、开辟内存空间和调用打印机等。

4.2.3 操作系统的特征

一般的操作系统具有并发性、共享性、虚拟性和异步性 4 个基本特征。

1. 并发性

并行性(concurrence)和并发性是既相似又有区别的两个概念。并行性是指两个或多个事件在同一时刻发生。并发性是指两个或多个事件在同一时间间隔内发生。在多道程序环境下，并发性是指在一段时间内，宏观上有多个程序在同时运行，但在单处理机系统中每一时刻却仅能有一道程序执行，故微观上这些程序只能是分时地交替执行。倘若在计算机系统中有多个处理机，则这些可以并发执行的程序便可被分配到多个处理机上，实现并行执行，即利用每个处理机来处理一个可并发执行的程序，这样，多个程序便可同时执行。程序的并发执行有效地改善了系统资源的利用率，提高了系统的吞吐量，但它使系统复杂化，操作系统必须具有控制和管理各种并发活动的能力。操作系统的并发性如图 4.5 所示。

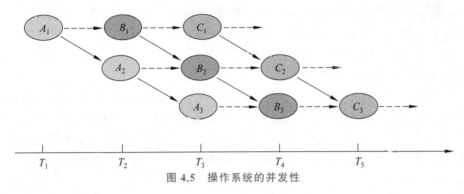

图 4.5　操作系统的并发性

2. 共享性

共享(sharing)是指系统中的资源可供内存中多个并发执行的进程共同使用。资源共享可分为以下两种方式。

(1) 互斥共享方式。系统中的某些资源，如打印机、磁带机，虽然它们可以提供给多个进程(线程)使用，但为使所打印或记录的结果不致造成混淆，应规定在一段时间内只允许一个进程(线程)访问该资源。为此，当一个进程访问某资源时，必须先提出请求，如果此时该资源空闲，系统便可将之分配给该进程使用，此后若有其他进程也要访问该资源时(只要当前进程未用完)则必须等待。仅当当前进程访问完并释放该资源后，才允许另一进程对该资源进行访问。这种资源共享方式称为互斥式共享，在一段时间内只允许一个进程访问的资源称为临界资源或独占资源。计算机系统中的大多数物理设备以及某些软件中所用的栈、变量和表格都属于临界资源，它们要求被互斥地共享。

(2) 同时访问方式。系统中还有另一类资源，允许在一段时间内由多个进程"同时"对它们进行访问。这里所谓的"同时"往往是宏观上的，而在微观上，这些进程可能是交替地对该资源进行访问。典型的可供多个进程"同时"访问的资源是磁盘设备，一些用重入码(reentry code)编写的文件，也可以被"同时"共享，即若干个用户同时访问该文件。

并发和共享是操作系统的两个最基本的特征，这两者之间又是互为存在条件的。资源共享是以程序的并发为条件，若系统不允许程序并发执行，自然不存在资源共享问题。若系统不能对资源共享实施有效的管理，也必将影响程序的并发执行，甚至根本无法并发执行。

3. 虚拟性

在操作系统中,虚拟(virtuality)是指把一个物理上的实体变为若干个逻辑上的对应物。前者是实的,即实际存在的;而后者是虚的,是用户感觉上的东西。相应地,用于实现虚拟的技术称为虚拟技术。在操作系统中利用了多种虚拟技术,分别用来实现虚拟处理机、虚拟内存、虚拟外围设备和虚拟信道等。

在虚拟处理机技术中,通过多道程序设计技术,让多道程序并发执行,来分时使用一台处理机。此时,虽然只有一台处理机,但它能同时为多个用户服务,使每个终端用户都认为有一个 CPU 在专门为他服务。利用多道程序设计技术,把一台物理上的 CPU 虚拟为多台逻辑上的 CPU,称为虚拟处理机。

类似地,可以通过虚拟存储器技术将一台机器的物理存储器变为虚拟存储器,以便从逻辑上来扩充存储器的容量。当然这时用户所感觉到的内存容量是虚的。用户所感觉到的存储器称为虚拟存储器。

还可以通过虚拟设备技术,将一台物理 I/O 设备虚拟为多台逻辑上的 I/O 设备,并允许每个用户占用一台逻辑上的 I/O 设备,这样便可使原来仅允许在一段时间内由一个用户访问的设备(即临界资源),变为在一段时间内允许多个用户同时访问的共享设备。

4. 异步性

多道程序环境下程序的执行是以异步(asynchronism)方式进行的,这是操作系统的一个重要特征。换言之,每个程序在何时执行,多个程序间的执行顺序以及完成每道程序所需的时间都是不确定的,因此也是不可预知的。

操作系统都具有以下 5 种公共服务类型:程序执行、I/O 操作、文件系统操纵、进程间通信以及差错检测。

在应用程序中,可通过系统调用来调用操作系统中的特定过程,以实现特定的服务。系统调用本身也是一个由若干条指令构成的过程,它与一般过程的主要区别是:系统调用运行在系统态,一般过程运行在用户态,必须通过中断才能进入系统态。

系统调用的类型包括进程控制类系统调用、文件操纵类系统调用、设备管理类系统调用、进程通信类系统调用、存储管理类系统调用和信息维护类系统调用。

4.2.4 操作系统的分类及主要类型

1. 分类方法

1) 按应用领域分类

分为桌面操作系统、服务器操作系统和嵌入式操作系统。

2) 按所支持的用户数目分类

分为单用户操作系统(如 MS-DOS、OS/2、Windows)和多用户操作系统(如 UNIX、

Linux、MVS)。

3) 按源码开放程度分类

分为开源操作系统(如 Linux、FreeBSD)和闭源操作系统(如 MacOS X、Windows)。

4) 按硬件结构分类

分为网络操作系统(如 NetWare、Windows NT、OS/2 Warp)、多媒体操作系统(如 Amiga)和分布式操作系统等。

5) 按操作系统环境分类

分为批处理操作系统(如 MVX、DOS/VSE)、分时操作系统(如 Linux、UNIX、XENIX、macOS X)和实时操作系统(如 iEMX、VRTX、RTOS、RT、Windows)。

6) 按存储器寻址宽度分类

将操作系统分为 8 位、16 位、32 位、64 位和 128 位的操作系统。早期的操作系统一般只支持 8 位和 16 位存储器寻址宽度,现代的操作系统如 Linux 和 Windows 7 都支持 32 位和 64 位。

7) 按操作系统复杂度分类

分为简单操作系统和智能操作系统(智能软件)。简单操作系统指的是计算机初期所配置的操作系统,如 IBM 公司的磁盘操作系统 DOS/360 和微型计算机的操作系统 CP/M 等。这类操作系统的功能主要是操作命令的执行、文件服务、支持高级程序设计语言编译程序和控制外围设备等。

2. 操作系统的主要类型

操作系统的主要类型有以下 7 种。

1) 批处理操作系统

批处理是指用户将一批作业提交给操作系统后就不再干预,由操作系统控制它们自动运行。这种采用批量处理作业技术的操作系统称为批处理操作系统(Batch Processing Operating System,BPOS)。批处理操作系统不具有交互性,它是为了提高 CPU 的利用率而提出的一种操作系统,分为单道批处理系统和多道批处理系统。

批处理操作系统的工作方式是,用户将作业交给系统操作员,系统操作员将许多用户的作业组成一批作业,输入计算机中,在系统中形成一个自动转接的连续的作业流;然后启动操作系统,系统自动、依次执行每个作业;最后由操作员将作业结果交给用户。批处理操作系统的特点是多道和成批处理。

2) 分时操作系统

分时操作系统(Time Sharing Operating System,TSOS)是利用分时技术的一种联机的多用户交互式操作系统,每个用户可以通过自己的终端向系统发出各种操作控制命令,完成作业的运行。分时是指把处理机的运行时间分成很短的时间片,按时间片轮流把处理机分配给各联机作业使用。

分时操作系统的工作方式是,一台主机连接了若干个终端,每个终端有一个用户在使用。用户交互式地向系统提出命令请求,系统接受每个用户的命令,采用时间片轮转方式处理服务请求,并通过交互方式在终端上向用户显示结果。用户根据上步结果发出下道命令。分时操作系统将 CPU 的时间划分成若干个时间片,操作系统以时间片为单位,轮流为每个终端用户服务,每个用户轮流使用一个时间片而使每个用户并不感到有别的用户存在。分时系统具有多路性、交互性、独占性和及时性等特征。

(1) 多路性。指同时有多个用户使用一台计算机,宏观上看是多个人同时使用一个 CPU,微观上是多个人在不同时刻轮流使用 CPU。

(2) 交互性。用户根据系统响应结果进一步提出新请求(用户直接干预每一步)。

(3) 独占性。用户感觉不到计算机为其他人服务,就像整个系统为他所独占。

(4) 及时性。系统对用户提出的请求及时响应。

常见的通用操作系统是分时系统与批处理系统的结合。其原则是,分时优先,批处理在后。前台响应需频繁交互的作业,如终端的要求;后台处理时间性要求不强的作业。

3) 实时操作系统

实时操作系统(Real Time Operating System,RTOS)是能够在指定或者确定的时间内完成系统功能以及对外部或内部事件在同步或异步时间内做出响应的系统。实时的意思就是对响应时间有严格要求,要以足够快的速度进行处理,分为硬实时和软实时两种。

实时操作系统是指使计算机能及时响应外部事件的请求,在规定的严格时间内完成对该事件的处理,并控制所有实时设备和实时任务协调一致地工作的操作系统。实时操作系统追求的目标是,对外部请求在严格时间范围内做出反应,有高可靠性和完整性。其主要特点是,资源的分配和调度首先要考虑实时性,然后才是效率。此外,实时操作系统应有较强的容错能力。

4) 网络操作系统

网络操作系统(Network Operating System,NOS)是在通常操作系统功能的基础上提供网络通信和网络服务功能的操作系统。网络操作系统通常运行在服务器上,是基于计算机网络的,是在各种计算机操作系统上按网络体系结构协议标准开发的软件,包括网络管理、通信、安全、资源共享和各种网络应用,其目标是相互通信及资源共享。在其支持下,网络中的各台计算机能互相通信和共享资源。其主要特点是与网络的硬件相结合来完成网络的通信任务。网络操作系统被设计成在同一个网络中(通常是一个局域网、一个专用网络或其他网络)的多台计算机中可以共享文件和打印机。流行的网络操作系统有 Linux、UNIX、BSD、Windows Server、macOS X Server 和 Novell NetWare 等。

5) 分布式操作系统

分布式操作系统(Distributed Operating Systems,DOS)是以计算机网络为基础,将物理上分布的具有自治功能的数据处理系统或计算机系统互连起来的操作系统。分布式系统中各台计算机无主次之分,系统中若干台计算机可以并行运行同一个程序。分布式操作系统用于管理分布式系统资源。

分布式操作系统是为分布计算系统配置的操作系统。大量的计算机通过网络被连接在一起,可以获得极高的运算能力及广泛的数据共享。这种系统称为分布式系统(Distributed System,DS)。它在资源管理、通信控制和操作系统的结构等方面都与其他操作系统有较大的区别。由于分布式计算机系统的资源分布于系统的不同计算机上,操作系统对用户的资源需求不能像一般的操作系统那样等待有资源时直接分配,而是要在系统的各台计算机上搜索，找到所需资源后才可进行分配。对于有些资源，如具有多个副本的文件，还必须考虑一致性。所谓一致性是指若干个用户对同一个文件所同时读出的数据是一致的。为了保证一致性，操作系统须控制文件的读写等操作，使得多个用户可同时读一个文件，而任一时刻最多只能有一个用户在修改文件。分布式操作系统的通信功能类似于网络操作系统。由于分布式计算机系统不像网络分布得那样广，同时分布式操作系统还要支持并行处理，因此它提供的通信机制和网络操作系统提供的有所不同，它要求通信速度高。分布式操作系统的结构不同于其他操作系统，它分布于系统的各台计算机上，能并行地处理用户的各种需求，有较强的容错能力。

分布式操作系统是网络操作系统的更高形式，它保持了网络操作系统的全部功能，而且具有透明性、可靠性和高性能等。网络操作系统和分布式操作系统虽然都用于管理分布在不同地理位置的计算机，但两者最大的差别是：网络操作系统知道确切的网址，而分布式系统则不知道计算机的确切地址；分布式操作系统负责整个系统的资源分配，能很好地隐藏系统内部的实现细节，如对象的物理位置等，这些都是对用户透明的。

6) 大型机操作系统

大型机(mainframe computer)也称为大型主机。大型机使用专用的处理器指令集、操作系统和应用软件。最早的操作系统是针对 20 世纪 60 年代的大型机开发的，由于对这些系统在软件方面做了巨大投资，因此原来的计算机厂商继续开发与原来操作系统相兼容的硬件与操作系统。这些早期的操作系统是现代操作系统的先驱。现代的大型机一般也可运行 Linux 或 UNIX 的变种。

7) 嵌入式操作系统

嵌入式操作系统(Embedded Operating System，EOS)是运行在嵌入式智能芯片环境中，对整个智能芯片以及它所操作、控制的各种部件装置等资源进行统一协调、处理、指挥和控制的系统软件。

嵌入式操作系统是用在嵌入式系统的操作系统。嵌入式操作系统是使用非常广泛的操作系统。嵌入式设备一般使用专用的嵌入式操作系统（经常是实时操作系统，如 VxWorks、eCos）或者指定程序员将原有系统的嵌入式操作系统移植到这些新系统，以及某些功能缩减版本的 Linux（如 Android、Tizen、MeeGo、webOS）或者其他操作系统。某些情况下，嵌入式操作系统指的是一个自带了固定应用软件的巨大泛用程序。在许多最简单的嵌入式系统中，所谓的操作系统就是指其上唯一的应用程序。

4.3 常用操作系统简介

常用操作系统简介

操作系统的种类相当多，各种设备安装的操作系统从简单到复杂可分为智能卡操作系统、实时操作系统、传感器节点操作系统、嵌入式操作系统、个人计算机操作系统、多处理器操作系统、网络操作系统和大型机操作系统。操作系统按应用领域划分主要有 3 种：桌面操作系统、服务器操作系统和嵌入式操作系统。

(1) 桌面操作系统。主要用于个人计算机上。个人计算机市场从硬件架构上来说主要分为两大阵营,即 PC 与 Mac 机;从软件上主要分为两大类,分别为 UNIX 和类 UNIX 操作系统、Windows 操作系统。UNIX 和类 UNIX 操作系统有 macOS X、Linux 发行版(如 Debian、Ubuntu、Linux Mint、openSUSE、Fedora 等);Windows 操作系统有 Windows 98、Windows XP、Windows Vista、Windows 7、Windows 8、Windows 8.1 和 Windows 10 等。

(2) 服务器操作系统。一般指的是安装在大型计算机上的操作系统,例如 Web 服务器、应用服务器和数据库服务器等。服务器操作系统主要集中在 3 大类。

UNIX 系列,包括 SUN Solaris、IBM-AIX、HP-UX、FreeBSD、OS X Server 等。

Linux 系列,包括 Red Hat Linux、CentOS、Debian 和 Ubuntu Server 等。

Windows 系列,包括 Windows NT Server、Windows Server 2003、Windows Server 2008 和 Windows Server 2008 R2 等。

(3) 嵌入式操作系统。嵌入式操作系统广泛应用在生活的各个方面,涵盖范围从便携设备到大型固定设施,如数码相机、手机、平板电脑、家用电器、医疗设备、交通灯、航空电子设备和工厂控制设备等,越来越多的嵌入式系统安装有实时操作系统。在嵌入式领域常用的操作系统有嵌入式 Linux、Windows XP Embedded、VxWorks 等,以及广泛使用在智能手机或平板电脑等消费电子产品中的操作系统,如 Android、iOS、Symbian、Windows Phone 和 BlackBerry OS 等。

4.3.1　MS-DOS

DOS(Disk Operation System)是磁盘操作系统的简称,是个人计算机上的一类操作系统。DOS 是单用户单任务操作系统。从 1981 年到 1995 年的 15 年间,磁盘操作系统在 IBM-PC 兼容机市场中占有举足轻重的地位。而且,若把部分以 DOS 为基础的 Microsoft Windows 版本,如 Windows 95、98 和 Me 等都算进去的话,那么其商业寿命至少可以算到 2000 年。微软公司的所有后续版本中,磁盘操作系统仍然被保留。

4.3.2　Windows 系列

Microsoft Windows,中文译为微软视窗或微软窗口,是微软公司推出的一系列操作系统。它是一个多任务的操作系统,采用图形窗口界面,用户对计算机的各种复杂操作只需通过鼠标就可以实现。它问世于 1985 年,起初仅是 MS-DOS 之下的桌面环境,其后续版本逐渐发展成为个人计算机和服务器用户设计的操作系统,并最终获得了个人计算机操作系统软件的垄断地位。

Windows 采用了 GUI(图形用户界面)操作模式,比起从前的指令操作系统(DOS)更为人性化。Windows 操作系统是目前世界上使用最广泛的操作系统。随着计算机硬件和软件系统的不断升级,微软公司的 Windows 操作系统也在不断升级,从 16 位、32 位发展到 64 位操作系统,从最初的 Windows 1.0 和 Windows 3.2 到大家熟知的 Windows 95、Windows 97、Windows 98、Windows 2000、Windows Me、Windows XP、Windows Server、

Windows Vista、Windows 7、Windows 8、Windows 10，版本持续更新，微软公司一直在致力于 Windows 操作系统的开发和完善。

对于大多数的计算机用户来讲，Windows 就是操作系统的代名词，就像百度是互联网搜索的代名词，阿迪达斯是运动用品的代名词一样。

在 IT 的历史上，Windows 是最为知名的品牌之一，已经存世 20 多年。Windows Phone 部门的主管 Andy Less 表示，微软公司将会建立一个独立的超级操作系统，它将适用于计算机、智能手机、平板电脑和电视机等设备。

至今，Windows 产品除上述版本外，特殊系统有 PE（计算机应急维护系统），手机产品有 Windows Mobile、Windows Phone 等。

4.3.3 UNIX

UNIX 操作系统是一个强大的多用户、多任务操作系统，支持多种处理器架构，按照操作系统的分类，属于分时操作系统。UNIX 最早由 Ken Thompson 和 Dennis Ritchie 于 1969 年在美国的贝尔实验室开发。

类 UNIX（UNIX-like）操作系统指各种传统的 UNIX（比如 System V、BSD、FreeBSD、OpenBSD 以及 SUN 公司的 Solaris）以及各种与传统 UNIX 类似的系统（如 Minix、Linux 和 QNX 等）。它们虽然有的是自由软件，有的是商业软件，但都相当程度地继承了原始 UNIX 的特性，有许多相似之处，并且都在一定程度上遵守 POSIX 规范。由于 UNIX 是 The Open Group 的注册商标，特指遵守此公司定义的行为的操作系统。而类 UNIX 通常指的是比原先的 UNIX 包含更多特征的操作系统。类 UNIX 系统可在非常多的处理器架构下运行，在服务器系统上有很高的使用率，例如，大专院校或工程应用的工作站。

某些 UNIX 变种，例如 HP 公司的 HP-UX 以及 IBM 公司的 AIX 仅设计用于自己的硬件产品上，而 SUN 公司的 Solaris 可安装于自己的硬件或 x86 计算机上。苹果计算机的 macOS X 是一个从 NeXTSTEP、Mach 以及 FreeBSD 共同派生出来的微内核 BSD 系统，这个操作系统取代了苹果计算机早期非 UNIX 家族的 macOS。

4.3.4 Linux

基于 Linux 的操作系统是 1991 年推出的一个多用户、多任务操作系统。它与 UNIX 完全兼容。Linux 最初是由芬兰赫尔辛基大学计算机系学生 Linus Torvalds 在基于 UNIX 的基础上开发的一个操作系统的内核程序。Linux 的设计是为了在 Intel 微处理器上更有效地运用。其后在理查德·斯托曼的建议下以 GNU 通用公共许可证发布，成为自由软件 UNIX 变种。它的最大特点在于它是一个源代码公开的自由及开放源码的操作系统，其内核源代码可以自由传播。

经历数年的披荆斩棘，自由开源的 Linux 系统逐渐蚕食了以往专利软件的专业领域，例如,以往计算机动画运算巨擘——SGI 的 IRIX 系统已被 Linux 家族及贝尔实验室研发小组设计的"九号计划"与 Inferno 系统取代。它们并不像其他 UNIX 系统,而是选择自带图形用户界面。"九号计划"原先并不普及,因为它刚推出时并非自由软件,后来改为以自由及开源软件许可证 Lucent Public License 发布后,便开始拥有广大的用户及社区。Inferno 已被出售给 Vita Nuova 并以 GPL/MIT 许可证发布。

Linux 有各类发行版,通常为 GNU/Linux,如 Debian(及其衍生系统 Ubuntu、Linux Mint)、Fedora 和 openSUSE 等。Linux 发行版作为个人计算机操作系统或服务器操作系统,在服务器上已成为主流的操作系统。Linux 在嵌入式方面也得到广泛应用,基于 Linux 内核的 Android 操作系统已经成为当今全球最流行的智能手机操作系统。

4.4 Windows 10 操作系统的使用方法

Windows 10 是由微软公司开发的一款跨平台及设备的操作系统,其特点是启动速度快、操作简单、安全和连接方便。本节主要介绍 Windows 10 操作系统的基础知识,包括 Windows 10 的版本、启动与退出系统方法、窗口与菜单操作、对话框操作、汉字输入法、文件管理、系统管理、网络功能、备份与还原等知识。

4.4.1 Windows 10 的版本

Windows 10 支持 PC、平板计算机和智能手机 3 个平台。因此,Windows 10 版本比以前的 Windows 版本更复杂,Windows 10 分为 7 个版本。

1. Windows 10 家庭版

使用环境:仅供家庭用户使用。个人不二之选,Windows 10 家庭版是一般用户用的最多的版本,几乎绝大多数 PC 都会预装 Windows 10 家庭版。

该版本拥有 Windows 全部核心功能,如 Edge 浏览器、Cortana 语音助手、虚拟桌面、Windows Hello、虹膜、指纹登录、Xbox One 流媒体游戏等。支持 PC、平板计算机、笔记本计算机、二合一计算机等各种使用。

当然,为了提高系统的安全性,家庭版用户对来自 Windows Update 的补丁无法做出自己的推断,只能照单全收,系统将会自动安装任何安全补丁,不再向用户咨询。

Windows 10 家庭版还包括了一个针对平板计算机设计的称之为 Continuum 的功能,其向用户提供了简化的任务栏以及开始菜单,应用也将以全屏模式运行。

此外,任务栏上会出现返回按钮,整个界面针对触控操作进行了优化,开始菜单也将进入全屏模式。该功能在桌面及平板计算机设备间实现了完美的过渡体验。

Windows Hello 是一项智能功能,它能够让 Windows 10 用户使用其脸部来登录他们的设备。

2. Windows 10 专业版

使用环境：包含所有家庭版功能，定位于小型商业用户。Windows 10 专业版主要面向计算机技术爱好者和企业技术人员，除了拥有 Windows 10 家庭版所包含的应用商店、Edge 浏览器、Cortana 语音助手、Windows Hello 等外，又增加了一些安全类及办公类功能。

例如，同意用户治理设备及应用、爱护敏感企业数据、支持远程及移动生产力场景、云技术支持等。还内置一系列 Windows 10 增强的技术，包括组策略、BitLocker 驱动器加密、远程访问服务、域名连接。

BiLlocker 是 Windows 自带的一个加密软件，微软公司从 Vista 系统时代开始推出，直到至今的 Windows 10 系统。BitLocker 使用 TPM 关心爱护 Windows 操作系统和用户数据，并确保计算机即使在无人参与、丢失或被盗的情况下也可不能被篡改。

BitLocker 还能够在没有 TPM 的情况下使用。若要在计算机上使用 BitLocker 而不使用 TPM，则必须通过使用组策略更改 BitLocker 安装向导的默认行为，或通过使用脚本配置 BitLocker。使用 BitLocker 而不使用 TPM 时，所需加密密钥存储在 USB 闪存驱动器中，必须提供该驱动器才能解锁存储在卷上的数据。

组策略就是管理员为用户和计算机定义并操纵、网络资源及操作系统行为的编辑工具。通过使用组策略能够设置各种软件、计算机和用户策略。例如，设定关机时刻、调整网络速度限制、阻止访问命令提示符等。

3. Windows 10 企业版

使用环境：定位于大中型企业，提供更大的安全性和操控性，功能最全。Windows 10 企业版是针对企业用户提供的版本，相比于家庭版，企业版提供专为企业用户设计的强大功能。例如，无需 VPN 即可连接的 Direct Access、支持应用白名单的 AppLocker、通过点对点连接与其他 PC 共享下载与更新的 BranchCache 以及基于组策略操纵的开始屏幕。

Granular UX Control 则能够让 IT 管理人员通过设备治理策略对具体 Windows 设备的用户体验进行定制及锁定，以便更好地执行特定任务。至于 Credential Guard（凭据爱护）以及 Device Guard（设备爱护）则是用来爱护 Windows 登录凭据以及对某台特定 PC 能够运行的应用程序进行限制。

Long Term Servicing Branch 选项则是让 PC 只接收安全更新而忽略其他形式的更新，这一功能对需要长时刻稳定工作且不希望受到新增功能阻碍的 PC 有用。

Windows 10 企业版也将具备 Windows Update for Business 功能，但又新增了一种名为 Long Term Servicing Branche 的服务，可让企业拒绝功能性升级而只获得安全相关的升级。更重要的是，用户无法免费升级至 Windows 10 企业版，这一版本只会通过 VOL 渠道公布，一般消费者无法直接购买。

4. Windows 10 教育版

使用环境：定位于大学和其他各种学校用户。在 Windows 10 之前，微软公司还从未推出过教育版，这是专为大型学术机构设计的版本，具备企业版中的安全、治理及连接功能。除了更新选项方面的差异之外，Windows 10 教育版与 Windows 10 企业版功能没有区别。

Windows 10 教育版中的功能与 Windows 10 企业版几乎相同，然而它并不具备 Long Term Servicing Branch 更新选项。用户能够自 Windows 10 家庭版直接升级至 Windows 10 教育版。

Windows 10 企业版多了一个功能 Long Term Servicing Branch。Long Term Servicing Branch 就是同意系统只更新安全补丁而不更新功能补丁。换句话讲，Windows 10 企业版能够选择只修复安全补丁，IE 或者 Edge 浏览瞄器有新版也可能更新。因此，从这一点来讲，Windows 10 教育版和 Windows 10 企业版没有本质区别。

5. Windows 10 移动版

使用环境：定位于小型移动设备。假如你使用 Windows Phone 或者是运行 Windows 8.1 的小尺寸平板计算机，那么你将能够升级到 Windows 10 移动版。5 英寸(1 英寸等于 2.54 厘米)、6 英寸智能手机或 7 英寸平板计算机之间的差异并不是太大。因此，它们具备相同的用户界面以及相同的通用应用程序。

Windows 10 移动版中包括 Windows 10 中的关键功能，包括 Edge 浏览器以及全新触摸友好版的 Office。假如你的硬件条件足够好的话，你将能够将手机或平板计算机直截了当插入显示屏，同时获得 Continuum 用户界面，它将会为你带来更大的开始菜单以及与 PC 中通用应用相同的用户界面。

6. Windows 10 企业移动版

使用环境：定位于需要管理大量 Windows 10 移动设备的企业。面向企业用户，在智能手机和小尺寸平板计算机上提供最佳的用户体验。这也将提供批量许可(Volume Licensing)的用户使用。它提供了强大的生产力、安全、移动设备管理能力，为企业管理新增了一种灵活的方式。此外，Windows 10 企业移动版将提供最新的安全更新和创新功能。

7. Windows 10 物联网核心版

使用环境：定位于小型、低成本设备，专注物联网。如果你拥有一台树莓派 2 (Raspberry Pi 2)或者是一个英特尔 Galileo，那么就能够将免费的 Windows 10 物联网核心版装入其中，然后运行通用应用。微软公司还提供了其他针对销售终端、ATM 或其他嵌入式设备设计的工业以及移动版本的 Windows 10。

4.4.2 Windows 10 的启动

打开计算机的电源开关,Windows 10 将载入内存,接着开始检测计算机的主板和内存等设备,系统启动完成后将进入 Windows 10 欢迎界面。如果只有一个用户且没有设置用户密码,则直接进入系统桌面;如果系统存在多个用户且设置了用户密码,则需要选择用户并输入正确的密码才能进入系统。

4.4.3 Windows 10 的退出

操作结束后需要退出 Windows 10,退出的方法是先保存文件或数据,然后关闭所有已经打开的应用程序窗口。单击屏幕左下角的"开始"按钮,在打开的"开始"菜单中单击"电源"按钮,然后在打开的列表中单击"关机"选项,如图 4.6 所示。成功关闭计算机后,再关闭显示器的电源。

图 4.6 关闭计算机

4.4.4 Windows 10 程序的启动与窗口操作

1. Windows 10 的程序启动

单击桌面任务栏左下角的"开始"按钮,打开"开始"菜单,计算机中几乎所有的应用都可在"开始"菜单中启动。"开始"菜单是操作计算机的重要门户,即使桌面上没有显示的文件或程序,通过"开始"菜单也能找到相应的程序。"开始"菜单主要组成部分如图 4.7 所示。

图 4.7 "开始"菜单

启动应用程序的各种方法如下。

方法一:单击"开始"按钮,打开"开始"菜单,可以先在"开始"菜单左侧的高频使用区查看是否有需要打开的程序选项,如果有则选择该程序选项启动。如果高频使用区中没有要启动的程序,则在"所有程序"列表中依次单击展开程序所在的文件夹,选择需要执行的程序选项启动程序,如图 4.8 所示。

图 4.8 通过"开始"菜单打开应用程序

方法二：打开"此电脑"，然后在"此电脑"中找到需要执行的应用程序文件并双击，或右击，在弹出的快捷菜单中选择"打开"命令。

方法三：双击应用程序对应的快捷方式图标。

方法四：单击"开始"按钮，打开"开始"菜单，在"搜索程序"文本框中输入程序的名称，选择后按 Enter 键打开程序，如图 4.9 所示。

图 4.9 通过搜索框打开应用程序

2．Windows 10 的窗口操作

1）Windows 10 的窗口组成

双击桌面上的"此电脑"图标，打开"此电脑"窗口，如图 4.10 所示，窗口各个组成部分的作用如下。

标题栏：位于窗口顶部，左侧有"文件资源管理器"按钮，该按钮的右侧是快速访问工具栏，通过工具栏可以快速实现设置所选项目属性和新建文件夹等操作，最右侧是窗口"最小化"、窗口"最大化"和"关闭"按钮。

功能区：功能区以选项卡的方式显示，其中存放了各种操作命令，要执行功能区中的操作命令，单击对应的操作名称即可。

地址栏：显示当前窗口文件在系统中的位置。左侧包括"返回"按钮、"前进"按钮和"上移"按钮，可以打开最近浏览的窗口。

搜索栏：用于快速搜索计算机中的文件。

导航窗格：单击可快速切换或打开其他窗口。

窗口工作区：用于显示当前窗口中存放的文件和文件夹内容。

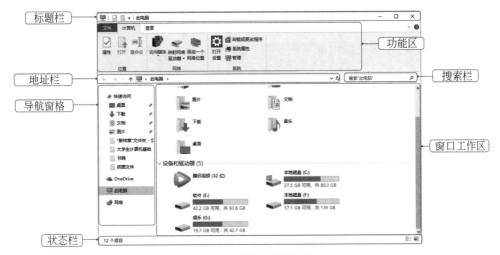

图 4.10 "此电脑"窗口

状态栏：用于显示当前窗口所包含项目的个数和项目的排列方式。

Windows 10 系统默认桌面只有一个"回收站"图标，将"此电脑"图标添加到桌面的方法是，在桌面上的空白区域右击，在弹出的快捷菜单中单击"个性化"选项，打开"个性化"窗口，单击"主题"选项卡，在右侧的"相关的设置"栏中单击"桌面图标设置"超链接，在打开的"桌面图标设置"对话框中单击选中"计算机"复选框，单击"确定"按钮，即可将"此电脑"图标添加到桌面上。

2) 打开窗口及窗口中的对象

在 Windows 10 中，当用户启动一个程序、打开一个文件或文件夹时都将打开一个窗口，一个窗口中包括多个对象，打开某个对象又可能打开相应的窗口，该窗口中可能又包括其他不同的对象。

打开窗口及窗口中的对象方法：双击图标；右击图标，在弹出的菜单中选择"打开"命令；按 Tab 键，移到图标上，按 Enter 键。

3) 最大化或最小化窗口

最大化窗口可以将当前窗口放大到整个屏幕显示，可以显示更多的窗口内容；最小化后的窗口将以图标按钮形式缩放到任务栏的程序按钮区。

打开任意窗口，单击窗口标题栏右侧的"最大化"按钮，此时窗口将铺满整个显示屏幕，同时"最大化"按钮变成"还原"按钮；单击"还原"按钮即可将最大化窗口还原成原始大小；单击窗口右上角的"最小化"按钮，该窗口将隐藏显示，在任务栏的程序区域中显示一个图标，单击该图标，窗口将还原到屏幕显示状态。

4) 移动和调整窗口大小

打开窗口后，有些窗口会遮盖屏幕上的其他窗口内容。为了查看到被遮盖的部分，需要适当移动窗口的位置或调整窗口大小。

将鼠标指针放在需要移动位置的窗口的标题栏上，按住鼠标左键不放，拖动到需要的位置,松开鼠标左键,即可完成窗口位置的移动,利用窗口右上角的"最小化"或"最大化"按钮调整窗口大小,将鼠标指针依次移动到窗口的下边框、右边框或右下角,此时鼠标指针变成双箭头形状,按住鼠标左键不放,拖动鼠标到合适的位置放开即可。

5）排列窗口

在使用计算机的过程中有时需要打开多个窗口,如既要用 Word 编辑文档,又要打开浏览器查询资料等。当打开多个窗口后,为了使桌面更加整洁,可以对打开的窗口进行层叠、堆叠和并排等操作。排列窗口的方法是,将鼠标指针移动到任务栏空白处右击,在弹出的快捷菜单中单击"层叠窗口"或单击"并排显示窗口"即可。

6）切换窗口

无论打开多少个窗口,当前活动窗口只有一个,所有的操作都是针对当前窗口进行的。如果要将某个窗口切换成当前窗口,可以通过单击窗口进行切换,也可以通过以下方法进行窗口切换。

通过任务栏中的按钮切换窗口：将鼠标指针移至任务栏左侧按钮区中的某个任务图标上,此时将展开所有打开的该类型文件的缩略图,单击某个缩略图即可切换到该窗口,在切换时其他同时打开的窗口将自动变为透明效果,如图 4.11 所示。

图 4.11　通过任务栏中的按钮切换窗口

按 Alt+Tab 组合键切换窗口：按 Alt+Tab 组合键后,屏幕上将出现任务切换栏,系统当前打开的窗口都以缩略图的形式在任务切换栏中排列出来,此时按住 Alt 键不放,再反复按 Tab 键,将显示一个白色方框,并在所有图标之间轮流切换。当方框移动到需要的窗口图标上后释放 Alt 键,即可切换到该窗口。

按 Win+Tab 组合键切换窗口：按 Win+Tab 组合键后,屏幕上将出现操作记录时间线,系统当前和稍早前的操作记录都以缩略图的形式在时间线中排列出来,若想打开某一个窗口,可将鼠标指针定位至要打开的窗口中,如图 4.12 所示。当窗口呈现白色边框后,单击鼠标即可打开该窗口。

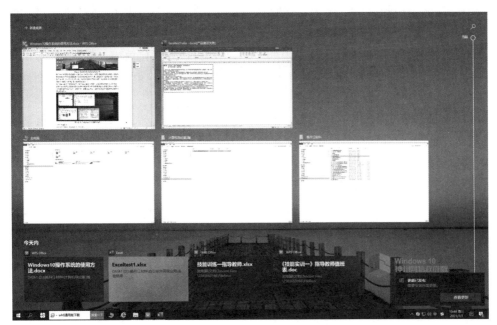

图 4.12　按 Win＋Tab 组合键切换窗口

7）关闭窗口

窗口操作结束后,应关闭窗口,方法如下。

单击窗口标题栏右上角的"关闭"按钮。

在窗口的标题栏上右击,在弹出的快捷菜单中选择"关闭"命令。

将鼠标指针移到任务栏中某个任务缩略图上,单击其右上角的"关闭"按钮。

将鼠标指针移到任务栏中需要关闭窗口的任务图标上并右击,在弹出的快捷菜单中选择"关闭窗口"命令或"关闭所有窗口"命令。

按 Alt＋F4 组合键。

4.4.5　Windows 10 的文件管理

1. 文件系统的概念

文件管理在"资源管理器"中进行,先掌握硬盘分区与盘符、文件、文件夹、文件路径等概念。

硬盘分区与盘符:硬盘分区是指将硬盘划分为几个独立的区域,这样可以更加方便地存储和管理数据,格式化可使分区划分成用来存储数据的单位,一般是在安装系统时会对硬盘进行分区。

盘符是 Windows 系统对于磁盘存储设备的标识符,一般使用 26 个英文字符加上一个英文冒号":"来标识,如"C:",C 就是盘符。以此类推,D:、E:等。

文件:指保存在计算机中的各种信息和数据,计算机中的文件包括很多类型,如文档、表格、图片、音乐和应用程序等。在默认情况下，文件在计算机中是以图标形式显示的，它由文件图标和文件名称两部分组成。

文件夹：用于保存和管理计算机中的文件，其本身没有任何内容，却可放置多个文件和子文件夹，让用户能够快速地找到需要的文件。文件夹一般由文件夹图标和文件夹名称两部分组成。

文件路径：用户在对文件进行操作时，除了要知道文件名外，还需要指出文件所在的盘符和文件夹，即文件在计算机中的位置，标记这个位置的一系列字符称为文件路径。文件路径包括相对路径和绝对路径两种。其中，相对路径是以"."（表示当前文件夹）、".."（表示上级文件夹）或文件夹名称（表示当前文件夹中的子文件名）开头；绝对路径是指文件或目录在磁盘上存放的绝对位置，如"D:\图片\标志.jpg"，表示"标志.jpg"文件是在 D 盘的"图片"文件夹中。用户在 Windows 10 系统中单击地址栏的空白处，即可查看打开的文件夹路径。

2. 文件管理窗口

文件管理主要是在资源管理器窗口中实现的。资源管理器是指"此电脑"窗口左侧的导航窗格，它将计算机资源分为快速访问、OneDrive、此电脑、网络 4 个类别，方便用户更好、更快地组织、管理及应用资源。

打开资源管理器的方法：双击桌面上的"此电脑"图标或单击任务栏上的"文件资源管理器"按钮。打开"文件资源管理器"对话框，单击导航窗格中各类别图标左侧的"〉"图标，可依次按层级展开文件夹，选择某个需要的文件夹后，其右侧将显示相应的文件内容，如图 4.13 所示。

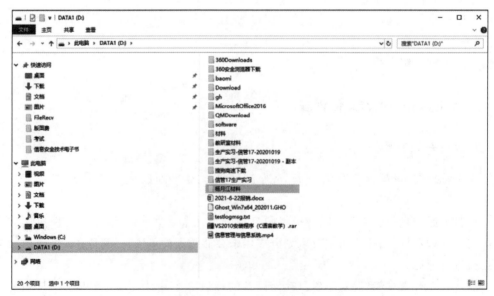

图 4.13 文件资源管理器

为了便于查看和管理文件,用户可以根据当前窗口文件和文件夹的多少、文件的类型来更改当前窗口中文件和文件夹的视图方式。方法是在打开的文件夹窗口中单击右下角的各个不同按钮,则会显示不同信息,方便用户查看。

3. 文件和文件夹操作

文件和文件夹操作包括选择、新建、复制、移动、重命名、删除、还原、搜索等。

1) 选择文件和文件夹

对文件或文件夹进行各种操作之前,必须先选择文件或文件夹,选择的方法主要有5种。

选择单个文件或文件夹:用户使用鼠标直接单击文件或文件夹图标即可将其选择,被选择的文件或文件夹的周围将呈蓝色透明状显示。

选择多个相邻的文件或文件夹:在窗口空白处按住鼠标左键不放,并拖动鼠标框选需要选择的多个对象,再释放鼠标即可。

选择多个连续的文件或文件夹:用鼠标选择第一个选择对象,按住 Shift 键不放,再单击最后一个选择对象,可选择两个对象中间的所有内容。

选择多个不连续的文件或文件夹:按住 Ctrl 键不放,再用鼠标依次单击所要选择的文件或文件夹,可选择多个不连续的文件或文件夹。

选择所有文件或文件夹:直接按 Ctrl+A 组合键,或选择"编辑"→"全选"命令,可以选择当前窗口中的所有文件或文件夹。

2) 新建文件和文件夹

新建文件是指根据计算机中已安装的程序类别,新建一个相应类型的空白文件,新建后可以双击打开该文件并编辑文件内容。如果需要将一些文件分类整理在一个文件夹中以便日后管理,就需要新建文件夹。

首先需要选择新建文件或文件夹的位置,例如,要在桌面上新建一个文件夹,再在该文件夹中新建一个 Word 文档。也可以选择在 D 盘、E 盘或其他盘符上建立文件。

在桌面上的空白处右击,弹出快捷菜单。在弹出的快捷菜单中选择"新建"→"文件夹"命令。此时窗口中出现一个新的文件夹,可以根据实际需要,改变名称。

双击新建文件夹,打开新建文件夹。打开新建的文件夹后,在窗口空白处右击,选择"新建"→"Microsoft Word 文档"命令,即可新建一个 Word 文档。

3) 复制、移动、重命名文件或文件夹

复制文件相当于对文件进行备份,原文件夹下的文件或文件夹仍然存在;移动文件是将文件或文件夹移动到另一个文件夹中,重命名文件即为文件更换一个新的名称。

复制文件夹或者文件:选择要复制的文件或者文件夹,右击,在弹出的快捷菜单中选择"复制"命令,再到新的存放地方粘贴即可。

移动文件夹或者文件:选择要移动的文件或者文件夹,右击,在弹出的快捷菜单中选择"剪切"命令,再到新的存放地方粘贴即可。

键盘里的 Ctrl+C 组合键可以实现复制功能,Ctrl+X 组合键可以实现剪切功能,

Ctrl+V组合键可以实现粘贴功能。

重命名文件或者文件夹：选择要重命名的文件或者文件夹，在其上右击，在弹出的快捷菜单中选择"重命名"命令，此时，要重命名的文件或文件夹名称呈现可编辑状态，在其中输入新的名称后，按Enter键即可。

4）删除和还原文件或文件夹

删除一些没有用的文件或文件夹，可以减少磁盘上的多余文件，释放磁盘空间，同时也便于管理。删除的文件或文件夹实际上是移动到"回收站"中，若误删除文件，还可以通过还原操作将其还原。

删除文件或文件夹的方法：选中文件或文件夹，按键盘上的Delete键，则按回收站的设置进行删除，如果按Shift+Delete组合键则是彻底删除文件，不放入回收站；右击要删除的文件或文件夹，在弹出快捷菜单中选择"删除"命令；直接把文件或文件夹图标拖到"回收站"；先"剪切"文件(夹)，再"粘贴"到回收站里，也可以删除。

还原删除的文件或文件夹的方法：在桌面上双击"回收站"图标，打开"回收站"；在"回收站"窗口中选择要还原的文件或文件夹；在回收站工具栏中单击"还原此项"命令；或者在选定项目中右击，在弹出的快捷菜单中选择"还原"命令；最后就可以看到文件或文件夹被还原。

注意，放入回收站中的文件或文件夹，仍然会占用磁盘空间，只有将回收站中的文件或文件夹删除后才能释放磁盘空间。

需要注意，回收站中被删除的文件或文件夹不能通过鼠标右键还原，只能通过专业的数据恢复工具来还原，如FinalData数据恢复工具。

5）搜索文件或文件夹

如果用户不知道文件或文件夹在磁盘中的具体位置，可以使用Windows 10的搜索功能来查找。

先打开Windows 10的资源管理器，右击"开始"菜单，在弹出的快捷菜单中选择"文件资源管理器"命令，即可打开Windows 10的资源管理器。看看资源管理器的地址栏中是否显示的是"此电脑"，如果不是可单击左侧的"此电脑"，则地址栏中就会显示"此电脑"。在地址栏右侧的搜索栏中单击，例如，要搜索所有名称中含abc的文件或者文件夹，则可以在搜索栏中输入"*abc*"；输入"*abc*"后，Windows 10就会开始搜索所有名称中含abc的文件或者文件夹，将找到的文件或者文件夹显示在窗口中；双击窗口中的文件夹名称即可打开该文件夹。

Windows 10全盘搜索文件方法：单击"此电脑"进入文件资源管理器；指定搜索范围后，在右上角的输入字段中输入需要搜索的内容，计算机将自动搜索选定范围内的内容。

当然，Windows 10还支持两种搜索方法：本地搜索和网络搜索。它还可以区分文档、应用程序和用于搜索的网页。右击"开始"菜单，选择"属性"选项；弹出"微软小娜"智能分类搜索界面；单击"微软小娜"智能助理界面上的"文档"按钮，切换到文档浏览界面；在选定的文档搜索界面中，在底部的"搜索框"中输入要搜索的文件名称，然后按Enter键开始搜索该文件。

在 Windows 10 系统中的文件或文件夹默认只显示名称,不显示扩展名。因此,在进行文件或文件夹搜索时,只能通过名称搜索。若想通过扩展名进行搜索,就需要先将项目的扩展名显示出来。方法是打开"文件资源管理器"窗口,在"查看"选项卡的"显示/隐藏"组中单击选中"文件扩展名"复选框即可。

4. 库的使用

库是用于管理文档、音乐、图片和其他文件的位置。库实际上不存储项目,它们监视包含项目的文件夹,并允许用户以不同的方式访问和排列这些项目。

在 Windows 10 操作系统中,库的功能类似于文件夹,但它只是提供管理文件的索引,即用户可以通过库来直接访问,而不需要通过保存文件的位置去查找,所以文件并没有真正地被存放在库中。Windows 10 系统中自带了视频、图片、音乐和文档等多个库,用户可将这类常用文件资源添加到库中,根据需要也可以新建库文件夹。

创建"库"的方法:首先,双击打开"此电脑";在"此电脑"左侧找到库(如果在左窗格中没有出现"库",可以依次单击窗口左上角的"查看"→"导航窗格"→"显示库");接着,在左侧找到"库",选择"库"并右击,选择"新建"命令,再选择"库";接着,在库中就会出现一个名为"新建库"的新库,把库的名称改成用户想要的名字;接着,用户双击刚建好的库,因为这个库是新建的,所以库是空的;选择"包含一个文件夹"来为这个库添加文件夹;接着,在弹出的对话框中选择用户要添加到库的文件夹所在位置,然后单击"加入文件夹";这样,就把一个文件夹添加到了"库"中了。还可以为这个"库"添加更多的文件夹,首先选中库,右击,在弹出的快捷菜单中选择"属性"命令;然后在弹出的属性窗口中,单击"添加"来添加新的文件夹,添加完成后,单击下方的"确定"按钮;这样,用户库的文件夹就添加完成了。可以根据用户的需要,把用户平时用得最多的文件夹放到分类库中,这样就很方便快捷地访问用户想要访问的文件夹。

5. 将程序固定到任务栏

固定程序到任务栏,可以通过图标帮助用户快速启动对应的程序。将某个程序或应用固定到任务栏后,并没有改变程序原有的位置。因此,若取消固定时,也不会删除原程序文件。

Windows 10 将程序固定到任务栏的方法:单击"开始"按钮,弹出"开始"菜单;找到用户要固定到任务栏的程序,然后右击,在弹出的快捷菜单中选择"更多"→"固定到任务栏"命令。

在此以微信为例进行讲解,打开计算机后,找到计算机桌面上的微信图标;在微信图标上面右击,在弹出的下拉菜单中单击箭头所指的"固定到任务栏";在计算机下方的任务栏中,用户就可以看到微信图片固定在了任务栏中,单击这个图标就可以正常使用微信。

除此之外,用户还可以找到计算机桌面上的微信图标,把鼠标放在微信上,按下左键不松开;然后将微信图标直接拖动到任务栏中,依然可以将微信图标固定到任务栏中,这种方法更加的简洁。固定到任务栏中之后,如果想要取消固定,用户只需在这个软件上右击,然后从弹出的快捷菜单中选择"从任务栏取消固定"命令即可。

4.4.6 Windows 10 的系统管理

在 Windows 10 中可以设置系统的日期和时间、系统个性化设置、安装和卸载应用程序、管理磁盘等。

1. 设置日期和时间

若系统的日期和时间有误,可将其设置为正确的日期和时间,还可以设置日期格式。

在计算机桌面右下角会显示时间和日期;移动鼠标指针到此时间和日期后,右击后弹出快捷菜单;在快捷菜单中选择"调整日期/时间"命令,然后切换到设置窗口,在设置窗口中进行日期和时间相关设置;单击日期和时间下方的"更改"按钮;单击之后会弹出"更改日期和时间"对话框,这里是手动调整;如果与网上自动调整日期和时间,可以返回到设置窗口中,有两个自动设置时间、自动设置时区项,单击"开关"按钮即可同步北京时间与日期。

2. Windows 10 个性化设置

用户可以根据自己使用计算机的习惯,对系统进行个性化设置,包括桌面背景、颜色、锁屏界面"开始"菜单等。

对 Windows 10 系统进行个性化设置的方法:在系统桌面上的空白区域右击,在弹出的快捷菜单中选择"个性化"命令,进入个性化设置界面,单击相应的按钮便可进行个性化设置,如图 4.14 所示。

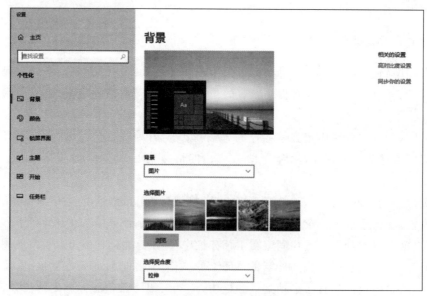

图 4.14 个性化设置界面

单击"背景"按钮：在背景界面中可以更改图片，选择图片契合度，设置纯色或者幻灯片放映等参数。

单击"颜色"按钮：在颜色界面中，可以为 Windows 系统选择不同的颜色，也可以单击"自定义颜色"按钮，在打开的对话框中自定义自己喜欢的主题颜色。

单击"锁屏界面"按钮：在锁屏界面中，可以选择系统默认的图片，也可以单击"浏览"按钮，将本地图片设置为锁屏界面。

单击"主题"按钮：在主题界面中，可以自定义主题的背景、颜色、声音以及鼠标指针样式等项目，最后保存主题。

单击"开始"按钮：在开始界面中，可以设置"开始"菜单栏选择显示的应用。

单击"任务栏"按钮：设置任务栏中屏幕上的显示位置和显示内容等。

Windows 10 个性化设置举例。

使用图片做背景：选择"开始"菜单 →"设置"→"个性化"→"背景"；在"背景"下，选择"图片"→"浏览"，然后选择想要使用的图片。

你的账户，你的图像：选择你在登录屏幕、"开始"菜单上等要为你的账户显示的头像；选择"开始"菜单 →"设置"→"账户 →"你的信息"。在"创建你的图片"下面，选择"相机"或"浏览以获取一张图片"。

个性锁屏界面：选择"开始"菜单→"设置"→"个性化"→"锁屏界面"，然后更改设置以获得你需要的外观和信息。

创建主题：在你的计算机上彰显你的个性。选择"开始"菜单→"设置"→"个性化"→"主题"以开始体验。

下载桌面主题：转到 Microsoft Store 查找 Windows 主题；主题是壁纸、声音和主题色的艺术组合；若要查找主题，请转到"开始"菜单 →"设置"→"个性化"→"主题"，然后选择"在 Microsoft Store 中获取更多主题"。

自定义你的桌面颜色：为你挑选完美的颜色。选择"开始"菜单→"设置"→"个性化"→"背景"。在右侧的"背景"下选择"纯色"。然后选择"自定义颜色"，创建你最喜爱的色调。

选取主题色：选择"开始"菜单→"设置"→"个性化"→"颜色"，然后选择主题色。选择"自定义颜色"微调你自己的个人色调。

让 Windows 10 选取主题色：选择"开始"→"设置"→"个性化"→"颜色"，然后选择"从我的背景自动选取一种主题色"复选框。

在便签中更改注释颜色：在便笺中，选择"菜单"，然后选择你喜欢的颜色。

使用夜间模式帮助睡眠：夜间让疲倦的眼睛得到休息，帮助你更快地进入睡眠。选择"操作中心"→"夜间模式"，使用暖色调让眼睛得到休息。

放大屏幕上显示内容：若要只放大屏幕上显示的文本，选择"开始"菜单 →"设置"→"轻松访问"→"显示"，然后调整"放大文本"下面的滑块。若要放大所有内容，从"放大所有内容"下面的下拉菜单中选择一个选项。

用一只耳朵听内容：选择"开始"菜单 →"设置"→"轻松访问"→"音频"，然后开启"打开单声道音频"下面的切换按钮。如果你正在使用耳塞或类似设备，音频将合并为一个通道。

清理任务栏杂乱:选择"开始"菜单→"设置"→"个性化"→"任务栏",然后选择"选择在任务栏上显示的图标"。

3. 安装和卸载应用程序

获取或准备好软件的安装程序后便可以开始安装软件,安装后的软件将会显示在"开始"菜单中的"所有程序"列表中,部分软件还会自动在桌面上创建快捷启动图标。

Windows 10 中安装一个应用程序的正确方法是直接双击应用程序的安装文件安装即可。

Windows 10 系统卸载已安装的软件应用程序:单击桌面左下角"开始"菜单,找到设置按钮;单击设置,出现新的应用设置对话框,用户在新的对话框上找到系统选项;单击系统之后出现系统选项的对话框;在新的系统应用选项卡里面找到应用和功能并单击,然后右侧窗格出现系统已经安装的所有应用;找到用户需要删除的应用,并单击,然后在程序下方弹出"删除"选项;单击"删除"选项,会出现确认删除对话框,单击"确认"按钮,直接删除程序;删除后,系统会返回到我们刚才删除的界面,已经删除的程序已经不存在了。

4. 分区管理

用户可以对磁盘进行分区管理,在程序向导的帮助下创建简单卷、删除简单卷、扩展磁盘分区、压缩磁盘分区、更改驱动器号和路径等操作。

1) 创建简单卷

简单卷是硬盘的逻辑单位,类似于基本磁盘中的分区,如果是从单个动态磁盘中对现有的简单卷进行扩展后,也称之为简单卷,简单卷是动态磁盘默认的卷类型,此类型不具备容错能力。

创建简单卷的方法:首先在 Windows 10 系统桌面上找到"此电脑"图标,在其图标上右击,在弹出的快捷菜单中选择"管理"命令;然后进入到 Windows 10 计算机管理后,在其界面的左侧下方找到并单击"磁盘管理"。接下来就是分区过程,首先用户发现磁盘还有一个磁盘空间是比较充足的,例如,E 盘,用户可以右击 E 盘,在其弹出来的快捷菜单中选择"压缩卷"命令;接下来就会弹出压缩卷对话框,用户需要在对话框中输入自己想要定义的磁盘空间大小。例如,选择的磁盘空间大小是 60GB,如果想要安装 Windows 10 程序或者腾出一个小空间进行系统备份均可,在其中输入数字即可,输入之后单击底部的"压缩"按钮;以上操作过程结束后,用户就会发现磁盘多出一个分区,但这个磁盘是不能使用的。由于还没有对其进行分区,这时用户就需要继续在这个新分区上右击,在其弹出的快捷菜单中选择"新建简单卷"命令;继续下面的引导工作,只需单击底部的"下一步"按钮即可;接下来依旧是继续单击"下一步"按钮即可,直到不再出现"下一步"按钮,而是出现"完成"按钮,单击"完成"按钮即可结束。这样就完成 Windows 10 新建分区,且可以正常使用新建的分区,用户打开此电脑会发现多出了一个新硬盘分区。

2) 删除简单卷

同时按 Win+R 组合键打开"运行"对话框;输入 diskmgmt.msc,单击"确定"按钮打开磁盘管理程序;找到要删除的简单卷;右击,并在弹出的快捷菜单中选择"删除卷"命令;"删除卷"意味着清除卷上所有的数据,因此一定要注意备份数据,如果确认数据安全,则单击"是"按钮,删除卷即可;删除卷完成后,磁盘会显示"未分配"的状态;系统盘所在的卷是无法删除的,因此当要删除系统盘的简单卷时会发现是灰色按钮。

或者在键盘上,按"Win+X"组合键;打开菜单,在菜单中,选择"磁盘管理";在磁盘管理界面中,用户可以清晰地看到磁盘分区的大小、可用空间等详细信息。在此,如果想把 E 盘删除(假设新加卷是 E),那么右击"新加卷 E"的任意位置,在弹出的快捷菜单中,选择"删除卷"命令;然后会弹出提示,删除的话这个磁盘的所有内容将被删掉,为了避免删除重要的资料,建议及时保存在其他盘中或者 U 盘中,单击"是"按钮;删除文件后刚刚删除的那部分空间就变成未利用的,为了更好地利用磁盘空间,在用户想扩展的卷标上右击,在弹出的菜单中,选择"扩展卷"命令就可以。

3) 扩展磁盘分区

操作方法:右击"此电脑",在弹出的快捷菜单中选择"管理",进入管理设置;单击磁盘管理,进入磁盘管理;这里预留的有一部分空间为未分配空间,用于扩展分区,当然也可以自行压缩卷来进行扩展使用。在需要扩展的分区上右击,在弹出的快捷菜单中选择"扩展卷";根据向导,设置需要扩展的大小;单击"完成"按钮即可完成扩展;可以看到磁盘中已发生变化;打开"此电脑"可以看到磁盘的变化。

4) 压缩磁盘分区

操作方法:右击"此电脑",在弹出的快捷菜单中选择"管理",进入管理界面后,单击左边的"磁盘管理",右边就能看到磁盘的情况;右击一个磁盘,在弹出的快捷菜单中选择"压缩卷";输入"压缩容量",不可以超过"可用压缩的容量";单击"压缩"按钮,等待几秒就压缩完成,就会多出一个磁盘。

5) 更改驱动器号和路径

操作方法:启动"开始"菜单,选择 W→"Windows 管理工具"→"计算机管理"项;弹出"计算机管理"程序窗口,选择"计算机管理(本地)"→"存储"文件夹;展开左侧树形目录结构,选择"存储"→"磁盘管理"项;右击"数据_03(F:)"区域,在弹出的快捷菜单选择"更改驱动器号和路径…";弹出"更改 E:的驱动器号和路径"对话框,单击"分配以下驱动器号"文本框向下箭头;完成更改驱动器号和路径的操作。

5. 格式化磁盘

操作方法:右击"此电脑",在弹出的快捷菜单中选择"管理",进入计算机管理。单击"存储"中的"磁盘管理";选择要格式化的磁盘,例如,要格式化的磁盘是 F 盘,然后右击 F 盘,在弹出的快捷菜单中选择"格式化";对格式化磁盘进行"确认";确认备份了需要的文件资料,再次"确认";等待磁盘格式化过程,然后格式化完成。格式化之后,可以看到磁盘的可用空间变成了 100%,之前该磁盘中的文件东西已经全部删除。

6. 清理磁盘

用户在使用计算机进行读写与安装操作时,会留下大量的临时文件和没用的文件。这些文件不仅占用磁盘空间,还会降低系统的处理速度。因此,需要定期对磁盘进行清理,以释放磁盘空间。

操作方法:右击桌面空白处,在弹出的快捷菜单中选择"设置"进入"设置"菜单,进入"设置"菜单之后找到存储选项,在存储的选项下依次找到更改释放空间的方式,在释放空间的面板下看到最下方有一个"立即清理"按钮,单击"立即清理"按钮即可。清理完成后还需要单击下管理存储空间,这里默认选择的都是 C 盘,可以换成其他盘,并且单击后面的"应用"按钮保存。

或者打开"此电脑"窗口,右击要清理的磁盘,在弹出的快捷菜单中选择单击"属性",单击页面下方的"磁盘清理"按钮。在出现的界面中,选择要清理的文件,单击"确定"按钮,在弹出的提示框中单击"删除文件"即可。

7. 整理磁盘碎片

计算机使用的时间越长,越会堆积一些无用的磁盘文件,严重影响 Windows 10 系统的运行速度。尽管可以定时清理磁盘文件,但是有部分文件碎片是很难去清理的。这种情况下,可以通过系统磁盘碎片整理来解决。

操作方法:在桌面双击打开"此电脑",随后,选中任意磁盘盘符,例如"C 盘",然后切换至"驱动器工具",单击"优化",在优化驱动器页面中,单击 C 盘,单击"优化",之后,按照同样的方法,把计算机的所有磁盘进行整理优化。

4.4.7 Windows 10 的网络功能

网络技术应用越来越普遍,通过网络功能可以实现文件、外围设备和应用程序的共享,还可以在网上与其他用户相互交流。

1. 网络软硬件的安装

要想使用 Windows 10 的网络功能,不仅要安装相应的硬件,还必须安装与配置相应的驱动程序。若安装 Windows 10 之前已经完成了网络硬件的物理连接,Windows 10 安装程序一般可以自动帮助用户完成所有必要的网络配置,但是用户仍需要对网络进行其他配置的情况。

1) 网卡的安装与配置

打开机箱,将网卡插到计算机主板相应的扩展槽中,便可完成网卡的安装。若安装专为 Windows 10 而设计的"即插即用"型网卡,Windows 10 将会在启动时自动检测并进行配置。Windows 10 在配置过程中,若未找到对应的驱动程序,会提示插入包含网卡驱动程序的盘片。

2）IP 地址的配置

单击 Windows 10 桌面左下角的"开始"按钮，在打开的"开始"菜单中选择"控制面板"选项，打开"控制面板"窗口，单击"网络和 Internet"超链接，在打开的界面中单击"网络和共享中心"超链接。

打开"网络和共享中心"窗口，单击窗口左侧的"更改适配器设置"超链接，在打开的窗口中双击"本地连接"选项。

打开"本地连接属性"对话框，单击选中"Internet 协议版本 4（TCP/IPv4）"复选框，单击"属性"按钮。

打开"Internet 协议版本 4（TCP/IPV4）属性"对话框，单击选中"使用下面的 IP 地址"单选项，在"IP 地址"栏中输入 192.168.0.5，在"子网掩码"栏中输入 255.255.255.0，在"默认网关"和"首选 DNS 服务器"栏中分别输入 192.168.0.1，单击"确定"按钮完成属性设置。

2. 资源共享

计算机中的资源共享包括存储资源共享、硬件资源共享、程序资源共享。

存储资源共享：共享计算机中的软盘、光盘与硬盘等存储介质，可提高存储效率，数据的提取与分析更方便。

硬件资源共享：对打印机、扫描仪等外部设备的共享，可提高外部设备的使用效率。

程序资源共享：共享网络中的各种程序资源。

3. 查看网络中其他计算机

当同一网络中的计算机较多时，单个查找自己所需访问的计算机十分麻烦。因此，Windows 10 提供了快速查找计算机的方法。

操作方法：首先右击"开始"按钮，再单击"设置"按钮，在设置界面输入并搜索"控制面板"，打开控制面板并进入"网络和 Internet"界面，单击"网络和共享中心"，单击"更改高级共享设置"，启用网络发现和文件及打印机共享，再回到"网络和 Internet"界面单击"查看网络计算机和设备"，即可看到 Windows 局域网中的其他计算机。

或者打开"此电脑""回收站"任意窗口，选择窗口左下方的"网络"选项，即可完成网络中计算机的搜索，在右侧双击所需访问的计算机即可。

4.4.8　Windows 10 系统的备份与还原

用户在使用计算机时，最怕系统出问题，重装系统很麻烦，在 Windows 10 中对自己的当前系统做好备份，在需要的时候即可进行恢复。

1. 备份 Windows 10 操作系统

虽然 Windows 10 系统在性能方面有了较大提升，但是也存在不稳定性，所以最好对系统进行备份。

首先右击"开始"按钮，单击"设置"选项，在窗口下方找到"更新和安全"选项，单击进入更新和安全中，单击窗口左侧"备份"，然后在窗口右边单击"转到备份和还原 Windows"按钮，选择右边的"设置备份"按钮，选择"备份文件保存的位置"，可以是本机磁盘，也可以是 DVD 光盘，也可以将备份保存到 U 盘等设备中。一般选择让 Windows 给用户推荐即可，单击"下一步"按钮继续，耐心等待系统备份完成，出现最后一个图片界面即可。

2. 还原 Windows 10 操作系统

如果出现磁盘数据丢失或操作系统崩溃的现象，可以通过"控制面板"来还原以前备份的数据。

操作方法：单击任务栏搜索框，开始使用 Cortana 智能语音助理。搜索框输入"控制面板"，Cortana 显示搜索结果，单击"最佳匹配"→"控制面板"项，打开"控制面板"程序窗口，单击"系统和安全"图标，用户可以根据自己的喜好和需要对系统进行设置，打开"系统和安全"选项界面，单击右侧"系统"图标，查看有关计算机的信息并更改设置，打开"系统"选项界面，单击左侧"高级系统设置"图标，弹出"系统属性"对话框，选择"系统保护"标签，单击"保护设置"→"配置…"按钮，勾选"启用系统保护"复选框。

4.5　本章小结

软件是一系列按照特定顺序组织的计算机数据和指令的集合。一般来说，软件被划分为编程语言、系统软件、应用软件和中间件。软件并不只是包括可以在计算机上运行的程序，与这些程序相关的文档一般也被认为是软件的一部分。简单地说，软件就是程序加文档的集合体。本章介绍了计算机软件系统的组成，系统软件和应用软件的特点和功能，重点介绍了操作系统的分类、特点和功能，Windows 10 系统的操作界面、文件管理和基本操作，Windows 10 应用程序的使用以及系统设置。本章内容是学习后续各章的基础。

习题

一、选择题

1. 用户用计算机高级语言编写的程序通常称为（　　）。
   A. 汇编程序　　　　B. 目标程序　　　　C. 源程序　　　　D. 二进制代码程序
2. 计算机内所有的指令构成了（　　）。
   A. 计算机的指令系统　　　　　　　　B. 计算机的控制系统
   C. DOS 操作　　　　　　　　　　　　D. 计算机的操作规范
3. 操作系统是一种（　　）软件。

A. 实用　　　　　　B. 应用　　　　　　C. 编辑　　　　　　D. 系统

4. 实现计算机网络需要硬件和软件,其中,负责管理整个网络各种资源、协调各种操作的软件称为(　　)。

A. 网络应用软件　　B. 通信协议软件　　C. OSI　　　　　　D. 网络操作系统

5. 能将高级语言源程序转换成目标程序的是(　　)。

A. 调试程序　　　　B. 解释程序　　　　C. 编译程序　　　　D. 编辑程序

6. 下面有关计算机操作系统的叙述中不正确的是(　　)。

A. 操作系统属于系统软件

B. 操作系统只负责管理内存,而不管理外存

C. UNIX 是一种操作系统

D. 计算机的处理器、内存等硬件资源也由操作系统管理

7. 计算机的系统软件中最重要的是(　　)。

A. 语言处理系统　　　　　　　　　B. 服务程序

C. 操作系统　　　　　　　　　　　D. 数据库管理系统

8. 下列语言中属于第四代语言的是(　　)。

A. 机器语言　　　　B. Z80 汇编语言　　C. Java 语言　　　　D. FORTRAN 语言

9. 一般微型计算机有几十条到几百条不同的指令,这些指令按其操作功能不同可以分为(　　)。

A. 数据处理指令、传送指令、程序控制指令和状态管理指令

B. 算术运算指令、逻辑运算指令、移位和比较指令

C. 存储器传送指令、内部传送指令、条件转移指令和无条件转移指令

D. 子程序调用指令、状态管理指令、输入输出指令和堆栈指令

10. 下面关于操作系统的叙述中正确的是(　　)。

A. 操作系统是软件和硬件的接口

B. 操作系统是源程序和目标程序的接口

C. 操作系统是用户和计算机的接口

D. 操作系统是外设和主机的接口

11. MIPS 是度量计算机(　　)的指标。

A. 时钟主频　　　　B. 字长　　　　　　C. 存储容量　　　　D. 运算速度

12. 用机器语言编写的程序在计算机内是以(　　)形式存放的。

A. BCD 码　　　　　B. 二进制编码　　　C. ASCII 码　　　　D. 汉字编码

13. 下列软件中不属于系统软件的是(　　)。

A. 编译软件　　　　　　　　　　　B. 操作系统

C. 数据库管理系统　　　　　　　　D. C 语言源程序

14. 用助记符号表示二进制代码形式的机器语言的程序设计语言是(　　)。

A. 汇编语言　　　　B. 数据库语言　　　C. 机器语言　　　　D. 高级语言

15. 下面说法中错误的是(　　)。

A. 计算机的工作就是顺序地执行存放在存储器中的一系列指令
B. 指令系统有一个统一的标准，所有的计算机指令系统均相同
C. 为解决某一问题而设计的一系列指令就是程序
D. 指令是一组二进制代码，规定由计算机执行的程序的一步操作

16. 微机上操作系统的作用是（　　）。
    A. 解释执行程序　　　　　　　　　　B. 编译源程序
    C. 进行编码转换　　　　　　　　　　D. 控制和管理系统资源

17. 修改高级语言源程序的是（　　）。
    A. 调试程序　　B. 解释程序　　C. 编译程序　　D. 编辑程序

18. 计算机的软件系统可分为（　　）。
    A. 程序和数据　　　　　　　　　　　B. 操作系统和语言处理系统
    C. 程序、数据和文档　　　　　　　　D. 系统软件和应用软件

19. 机器指令是用二进制代码表示的，它能被计算机（　　）。
    A. 编译后执行　　B. 直接执行　　C. 解释后执行　　D. 汇编后执行

20. 操作系统的五大功能模块为（　　）。
    A. 程序管理、文件管理、编译管理、设备管理和用户管理
    B. 硬盘管理、软盘管理、存储器管理、文件管理和批处理管理
    C. 运算器管理、控制器管理、打印机管理、磁盘管理和分时管理
    D. 处理器管理、存储器管理、设备管理、文件管理和作业管理

21. 编译程序用来（　　）。
    A. 将高级语言源程序翻译成目标程序
    B. 将汇编语言源程序翻译成目标程序
    C. 对源程序边扫描边翻译执行
    D. 对目标程序装配连接

22. 某学校的工资管理程序属于（　　）。
    A. 系统程序　　B. 应用程序　　C. 工具软件　　D. 文字处理软件

23. 计算机能直接识别并执行的是（　　）。
    A. 汇编语言　　　　　　　　　　　　B. 高级程序语言
    C. 机器语言　　　　　　　　　　　　D. BASIC 语言

24. 操作系统是计算机系统中的（　　）。
    A. 核心系统软件　　　　　　　　　　B. 关键的硬件部件
    C. 广泛使用的应用软件　　　　　　　D. 外围设备

25. 声卡获取声音的来源是（　　）。
    A. 模拟音频信号　　　　　　　　　　B. 数字音频信号
    C. 模拟音频信号和数字音频信号　　　D. 模拟音频信号和图像信号

26. 所谓"裸机"是指（　　）。
    A. 单片机　　　　　　　　　　　　　B. 单板机

C. 不安装任何软件的计算机　　　　　　D. 只安装操作系统的计算机

27. 汇编语言是(　　)。
    A. 机器语言　　　B. 低级语言　　　C. 高级语言　　　D. 自然语言
28. MID 软件属于(　　)。
    A. 系统软件　　　B. 应用软件　　　C. 管理软件　　　D. 多媒体软件
29. 与计算机硬件关系最密切的软件是(　　)。
    A. 编译程序　　　　　　　　　　　　B. 数据库管理程序
    C. 游戏程序　　　　　　　　　　　　D. OS
30. 下列软件中(　　)是操作系统。
    A. Photoshop　　　　　　　　　　　B. SQL Server
    C. Internet Explorer　　　　　　　　D. Windows
31. 下面不属于系统软件的是(　　)。
    A. Excel　　　　　　　　　　　　　B. Windows 10
    C. MS-DOS　　　　　　　　　　　　D. UNIX
32. 下列关于计算机软件的叙述中正确的是(　　)。
    A. 用户编写的程序即为软件　　　　　B. 源程序称为软件
    C. 软件包括程序和文档　　　　　　　D. 数据及文档称为软件
33. 下列软件中属于应用软件的是(　　)。
    A. DOS　　　　　　　　　　　　　　B. 财务管理系统
    C. C 语言编译程序　　　　　　　　　D. Windows 10
34. 下列软件中属于应用软件的是(　　)。
    A. UNIX　　　B. Windows NT　　　C. Office　　　D. Linux
35. 下列关于操作系统的叙述中错误的是(　　)。
    A. 操作系统中设备管理是指对所有外围设备的管理
    B. 操作系统中存储管理是指对外存储器资源的管理
    C. 文件管理是操作系统中用户与外存储器之间的接口
    D. 操作系统是软件系统的核心
36. 在 Windows 中，下列文件名正确的是(　　)。
    A. MyProgramGroup.TXT　　　　　　B. file1|file2
    C. A◇.C　　　　　　　　　　　　　D. A?B.DOC
37. 把当前窗口的画面复制到剪贴板上，可按(　　)组合键。
    A. Alt＋PrintScreen　　　　　　　　B. PrintScreen
    C. Shift＋PrintScreen　　　　　　　D. Ctrl＋PrintScreen
38. Windows 10 首个正式版发布日期是(　　)。
    A. 2012 年 10 月 26 日　　　　　　　B. 2013 年 10 月 17 日
    C. 2015 年 7 月 29 日　　　　　　　 D. 2016 年 8 月 3 日
39. Windows 10 内置(　　)两种浏览器。

A. 谷歌浏览器和IE11　　　　　　　　B. Microsoft Edge 和 IE11 浏览器

C. Microsoft Edge 和谷歌浏览器　　　D. 谷歌浏览器和 360 安全浏览器

40. 从系统组件和用户界面设计趋势的关系来看,Windows 10 操作系统的特点是( )。

　　A. 用户界面应用化,系统组件 Modern 化

　　B. 用户界面直角化,系统组件扁平化

　　C. 系统组件应用化,用户界面 Modern 化

　　D. 系统组件直角化,系统组件扁平化

41. Windows 10 平台支持的两种应用程序类型是( )两种。

　　A. Modern 应用和 App 应用　　　　B. 传统 exe 应用和 Modern 应用

　　C. 传统 exe 应用和 App 应用　　　　D. 传统 exe 应用和 deb 应用

42. Windows 10 的跨平台及设备应用主要是通过( )应用程序来实现的。

　　A. UWP 应用　　　　　　　　　　B. exe 应用

　　C. Modern 应用　　　　　　　　　D. App 应用

43. Cortana 的功能很多,最常用功能是( )。

　　A. 聊天功能　　　　　　　　　　B. 提醒功能

　　C. 搜索功能　　　　　　　　　　D. 通信功能

44. 在 Windows 10 操作系统中,右击"开始按钮"等于使用( )快捷键,使用云剪贴板粘贴的快捷键是( )。

　　A. Windows I, Windows C　　　　B. Windows A, Windows V

　　C. Windows R, Windows C　　　　D. Windows X, Windows V

45. Windows 10 中操作中心由( )两个部分组成。

　　A. 通知信息列表和快捷操作按钮　　B. 通知信息列表和屏幕草图

　　C. 快捷操作按钮和屏幕草图　　　　D. 便笺和草图板

46. Windows 10 操作系统共有 7 个发行版本,分别面向不同的用户和设备,它们分别是( )7 个。

　　A. RS1、RS2、RS3、RS4、RS5、19H1 和 19H2

　　B. Build 10240、Build 10586、Build 14393、Build 15063、Build 16299、Build 17134 和 Build 17763

　　C. 一周年更新、创意者更新、秋季创意者更新、2018 年 4 月更新、2018 年 10 月更新、2019 年 5 月更新和 2019 年 11 月更新

　　D. 家庭版、专业版、企业版、教育版、移动版、企业移动版和物联网版

47. 在 Windows 10 中,关于桌面上的图标,正确的说法是( )。

　　A. 删除桌面上的应用程序的快捷方式图标,就是删除对应的应用程序文件

　　B. 删除桌面上的应用程序的快捷方式图标,并未删除对应的应用程序文件

　　C. 在桌面上建立应用程序的快捷方式图标,就是将对应的应用程序文件复制到桌面上

D. 在桌面上只能建立应用程序快捷方式图标,而不能建立文件夹快捷方式图标

48. Windows 10 操作系统的特点不包括(   )。
    A. 图形界面   B. 多任务
    C. 即插即用   D. 卫星通信

49. 关于 Windows 10 操作系统,下列说法正确的是(   )。
    A. 是用户与软件的接口   B. 不是图形用户界面操作系统
    C. 是用户与计算机的接口   D. 属于应用软件

50. 关于 Windows 10 窗口的概念,以下叙述正确的是(   )。
    A. 屏幕上只能出现一个窗口,这就是活动窗口
    B. 屏幕上可以出现多个窗口,但只有一个是活动窗口
    C. 屏幕上可以出现多个窗口,但不止一个是活动窗口
    D. 屏幕上可以出现多个活动窗口

51. 在 Windows 10 中,关于启动应用程序的说法,不正确的是(   )。
    A. 通过双击桌面上应用程序快捷图标,可启动该应用程序
    B. 在资源管理器中,双击应用程序名即可运行该应用程序
    C. 只需要选中该应用程序图标,然后右击即可启动该应用程序
    D. 从"开始"中打开"所有程序"菜单,选择应用程序项,即可运行该程序

52. 关于 Windows 10 窗口的概念,以下叙述正确的是(   )。
    A. 屏幕上只能出现一个窗口,这就是活动窗口
    B. 屏幕上可以出现多个窗口,但只有一个是活动窗口
    C. 屏幕上可以出现多个窗口,但不止一个是活动窗口
    D. 屏幕上可以出现多个活动窗口

53. 关闭 Windows 10 操作系统,相当于(   )。
    A. 切换到 DOS 环境   B. 关闭一个应用程序
    C. 关闭计算机   D. 切换到另一个程序

54. 在 Windows 10 中,任务栏(   )。
    A. 可以显示在屏幕任一边   B. 不能隐藏
    C. 只能显示在屏幕下方   D. 图标不能删除

55. Windows 10 功能最全的版本是(   )。
    A. 家庭版   B. 专业版
    C. 教育版   D. 企业版

56. Windows 10 是一种(   )操作系统。
    A. 单用户/多任务   B. 单用户
    C. 单任务   D. 网络

二、填空题

1. 计算机语言分为(   )和(   )两大类。

2. 操作系统、各种程序设计语言的处理程序、数据库管理系统、诊断程序以及系统服务程序等都是(　　)软件。

3. 用(　　)语言编写的程序可由计算机直接执行。

4. 微型计算机的外存储器可与(　　)直接打交道。

5. 软件包括(　　)和文档。

6. 用高级语言编写的程序,一般要先用编辑程序进行输入和修改,形成程序文件,然后再用(　　)产生目标模块,最后还要把有关的目标模块、库以及子程序模块用连接程序进行处理,才能形成可执行程序。

7. 操作系统的功能主要表现为五大管理,它们是处理器管理、设备管理、文件管理、作业管理及(　　)管理。

8. 操作系统是管理和控制计算机(　　)和(　　)资源的系统软件。

9. 进程是一个(　　)的概念,而程序是一个(　　)的概念。

10. 操作系统根据(　　)对并发进程进行控制。

11. 操作系统的计算环境包括(　　)、(　　)和(　　)。

12. 文件的访问方式包括(　　)、(　　)和(　　)。

13. 文件的逻辑结构包括(　　)和(　　)。

14. 目前使用最为广泛的一种目录结构是(　　)。

三、简答题

1. 什么是计算机操作系统？它具有的基本功能有哪些？

2. 操作系统通常有哪些类型？分别有什么特点？

3. 一个操作系统都应该有哪些基本组成部分？

4. 目前主流操作系统有哪些？它们的特点是什么？

5. 文件与文件夹有什么关系？

6. 复制文件和移动文件有什么区别？

7. 什么是对话框？对话框与窗口的主要区别是什么？

8. 控制面板有什么用途？

9. Windows 中文件类型是如何区分的？

10. 在 Windows 10 系统中,为什么要设置屏幕保护程序？如何设置屏幕保护程序？

11. 常见的文件类型主要有哪些？

12. 简述 Windows 10 的文件命名规则。

13. 快捷方式的优点主要有哪些？如何创建和使用快捷方式？

14. 在 Windows 10 系统中,文件的基本操作有哪些？

15. 如何在系统中搜索文件或文件夹？

16. 打开"写字板"程序,需要输入{、?、……、%、¥、§、√、∈、⊥、±等符号,如何操作？

17. 举例说明如何在"写字板"与"画图"这两个程序之间实现信息交换,写出详细操作步骤。
18. Windows 10 系统中的控制面板的主要功能有哪些？
19. 在 Windows 10 系统中添加新硬件一般可采用哪些方法？
20. 如果想删除程序组中的某个应用程序，可用哪些方法来实现？
21. 如何用"控制面板"调整显示器中的分辨率和显示的颜色位数？
22. 在硬盘中搜索某个文件，但不知道在哪个文件夹中，用什么方法实现较快？
23. 分别说明本地打印机和网络打印机应该如何添加到系统中。

第 5 章 程序设计基础

> **本章学习目标**
> - 掌握程序设计的相关概念。
> - 掌握程序设计语言的相关知识。
> - 了解算法的相关内容及常用算法。
> - 了解软件工程的相关内容。

本章首先介绍程序设计的相关知识,包括程序设计方法及程序设计语言;然后介绍算法和软件工程的相关内容,包括算法的概念、算法的表示方法、常用算法、软件危机和软件生存周期等内容。

5.1 程序设计概述

程序设计概述

程序设计是指编写程序的过程。程序设计是一门技术,需要相应的理论、技术、方法和工具来支持。程序设计不仅要保证设计的程序能正确地解决问题,还要求程序具有可读性、可维护性。

5.1.1 程序设计的基本过程

程序设计的基本过程包括分析问题、设计算法、编写程序、运行程序、分析结果和编写文档等不同阶段。

1. 分析问题

对于接受的任务要进行认真的分析,研究所给定的条件,分析最后应达到的目标,找出解决问题的规律,选择解题的方法,完成实际问题。

2. 设计算法

根据对接受任务的分析设计出解决的方法和具体步骤。

3. 编写程序

将算法翻译成计算机程序设计语言,对源程序进行编辑、编译和连接。

4. 运行程序、分析结果

运行可执行程序,得到运行结果。能得到运行结果并不意味着程序正确,要对结果进行分析,看它是否合理,如果不合理,要对程序进行调试。

5. 编写文档

许多程序是提供给别人使用的,如同正式的产品应当提供产品说明书一样,正式提供给用户使用的程序必须向用户提供程序说明书。其内容应包括程序名称、程序功能、运行环境、程序的装入和启动、需要输入的数据以及使用注意事项等。

5.1.2 程序设计的方法

常用的程序设计方法有结构化程序设计和面向对象程序设计。

1. 结构化程序设计

随着"软件危机"的出现,人们开始研究程序设计方法,其中最受关注的是结构化程序设计方法。20 世纪 70 年代,人们提出了"结构化程序设计"的思想和方法。结构化程序设计方法引入了工程思想和结构化思想,使大型软件的开发和编程都得到了极大改善。

1) 结构化程序设计方法

结构化程序设计的主要观点是采用自顶向下、逐步求精、模块化、限制使用 goto 语句的程序设计方法。

（1）自顶向下。

将复杂的大问题分解为相对简单的小问题,找出每个问题的关键、重点所在,然后用精确的思维定性、定量地描述问题。其核心本质是"分解"。

（2）逐步求精。

程序设计时,应先考虑总体,后考虑细节;先考虑全局目标,后考虑局部目标。设置完全局的内容后再对局部的问题进行逐步细化和具体化。

（3）模块化。

一个复杂问题肯定是由若干稍简单的问题构成的。模块化是把程序要解决的总目标分解为子目标,再进一步分解为具体的小目标,把每一个小目标称为一个模块。

（4）限制使用 goto 语句。

goto 语句是程序设计语言中的一个无条件转移语句,一般用在模块中改变程序执行的顺序。在程序中过多地使用 goto 语句,会使程序变得难以理解。从提高程序清晰度考虑,一般建议不使用 goto 语句。

2) 结构化程序设计的基本结构

结构化程序设计的 3 种基本结构是顺序结构、选择结构和循环结构。

（1）顺序结构。

顺序结构是最基本、最常用的结构,如图 5.1 所示。顺序结构就是按照程序语句的书写顺序一条一条地执行。

（2）选择结构。

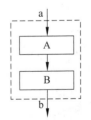

图 5.1 顺序结构

选择结构又称为分支结构,包括单分支结构、双分支结构和多分支结构。选择结构是根据设定的条件,判断应该执行哪一条语句。单分支结构和双分支结构如图5.2所示。

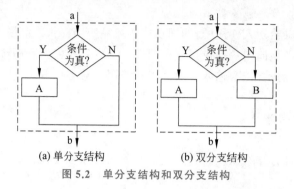

图5.2 单分支结构和双分支结构

(3) 循环结构。

循环结构又称为重复结构,是根据给定的条件,判断是否需要重复执行相同的程序段。利用循环结构可以简化大量的代码。循环结构分为当型循环结构和直到型循环结构,如图5.3所示。

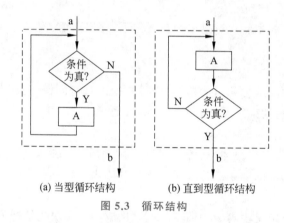

图5.3 循环结构

通过图5.1~图5.3可知,结构化程序设计的每种结构只有一个入口和一个出口,这是结构化程序设计的一个原则。根据结构化程序设计方法设计出的程序易于阅读、理解和维护,同时还提高了编程的工作效率,降低了软件开发成本。

2. 面向对象程序设计

面向对象方法已经发展成为主流的软件开发方法。面向对象的本质就是主张从客观世界固有的事物出发来构造系统,提倡用人类在现实生活中常用的思维方法来认识、理解和描述客观事物,系统中的对象以及对象之间的关系能够如实地反映固有事物及其关系。

1) 面向对象方法的基本概念

(1) 对象。

对象是面向对象方法中最基本的概念。对象可以用来表示客观世界中的任何实体。也就是说,应用领域中任何有意义的、与所要解决的问题有关系的事物都可以作为对象。

它既可以是具体的物理实体的抽象,也可以是人为的概念,或者是任何有明确边界和意义的东西。例如,一个学生、一张桌子、一笔贷款等都可以作为一个对象。

面向对象程序设计方法中涉及的对象是系统中用来描述客观事物的一个实体,是构成系统的一个基本单位,由一组表示其静态特征的属性和它可执行的一组操作组成。例如,一辆汽车是一个对象,它包含了汽车的属性(如颜色、型号、载重量等)及其操作(如发动、转弯、刹车等)。

对象具有的特点是标识唯一性、分类性、多态性、封装性、模块独立性好等。

(2) 类和实例。

将属性、操作相似的对象归为类。也就是说,类是具有共同属性、共同方法的对象的集合。类是对象的抽象,它描述了该对象类型的所有对象的性质,而一个对象则是其对应类的一个实例。注意,当使用"对象"这个术语时,既可以指一个具体的对象,也可以泛指一般的对象;但是当使用"实例"这个术语时,对象指的是一个具体的对象。

例如,人类是一个类,它描述了所有人的性质,因此任何人都是人类的对象,而一个具体的人,如张三,就是人类的一个实例。

(3) 消息。

面向对象的世界是通过对象与对象间彼此的相互合作来推动的,对象间的这种相互合作需要一个机制来协助完成,这种机制称为"消息"。消息是一个实例与另一个实例之间传递的信息,它是请求对象执行某一处理或回答某一要求的消息。

例如,一个汽车对象具有"行驶"这项操作,那么让汽车以 60km 的速度行驶时,需要传递给汽车"行驶"及 60km 的消息。

(4) 继承。

继承是面向对象方法的一个主要特征。继承是使用已有的类定义作为基础建立新类的定义技术。已有的类可被当作基类来引用,新类可被当作派生类来引用。从广义上说,继承是指能够直接获得已有的性质和特征,而不必重复定义它们的一种技术。图 5.4 给出了实现继承机制的原理。

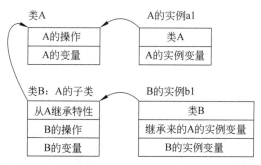

图 5.4 实现继承机制的原理

继承具有传递性,若类 C 继承类 B,类 B 继承类 A,则类 C 继承类 A。因此,一个类实际上继承了它上层的全部基类的特性。也就是说,属于某类的对象除了具有该类所定义的特性外,还具有该类上层全部基类定义的特性。

(5) 封装性。

封装指的是类中定义的数据只能被类中定义的方法访问,除此之外别无他法。封装的结果使对象以外的部分不能随意存取对象的内部属性,从而有效地避免了外部错误对它的影响,大大减小了查错和排错的难度。另外,当对对象内部进行修改时,因为它只通过少量的外部接口对外提供服务,所以减小了内部的修改对外部的影响。封装机制将对象的使用者与设计者分开,使用者不必知道对象行为实现的细节,只需用设计者提供的外部接口让对象去做。封装的结果实际上隐蔽了复杂性,并提供了代码重用性,从而降低了软件开发的难度。

(6) 多态性。

对象根据所接收的消息而做出动作,同样的消息被不同的对象接收时,可导致完全不同的行为,该现象称为多态性。多态性是指对象可以像父类那样使用,同样的消息既可以发送给父类对象,也可以发送给子类对象。多态性机制不仅增加了面向对象软件系统的灵活性,还进一步减少了信息冗余,显著地提高了软件的可重用性和扩充性。

2) 面向对象方法的优点

面向对象方法日益受到人们的重视和应用,成为主流的软件开发方法,主要源于面向对象方法的以下优点。

(1) 与人类习惯的思维方法一致。

用计算机解决的问题都是现实世界中的问题,这些问题都由一些相互之间存在一定联系的事物组成,每个具体的事物都具有行为和属性两方面的特征。因此,把描述事物静态属性的数据结构和表示事物动态行为的操作放在一起构成一个整体,才能完整、自然地表示客观世界中的实体。

(2) 稳定性好。

面向对象方法基于对象模型,以对象为中心构造软件系统。它的基本做法是用对象模型模拟现实生活中的实体,以对象间的联系刻画实体间的联系。因为现实世界中的实体是相对稳定的,所以以对象为中心构造的软件系统也是比较稳定的。

(3) 可重用性好。

软件重用是指在不同的软件开发过程中重复使用相同或相似软件的过程。重用是提高软件生产效率的主要方法。

面向对象的软件开发技术在利用可重用的软件成分构造新的系统软件时有很大的灵活性。继承性机制使得子类不仅可以重用其父类的数据结构和程序代码,而且还可以在父类代码的基础上方便地修改和扩充,而这种修改并不影响对原有类的使用。

(4) 易于开发大型软件产品。

用面向对象方法开发软件时,可以把一个大型产品看作一系列本质上相互独立的小产品来处理,这样可以降低开发的技术难度,还使得对开发工作的管理变得容易。

(5) 可维护性好。

用面向对象方法开发的软件可维护性好,这主要是因为:用面向对象方法开发的软件稳定性比较好,比较容易修改,比较容易理解,而且易于测试和调试。

5.1.3 程序设计语言

程序设计语言就是用于书写计算机程序的一组记号和一组规则。程序设计人员把计划让计算机完成的工作用这些记号编排好程序,再交给计算机去执行。

1. 程序设计语言的分类

对程序设计语言可以从不同的角度进行分类,其中最常见的分类方法是根据程序设计语言与计算机硬件的联系程度将其分为 3 类,即机器语言、汇编语言和高级语言。前两类依赖于计算机硬件,被统称为低级语言;而高级语言与计算机硬件依赖关系较小。

1) 机器语言

机器语言是计算机硬件系统能够直接识别的计算机语言,不需要翻译。机器语言中的每一条语句实际上是一条二进制数形式的指令代码,由操作码和操作数组成。操作码指出应该进行什么样的操作,操作数指出参与操作的数据本身或它在内存中的地址。对于不同的计算机硬件,其机器语言是不同的。因此,针对某一种计算机所编写的机器语言,其程序多数不能在另一种计算机上运行。

例如,计算累加器 A=8+10 的机器语言程序及注释如表 5.1 所示。

表 5.1 计算 A=8+10 的机器语言程序及注释

机器语言程序	注　释
10110000 00001000	把 8 存放到累加器 A 中
00101100 00001010	将 10 与累加器中的 8 相加,结果存在 A 中
11110100	程序结束

由于机器语言程序是直接针对计算机硬件所编写的,因此它的执行效率比较高,能充分发挥计算机的速度性能。但是,用机器语言编写程序,工作量大,难于记忆,容易出错,调试修改麻烦,而且程序的直观性差,不容易移植。

2) 汇编语言

为了克服机器语言的缺点,汇编语言用助记符来代替机器指令的操作码,用地址符号代替操作数。由于这种符号化的做法,所以汇编语言也被称为符号语言。汇编语言要比机器语言直观,容易理解和记忆。例如,ADD 表示加,SUB 表示减,JMP 表示跳转,MOV 表示数据的传送指令等。

例如,8+10 加法题的汇编语言程序为

```
MOV  AX, 8H
MOV  BX, 0AH
ADD  BX, AX
```

用汇编语言编写的程序称为汇编语言源程序。由于计算机能够直接识别的只有机器语言,因此汇编语言的源程序是不能在计算机上直接运行的,而是需要用汇编程序把它翻译成机器语言程序后方可运行。

用汇编语言编写的程序比机器语言编写的程序易读、易检查、易修改，同时保持了机器语言执行速度快、占用存储空间少的优点。但是，汇编语言也是面向机器的语言，不具备通用性和可移植性。

3) 高级语言

高级语言是一类面向问题或面向对象的语言，它并不面向机器，不依赖于具体的计算机。在不同的平台上高级语言会被编译成不同的机器语言，而不是直接被计算机执行。

由于高级语言采用自然词汇，并使用与自然语言语法相近的语法体系，所以它的程序设计方法比较接近人们的思维习惯，编写出的程序更容易阅读和理解。

例如，计算 8+10，并把结果赋值给变量 c，在 C 语言中可将它表示成：

c=8+10;

高级语言的特点是易学、易用、易维护，人们可以更有效、更方便地利用它编写各种用途的计算机程序。高级语言独立于具体的计算机硬件，通用性和可移植性都比较好。

2. 常用的程序设计语言

常用的程序设计语言被分为两类：面向过程语言和面向对象语言。

1) 面向过程语言

面向过程语言使用传统的方法编程。它采用与计算机硬件程序相同的方法来执行程序。当程序员需要使用某一面向过程语言来解决问题时，他必须仔细设计算法，然后将算法翻译成指令。

常见的面向过程语言有 FORTRAN、Pascal、C 等，其中 C 语言是使用最广泛的高级语言之一。

(1) FORTRAN 语言。

FORTRAN 语言是世界上第一个被正式推广使用的高级语言。它是 1954 年被提出来的，1956 年开始正式使用，目前它仍然是数值计算领域所使用的主要语言。

FORTRAN 是 FORmula TRANslation 的缩写，意为"公式翻译"。它是为科学、工程问题或企事业管理中的那些能够用数学公式表达的问题而设计的，其数值计算的功能较强。

(2) Pascal 语言。

Pascal 语言是一种计算机通用的高级程序设计语言。它由瑞士 Niklaus Wirth 教授于 20 世纪 60 年代末设计并创立。Pascal 源于人名，是为了纪念 17 世纪法国著名哲学家和数学家 Blaise Pascal。Pascal 语言现已成为使用最广泛的基于 DOS 的语言之一，主要特点有：严格的结构化形式，丰富完备的数据类型，运行效率高，查错能力强。Pascal 语言还是一种自编译语言，这就使其大大提高了可靠性。Pascal 是结构化编程语言，具有简洁的语法和结构化的程序结构。因此，以前许多学校开设了 Pascal 这门计算机语言课。

Pascal 语言是最早出现的结构化编程语言，具有丰富的数据类型和简洁灵活的操作语句，适于描述数值和非数值的问题。

(3) C 语言。

C 语言是一种面向过程的计算机程序设计语言,它是目前众多计算机语言中举世公认的优秀的结构程序设计语言之一。它由美国贝尔实验室的 Dennis M. Ritchie 于 1972 年推出,1978 年后 C 语言已先后被移植到大、中、小及微型计算机上。C 语言可以作为工作系统设计语言,编写系统应用程序;也可以作为应用程序设计语言,编写不依赖计算机硬件的应用程序。C 语言具有很强的数据处理能力,应用范围广泛,不仅在软件开发方面,而且各类科研都需要用到 C 语言,适于编写系统软件以及二维、三维图形和动画制作软件等。

C 语言的优点:语法简洁紧凑,运算符和数据类型丰富,表达方式灵活实用,允许直接访问物理地址对硬件进行操作,生成目标代码质量高,程序执行效率高,可移植性好,表达力强。

2) 面向对象语言

一种计算机语言要称为面向对象语言必须支持几个面向对象的概念:类、对象、继承和多态。面向对象语言中,有一部分是新发明的语言,如 Smalltalk、Java 等。这些语言吸取了其他语言的精华,而又尽量剔除了它们的不足。因此,面向对象的特征明显,充满了生机。另外一些语言则是通过对现有的语言进行改造,增加了面向对象的特征演化而来的,如 Object Pascal、C++、Ada 95 等,其保留着对原有语言的兼容。

(1) C++ 语言。

C++ 语言是一种优秀的面向对象的程序设计语言。它是在 C 语言的基础上发展过来的,但是它比 C 语言更容易被人们学习和掌握。C++ 语言是由贝尔实验室的 Bjarne Stroustrup 设计和实现的,它兼具 Simula 语言和 C 语言的特性。C++ 最初的版本被称为带类的 C,在 1980 年被第一次投入使用,当时它只支持系统程序设计和数据抽象技术。支持面向对象程序设计的语言设施在 1983 年被加入 C++。在此之后,面向对象设计方法和面向对象程序设计技术逐渐进入了 C++ 领域。在 1985 年,C++ 第一次投入商业市场。1987—1989 年,支持泛型程序设计的语言设施也被加入了 C++。

C++ 语言的优点如下。

① C++ 直接、广泛地支持多种程序设计风格。

② C++ 给程序设计者更多的选择。

③ C++ 尽可能与 C 兼容,提供了一个从 C 到 C++ 的平滑过渡。

④ C++ 避免平台限定或没有普遍用途的特性。

⑤ C++ 不使用会带来额外开销的特性。

⑥ C++ 不需要复杂的程序设计环境。

(2) Java 语言。

Java 语言是一种简单的、跨平台的、面向对象的、分布式的、解释的、健壮的、安全的、结构的、中立的、可移植的、性能优异的、多线程的、动态的语言。Java 是由 Sun 公司于 1995 年 5 月推出的面向对象程序设计语言。

Java 语言的特征如下。

① Java 语言是简单的。Java 语言的语法与 C 语言和 C++ 语言很接近,使得大多数

程序员很容易学习和使用 Java。另外,Java 丢弃了 C++ 中很少使用的、很难理解的那些特性。

② Java 语言是面向对象的。Java 语言提供类、接口和继承等原语,为了简单起见,只支持类之间的单继承,但支持接口之间的多继承,并支持类与接口之间的实现机制。

③ Java 语言是分布式的。Java 建立在扩展 TCP/IP 网络平台上。库函数提供了用 HTTP 和 FTP 传送和接收信息的方法,这使得程序员使用网络上的文件和使用本机文件一样容易。

④ Java 语言是健壮的。Java 的强类型机制、异常处理、垃圾的自动收集等是 Java 程序健壮性的重要保证。

⑤ Java 语言是安全的。Java 舍弃了 C++ 的指针对存储器地址的直接操作,程序运行时,内存由操作系统分配,这样可以避免病毒通过指针侵入系统。Java 对程序提供了安全管理器,防止程序的非法访问。

⑥ Java 语言是体系结构中立的。Java 程序在 Java 平台上被编译为体系结构中立的字节码格式,然后可以在实现这个 Java 平台的任何系统中运行。这种途径适合于异构的网络环境和软件的分发。

⑦ Java 语言是可移植的。这种可移植性来源于体系结构中立性。另外,Java 还严格规定了各个基本数据类型的长度。Java 系统本身也具有很强的可移植性。Java 编译器是用 Java 实现的,而 Java 的运行环境是用 ANSI C 实现的。

⑧ Java 语言是多线程的。Java 语言支持多个线程的同时执行,并提供多线程之间的同步机制。

3. 程序设计语言处理系统

用机器语言编写的程序可以直接在计算机上执行,而用其他程序设计语言编写的程序都不能直接在计算机上执行,需要对其进行适当的变换。语言处理系统的作用就是把用程序设计语言编写的程序变换成在计算机上可执行的程序。负责完成这些功能的软件是汇编程序、解释程序和编译程序,它们统称为程序设计语言处理系统。

1) 汇编程序

用汇编语言编写的程序称为汇编语言源程序,转换成机器语言的程序为目标程序。汇编语言源程序需要由一种"翻译"程序来将源程序转换为机器语言程序,这种翻译程序被称为汇编程序。

2) 编译程序

把用高级语言编写的源程序翻译成目标程序的过程称为编译。完成编译工作的软件称为编译程序。

源程序经过编译后,若无错误就会生成一个等价的目标程序,对目标程序进行连接、装配后,便得到执行程序,最后运行执行程序。执行程序全部由机器指令组成,运行时不依附于源程序,运行速度快。但这种方式不够灵活,每次修改源程序后,都必须重新编译和连接。目前使用的 FORTRAN、C、Pascal 等高级语言都采用这种方式。

3）解释程序

解释程序也是将高级语言转换为机器能够识别的语言。与编译程序不同的是,解释程序是边扫描源程序边进行翻译,然后执行,即解释一句,执行一句,不生成目标程序。这种方式运行速度慢,但执行中可以进行人机对话,随时改正源程序中的错误。以前流行的 BASIC 语言大都采用这种方式处理。编译程序与解释程序的区别如图 5.5 所示。

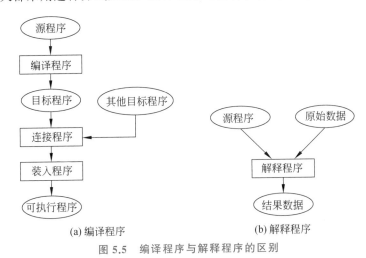

图 5.5 编译程序与解释程序的区别

5.2 算法概述

计算机系统中的任何软件都是由大大小小的各种程序模块组成的,它们按照特定的算法来实现,算法的好坏直接决定了所实现软件性能的优劣。用什么样的方法来设计算法,所设计的算法需要什么样的资源,需要多少运行时间和多少存储资源等问题,都是在实现一个软件时所必须要解决的。计算机中的各类软件,包括操作系统、语言编译系统和数据库管理系统等,都必须用一个个的具体算法来实现。因此,算法设计是计算机科学的一个核心问题。

算法概述

5.2.1 算法的概念

对于算法的概念,不同的专家有不同的定义方法,但这些定义的内涵基本是一致的。这些定义中最为著名的是计算机科学家 Donald E. Knuth 在其经典著作《计算机程序设计艺术(卷 1):基本算法》中对算法的定义和特性所做的有关描述:算法就是一个有穷规则的集合,其中的规则确定了一个解决某一特定类型问题的运算序列。此外,算法的规则序列需要满足以下 5 个重要特性。

(1) 有限性:算法在执行有限步之后必须终止。

(2) 确定性:算法的每一个步骤都有精确的定义,要执行的每一个动作都是清晰的、无歧义的。

(3) 输入：一个算法有 0 个或多个输入，它是由外部提供的，作为算法开始执行前的初始值或初始状态。

(4) 输出：一个算法有一个或多个输出，这些输出与输入有着特定的关系，实际上是输入的某种函数。不同取值的输入，产生不同结果的输出。

(5) 可行性：算法中有待实现的运算都是基本的运算，原则上可以由人们用纸和笔，在有限的时间里精确地完成。

有限性和可行性是算法中很重要的两个特性。

下面介绍一个算法的实例，以加深读者对算法概念的理解。

【例 5.1】 给定两个整数 m 和 $n(m>n)$，求它们的最大公约数。

解：

算法 1：穷举法。

(1) $r=n$。

(2) 以 m 除以 r，n 除以 r，并令所得余数为 r_1、r_2。

(3) 若 $r_1=r_2=0$，则算法结束，r 为 m、n 的最大公约数；否则 $r=r-1$，继续步骤(2)。

(4) 输出结果 r。

算法 2：欧几里得辗转相除计算法。

(1) 以 m 除以 n，并令所得余数为 $r(r$ 必小于 $n)$。

(2) 若 $r=0$，算法结束，输出结果 n；否则，继续步骤(3)。

(3) 将 m 置换为 n，将 n 置换为 r，返回步骤(1)继续进行。

从上面的例子可以看出，同样的一个问题，可以有两种完全不同的解决方法，每种方法都是一个有穷规则的集合，其中的规则确定了解决最大公约数问题的运算序列。显然，两个算法在有穷步之后都会结束，算法中的每个步骤都有确切的定义，两个算法都有两个输入，一个输出，算法利用计算机可以求解，并最终得到正确的结果。

5.2.2 算法的表示

算法的表示方法主要有自然语言、流程图、N-S 流程图和伪代码等。

1.自然语言

自然语言即人们日常说话所使用的语言。如果计算机能完全理解人类的语言，按照人类的语言要求去解决问题，那么人工智能中的很多问题就不成为问题了，这也是人们所期望看到的结果。使用自然语言描述算法不需要专门的训练，同时所描述的算法也通俗易懂。

以求解 $sum=1+2+\cdots+n$ 为例来介绍算法的自然语言描述方法。

使用自然语言描述从 1 开始的连续 n 个自然数求和的算法。

(1) 确定 n 的值。

(2) 设等号右边的算式项中的初始值 i 为 1。

(3) 设 sum 的初始值为 0。

(4) 如果 $i \leqslant n$ 时,执行步骤(5);否则,转出执行步骤(8)。

(5) 计算 sum 加上 i 的值后,重新赋值给 sum。

(6) 计算 i 加 1,然后将值重新赋值给 i。

(7) 转去执行步骤(4)。

(8) 输出 sum 的值,算法结束。

从上面描述的求解过程不难发现,使用自然语言描述算法的方法虽然比较容易掌握,但是存在很大的缺陷。目前的技术还不能完全采用自然语言来描述算法,主要原因如下。

(1) 自言语言的歧义性容易导致算法执行的不确定性。

(2) 自然语言的语句一般太长,从而导致了用自然语言描述的算法太长。

(3) 由于自然语言表示的串行性,因此当一个算法中循环和分支较多时就很难清晰地表示出来。

(4) 自然语言表示的算法不便于翻译成计算机程序设计语言理解的语言。

自然语言的这些缺陷目前还是难以解决的。例如,有这样一句话——"武松打死老虎",我们既可以理解为"武松/打死/老虎",又可以理解为"武松/打/死老虎"。自然语言中的语气和停顿不同,就可能使他人对相同的一句话产生不同的理解。

2. 流程图

流程图是以特定的图形符号加上说明来表示算法的图。流程图用一些图框表示各种操作。用图形表示算法,直观形象,易于理解,结构清晰,同时不依赖于任何具体的计算机和计算机程序设计语言,有利于不同环境的程序设计。美国国家标准化协会规定了一些常用的流程图符号(见表 5.2),已为世界各国程序工作者所采用。

表 5.2 流程图符号

符　号	名　称	意　义
	作业的开始或结束	流程图的开始和结束
	处理	具体的任务或工作
	决策	不同方案选择
	流程线	指示路径方向
	输入输出	表示数据的输入输出操作
	文件	输入或输出文件
	预定义流程	使用某预定义处理程序
	注释	表示附注说明之用
	连接	流程图向另一流程图的出口或从另一地方的入口

流程图的 3 种基本结构的表示方法在前面已经介绍过,这里直接通过实例来展示流

程图的描述方法。还是以求解 sum＝1＋2＋…＋n 为例来介绍算法的流程图描述方法，如图 5.6 所示。

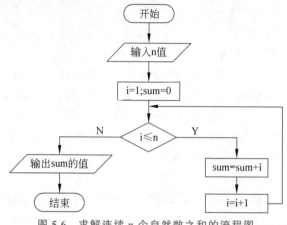

图 5.6　求解连续 n 个自然数之和的流程图

从图 5.6 所示的这个算法流程图中，可以比较清晰地看出求解问题的执行过程。但是在使用流程图时可能会出现使用者毫不受限地使流程随意地转向，如图 5.7 所示，这就使得流程图变得毫无规律，难以阅读、修改，使算法的可靠性和可维护性难以保证。因此，在使用流程图时必须限制箭头的滥用，不允许无规律地使流程随意转向，只能顺序地进行下去。

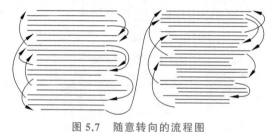

图 5.7　随意转向的流程图

3. N-S 流程图

N-S 流程图简称 N-S 图，也被称为盒图或 CHAPIN 图。N-S 图是在 1973 年由美国学者 I. Nassi 和 B. Shneiderman 提出来，并以两人姓氏的首字母来命名。N-S 图在原流程图的基础上完全去掉流程线，将全部算法写在一个矩形框内，在框内还可以包含其他框的流程图形式，即由一些基本的框组成一个大的框。N-S 图包括顺序、选择和循环 3 种基本结构，如图 5.8～图 5.10 所示。

图 5.8　顺序结构

(a) 双分支选择结构

CASE<条件>				
值1	值2	…	值n	其他
语句块1	语句块2	…	语句块n	语句块

(b) 多分支选择结构

图 5.9　选择结构

还是以求解 sum＝1＋2＋…＋n 为例来介绍算法的 N-S 图描述方法,如图 5.11 所示。

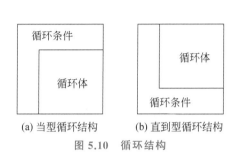

(a) 当型循环结构　(b) 直到型循环结构

图 5.10　循环结构

图 5.11　求 n 个自然数之和的 N-S 图

从图 5.11 所示的 N-S 图中,可以比较清晰地看出求解问题的执行过程。N-S 图强制设计人员按结构化设计的方法进行思考并描述其设计方案。N-S 图除了表示几种标准结构的符号之外,不再提供其他描述手段,这就有效地保证了设计的质量,从而也保证了程序的质量。

N-S 图形象直观,具有良好的可见度,所以容易理解设计意图,为编程、复查、选择测试用例和维护都带来了方便,同时 N-S 图简单、易学、易用,因此也是软件设计时常用的算法描述方法。

4. 伪代码

用流程图或 N-S 图来描述算法虽然形象直观,但在算法设计过程中使用起来并不十分方便,特别是当算法稍微复杂一点时不易修改。在实际的算法设计中,为了清晰方便地描述算法,常常使用自然语言或计算机语言或类计算机语言来描述。这里的类计算机语言是一种非计算机语言,借用了一些高级语言的某些成分,没有加入严格的规则,而且不能够被计算机所接受,因此称其为"伪代码"。其功能是使程序员像使用英语或汉语那样,非常自然地表达程序逻辑的思想,以便集中精力考虑解题算法而不受形式上的约束。

还是以求解 sum＝1＋2＋…＋n 为例来介绍算法的伪代码描述方法。

```
算法开始;
输入 n 的值;
i←1;
sum←0;
do while i<=n
{   sum←sum+i;
    i←i+1;}
输出 sum 的值;
算法结束。
```

伪代码通常采用自然语言、数学公式和符号来描述算法的操作步骤,同时采用计算机高级语言的控制结构来描述算法步骤的执行顺序。通常要求使用者有一定的编程基础。

5.2.3 常用算法介绍

在计算机技术中涉及的算法比较多,本节简要介绍几个常用的算法。

1. 枚举法(穷举法)

基本思想:根据题目的部分条件确定答案的大致范围,然后在此范围内对所有可能的情况逐一验证,直到所有情况均通过验证。若某个情况符合题目条件,则为本题的一个答案;若全部情况验证完后均不符合题目的条件,则问题无解。

特点:算法简单,容易理解,运算量大。

【例 5.2】 百钱买百鸡问题。

假定公鸡每只 5 元,母鸡每只 3 元,小鸡 3 只 1 元。现有 100 元,要求买 100 只鸡,问共有几种购鸡方案。

问题分析:根据题目,设公鸡、母鸡、小鸡各为 x、y、z 只,列出方程如下:

$$\begin{cases} x+y+z=100 \\ 5x+3y+z/3=100 \end{cases}$$

利用穷举法,将各种可能的组合一一测试,输出符合条件的组合,即在各个变量的取值范围内不断变化 x、y、z 的值,穷举 x、y、z 全部可能的组合,若满足方程,则是一组解。通过 C 程序实现的代码如下:

```
#include<stdio.h>
void main()
{
    int cocks=0,hens,chicks;
    while(cocks<=20)
    {
        hens=0;
        while(hens<=33)
        {
            chicks=100-cocks-hens;
            if(5.0*cocks+3.0*hens+chicks/3.0==100.0)
            printf("公鸡%d 只,母鸡%d 只,小鸡%d 只\n",cocks,hens,chicks);
            hens++;
        }
        cocks++;
    }
}
```

输出结果为

公鸡 0 只,母鸡 25 只,小鸡 75 只
公鸡 4 只,母鸡 18 只,小鸡 78 只

公鸡 8 只,母鸡 11 只,小鸡 81 只

公鸡 12 只,母鸡 4 只,小鸡 84 只

2. 递推法(迭代法)

基本思想:利用问题本身所具有的某种递推关系求解问题。从初值出发,归纳出新值与旧值间存在的关系,从而把一个复杂的计算过程转换为简单过程的多次重复,每次重复都从旧值的基础上递推出新值,并由新值代替旧值。

【例 5.3】 小猴吃桃子问题。

小猴在一天内摘了若干桃子,当天吃掉一半多一个;第二天吃掉剩下的一半桃子多一个;以后每天都吃尚存桃子的一半多一个。直到第 10 天早上要吃时,只剩下一个了,问小猴共摘了多少个桃子。

问题分析:先从最后一天推出倒数第二天的桃子数,再从倒数第二天推出倒数第三天的桃子数……设第 n 天的桃子为 x,它是前一天的桃子数的一半少一个,即 $x_n = \frac{1}{2}x_{n-1} - 1$,则前一天的桃子数为 $x_{n-1} = (x_n + 1) \times 2$。

通过 C 程序实现的代码如下:

```
#include<stdio.h>
int main()
{
    int i;
    int x=1;
    for(i=0;i<9;i++)
        x=2*(x+1);
    printf("%d\n",x);
    return 0;
}
```

程序运行结果为

1534

3. 求最大值、最小值问题

基本思想:采用如同打擂台的方法。在 n 个数中,先假设第一个数为最大值,称为擂主,依次同第 $2,3,\cdots,n$ 个数据逐一比较,一旦某个数大,马上替换擂主;所有值比较完,最大值也就获得了。求最小值问题则先假设第一个数为最小值。

【例 5.4】 对输入的若干学生的成绩,求出最高分和最低分。

通过 C 程序实现的代码如下:

```
#include<stdio.h>
void main()
{
```

```
int n,max,min,a[50],i;
printf("请输入学生的人数(少于 50 人):");
scanf("%d",&n);
printf("请输入学生的成绩:");
for(i=0;i<n;i++)
{
    scanf("%d",&a[i]);
}
max=min=a[0];
for(i=1;i<n;i++)
{
    if(max<a[i])
        max=a[i];
    if(min>a[i])
        min=a[i];
}
printf("这%d名学生中成绩最高的是 d%,最低的是 d%",n,max,min);
}
```

4.交换两个变量的值

基本思想:由于计算机内存的特点,因此计算机中交换两个变量的值只能采取间接交换的方法。

举个形象的例子,有黑和蓝两个墨水瓶,但黑墨水装在了蓝墨水瓶里,而把蓝墨水装在了黑墨水瓶里,要求将其互换。

问题分析:两个瓶子的墨水不能直接交换,所以解决这一问题的关键是需要引入第三个墨水瓶。设第三个墨水瓶为白色,其交换步骤如下(见图 5.12,图中用灰色代表蓝色墨水瓶)。

(1)将蓝瓶中的黑墨水装入白瓶中。

(2)将黑瓶中的蓝墨水装入蓝瓶中。

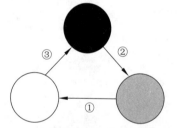

图 5.12 交换蓝黑两个墨水瓶中的墨水

(3)将白瓶中的黑墨水装入黑瓶中。

(4)交换结束。

【例 5.5】 $a=5,b=10$,交换 a、b 的值并输出。

通过 C 程序实现的代码如下:

```
Void  maid(void)
{   int  a=5, b=10, c;              /*定义 a、b、c 3个整型变量*/
    printf("交换前: a=%d, b=%d\n", a, b);   /*交换前输出 a 和 b 的值*/
    c=a;                            /*将 a 中的值赋值给 c*/
    a=b;                            /*将 b 中的值赋值给 a*/
    b=c;                            /*将 c 中的值赋值给 b*/
```

```
        printf("交换后: a=%d, b=%d\n", a, b);        /*交换后输出 a 和 b 的值*/
}
```

运行结果如下：

交换前：a=5, b=10
交换后：a=10, b=5

5. 排序算法

给定一个有 n 个元素的可排序的序列,如数字数据或字符串数据等,要求按照升序或降序方式重新排列。排序算法有很多,如冒泡排序法、选择排序法、插入排序法、合并排序法和快速排序法等。下面以选择排序法为例介绍排序算法的内容。

选择排序的基本思想：每一轮从待排序列中选取一个关键码最小的记录与第 i 个位置的记录进行交换,即第一轮从 n 个记录中选取关键码最小的记录与第 1 个位置的记录交换,第二轮从剩下的 $n-1$ 个记录中选取关键码最小的记录与第 2 个位置的记录进行交换,直到整个序列的记录选完。

【例 5.6】 给出一组关键字(28,6,72,85,39,41,13,20),排序后得到(6,13,20,28,39,41,72,85),其选择排序过程如下：

初始关键字：	28	6	72	85	39	41	13	20
第 1 轮选择后：	[6]	28	72	85	39	41	13	20
第 2 轮选择后：	6	[13]	72	85	39	41	28	20
第 3 轮选择后：	6	13	[20]	85	39	41	28	72
第 4 轮选择后：	6	13	20	[28]	39	41	85	72
第 5 轮选择后：	6	13	20	28	[39]	41	85	72
第 6 轮选择后：	6	13	20	28	39	[41]	85	72
第 7 轮选择后：	6	13	20	28	39	41	[72]	85

通过 C 程序实现的代码如下：

```
void SelectionSort(int n, int Array[ ])        /*Array[]中存储的是待排序的序列*/
{   int i, j, min, t;                          /*定义 4 个整型变量*/
    for(i=0; i<=n-2; i++)                      /*进行 n-1 遍扫描寻找最小元素*/
      { min=i;                                 /*记录当前扫描最小元素的位置*/
        for(j=i+1; j<=n-1; j++)                /*在 n-i 个元素中找最小元素*/
            if(Array[j]<Array[min])
                min=j;                         /*记录最小元素的下标位置*/
        /*利用 t 变量进行三角对换*/
        t=Array[i], Array[i]=Array[min], Array[min]=t;
      }
}
```

6. 查找算法

查找是指从给定的数据结构中查找某个给定的值。通常，根据不同的数据结构，应采用不同的查找方法。常用的查找算法有顺序查找、二分查找等。其中，顺序查找是直接从头到尾搜索集合中满足条件的值，二分查找是必须首先将集合按照降序或升序排序，然后利用折半技术搜索集合中满足条件的值。所以，当集合是有序时，使用折半查找效率高、速度快。下面主要介绍二分查找算法。

二分查找只适用于顺序存储的有序表，其基本思想是：设有序线性表的长度为 n，被查找元素为 x，则二分查找的方法如下。

（1）将 x 与线性表的中间项进行比较。

（2）若中间项的值等于 x，则说明查找到，查找结束。

（3）若 x 小于中间项的值，则在线性表的前半部分以相同的方法进行查找。

（4）若 x 大于中间项的值，则在线性表的后半部分以相同的方法进行查找。

（5）这个过程一直进行到查找成功或子表长度为 0 为止。

【例 5.7】 有序表中关键字序列为 3，10，13，17，40，43，50，70，要查找关键字值为 43 的数据元素。

查找过程如图 5.13 所示，先将顺序表二分，然后将关键字值 43 的元素与表的中间元素（mid＝4 的元素）17 比较，43 大于 17，则在表的后半部分以相同的方法查找，只需两轮比较就查找成功。

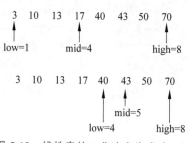

图 5.13 线性表的二分法查找成功示例

显然，当有序线性表为顺序存储时，采用二分法查找的效率比较高。

软件工程概述

5.3 软件工程概述

软件产业作为一个独立形态的产业，正在全球经济中占据越来越重要的地位，而软件工程正是软件产业健康发展的关键技术之一。从 1968 年软件工程概念正式提出到现在，软件工程正在逐步发展为一门成熟的专业学科，以解决软件生产的质量和效率问题为宗旨，在软件产业的发展中起到重要的技术保障和促进作用。

5.3.1 软件危机

在 20 世纪 60 年代以前，计算机刚刚投入实际使用，软件设计往往只是为了一个特定的应用而在指定的计算机上设计和编制，采用密切依赖于计算机的机器代码或汇编语言，软件的规模比较小，文档资料通常也不存在，很少使用系统化的开发方法，设计软件往往等同于编制程序，基本上是个人设计、个人使用、个人操作、自给自足的私人化的软件生产方式。

20世纪60年代中期,大容量、高速度计算机的出现使计算机的应用范围迅速扩大,软件开发急剧增长。高级语言开始出现,操作系统的发展引起了计算机应用方式的变化;大量数据处理导致第一代数据库管理系统的诞生。软件系统的规模越来越大,复杂程度越来越高,软件可靠性问题也越来越突出。原来的个人设计、个人使用的方式不再能满足要求,迫切需要改变软件生产的方式,提高软件生产率,软件危机开始爆发。软件危机是指在计算机软件的开发和维护过程中所遇到的一系列严重问题,主要有以下一些表现形式。

(1) 软件开发费用和进度失控。费用超支、进度拖延的情况屡屡发生。有时为了赶进度或压低成本不得不采取一些权宜之计,这样又往往严重损害了软件产品的质量。

(2) 软件的可靠性差。尽管耗费了大量的人力、物力,而系统的可靠性却越来越难以保证,出错率大大增加。

(3) 生产出来的软件难以维护。很多程序缺乏相应的文档资料,程序中的错误难以定位,难以改正,有时改正了已有的错误又引入了新的错误。随着软件的拥有量越来越大,维护占用了大量人力、物力和财力。进入20世纪80年代以来,尽管软件工程研究与实践取得了可喜的成就,软件技术水平有了长足的进展,但是软件生产水平依然远远落后于硬件生产水平的发展速度。

(4) 用户对"已完成"的系统不满意现象经常发生。一方面,许多用户在软件开发的初期不能准确完整地向开发人员表达他们的需求;另一方面,软件开发人员常常在对用户需求还没有正确全面认识的情况下,就急于编写程序。

为了克服软件危机,1968年10月在北大西洋公约组织召开的计算机科学会议上,第一次讨论了软件危机问题,并正式提出"软件工程"一词,从此一门新兴的工程学科——软件工程学——为研究和克服软件危机应运而生。

5.3.2 软件工程

1. 软件工程的定义

关于软件工程(software engineering)的定义有很多。1993年IEEE给出的软件工程的定义是,软件工程是将系统化的、规范的、可度量的方法应用于软件的开发、运行和维护过程,即将工程化应用于软件中的方法的研究。目前人们给出的一般定义是:软件工程是一门旨在生产无故障的、积极交付的、在预算之内的和满足用户需求的软件的学科。实质上,软件工程就是采用工程的概念、原理、技术和方法来开发与维护软件,把经过实践考验而证明正确的管理方法和最先进的软件开发技术结合起来,应用到软件开发和维护过程中以解决软件危机问题。

软件工程包括三要素:方法、工具和过程。

软件工程方法为软件开发提供了"如何做"的技术。它包括多方面的任务,如项目计划与估算、软件系统需求分析、数据结构、系统总体结构的设计、算法过程的设计、编码、测试以及维护等。

软件工具为软件工程方法提供了自动的或半自动的软件支撑环境。目前,已经推出了许多软件工具,这些软件工具集成起来,建立起了被称为计算机辅助软件工程(CASE)的软件开发支撑系统。CASE 将各种软件工具、开发机器和一个存放开发过程信息的工程数据库组合起来形成一个软件工程环境。

软件工程的过程则是将软件工程的方法和工具综合起来以达到合理、及时地进行计算机软件开发的目的。过程定义了方法使用的顺序、要求交付的文档资料、为保证质量的协调变化所需要的管理以及软件开发各个阶段完成的里程碑。

2. 软件工程的目标

软件工程的目标是,在给定成本、进度的前提下,开发出具有可修改性、有效性、可靠性、可理解性、可维护性、可重用性、可适应性、可移植性、可追踪性和可互操作性并且满足用户需求的软件产品。追求这些目标有助于提高软件产品的质量和开发效率,减少维护的困难。

3. 软件工程的原则

为了达到软件工程的这些目标,在软件开发过程中必须遵循下列软件工程的原则:抽象、信息隐藏、模块化、局部化、一致性、确定性、完备性和可验证性。

5.3.3 软件生存周期

1. 软件生存周期

软件生存周期(software life cycle)又称为软件生命期或生存期,是指从形成开发软件概念起,开发的软件使用以后,直到失去使用价值消亡为止的整个过程。

一般来说,整个生存周期包括软件定义、软件开发和运行维护 3 个时期,每一个时期又划分为若干阶段。每个阶段有明确的任务,这样使规模大、结构复杂和管理复杂的软件开发变得容易控制和管理。

1) 软件定义时期

软件定义时期的主要任务是解决"做什么"的问题,调查用户需求,分析新系统的主要目标,分析开发该系统的可行性,导出实现工程目标应使用的策略及系统必须完成的功能,估计完成工程需要的资源和成本,指定工程进度表。该时期的工作也就是常说的系统分析,由系统分析员完成。该时期通常被分为 3 个阶段:问题定义、可行性研究和需求分析。

(1) 问题定义。

这是软件定义时期的第一步,主要弄清"用户需要计算机解决什么问题"。由系统分析员根据对问题的理解,提出关于"系统目标与范围的说明",请用户审查和认可。

(2) 可行性研究。

其目的是为前一步提出的问题寻求一种至数种在技术上可行且经济上有较高效益的可操作解决方案。

(3) 需求分析。

需求分析的任务在于弄清用户对软件系统的全部需求,并用"需求规格说明书"的形式准确地表达出来。说明书中应包括对软件的功能需求、性能需求、环境约束和外部接口等的描述。这些文档既是对用户认可的软件系统逻辑模型的描述，也是下一步进行设计的依据。

2) 软件开发

软件开发时期的主要任务是解决"如何做"的问题，具体设计和实现前一时期定义的软件。通常由总体设计、详细设计、编码和测试 4 个阶段组成。

(1) 总体设计。

在总体设计阶段，首先要设想出若干供用户选择的合理设计方案，并准备好所需的相关资料。在提交用户选择之前，进行对比，参考用户的需求情况，为用户推荐最佳方案。在用户接受了设计方案后，就着手进入结构设计阶段。这个阶段要求软件设计者确定程序是由哪些模块组成的，各模块分别完成什么样的功能，它们之间存在着什么样的关系。

(2) 详细设计。

详细设计阶段的任务就是把解决方法具体化，在总体设计的基础上进一步细化，得到软件详细的数据结构和算法。在总体设计和详细设计阶段要编写设计文档。

(3) 编码。

编码阶段的任务是将软件的详细设计转换成用程序设计语言实现的程序代码。与"需求分析"和"软件设计"（总体设计和详细设计）相比，编码要简单许多，通常由初级程序员担任。

(4) 测试。

测试是软件开发的最后一个阶段。该阶段是为了寻找软件缺陷而执行程序的过程。测试的目的是尽可能发现软件的缺陷，而不是证明软件的正确。软件测试按照不同的层次，又可细分为单元测试、综合测试、确认测试和系统测试等步骤。从其他角度还可以分成白盒测试、黑盒测试和灰盒测试等。软件测试工作分布于整个开发周期中。

3) 运行维护

运行维护是软件生存周期的最后一个环节。在这一时期的主要任务就是做好软件维护工作。对软件进行维护是为了保证软件在一个相当长的时期内能够正常运行。

软件各个时期的活动通常与要交付的产品密切相关，如开发文档、源程序代码和用户手册等。从经济学的意义上讲，考虑到软件庞大的维护费用远比软件开发的费用高，因而开发软件不能只考虑开发期间的费用，还应考虑软件生存期的全部费用。因此，软件生存周期的概念就变得很重要。

2. 软件过程模型

软件过程模型能清晰、直观地表达软件开发的全过程，明确规定了要完成的主要活动和任务，用来作为软件项目开发工作的基础。常见的软件过程模型有瀑布模型、原型模型、螺旋模型和并发模型等。

1) 瀑布模型

瀑布模型是 1970 年由 Royce 提出的，又称为线性模型。这个模型将软件生命周期划分为问题定义、需求分析、软件设计、编码、测试、运行和维护几个活动，如图 5.14 所示。

各项活动自上而下相互衔接,如同瀑布逐级下落,体现了不可逆转性。

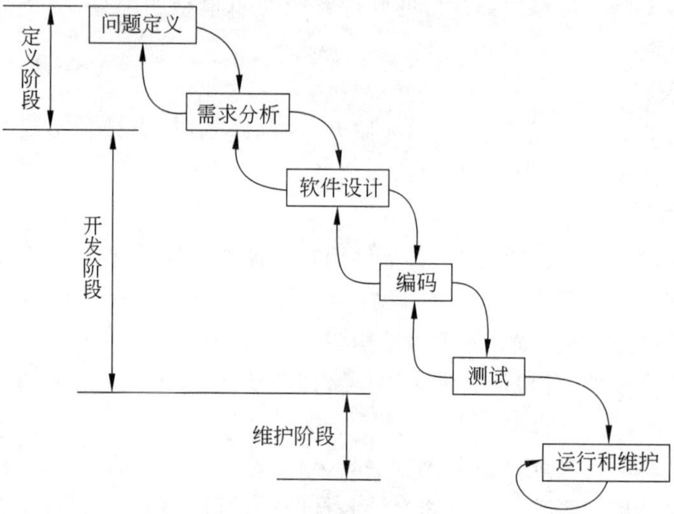

图 5.14 瀑布模型

在这个模型里,软件开发的各项活动严格按照现行方式进行,当前活动接受上一项活动的工作结果,实施完成所需的工作内容。当前活动的工作结果需要进行验证,如果验证通过,则将该结果作为下一项活动的输入,继续进行下一项活动;否则,返回修改。

瀑布模型在最初的 20 多年广为流行,一是由于它在支持开发结构化软件、控制并降低软件开发的复杂度以及促进软件开发工程化方面起到了显著的作用;二是由于它为软件开发和维护提供了一种当时较为有效的管理模式,根据这一模式制订开发计划,进行成本预算,组织开发力量,以项目的阶段评审和文档控制为手段,有效地对整个软件开发过程进行指导,从而保证了软件产品及时交付,并达到预期的质量要求。

瀑布模型的优点表现在:它强调开发的阶段性,强调早期计划和需求调查,以及强调产品测试。

2) 原型模型

由于在项目开发的初始阶段,人们对软件的需求认识常常不够清晰,因而使得开发项目难于做到一次开发成功,出现返工在所难免。因此,可以先做试验开发,以探索可行性,并弄清软件需求,在此基础上获得较为满意的软件产品。通常把第一次得到的试验性产品称为"原型",以可视化的形式展现给用户,及时征求用户意见,从而明确无误地确定用户需求,同时也可用于征求内部意见,作为分析和设计的接口之一,以便于沟通。

原型模型的基本思想是:原型模型从需求的采集和细化开始,然后快速设计,集中于软件中那些对用户可见的部分的表示,并最终创建原型,如图 5.15 所示。这个过程是迭代的。原型由用户评

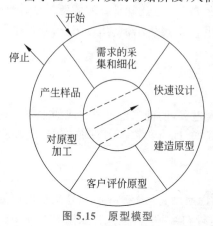

图 5.15 原型模型

估并进一步细化待开发软件的需求,通过逐步调整以满足用户要求,同时也使开发者对将要做的事情有一个更好的理解。

3) 螺旋模型

1998 年美国 TRW 公司提出的螺旋模型是一种特殊的原型方法,适用于规模较大的复杂系统。它将原型实现的迭代特征与线性顺序模型中控制和系统化的方面结合起来,并加入两者所忽略的风险分析,使得软件的增量版本的快速开发成为可能。

螺旋模型沿着螺旋线旋转,在 4 个象限上表达了 4 个方面的活动,如图 5.16 所示。

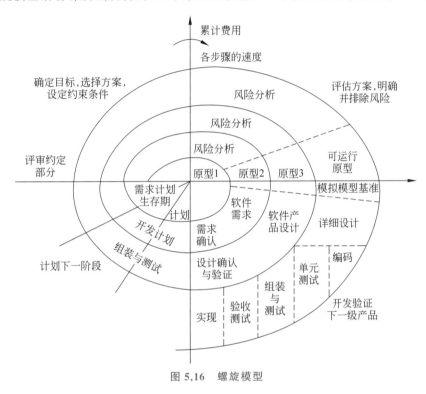

图 5.16 螺旋模型

(1) 制订计划:确定软件目标,选定实施方案,弄清项目开发的限制条件。

(2) 风险分析:分析所选方案,考虑如何识别和消除风险。

(3) 实施工程:实施软件开发。

(4) 客户评估:评价开发工作,提出修改建议。

螺旋模型对于具有高度风险的大型复杂软件系统的开发比较适用。该模型通常用来指导大型软件项目的开发。

4) 并发模型

并发模型也称为并发过程模型。它表达了在软件项目任一阶段的活动之间存在的并发性。并发过程模型大致可以表示为一系列的主要技术活动、任务以及它们的相关状态。

图 5.17 给出了并发过程模型中一个活动的图形表示。分析活动在任一给定时刻可能处于任一状态,其他活动也同样能用类似方式来表示。

并发过程模型可应用于所有类型的软件开发,并能提供关于一个项目当前状态的准确视图。该模型没有把软件工程活动限定为一个事件序列,而是定义为一个活动网络,其上的每一个活动均可与其他活动同时发生。在一个给定的活动中或活动网络的其他活动中产生的事件将触发一个活动状态的变迁。

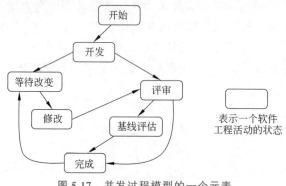

图 5.17　并发过程模型的一个元素

5）基于构件的开发模型

面向对象模型为软件工程的基于构件的过程模型提供了技术框架。基于构件的开发(CBD)模型(见图 5.18)融合了螺旋模型的许多特征,本质上是演化型的,要求软件创建迭代过程,但是基于构件的开发模型是利用预先封装好的软件构件来构造应用的。目前已有一些主要的公司和产业联盟提出了构件软件的标准。根据应用类别和依据的平台,已有一些大型软件组织选择使用以下 3 个标准:OMG/CORBA、微软公司的 COM 和 Sun 公司的 JavaBean 构件。

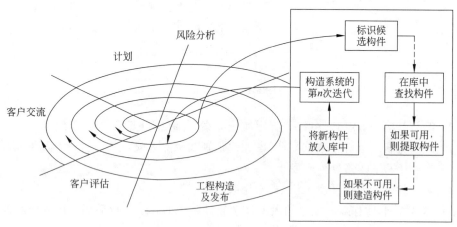

图 5.18　基于构件的开发模型

5.4　本章小结

程序设计是给出解决特定问题的程序的过程,是软件构造活动中的重要组成部分。程序设计往往以某种程序设计语言为工具,给出这种语言下的程序。程序设计过程应当包括分析、设计、编码、测试和排错等不同阶段。软件工程是一门研究用工程化方法构建和维护有效的、实用的和高质量的软件的学科。它涉及程序设计语言、数据库、软件开发工具、系统平台、标准和设计模式等方面。软件工程是研究和应用如何以系统性的、规范化的、可定量的过程化方法去开发和维护软件,以及如何把经过时间考验而证明正确的管理技术和当前能够得到的最好的技术方法结合起来。

本章首先介绍了程序设计的相关知识,包括程序设计方法及程序设计语言;然后介绍了算法和软件工程的相关内容,包括算法的概念、算法的表示方法、常用的算法、软件危机和软件生存周期等内容。

习题

一、选择题

1. 在各类程序设计语言中,相比较而言,( )程序的执行效率最高。
   A. 汇编语言　　　　　　　　B. 面向对象的语言
   C. 面向过程的语言　　　　　D. 机器语言

2. 下列关于程序设计语言的说法中正确的是( )。
   A. 高级语言程序的执行速度比低级语言程序快
   B. 高级语言就是自然语言
   C. 高级语言与机器无关
   D. 计算机可以直接识别和执行用高级语言编写的源程序

3. 在算法分析中,评判算法的好坏不必考虑( )。
   A. 正确性　　　　　　　　　B. 需要占用的计算机资源
   C. 易理解　　　　　　　　　D. 编程人员的爱好

4. 一般认为,计算机算法的基本性质有( )。
   A. 确定性、有穷性、可行性、输入、输出
   B. 可移植性、可扩充性、可行性、输入、输出
   C. 确定性、稳定性、可行性、输入、输出
   D. 确定性、有穷性、稳定性、输入、输出

5. 计算机硬件唯一能直接理解的语言是( )。
   A. 机器语言　　　　　　　　B. 汇编语言
   C. 高级语言　　　　　　　　D. 面向过程语言

6. 结构化程序设计方法的3种基本结构是( )。
   A. 程序、返回、处理　　　　B. 输入、输出、处理
   C. 顺序、选择、循环　　　　D. I/O、转移、循环

7. 在面向对象方法中,一个对象请求另一个对象为其服务的方式是发送( )。
   A. 调用语句　　B. 命令　　C. 口令　　D. 消息

8. 以下不是面向对象思想中的主要特征的是( )。

A. 多态　　　　B. 继承　　　　C. 封装　　　　D. 垃圾回收

9.（　　）不是程序的3种翻译方式之一。
A. 汇编　　　　B. 编译　　　　C. 结构化　　　D. 解释

10. 软件工程中的各种方法是完成软件工程项目的技术手段，它们支持软件工程的（　　）阶段。
A. 各个　　　　B. 前期　　　　C. 中期　　　　D. 后期

11. 在软件生命周期中，工作量所占比例最大的阶段是（　　）阶段。
A. 需求分析　　B. 设计　　　　C. 测试　　　　D. 维护

12. 开发软件所需高成本和产品的低质量之间有着尖锐的矛盾，这种现象是（　　）的一种表现。
A. 软件工程　　B. 软件周期　　C. 软件危机　　D. 软件产生

二、填空题

1. C++语言运行性能高，且与C语言兼容，已成为当前主流的面向（　　）的程序设计语言之一。

2. 对象的基本特点包括（　　）、分类性、多态性、封装性和模块独立性5个特点。

3. 在面向对象方法中，信息隐藏是通过对象的（　　）性来实现的。

4. 在面向对象方法中，使用已经存在的类定义作为基础建立新的类定义，这样的技术称为（　　）。

5. 对象根据所接收的消息而做出动作，同样的消息被不同的对象所接收时可能导致完全不同的行为，这种现象称为（　　）。

6. 软件工程由（　　）、（　　）和（　　）3部分组成，称为软件工程的三要素。

三、简答题

1. 程序设计语言主要有哪些？
2. 结构化程序设计的基本结构有哪些？
3. 什么叫算法？算法的特性有哪些？
4. 常用的算法描述方法有哪几种？分别用不同的描述方法描述结构化程序的3种基本结构。
5. 编写求最大值的算法。
6. 面向对象程序设计方法有哪些重要概念和基本特征？
7. 什么是软件危机？
8. 什么是软件工程？
9. 软件过程模型有哪几种？
10. 软件工程为什么要强调规范化和文档化？
11. 请简单说明结构化分析的主要步骤。
12. 面向对象的分析通常要建立3个模型，这3个模型的作用是什么？

第 6 章 数据结构基础

本章学习目标
- 熟练掌握数据结构的相关概念。
- 掌握线性表、栈、队列和二叉树的相关知识。
- 了解图的相关内容。
- 了解数据结构的基本运算。

本章首先介绍数据结构的相关知识,然后介绍几种有代表性的数据结构,包括线性表、栈、队列、树和图,并简单介绍各数据结构的存储结构和相关的运算。

6.1 数据结构概述

数据结构概述

随着计算机技术的迅猛发展以及广泛应用,计算机处理的对象不再局限于简单的数值,而更多的是表格、图像等相互之间具有一定联系的数据。这就需要了解计算机处理对象的特性,将实际问题中所涉及的数据在计算机中表示出来并对它们进行处理。

6.1.1 数据结构课程的地位

数据结构课程是计算机专业的一门核心专业基础课程,是一门理论与实践相结合的课程,它在整个计算机专业教学体系中处于举足轻重的地位。数据结构几乎是所有计算机相关专业核心课程(如数据库概论、软件工程、编译原理、操作系统等)的必修先行课,此外更是高层次的计算机应用处理技术及科学(如人工智能、模式识别、机器学习、网络信息处理及安全、多媒体技术等)所必需的一门课程。

计算机软件在设计之初首先要考虑数据结构,其次才是算法和编程。瑞士著名计算机科学家 Wirth 提出:程序设计=数据结构+算法,这个观点得到了计算机科学界的公认,可以看出数据结构在计算机科学中的重要性。基于该门课程的重要性,现在该课程已经是计算机相关专业研究生考试必考专业课之一,是反映学生数据抽象能力和编程能力的重要体现。

数据结构课程讨论现实世界中数据(即事物的抽象描述)的各种逻辑结构在计算机中的存储结构,以及进行各种非数值运算的方法,让学生学习、分析和研究计算机加工数据对象的特性,掌握数据的组织方法,以便选择合适的数据的逻辑结构和存储结构,设计相应的操作运算,把现实中的问题转化为在计算机内部的表示和处理。在计算机应用领域,尤其是在系统软件和应用软件的设计和应用中都要用到各种数据结构,这对提高软件设计和程序编制水平都有很大的帮助。

数据结构作为一门学科主要研究和讨论以下问题。
(1) 数据集合中各数据元素之间所固有的逻辑关系,即数据的逻辑结构。
(2) 在对数据进行处理时,各数据元素在计算机中的存储关系,即数据的存储结构。
(3) 对数据进行的各种运算。

6.1.2 基本概念和术语

利用计算机进行数据处理是计算机应用的一个重要领域。在进行数据处理时,实际需要处理的数据元素一般很多,而这些大量的数据元素都需要存放在计算机中。因此,大量的数据元素在计算机中如何组织,以便提高数据处理的效率,并且节省计算机的存储空间,是进行数据处理的关键问题。

数据结构所涉及的一些概念和术语如下。

1. 数据

数据是客观事物的符号表示,在计算机中是所有能输入计算机并能被计算机处理的符号的总称。数据可以是数值数据,如整数、实数和布尔数据等,主要用于工程计算或科学计算;也可以是非数值数据,如字符、文字、图像、声音等。

2. 数据元素

数据元素是数据的基本单位,在计算机程序中通常作为一个整体进行考虑和处理。例如,学生成绩管理系统中学生表的一条记录、城市通信布线图中的一个城市顶点等都称为一个数据元素。

3. 数据的逻辑结构

数据的逻辑结构是数据元素之间的逻辑上的联系,是从逻辑关系上来描述数据,通常把数据的逻辑结构简称为数据结构。因此,数据结构是相互之间存在一种或多种特定关系的数据元素的集合。在任何问题中,数据元素都不是孤立存在的,而是在它们之间存在着某种关系,这种数据元素相互之间的关系称为结构。根据数据结构中各数据元素之间前后关系的复杂程度,一般将数据结构分为两大类:线性结构和非线性结构。

(1) 线性结构。

如果一个非空的数据结构满足下列两个条件,则称该数据结构为线性结构。

① 有且只有一个根结点。

② 每一个结点最多有一个前驱,也最多有一个后继。

线性表、栈和队列都属于线性结构。

(2) 非线性结构。

如果一个数据结构不是线性结构,则称为非线性结构。在非线性结构中,各数据元素之间的前后关系要比线性结构复杂,一个结点可能有多个直接前驱和直接后继。因此,对非线性结构的存储处理比线性结构要复杂得多。树和图等都属于非线性结构。

常用的数据结构有集合、线性结构、树和图,如图 6.1 所示。

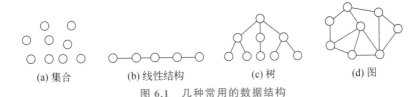

图 6.1　几种常用的数据结构

（1）集合:集合中的所有元素都属于同一集合,即只要满足结构中的所有元素都属于一个集合就是集合结构。这是一种极为松散的结构。

（2）线性结构:该结构的数据元素之间存在着一对一的关系。

（3）树:该结构的数据元素之间存在着一对多的关系。

（4）图:该结构的数据元素之间存在着多对多的关系,图结构也称为网状结构。

4. 数据的存储结构

数据的存储结构是数据的逻辑结构在计算机存储设备中的映像,包括数据元素的表示和关系的表示。数据的存储结构有两种:顺序存储结构和链式存储结构。

（1）顺序存储结构。

顺序存储结构是将逻辑上相邻的元素存储在物理位置上相邻的存储单元里,元素之间的逻辑关系由存储单元的邻接关系来体现。如图 6.2 所示,假设每个数据元素占用 k 个存储单元,表中第一个元素的存储地址为 S,则第 i 个元素的存储地址可由如下公式计算:

$$\text{LOC}(a_i)=\text{LOC}(a_1)+ik=S+ik$$

图 6.2　顺序存储结构

顺序存储结构的特点是借助于元素物理位置上的邻接关系来表示元素间的逻辑关系,这样可以随机地存取表中的任何一个元素。顺序存储结构的缺点也很明显,如元素的插入、删除需要移动大量的数据元素,操作效率低。另外,由于顺序存储结构要求连续的存储空间,存储空间必须预先分配,表的最大长度很难确定,最大长度估计过小会出现表满溢出,而估计过大又会造成存储空间的浪费。

（2）链式存储结构。

链式存储结构借助于指示数据元素地址的指针表示数据元素之间的逻辑关系。链表中的每个结点都由数据域和指针域两部分组成,如图 6.3 所示。其中,数据域存放元素本身的数据;指针域存放与其相邻接的元素的地址。在链式存储结构中只注重链表中结点的逻辑顺序,并不关心每个结点的实际存储位置,通常用箭头表示链域中的指针。图 6.4 所示为单链表存储结构。

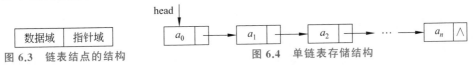

图 6.3　链表结点的结构　　图 6.4　单链表存储结构

5. 数据运算

不同的数据结构各有其相应的若干运算,常用的运算有插入、删除、修改、查找和排序等。实际上,数据的运算定义在数据的逻辑结构上,而其运算的具体实现在存储结构上进行。

6.2 几种经典的数据结构

几种经典的数据结构上半部分

6.2.1 线性表

1. 线性表的基本概念

几种经典的数据结构下半部分

线性表(linear list)是最简单、最常用的一种数据结构。线性表是线性结构的抽象,其本质特征是元素之间只有一维的位置关系。线性表中数据元素之间的关系是一对一的关系。线性表的特点是:除了第一个和最后一个数据元素外,其他数据元素都是首尾相接的,每个数据元素有唯一的前驱和唯一的后继;第一个元素没有前驱,最后一个元素没有后继。线性表可表示为

$$(a_1, a_2, \cdots, a_i, \cdots, a_n)$$

其中,$a_i(i=1,2,\cdots,n)$是属于数据对象的元素,通常也称其为线性表中的一个结点。数据元素可以是简单项,如英文小写字母表(a,b,…,z)中的各个小写字母,一年中的4个季节(春,夏,秋,冬)中的每一个季节;复杂的数据元素可以由若干数据项组成。例如,表6.1所示的学生表就可以被看成一个复杂的线性表,表中每个学生的情况组成了表中的每一个元素,每一个数据元素包括学号、姓名、性别、专业和出生日期5个数据项。

表6.1 学生表

学 号	姓 名	性 别	专 业	出生日期
201307024114	张慧媛	女	计算机	1994-2-25
201307024126	柳青	女	电子信息	1996-4-8
201405034209	韩旭	男	会计	1995-12-12
201405034208	赵琳琳	女	英语	1995-10-10
201405034213	袁小梅	女	安全工程	1996-2-19

非空线性表有如下特征。

(1) 有且只有一个根结点(无前驱)。
(2) 有且只有一个终端结点(无后继)。
(3) 除根结点与终端结点外,其他结点有且只有一个前驱,也有且只有一个后继。
线性表结点的个数 n 称为线性表的长度,当 $n=0$ 时,称为空表。

2. 顺序表的基本运算

采用顺序结构存储的线性表通常称为顺序表。顺序表的主要运算有插入、删除、修

改、查找以及顺序表的复制、逆序、合并、分解等。下面讨论顺序表的插入、删除和查找。

1) 插入

线性表的插入运算是指在表的第 $i(1\leqslant i\leqslant n+1)$ 个位置插入一个新的元素 x，使长度为 n 的线性表变成长度为 $n+1$ 的线性表，如图 6.5 所示。

图 6.5　插入运算示意图

在顺序表中，由于结点的物理顺序必须和结点的逻辑顺序保持一致，因此要将原表中位置 n、$n-1$、$\cdots$、i 上的结点依次后移到位置 $n+1$、n、$\cdots$、$i+1$ 上，空出第 i 个位置，然后在该位置上插入新结点 x。

如果插入运算在线性表的末尾进行，即在第 n 个元素之后插入新元素，则只要在表的末尾增加一个元素即可，不需要移动表中的元素；如果在表的第一个元素之前插入元素，则需要移动表中所有的元素，空出第一个元素的位置。

2) 删除

线性表的删除运算是指将表的第 i 个元素删去，使长度为 n 的线性表变成长度为 $n-1$ 的线性表，如图 6.6 所示。

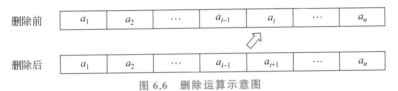

图 6.6　删除运算示意图

在顺序表中删除某个元素，需要将原表中位置 $i+1$、$\cdots$、$n-1$、n 上的结点依次前移到位置 i、$\cdots$、$n-2$、$n-1$ 的位置上。

如果删除运算在线性表的末尾进行，即删除第 n 个元素，则只需删除最后一个元素即可，不需要移动表中元素；如果删除表中第一个元素，则需要移动表中其他所有的元素。

3) 查找

查找运算可采用顺序查找法实现，即从第一个元素开始，依次将表中元素与被查找的元素相比较，若相等，则查找成功；否则，返回失败信息。

通过插入和删除运算可知，线性表的顺序存储结构对于数据量小的线性表或者元素不常变动的线性表来说是合适的，而对于元素常常变动的大数据表来说就不太合适了。

3. 单链表的基本运算

采用链式结构存储的线性表通常称为链表。从链接方式看，链表可分为单链表、双向链表和循环链表。下面只讨论单链表的基本运算，包括单链表的插入、删除和查找。

1) 插入

单链表的插入运算是指在表的第 $i(1\leqslant i\leqslant n+1)$ 个位置插入一个值为 x 的新结点,插入操作需要从单链表的头地址开始遍历,直到找到第 $i-1$ 个结点的位置,如图 6.7 所示。然后经过两步把新结点插入链表中,第一步将第 i 个结点设置为新结点的后继;第二步将新结点设置为第 $i-1$ 个结点的后继。注意,在插入操作时,两个步骤不能颠倒,否则会丢掉第 i 个结点的链。

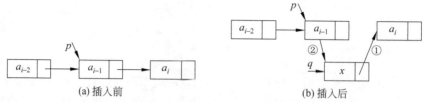

图 6.7 单链表的插入操作

从插入的操作可知,在第 i 个结点处插入结点的时间主要消耗在查找的操作上,因为单链表的查找需要从头开始,一个结点一个结点地遍历。但是找到结点后的操作很简单,不需要数据元素的移动,因为单链表不需要连续的空间,这是单链表的优点。

2) 删除

单链表的删除运算是指删除第 i 个位置的结点。删除操作也需要从单链表的头地址开始遍历,直到找到第 i 个位置的结点。在删除操作中,若 i 为 1,则要删除第一个结点,需要把该结点的直接后继结点的地址赋给头地址(head),对于其他结点,由于要删除结点,所以在遍历过程中需要保存被遍历到的结点的直接前驱,找到第 i 个结点后,把该结点的直接后继作为该结点直接前驱的直接后继,如图 6.8 所示。

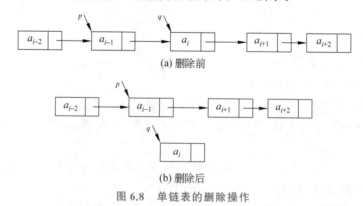

图 6.8 单链表的删除操作

3) 查找

单链表中的按值查找是指在表中查找其值满足给定值的结点。查找运算同样还是从头地址开始遍历,依次将被遍历到的结点的值与给定值进行比较,若相等,则返回查找成功信息;否则,返回失败信息。

6.2.2 栈和队列

栈和队列是两种特殊的线性表,它们是限定只能在表的一端或两端进行插入、删除元素的线性表,这两种数据结构在计算机程序设计中使用非常广泛。

1. 栈

1) 栈的定义

栈(stack)也可称为堆栈,是一种特殊的线性表。这种线性表只允许在线性表的一端(称为栈顶,top)进行插入和删除运算,而栈的另一端则称为栈底(bottom)。当栈中没有元素时,称为空栈。

如果把一列元素依次送入栈中,然后再将它们取出来,则可以改变元素的排列次序。例如,将 a_1、a_2、$\cdots$、a_n 依次送入一个栈中,如图 6.9 所示,a_1 是第一个进栈的元素,称为底元,a_n 是最后一个进栈的元素,称为顶元。现将栈中的元素依次取出来可得到 a_n、$\cdots$、a_2、a_1。也就是说,后进栈的元素先出栈,先进栈的元素后出栈,这是栈结构的重要特征。因此,栈又被称为后进先出表(Last In First Out,LIFO)或先进后出表(First In Last Out,FILO)。

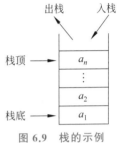

图 6.9 栈的示例

可以把栈看作一个箱子里放置的一摞书,要从这摞书中取出一本或向这摞书中放入一本,只有在顶部操作。

2) 栈的运算

栈的存储结构也有两种:顺序存储结构和链式存储结构。这里主要讨论栈的顺序存储结构。

顺序栈是使用顺序存储结构的栈,是指分配一块连续的存储区域,依次存放自栈底到栈顶的数据元素,同时设指针 top 来动态地指示栈顶元素的当前位置。

在栈的顺序存储空间 $S(1:m)$ 中,通常 $S(\text{bottom})$ 为栈底元素,$S(\text{top})$ 为栈顶元素。top=0 表示栈空,top=m 表示栈满,如图 6.10 所示。

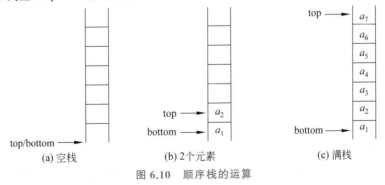

图 6.10 顺序栈的运算

栈的基本运算有 3 种：入栈运算、出栈运算与读栈顶元素。

（1）入栈运算。

入栈运算是指在栈顶位置插入一个新元素。该运算有两个基本操作：首先将栈顶指针加 1(top＋1)，然后将新元素插入栈顶指针指向的位置。若栈顶指针已经指向存储空间的最后一个位置，说明栈空间已满，不能进行入栈操作。

（2）出栈运算。

出栈运算是指取出栈顶元素并赋值给一个指定的变量。这个运算有两个基本操作：首先将栈顶元素赋值给指定的变量，然后将栈顶指针减 1(top－1)。若栈顶指针为 0 时，说明栈空，不能进行出栈操作。

（3）读栈顶元素。

读栈顶元素是指将栈顶元素赋值给一个指定的变量。注意，这个运算不删除栈顶元素，因此栈顶的指针不变。当栈顶指针为 0 时，说明栈空，读不到栈顶元素。

对于链式存储结构的栈运算都是在链表的头进行，读者可以自己思考一下，此处不再详细介绍。

2. 队列

1）队列的定义

队列是另一种特殊的线性表，在这种表中，删除运算限定在表的一端进行，而插入操作在表的另一端进行。约定把允许插入的一端称为队尾(rear)，把允许删除的一端称为队首(front)。位于队首和队尾的元素分别叫作队首元素和队尾元素。

如果把一列元素依次送入队列中，然后再将它们取出来，则不会改变元素的排列次序。例如，将 a_1、a_2、$\cdots$、a_5 依次送入一个队列中，如图 6.11 所示，则将它们取出后仍然是 a_1、a_2、$\cdots$、a_5。因此，队列又被称为先进先出表(First In First Out，FIFO)。这与日常生活中的队列是一致的，等待服务的顾客总是按到达的先后次序排列成一队，先得到服务的顾客总是站在队首的先来者，而后到的人总是排在队列的末尾等待。

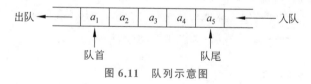

图 6.11　队列示意图

队列的顺序存储结构和栈类似，常借助于一维数组来存储队列中的元素，为了指示队首和队尾的位置，需设置首、尾两个指针，并约定首指针总是指向队列中实际队首元素的前一个位置，而尾指针总是指向队尾元素。

图 6.12 是在队列中插入和删除元素的示意图。

2）队列的运算

在实际应用中，队列的顺序存储结构一般采用循环队列的形式。所谓循环队列，就是将队列存储空间的最后一个位置链接到第一个位置，形成逻辑上的环状空间，供队列循环

图 6.12 队列的运算示意图

使用,如图 6.13 所示。

在循环队列中,用尾指针 rear 指向队列中的队尾元素,用首指针 front 指向队列中的队首元素的前一个位置。因此,从 front 指向的后一个位置到 rear 指向位置之间的所有元素即为队列元素。

循环队列的初始状态为空,即 rear=front=m。

图 6.14(a)是一个容量为 6 的循环队列,且其中已有 4 个元素;图 6.14(b)是在循环队列中加入两个元素后的状态;图 6.14(c)是删除一个元素后的状态。

由图 6.14 中循环队列动态变化的过程可以看出,当循环队列满时有 front=rear,而当循环队列空时也有 front=rear,即在循环队列中,当 front=rear 时,不能确定队列是满还是空。因此,在实际使用时,为了区分队列是满还是空,通常引入一个变量 s,当 $s=0$ 时,表示队列为空;当 $s=1$ 时,表示队列为满。

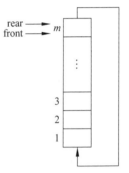

图 6.13 循环队列存储空间示意图

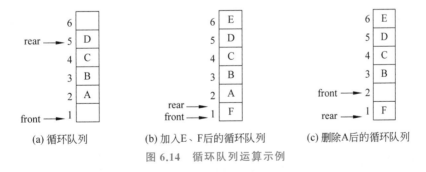

图 6.14 循环队列运算示例

循环队列主要有两种基本运算:入队运算和出队运算。

(1) 入队运算。

入队运算是指在循环队列的队尾加入一个新元素。这个运算有两个基本操作:首先将尾指针加 1,当 rear=m+1 时置 rear=1,然后将新元素插入尾指针指向的位置。

当循环队列非空($s=1$)且尾指针等于首指针时,说明循环队列已满,不能进行入队运算。

(2) 出队运算。

出队运算是指在循环队列的队首位置退出一个元素并赋值给指定的变量。这个运算有两个操作:首先将首指针加1,并当 front=m+1 时置 front=1,然后将首指针指向的元素赋给指定的变量。当循环队列为空($s=0$)时,不能进行出队运算。

链表存储结构的队列与前面介绍的线性表的链表结构类似,两者的区别是,链表结构的队列所有的删除操作在链表头部进行,所有的插入操作在链表尾部进行。

6.2.3 树

树是一种非线性结构,结构中结点间的关系是前驱唯一而后继不唯一,结点之间的关系是一对多的关系。直观地看,树结构是指具有分支关系的结构。

1. 树的基本概念

树(tree)是由 $n(n \geqslant 0)$ 个有限结点组成的一个具有层序关系的集合。把它称为树是因为其看起来像一棵倒置的树。树具有以下特点。

(1) 每个结点有零个或多个子结点。

(2) 每个子结点只有一个父结点。

(3) 没有前驱的结点为根结点。

(4) 除了根结点外,每个子结点可以分为 m 个不相交的子树。

从树的定义可知,树有3种形态,即空树($n=0$),只有根的树($n=1$),有根又有子树的树($n>1$),如图6.15所示。

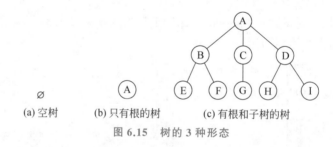

图 6.15 树的3种形态

2. 树的相关术语

(1) 结点:包含一个数据元素及描述与其他结点关系的信息(如前驱、后继指针),一般出现在链式存储结构中。

(2) 结点的度:一个结点含有的子树的个数称为该结点的度。例如,图6.15(c)中A结点的度为3。

(3) 树的度:一棵树中,最大的结点的度称为树的度。例如,图6.15(c)中各结点的最大度为3,因此树的度为3。

(4) 叶结点或终端结点:度为0的结点称为叶结点,也称为叶子结点。叶子结点没有后继结点。

(5) 非终端结点或分支结点：度不为 0 的结点称为非终端结点或分支结点。

(6) 父结点或双亲结点：若一个结点含有子结点，则这个结点称为其子结点的父结点或双亲结点。子结点和双亲结点是相对的。

(7) 子结点或孩子结点：一个结点含有的子树的根结点称为该结点的子结点或孩子结点。

(8) 结点的层数：树中规定根的层数为 1，其余结点的层数等于其双亲结点的层数加 1。

(9) 树的深度：树中结点层数的最大值称为该树的深度或高度。例如，图 6.15(c)中树的深度为 3。

3. 二叉树

二叉树是 $n(n \geqslant 0)$ 个结点的有限集合，是每个结点最多有两个子树的树结构，这两个子树通常被称为左子树和右子树。

从这个定义可知，这个集合或是空的，或是由特殊的称为根结点以及两个不相交的左子树和右子树构成，即二叉树的每个结点可以有 0、1 或 2 个孩子。

二叉树是有序树，它的左子树和右子树有严格的次序，若将其左右子树颠倒，就成为另一棵不同的二叉树。因此，图 6.16 所示的两棵二叉树是不同的二叉树。

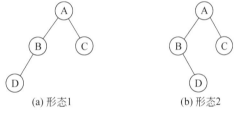

图 6.16 二叉树的基本形态

4. 二叉树的性质

二叉树具有下列重要性质。

性质 1：在非空二叉树中，第 i 层上至多有 $2^{i-1}(i \geqslant 1)$ 个结点。

性质 2：深度为 k 的二叉树的结点总数最多为 2^k-1 个。

性质 3：具有 n 个结点的完全二叉树的深度 k 为 $\lfloor \log_2 n \rfloor + 1$。其中，$\lfloor \log_2 n \rfloor$ 表示 $\log_2 n$ 的整数部分。

性质 4：任意一棵二叉树，度为 0 的结点比度为 2 的结点多 1 个。如果叶结点的个数为 n_0，度为 2 的结点的个数为 n_2，则 $n_0 = n_2 + 1$。

如果一棵二叉树只有度为 0 的结点和度为 2 的结点，并且度为 0 的结点在同一层上，则这棵二叉树是满二叉树。由定义可知，深度为 d 的满二叉树的结点个数为 $2^d - 1$。例如，图 6.17(a)为深度为 4 的满二叉树。

深度为 k，有 n 个结点的二叉树，当且仅当其每一个结点都与深度为 k 的满二叉树中编号从 1 到 n 的结点一一对应时，称为完全二叉树，如图 6.17(b)所示。

完全二叉树的特点是叶子结点只能出现在层数最大的两层上，并且某个结点的左分支下子孙的最大层数与右分支下子孙的最大层数相等或大 1 层。

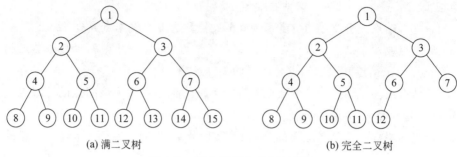

图 6.17　满二叉树与完全二叉树

5. 二叉树的存储结构

二叉树的结构是非线性的，每个结点最多可以有两个后继。通常用链式存储结构对二叉树进行存储。

二叉树的链式存储结构又称为二叉链表。二叉链表的每个结点有 3 个域，如图 6.18 所示。其中，lchild 是指向该结点左孩子的指针；rchild 是指向该结点右孩子的指针；data 是用来存储该结点本身的值。

lchild	data	rchild

图 6.18　二叉链表的结点结构

二叉树的链式存储结构如图 6.19 所示，其中 BT 称为二叉表的头指针，用于指向二叉树的根结点。任何一棵二叉树都可以用二叉链表存储，不论是完全二叉树还是非完全二叉树。

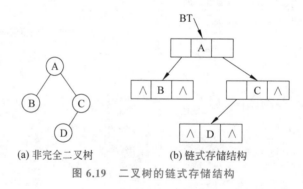

图 6.19　二叉树的链式存储结构

6. 二叉树的遍历

二叉树的遍历是指按照一定的规则访问二叉树的各个结点，使每个结点都被且只被访问一次。

二叉树遍历的实质是将非线性结构的数据线性化的过程。在遍历二叉树的过程中，一般先遍历左子树，然后再遍历右子树。根据访问根结点的次序，二叉树遍历可以分为 3 种：前序遍历、中序遍历和后序遍历。

1) 前序遍历

规则如下。

(1) 访问根结点。

(2) 前序遍历左子树。

(3) 前序遍历右子树。

对图 6.20 所示的二叉树,前序遍历结点的次序为 ABDEHICFJG。

2) 中序遍历

规则如下。

(1) 中序遍历左子树。

(2) 访问根结点。

(3) 中序遍历右子树。

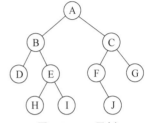

对图 6.20 所示的二叉树,中序遍历结点的次序为 DBHEIAFJCG。

图 6.20 二叉树

3) 后序遍历

规则如下。

(1) 后序遍历左子树。

(2) 后序遍历右子树。

(3) 访问根结点。

对图 6.20 所示的二叉树,后序遍历结点的次序为 DHIEBJFGCA。

6.2.4 图

图结构与树结构比较来说,图是一种更一般的非线性结构,它可以用来表示数据对象之间的任意关系,因此,它在现实生活中的应用也更加广泛。

图(graph)是由非空的顶点集合和描述顶点之间关系的边或弧的集合组成,如图 6.21 所示。图的定义形式为 $G=(V,E)$。其中,G 表示图;V 表示顶点的集合;E 表示边或弧的集合。

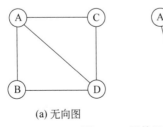

(a) 无向图　　(b) 有向图

图 6.21 图的示例

图的相关术语如下。

(1) 无向图。在一个图中,如果顶点之间的连线是没有方向的,则称该图为无向图。无向图中的边用圆括号括起的两个相关顶点来表示,如(A,B)。在一个无向图中,若任意两个顶点之间均有边相连接,则称其为无向完全图。

(2) 有向图。在一个图中,若顶点之间的联系是有方向的,则称该图为有向图。有向图中的边也称为弧。弧用尖括号括起来的两个相关顶点来表示,如<A,B>。在一个有向图中,如果任意两个顶点之间都有方向互为相反的两条弧相连接,则称该图为有向完全图。

(3) 顶点的度。无向图中,顶点 v_i 的度就是与 v_i 相邻接的顶点的个数。例如,图 6.21(a)中,顶点 A 的度为 3。

对于有向图来说,度可分为出度和入度,一个顶点的出度是指以该顶点为起点的弧的条数;入度则是指以该顶点为终点的弧的条数。在有向图中,顶点的度等于顶点的入度和顶点的出度之和。

对于图的存储方法有多种,包括邻接矩阵、邻接链表、十字链表和邻接多重表等。这里对此不做介绍,详细介绍见后续课程。

6.3 本章小结

数据结构是计算机存储和组织数据的方式。数据结构是指相互之间存在一种或多种特定关系的数据元素的集合。通常情况下,精心选择的数据结构可以带来更高的运行或者存储效率。数据结构往往同高效的检索算法和索引技术有关。

本章首先介绍了数据结构的相关知识,然后介绍了几种有代表性的数据结构,包括线性表、栈、队列、树和图,并简单介绍了各数据结构的存储结构和相关运算。

习题

一、选择题

1. 下列数据结构中,(　　)不是数据逻辑结构。
   A. 树结构　　　　　　　　　　B. 线性表结构
   C. 存储器物理结构　　　　　　D. 二叉树

2. 数据结构是(　　)。
   A. 一种数据类型
   B. 数据的存储结构
   C. 一组性质相同的数据元素的结合
   D. 相互之间存在一种或多种特定关系的数据元素的集合

3. 下列关于队列的叙述中,正确的是(　　)。
   A. 在队列中只能插入数据　　　B. 在队列中只能删除数据
   C. 队列是先进先出的线性表　　D. 队列是后进先出的线性表

4. 如果进栈序列为 a_1,a_2,a_3,a_4,则可能的出栈序列是(　　)。
   A. a_3,a_1,a_4,a_2　　　　　　B. a_2,a_4,a_3,a_1

C. a_3, a_4, a_1, a_2 D. 任意顺序

5. 链表不具备的特点是(　　)。

　A. 可随机访问任意一个结点

　B. 插入和删除不需要移动任何元素

　C. 不必事先估计存储空间

　D. 所需空间与其长度成正比

6. 已知某二叉树的后序遍历序列是 DACBE,中序遍历序列是 DEBAC,则它的前序遍历序列是(　　)。

　A. ACBED　　　B. DEABC　　　C. DECAB　　　D. EDBCA

7. 某二叉树中度为 2 的结点有 18 个,则该二叉树中有(　　)个叶子结点。

　A. 17　　　B. 18　　　C. 19　　　D. 20

8. 在数据结构中,从逻辑上可以把数据结构分成(　　)。

　A. 内部结构和外部结构

　B. 线性结构和非线性结构

　C. 紧凑结构和非紧凑结构

　D. 动态结构和静态结构

9. 以下(　　)不是栈的基本运算。

　A. 判断栈是否为素空

　B. 将栈置为空栈

　C. 删除栈顶元素

　D. 删除栈底元素

10. 已知某二叉树的后序遍历序列是 DACBE,中序遍历序列是 DEBAC,则它的前序遍历序列是(　　)。

　A. ACBED　　　　　　　　B. DEABC

　C. DECAB　　　　　　　　D. EDBAC

二、填空题

1. 数据元素是(　　)的基本单位,是对一个客观实体的数据描述。

2. 简单地说,数据结构是指数据之间的(　　),即数据的(　　)。

3. 数据的逻辑结构可用一个二元组 $B=(K,R)$ 来表示,其中 K 表示(　　),R 表示(　　)。

4. 数据元素之间的关系有 4 种基本的存储表示方法,即(　　)、(　　)、(　　)和(　　)。

5. 数据集的运算中,(　　)是一个很重要的运算过程,插入、删除、修改和排序都包含着这种运算。

6. 线性表是一种最简单、最常用的数据结构,通常一个线性表是由 n 个性质相同的数据元素组成的(　　),其长度即线性表中元素的个数 n,当 $n=0$ 时,称为(　　)。

7. 线性表是一种(　　)结构。

8. 如果线性表中最常用的操作是存取第 i 个元素及其前趋的值,则采用（　　）存储方式节省时间。

9. 线性表的两种存储结构中,（　　）的存储密度较大,（　　）的存储利用率较高,（　　）可以随机存取,（　　）不可以随机存取,（　　）插入和删除操作比较方便。

10. 栈是限定仅在（　　）进行插入和删除操作的线性表。允许进行插入和删除的一端为（　　）,另一端为（　　）。

11. 栈的运算有（　　）、（　　）、（　　）、（　　）和（　　）。

12. 栈有两种存储表示方法:（　　）和（　　）。

13. 队列只允许在一端进行（　　）,在另一端进行（　　）。

14. 队尾指（　　）,队头指（　　）。

15. 一个空的数据结构是按线性结构处理的,则属于（　　）。

16. 二分法查找的存储结构仅限于（　　）且是有序的。

三、简答题

1. 简述数据的逻辑结构和存储结构的区别与联系,它们如何影响算法的设计与实现?

2. 解释顺序存储结构和链式存储结构的特点,并比较顺序存储结构和链式存储结构的优缺点。

3. 什么情况下用顺序表比链表好?

4. 说明头结点、第一个结点(或称首元结点)和头指针这3个概念的区别。

5. 说明带头结点的单链表和不带头结点的单链表的区别。

6. 与单链表相比,双向循环链表有哪些优点?

7. 简述栈和一般线性表的区别。

8. 简述队列和一般线性表的区别。

9. 二叉树与树有什么不同?

10. 为什么对于二叉树有中序遍历,而对一般树却没有中序遍历?

第 7 章 数据库基础

> **本章学习目标**
> - 熟练掌握计算机数据库的相关概念。
> - 掌握关系数据库的相关知识。
> - 了解 SQL 语句的基本语法。
> - 掌握 Access 2016 的操作及基础知识。

本章首先介绍计算机数据库的相关知识,包括数据库的基本概念、发展过程、数据模型;然后介绍关系数据库的基础知识;最后介绍 Access 2016 的基本操作方法。

7.1 数据库的基础知识

20 世纪 60 年代末,计算机的主要应用领域从科学计算转移到数据事务处理,促使数据库技术应运而生,使数据管理技术飞跃发展。经过 50 多年的发展,数据库技术已经形成了相当规模的理论体系和应用技术。数据库技术体现了当代先进的数据管理方法,使计算机应用真正渗透到国民经济的各个部门,在数据处理领域发挥着越来越大的作用。

数据库的基础知识上半部

7.1.1 数据库的基本概念

数据库与人们的生活息息相关,学生在食堂用餐、在图书馆借阅图书、在机房上网等活动,都可以通过校园卡实现身份识别、收费及管理等功能,这些提供便利服务的功能都是通过数据库系统实现的。下面从数据库的几个基本术语开始了解数据库的相关知识。

数据库的基础知识下半部

1. 数据库

数据库(DataBase,DB)是长期存储在计算机内的、有组织的、可共享的大量数据的集合。

数据库可以理解为存储数据的仓库,只不过这个仓库的存储设备是计算机。数据库中的数据按一定的数据模型组织、描述和存储,具有较小的冗余度、较高的独立性和扩展性,可被多个用户共享。

2. 数据库管理系统

数据库管理系统(DataBase Management System,DBMS)是一种用于管理数据库的计算机系统软件。数据库管理系统能够为数据库提供数据的定义、建立、维护、查询和统计等操作功能,并完成对数据完整性、安全性进行控制的功能。数据库管理系统位于应用程序和操作系统之间,是整个数据库系统的核心,数据库管理系统主要有以下7种功能。

(1) 数据定义。包括定义构成数据库结构的外模式、模式和内模式,定义各个外模式与模式之间的映射,定义模式与内模式之间的映射,定义有关的约束条件。

(2) 数据操纵功能。数据库管理系统提供了数据操纵语言(Data Manipulation Language,DML),用户通过DML实现对数据库的基本操作,如数据查询、插入、修改、删除等。

(3) 数据库的运行管理。主要是对数据库系统提供必要的控制和管理功能,如数据的修复及备份功能,对用户权限的赋予及安全性检查等。

(4) 数据组织、存储与管理:数据库中需要存放多种数据,数据库管理系统负责分门别类地组织、存储和管理这些数据,确定以何种文件结构和存取方式物理地组织这些数据,如何实现数据之间的联系,以便提高存储空间利用率及随机查找、顺序查找、增加、删除、修改等操作的时间。

(5) 数据库的保护。数据库中的数据是信息社会的战略资源,所以数据的保护至关重要。DBMS对数据库的保护主要通过4个方面来实现:数据库的恢复、数据库的并发控制、数据库的完整性控制和数据库安全性控制。除了以上4个方面的保护外,DBMS的其他保护功能还有系统缓冲区的管理以及数据存储的某些自适应调节机制等。

(6) 数据库的维护。对建立好的数据库进行维护功能,如数据库的性能监视、数据库的备份、介质故障恢复、数据库的重组织等。

(7) 数据库通信。DBMS具有与其他软件进行通信的功能。

3. 数据库系统人员

由于数据库的共享性,因此对数据库的规划、设计、维护、监视等需要有专人管理,数据库系统人员包括数据库管理员、应用程序员和最终的用户。数据库管理员是负责数据库建立、使用和维护的专门人员;应用程序员是指开发数据库及应用程序的开发人员;最终用户是应用程序的使用者,通过应用程序与数据库进行交互。

4. 数据库系统

数据库系统(DataBase System,DBS)是指计算机系统中引进数据库技术后的整个系统构成,包括系统硬件、系统软件、数据库管理系统、数据库、数据库系统用户。这5个部分构成了一个完整的运行实体,称为数据库系统,如图7.1所示。

7.1.2 数据管理方式的发展

数据库技术是由数据管理技术不断发展而产生的。数据管理技术的发展经历了人工管理、文件系统和数据库管理3个阶段。

1. 人工管理阶段

早期的计算机缺乏软件支持,用户直接在裸机上操作。数据管理的任务包括存储结

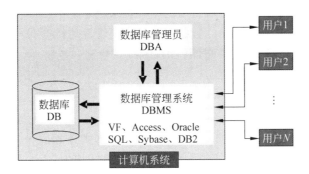

图 7.1 数据库系统的组成

构、存取方法、输入输出方式等,都必须由用户编制程序来完成。人工管理阶段存在于 20 世纪 50 年代,该阶段计算机主要用于科学计算。从硬件上看,外部存储器设备只有磁带、卡片、纸带,没有磁盘等;从软件上看,没有操作系统,就没有管理数据的软件。该阶段数据管理的特点包括以下 3 个方面。

(1) 数据不保存。当时计算机的主要应用是科学计算,在数据保存上没有特别的要求,计算时输入,用完退出,不需要保存数据。

(2) 应用程序管理数据。数据没有专门的软件进行管理,应用程序本身管理数据。程序员不仅要规定数据的逻辑结构,还要在程序设计中设计物理结构。

(3) 数据不共享。数据是面向应用的,一组数据只能对应一个程序,若多个程序涉及相同的数据,则由于必须各自进行定义,无法进行数据参照,因此程序间有大量的冗余数据。

(4) 数据不具有独立性。数据不能独立于程序而单独存在。数据的独立性包括数据的逻辑独立性和物理独立性。当数据的逻辑独立性或物理结构发生变化时,必须对应用程序做相应的修改。

2. 文件系统阶段

文件系统阶段是数据库系统发展的初级阶段。20 世纪 50 年代后期到 60 年代中期,计算机已大量用于数据的管理,有了磁盘、磁鼓等直接存取的存储设备,操作系统有了专门的管理软件(称为文件系统),它提供了简单的数据共享与数据管理的能力。但此时的数据管理功能过于简单,只能附属于操作系统,无法成为独立的软件。该阶段数据管理的主要特点是:数据可以长期保存在外存上重复使用,数据独立于程序,但独立性和共享性较差,由文件系统来管理数据。

3. 数据库系统阶段

20 世纪 60 年代后期,计算机用于管理的规模更为庞大,数据量急剧增加,出现了大容量的磁盘,联机实时处理要求更多,并开始提出和考虑分布处理。这个时期数据库系统蓬勃发展,进入"数据库时代"。与文件系统不同,数据库系统用整体的观点来规划和管理数据,将各种数据集成在一起形成一个数据中心或数据仓库,能满足各种用户或程序的不同要求。另外，数据库处理程序是通过数据库管理系统来集中管理和操作所有数据，从而实现数据共享，确保数据安全可靠。数据库阶段数据管理的特点有：数据结构化，数据独立性高、共享性高、冗余度低、易扩充，由 DBMS 统一管理和控制，便于使用。

7.1.3 数据库系统的体系结构

各个数据库的类型和规模不同，但是其体系结构却大体相同。人们为数据库设计了一个严谨的体系结构——三级模式结构。在三级模式结构中，不同层次(级别)的用户所看到的数据库是不同的。美国国家标准协会(ANSI)的数据库管理系统研究小组于1978年提出了标准化的建议，将数据库结构分为 3 级：面向用户或应用程序员的用户级(外部层)、面向数据库设计和维护人员的概念级(概念层)、面向系统程序员的物理级(内部层)，如图 7.2 所示。

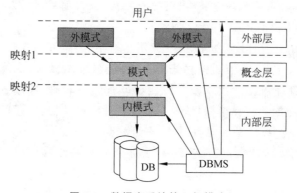

图 7.2 数据库系统的三级模式

1. 外模式

外模式又称为子模式或用户模式。它是某个或某几个用户所看到的数据库的数据视图或窗体，是与某一应用有关的数据的逻辑表示。

2. 模式

模式又称为概念模式或逻辑模式。它是由数据库设计者综合所有用户的数据结构的全局逻辑结构，是对数据库中全部数据的逻辑结构和特征的总体描述，是所有用户的公共数据视图。

3. 内模式

内模式又称为存储模式。它是数据库中全体数据的内部表示或底层描述，它描述了数据在存储介质上的存储方式和物理结构，对应于实际存储在外存储介质上的数据库。

在一个数据库系统中，数据库是唯一的，作为描述数据库存储结构的内模式和描述数据库逻辑结构的模式也是唯一的。但是数据库应用则是广泛而多样的。所以，对应的外模式不是唯一的,也不可能是唯一的。

7.1.4 数据模型

计算机不能直接处理现实世界的具体事务,所以人们必须先把具体事务转换为抽象的数据模型,进而转换为计算机可以处理的数据。数据是描述事务的符号记录,模型是现实世界的抽象。数据模型是数据特征的抽象,是数据库管理的数学形式框架,是数据库系统中用以提供信息表示和操作手段的形式构架。现在的数据库系统都是基于某种数据模型的,数据模型主要有以下 4 种。

1. 层次模型

层次模型是数据库系统中最早采用的数据模型,它是通过从属关系结构表示数据间的联系,层次模型是用树形结构来表示各实体及实体之间的联系。在数据库中,满足以下两个条件的数据模型称为层次模型。

(1) 有且仅有一个结点无双亲。

(2) 其他结点有且仅有一个双亲。

如图 7.3 所示是以学校的组织机构为例的层次模型。

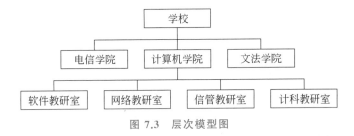

图 7.3 层次模型图

层次模型的优点是数据结构比较简单,操作简单。对于实体间联系是固定的且预先定义好的应用系统,层次模型比较适用,但层次模型不适用于表示非层次性的联系。

2. 网状模型

网状模型是层次模型的扩展,是一种更具有普遍性的结构。它是一种表示多个从属关系的层次结构,呈现一种交叉关系的网络结构。网状模型用有向图结构表示实体和实体之间的联系。还是以学校的组织机构为例来表示网状模型,如图 7.4 所示。

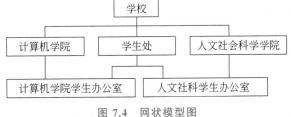

图 7.4 网状模型图

满足以下条件之一的为网状模型。

(1) 可以有一个以上的结点无双亲。

(2) 至少有一个结点有多于一个的双亲。

网状模型优于层次模型,具有良好的性能,存取的效率较高。但是网状模型的数据结构比较复杂,不利于用户掌握。

3. 关系模型

关系模型是用一组二维表来表示数据和数据之间的联系。每个二维表组成一个关系,一个关系有一个关系名。一个关系由表头和记录数据两部分组成,表头由描述客观世界中的实体的各个属性组成,每条记录的数据由实体在各个字段的值组成,如表7.1所示为一个课程关系。

表 7.1 课程关系

课程编号	课程名称	学时	学分	课程性质
B21112003	体育	32	1	通识必修
B08711002	英语	72	4.5	通识必修
B04811124	计算机导论	64	4	学科基础
B20112021	概率论与数理统计	56	3.5	学科基础
B04811037	C程序设计	64	4	学科基础
B04211026	计算机网络原理	64	4	专业必修
B04422073	人工智能基础	32	2	专业选修

4. 面向对象模型

面向对象模型是数据库技术与面向对象程序设计技术结合的产物,是用面向对象的观点来阐述现实世界实体(对象)的逻辑组织与对象间的限制和联系。面向对象数据库管理系统将所有实体都看成对象,并将这些对象进行封装,对象之间的通信通过消息。比较有代表性是数据库是 Oracle 9i。

按照数据库管理系统所采用的数据模型,通常将数据库管理系统划分为层次数据库管理系统、网状数据库管理系统、关系数据库管理系统等。

由于关系的结构简单、直观,因此关系数据库在数据库管理领域占主导地位。目前常用的数据库管理系统都是关系数据库管理系统。

7.2 关系数据库

关系数据库

关系数据库是目前应用最广泛的数据库系统之一。本节结合 Access 数据库管理系统来介绍关系数据库管理系统的相关知识。

7.2.1 关系模型的基本概念

1. 关系

关系(relation)就是一张二维表,每个关系有一个关系名。对关系的结构描述称为关系模式,其格式为

关系名(属性名1,属性名2,……,属性名n)
例如:学生(学号,姓名,性别,出生日期,入学时间,专业编号,照片,简历)
选课(学号,课程编号,平时成绩,考试成绩)

2. 元组

二维表中水平方向的行称为元组(tuple)。在数据表中,一个元组对应一条记录。一个关系就是若干个元组的集合。

3. 属性

二维表中垂直方向的列称为属性(attribute)。每一列有一个属性名,在数据表中,一个属性对应着一个字段,属性名即是字段名。例如,学生表中学号、姓名、性别等字段及其相应的数据类型组成了学生表的表结构。

4. 域

域(domain)是指属性的取值范围。例如,学生表中的性别字段只能是"男"或"女",考试成绩字段的取值范围只能是0~100数字。

5. 主键

主键(primary key)是指表中的某个属性或某些属性的集合能唯一地确定一个元组。例如,学生表中的学号字段能够唯一地标识一条学生的记录,该字段就是学生表的主键。在选课表中,"学号+课程编号"才能唯一地标识一条记录,则学号、课程编号的集合是选课表的主键。

6. 外键

外键(foreign key)是一个表中的一个属性或属性组,而它们在其他表中却作为主键存在,即一个表中外键被认为是另一个表中的主键,如关系

学生(学号,姓名,性别,出生日期,入学时间,专业编号,照片,简历)
专业(专业编号,专业名称,所属院系)

"专业编号"在专业表中是主键,在学生表中则是外键。

7.2.2 关系的特点

在关系数据库中,对关系有一定的要求和限制,即关系必须符合以下特点。

(1) 关系中的每个属性都必须是不可分解的,是最基本的数据单元,即数据表中不能再包含表。关系模型要求关系必须是规范化的,其中最基本的一条就是关系的每个分量必须是不可分的数据项。

(2) 一个关系中不允许有相同的属性名,即在定义表结构时,一个表中不能出现重复的字段名。这是由于关系中的属性名是用来标识列的,如果属性名重复,则会产生列标志混乱,但是允许不同的关系中有同名的属性。

(3) 关系中不允许出现相同的元组,数据表中任意两行不能完全相同,否则不仅会增加数据量,造成数据的"冗余"(重复存储),还会造成数据查询和统计的错误,产生数据不一致问题。

(4) 关系中同一列的数据类型必须相同,即同一属性的数据具有同一数据类型。也就是说,数据表中任意字段的取值范围应属于同一个域。如学生选课表中考试成绩字段的值不能既有百分制,又有 5 分制,必须统一为其中的一种,否则会出现存储和数据操作错误。

(5) 关系中行、列的次序任意,即数据表中元组和字段的顺序无关紧要。任意交换两行或两列的位置并不影响数据的实际含义。在实际使用中,可以按各种排列要求对元组的次序重新排列。

7.2.3 关系的基本运算

关系代数是一种抽象的语言,用关系的运算来表达关系操作。关系代数是研究关系数据操作语言的一种较好的数学工具。关系代数是以关系为运算对象的一组运算的集合,它的运算结果也是关系。关系代数用到的运算符包括 4 类:集合运算符、关系运算符、比较运算符和逻辑运算符,如表 7.2 所示。

表 7.2 关系代数运算符

运算类型	运算符	含 义	运算类型	运算符	含 义
集合运算	∪	并	关系运算	σ	选择
	−	差		Π	投影
	∩	交		⋈	连接
	×	广义笛卡儿积		÷	除

续表

运算类型	运算符	含义	运算类型	运算符	含义
比较运算	>	大于	逻辑运算	¬	非
	≥	大于或等于			
	<	小于		∧	与
	≤	小于或等于			
	=	等于		∨	或
	≠	不等于			

比较运算符和逻辑运算符是用来辅助关系运算进行操作的。关系代数的运算按运算符的不同主要分为传统的集合运算和专门的关系运算两类。

1. 传统的集合运算

传统的集合运算是二目运算,包括并、交、差、广义笛卡儿积4种运算。其中,进行并、交、差集合运算的两个关系必须是同质的,即具有相同的关系模式。

设关系 R 与 S 具有相同的元数 n(即两个关系都有 n 个属性),且相应属性的取值来自同一个域。

1)并(union)

关系 R 与 S 的并记为 $R \cup S$,其结果是把两个关系的所有元组合并在一起,消去重复元组所得到的组合。

例如,给出两个同质的关系 R 和 S,如表 7.3 和表 7.4 所示,则 $R \cup S$ 的结果如表 7.5 所示。

表 7.3 关系 R

课程编号	课程名称	学时	学分	课程性质
B21112003	体育	32	1	通识必修
B08711002	英语	72	4.5	通识必修
B20711002	高等数学	88	5.5	通识必修
B04811124	计算机导论	64	4	学科基础

表 7.4 关系 S

课程编号	课程名称	学时	学分	课程性质
B08711002	英语	72	4.5	通识必修
B20711002	高等数学	88	5.5	通识必修
B04811074	计算机组成原理	64	4	专业基础

表 7.5 R∪S

课程编号	课程名称	学　时	学　分	课程性质
B21112003	体育	32	1	通识必修
B08711002	英语	72	4.5	通识必修
B20711002	高等数学	88	5.5	通识必修
B04811124	计算机导论	64	4	学科基础
B04811074	计算机组成原理	64	4	专业基础

注意：在并运算中，重复的元组取且仅取一次。

2）交(intersection)

关系 R 与 S 的并记为 $R∩S$，其结果为既属于 R 又属于 S 的元组组成的集合，其运算结果仍为 n 元关系。

在上例中，$R∩S$ 的结果如表 7.6 所示。

表 7.6 R∩S

课程编号	课程名称	学　时	学　分	课程性质
B08711002	英语	72	4.5	通识必修
B20711002	高等数学	88	5.5	通识必修

3）差(difference)

关系 R 与 S 的差运算记为 $R-S$，其结果为属于 R 但不属于 S 的元组组成的集合，其运算结果仍为 n 元关系。

在上例中，$R-S$ 的结果如表 7.7 所示。

表 7.7 关系 R—S

课程编号	课程名称	学　时	学　分	课程性质
B21112003	体育	32	1	通识必修
B04811124	计算机导论	64	4	学科基础

注意：在差运算中，运算对象的次序不同，运算结果也不同，在本例中 $R-S$ 与 $S-R$ 的结果是不同的，大家可以自己计算一下 $S-R$ 的结果是多少。

4）笛卡儿积(Cartesian product)

进行笛卡儿积运算的两个关系不必具有相同的元数，两个分别为 r 目和 s 目的关系 R 与 S 的广义笛卡儿积记为 $R×S$，其结果为一个 $r+s$ 目的关系。关系中每个元组的前 r 个属性值来自 R 的一个元组，后 s 个分量来自 S 的一个元组。若 R 有 i 个元组，S 有 j 个元组，则 $R×S$ 有 $i×j$ 个元组。

例如，关系 R_1 和 S_1 分别如表 7.8 和表 7.9 所示，则笛卡儿积 $R_1×S_1$ 的结果如表 7.10 所示。

表 7.8 关系 R_1

课程编号	课程名称
B21112003	体育
B04811124	计算机导论
B20711002	高等数学

表 7.9 关系 S_1

学 时	学 分
32	1
64	4

表 7.10 关系 $R_1 \times S_1$

课程编号	课程名称	学 时	学 分
B21112003	体育	32	1
B21112003	体育	64	4
B04811124	计算机导论	32	1
B04811124	计算机导论	64	4
B20711002	高等数学	32	1
B20711002	高等数学	64	4

2. 专门的关系运算

专门的关系运算包括选择、投影、连接和除等运算。其中,选择和投影是单目运算,连接是双目运算。

1) 选择(selection)

选择运算是从关系中查找符合指定条件或指定范围的所有元组的操作。选择运算是从行的角度进行的操作,即水平方向抽取元组。经过选择运算得到的结果形成新的关系,其关系模式不变,但其元组的数目小于或等于原来关系中元组的个数,是原关系的一个子集。

选择运算记作

$$\sigma_F(R) = \{t \mid t \in R \wedge F(t) = \text{true}\}$$

其中,F 表示选择的条件。

例如,在并运算实例中,查询学分在 4 学分以上的课程的相关情况,结果如表 7.11 所示。

表 7.11 $\sigma_{\text{学分}>4}(R)$

课程编号	课程名称	学 时	学 分	课程性质
B08711002	英语	72	4.5	通识必修
B20711002	高等数学	88	5.5	通识必修

2) 投影(projection)

投影运算是从关系中挑选指定的属性组成新的关系。投影是从列的角度进行的运算,即对关系进行垂直分解。经过投影得到的新关系所包含的属性个数往往比原关系少(元数减少)。另外,若新关系中出现重复元组,则要删除重复元组。

投影运算记作

$$\prod_A(R) = \{t[A] \mid t \in R\}$$

其中,A 为 R 的属性列表。

例如,在并运算实例中,查询所有课程的课程名称和学时信息,结果如表 7.12 所示。

3) 连接(join)

连接运算是按照一定的连接条件将两个关系横向结合在一起,生成一个更宽的新关系的操作。连接条件通常为一个逻辑表达式,即通过比较两个关系中指定属性的值来连接满足条件的元组。

例如,给定某同学的课程成绩表 R_2,如表 7.13 所示,查询 R(并运算中的关系 R)中每门课的课程编号、课程名称、成绩,R 与 R_2 连接的结果如表 7.14 所示。

表 7.12 $\prod_{课程名称,学时}(R)$

课程名称	学 时
体育	32
英语	72
高等数学	88
计算机导论	64

表 7.13 课程成绩表 R_2

课程名称	成 绩
B21112003	89
B08711002	84
B04422070	78
B20711002	90
B04311005	75
B04811124	95

表 7.14 $R \bowtie R_2$

课程编号	课程名称	成 绩
B21112003	体育	89
B08711002	英语	84
B20711002	高等数学	90
B04811124	计算机导论	95

从上例看出,不同的关系之间通过公共属性,即相同的部分来体现相互之间的联系。

4) 除运算(division)

若将笛卡儿积运算看作是乘运算的话,那么除运算就是它的逆运算。当 $R = S \times T$ 时,可将除运算写成 $T = R \div S$ 或 $T = R/S$。

除运算的执行需要满足一定的条件。设有关系 R、S,则 R 能被除的充分必要条件是:R 中的域包含 S 中的所有属性;R 中有一些域不出现在 S 中。

在除运算中,T 的域由 R 中不出现在 S 中的那些域组成,对于 T 中任意有序组,由它与关系 S 中每个有序组所构成的有序组均出现在关系 R 中。

例如,关系 R、S 和 Q 如图 7.5(a)~图 7.5(c)所示,计算 $R \div S$ 的结果如图 7.5(d)所示,$R \div Q$ 的结果如图 7.5(e)所示。

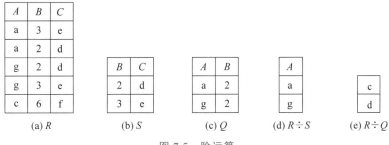

图 7.5 除运算

7.3 结构化查询语言 SQL 概述

在关系数据库中普遍使用一种介于关系代数和关系运算之间的数据库操作语言 SQL(Structured Query Language),即结构化查询语言。SQL 不仅具有丰富的查询功能,还具有数据定义和数据控制功能。它充分体现了关系数据语言的特点和优点,是关系数据库的标准语言。

SQL 概述和数据库介绍

7.3.1 SQL 的特点

SQL 语言之所以能够在业界得到广泛使用,是因为其功能完善、语法统一、易学。其主要特点如下。

(1) 功能的一体化。SQL 集数据定义语言、数据操纵语言、数据控制语言于一体,能够完成关系模式定义、建立数据库、插入数据、查询、更新、维护、数据库重构、数据库安全性控制等一系列操作。

(2) 统一的语法结构。SQL 有两种使用方式:自含式和嵌入式,分别适用于普通用户和程序员,虽然使用方式不同,但 SQL 的语法结构是统一的,便于普通用户与程序员进行交流。

(3) 高度非过程化。SQL 是一种非过程化数据操纵语言,即用户只需要指出"干什么",而不要说明"怎么干"。

(4) 语言简洁。SQL 语句简洁、语法简单,易学易用。

7.3.2 常用的 SQL 语句

在介绍 SQL 语句时,需要用到的数据表有 3 个:

学生表(学号,姓名,性别,专业,出生日期)
课程表(课程编号,课程名称,学时,学分)
选课表(学号,课程编号,成绩)

各表的数据如表 7.15~表 7.17 所示。

表 7.15　学生表

学　号	姓　名	性　别	专　业	出生日期
201307024114	张慧媛	女	计算机	1994-2-25
201307024126	柳青	女	电子信息	1996-4-8
201405034209	韩旭	男	会计	1995-12-12
201405034208	赵琳琳	女	英语	1995-10-10
201405034213	袁小梅	女	安全工程	1996-2-19

表 7.16　课程表

课程编号	课程名称	学　时	学　分
B21112003	体育	32	1
B08711002	英语	72	4.5
B20711002	高等数学	88	5.5
B04811124	计算机导论	64	4
B20112021	概率论与数理统计	56	3.5

表 7.17　选课表

学　号	课程编号	成　绩
201307024114	B04811124	85
201307024114	B08711002	75
201307024114	B20711002	85
201307024126	B08711002	75
201307024126	B21112003	75
201405034208	B04811124	92
201405034208	B20112021	65
201405034209	B04811124	95
201405034209	B20711002	95
201405034213	B08711002	92

1. SQL 的数据定义语句

对于数据库的最重要的一步操作就是建立数据库，可根据关系模式定义所需的基本表，SQL 表示为

CREATE TABLE <表名>(<列名><数据类型>[完整性约束条件],…)

此处[ ]表示可有可无的子句，<表名>是所要定义的数据表的名字，每个数据表都可以

由一个或多个列组成。定义数据表时要指明每列的类型和长度,同时还可以定义与该表有关的完整性约束条件,这些条件与数据表的定义内容一起保存。

【例 7.1】 创建学生表,学生表由学号、姓名、性别、专业、出生日期 5 个属性组成,其中,学号字段不能为空且唯一。

```
CREATE TABLE 学生表
(学号 char(12) PRIMARY KEY,
姓名 char(8),性别 char(2),专业 char (8),出生日期 datetime);
```

运行上述语句后,系统就会在数据库中建立一个学生表的关系结构。除了定义数据表,SQL 的数据定义功能还可以对数据表进行修改、删除以及建立、删除索引和视图等。

2. SQL 查询语句

SQL 数据查询是 SQL 语言的核心,一个查询可以对一个或多个表进行操作,并产生一个查询结果表。

SQL 查询的语句格式为

```
SELECT <目标列>
FROM <表名>
[WHERE <逻辑表达式>]
[GROUP BY <列名 1>]
[ORDER BY <列名 2>[ASC|DESC],…]
```

说明:从指定表中查询指定条件的记录。其中,各子句含义如下。

SELECT 子句:指定查询结果列。
FROM 子句:指定查询数据源,若在多个表中查询则表之间用","(半角符号)隔开。
WHERE 子句:指定查询条件。
GROUP BY 子句:指定查询结果的分组依据。
ORDER BY 子句:指定查询结果的排序依据,升序为 ASC,可以默认不写,降序为 DESC。

1) 单表查询

【例 7.2】 从学生表中查询所有学生的学号和姓名。

SELECT 学号,姓名 FROM 学生表;

若要显示表中的所有字段可用

SELECT * FROM 学生表;

或

SELECT 学号,姓名,性别,专业,出生日期 FROM 学生表

说明:* 表示所有列,效果与在 SELECT 后面列出所有列名一样。

【例 7.3】 查询学生表中所有学生的学号、姓名和年龄信息。

SELECT 学号, 姓名, YEAR(date())-YEAR(出生日期) AS 年龄 FROM 学生表;

说明：查询结果中的列可以由原数据表中的列计算得到，由 AS 引出新的字段名。

使用 WHERE 子句可以对查询结果进行过滤，执行 WHERE 子句时，其结果是只有 WHERE 后的表达式为真的记录才出现在结果中。下面列出两种常见的搜索条件。

(1) 比较条件。比较运算符有＝、＞、＞＝、＜、＜＝、!＝、＜＞(不等于)，其中，! 表示否定的意思。

(2) BETWEEN …AND…用于指定一个范围。

【例 7.4】 查询学生表中性别为女的学生的所有信息。

SELECT * FROM 学生表 WHERE 性别='女';

【例 7.5】 查询学生表中出生在 1996 年的学生信息。

SELECT * FROM 学生表 WHERE YEAR(出生日期)=1996;

或者

SELECT * FROM 学生表 WHERE 出生日期 BETWEEN #1996/1/1# AND #1996/12/31#;

【例 7.6】 查询学生表中姓"张"的同学的学号、姓名和出生日期。

SELECT 学号, 姓名, 出生日期 FROM 学生表 WHERE 姓名 LIKE "张*";

说明：谓词 LIKE 只能与字符串连用，这里可以使用通配字符 * 和"?"。

2) 多表查询

用连接查询可以实现同时对多个表进行查询，并把结果显示在一个数据表中。

【例 7.7】 查询"张慧媛"同学所学课程的成绩，要求显示学号、姓名、课程名称、成绩字段的内容。

SELECT 学生表.学号, 姓名, 课程名称, 成绩 FROM 学生表, 课程表, 选课表
WHERE 姓名 ="张慧媛" AND
学生表.学号=选课表.学号 AND 选课表.课程编号=课程表.课程编号;

说明：当存在多个条件时，多个条件用逻辑表达式连接起来。涉及两个或两个以上表时，各个表之间要通过公共属性字段建立关联，若出现多个表中都有的字段名时，此字段名必须指定是哪个表中的字段名，否则出错。

【例 7.8】 查询各门课的选课人数。

SELECT 课程编号, COUNT(学号) FROM 选课表 GROUP BY 课程编号;

【例 7.9】 查询"英语"课程的学生的成绩，要求显示学号、姓名、课程名称、成绩，并按成绩的降序排列。

SELECT 学生表.学号, 姓名, 课程名称, 成绩 FROM 学生表, 课程表, 选课表
WHERE 课程名称 ="英语" AND

学生表.学号=选课表.学号 AND 选课表.课程编号=课程表.课程编号
ORDER BY 成绩 DESC;
```

**3. SQL 的数据更新语句**

数据更新主要是对数据库中的记录进行插入、修改、删除等操作。SQL 提供了 3 条语句来改变数据库中的记录行,这 3 条语句分别是 INSERT、UPDATE 和 DELETE。

1) 数据插入

向数据表中插入新的一行 INSERT 语句。具体格式为

```
INSERT INTO <表名>[(<字段名 1>[,<字段名 2>]…)]
VALUES [(<常量 1>[,<常量 2>]…)]
```

说明:INSERT…VALUES…的功能是向表中增加一行。在格式中的字段名是输入值的字段名,而且要与 VALUES 子句中的值相对应。如果省去字段名,则表示向表中所有字段都输入值,在 INSERT 语句中没有指定的字段将赋空值(NULL),这些字段不能定义成 NOT NULL,否则出错。

【例 7.10】 向学生表中插入一条新记录。

```
INSERT INTO 学生表(学号,姓名,性别)
VALUES("201405034222","王明月","男");
```

其他列上的值为空值。

2) 数据修改

修改数据库中的数据用 UPDATE 语句,其格式为

```
UPDATE <表名>SET <字段名 1>=<表达式 1>[,<字段名 2>=<表达式 2>] …
[WHERE<条件表达式>];
```

SET 子句提供要修改的字段名和将要修改的新值,WHERE 子句的作用仍然是指定修改的条件,若省略 WHERE 子句,那么所有行的指定列都要修改。

【例 7.11】 在选课表中,将学号为 201307024114 学生的 B20711002 门课的成绩改为 95。

```
UPDATE 选课表
SET 成绩=95
WHERE 学号="201307024114" AND 课程号="B20711002";
```

3) 数据删除

删除数据用 DELETE 语句,其语句格式为

```
DELETE FROM <表名>
[WHERE <逻辑表达式>];
```

DELETE 命令用于删除表中的满足条件的某些记录,如果有 WHERE 子句,则删除所有满足条件的记录,否则删除表中所有记录。
```

【例 7.12】 在课程表中删除"英语"课程的相关内容。

DELETE FROM 课程表 WHERE 课程名称="英语";

7.4 常用的关系数据库介绍

目前常用的关系数据库管理系统有很多种,下面简单介绍几种。

7.4.1 SQL Server 数据库

Microsoft SQL Server 是高性能的关系数据库管理系统(RDBMS),它支持客户/服务器模式,支持大吞吐量的事务处理。同时 Microsoft SQL Server 是开放式的系统,因此可以与很多系统进行完好的交互操作。

Microsoft SQL Server 的主要特点如下。

(1) 高性能设计。可充分利用 Microsoft NT 的优势。

(2) 系统管理先进。支持 Windows 图形化管理工具,支持本地和远程的系统管理和配置。

(3) 强壮的事务处理功能,采用各种方法保证数据的完整性。

(4) 支持对称多处理器结构、存储过程、ODBC(Open DataBase Connection),并具有自主的 SQL。

SQL Server 以其内置的数据复制功能、强大的管理工具、与 Internet 的紧密集成和开放的系统结构为广大的用户、开发人员和系统集成商提供了一个出众的数据库平台。

目前 SQL Server 的常用版本有 Microsoft SQL Server 2008、Microsoft SQL Server 2012 等,目前的最新版本是 Microsoft SQL Server 2019。Microsoft SQL Server 2019 版本可以对所有类型的数据进行分析,从而全面了解业务情况,而且该版本进一步增加了安全功能。

7.4.2 Oracle 数据库

Oracle 数据库系统是美国 Oracle(甲骨文)公司提供的以分布式数据库为核心的一组软件产品,是目前最流行的客户/服务器(Client/Server)或 B/S 体系结构的数据库之一,也是目前数据库市场上占有主要份额的数据库系统。

Oracle 是世界上第一个支持 SQL 语言的商业数据库,定位于高端工作站,以及作为服务器的小型计算机。

Oracle 数据库目前常用的版本是 Oracle DataBase 12c。Oracle 数据库 12c 引入了一个新的多承租方架构,使用该架构可轻松部署和管理数据库云。Oracle 数据库目前最新的版本是 Oracle DataBase 21c,该版本提供了面向数据库中 JavaScript 和区块链表的多模支持,以及多负载优化等功能。

7.4.3 Access 数据库

Access 是 Office 办公套件中一个极为重要的组成部分,目前 Access 已经成为世界上最流行的桌面数据库管理系统。Microsoft Access 在很多地方得到广泛使用,主要用于中小型数据库应用系统的开发。在功能上,Access 不但是数据库管理系统,而且是一个功能强大的数据库应用开发工具。Access 有强大的数据处理、统计分析能力,利用 Access 的查询功能,可以方便地进行各类汇总、平均等统计,并可灵活设置统计的条件。Access 提供了表、查询、窗体、报表、宏、模块等数据对象;提供了多种向导、生成器、模板,把数据存储、数据查询、界面设计、报表生成等操作规范化。不需要太多复杂的编程,就能开发出一般的数据库应用系统,例如生产管理、销售管理、库存管理等各类企业管理软件,以及在开发一些小型网站 Web 应用程序时,用来存储数据。

Access 采用 SQL 语言作为数据库语言,使用 VBA 作为高级控制操作和复杂数据操作的编程语言。目前常用的版本是 Access 2010、Access 2013、Access 2016 和 Access 2019。

7.5 Microsoft Access 应用

Access 应用

本节以学生选课系统为例,介绍如何使用 Access 2016 来开发一般的数据库应用系统。

7.5.1 Access 2016 概述

作为一个中小型数据库管理系统,Access 2016 通过各种数据库对象来管理和处理信息。Access 2016 数据库由数据库对象和组两部分组成。

Access 2016 的数据库对象包括表、查询、窗体、报表、宏、模块 6 种,对数据的管理和处理都是通过这 6 种对象来完成的。

组是一系列数据库对象,并且将一个组中不同类型的相关联对象保存于此。组中实际包含的是数据库对象的快捷方式。下面分别简单介绍这 6 种数据库对象。

1. 表

表(table)是数据库中最基本的组成单位,是 Access 数据库中唯一存储数据的对象。建立和规划数据库,首先就要建立各种数据库表,每个数据库可以包含一张或多张数据表,类型不同的数据可以保存到不同的表中。表的第一行称为标题行,标题行的每个标题称为字段名。其他行为表中的具体数据,每一行的数据称为一条记录。

2. 查询

查询(query)是对数据库中所需特定数据的查找。使用查询可以按照不同的方式查看、更改和分析数据。

查询是建立在表的基础上的,也可以建立在其他查询的基础上,查询到的结果是以二维表的形式显示出来,但是它不是基本表。

3. 窗体

窗体(form)是用户与 Access 数据库进行交互的图形界面,窗体的数据源可以是表,也可以是查询。在窗体中可以接收、显示和编辑数据库中的数据,用户通过窗体便可以对数据进行增、删、改、查。

4. 报表

报表(report)是 Access 数据库中实现数据格式打印输出的对象。它将数据库中的表、查询的数据进行组合,形成报表。用户可以对报表进行多级汇总、统计比较以及添加图片和图形,使得报表以自己满意的格式输出。

5. 宏

宏(macro)是指一个或多个操作的集合,其中每个操作实现特定的功能。宏对象可以使某些需要多个指令连续执行的任务能够通过一条指令自动地完成。宏可以由一系列操作组成,也可以是一个宏组,可以把宏看作是一种简化的编程语言。

6. 模块

模块(module)是 Access 开发出来的程序段。Access 2016 有两种程序模块对象。
(1) 模块:即标准模块,是 Access 2016 数据库对象,由用户在"模块"窗口里编写,用作多个窗体或报表的公用程序模块,包含一些公用变量声明和通用过程。
(2) 类模块:是 Access 2016 的数据库对象,由用户在"类"窗口中编写,用于扩充功能,包含用户自定义的类模块。

7.5.2 数据库设计

数据库设计(DataBase design)是指对于一个给定的应用环境,构造最优的数据库模式,建立数据库及其应用系统,使之能够有效地存储数据,满足各种用户的应用需求。

数据库设计目前采用的方法是生命周期法,生命周期法是将整个数据库应用系统的开发分解成目标独立的若干阶段,分别是:需求分析阶段、概念设计阶段、逻辑设计阶段、物理设计阶段、编码阶段、测试阶段、运行阶段和进一步修改阶段。在数据库设计中采用其中的前 4 个阶段。

1. 需求分析阶段

需求分析阶段是数据库设计的第一阶段,这一阶段调研到的基础数据及流程是下一步设计概念结构的基础。

需求分析阶段的任务是调查和分析用户的业务活动和数据的使用情况,弄清所用数据的种类、范围、数量以及它们在业务活动中交流的情况,确定用户对数据库系统的使用要求和各种约束条件等,形成用户需求规约,进而确定新系统的功能。

2. 概念设计阶段

数据库概念设计的目的是对用户要求描述的现实世界进行分析,在此基础上建立一个数据的抽象概念模型。这个概念模型应反映现实世界各部门的信息结构、信息流动情况、信息间的互相制约关系以及各部门对信息储存、查询和加工的要求等。

以扩充的实体-联系模型(E-R 模型)方法为例,第一步先明确现实世界各部门所含的各种实体及其属性、实体间的联系以及对信息的制约条件等,从而给出各部门内所用信息的局部描述。第二步再将前面得到的多个用户的局部视图集成为一个全局视图,即用户要描述的现实世界的概念数据模型。E-R 模型与关系间的比较如表 7.18 所示。

表 7.18　E-R 模型与关系间的比较

E-R 模型	关　系	E-R 模型	关　系
属性	属性	实体集	关系
实体	元组	联系	关系

3. 逻辑设计阶段

数据库逻辑设计的主要工作是将现实世界的概念数据模型设计成数据库的一种逻辑模式,即适应于某种特定数据库管理系统所支持的逻辑数据模式。

4. 物理设计阶段

数据库物理设计的主要目标是对数据库内部物理结构作调整并选择合理的存取路径,以提高数据库访问速度及有效地利用存储空间。

现代关系数据库中已大量屏蔽了内部物理结构,因此用户参与的此部分设计并不多。

7.5.3　数据库操作

对数据库的操作主要包括创建数据库、打开数据库、数据库版本的转换及备份数据库。下面简单介绍各操作。

1. 创建数据库

1) 创建空数据库

直接启动 Access 2016 后,在开始界面中选择"空白桌面数据库"选项,即可新建一个空白数据库文件,如图 7.6 所示。

如果启动 Access 2016 没有进入图 7.6 所示的界面,或者在一个打开的 Access 文件中,也可以单击"文件"选项卡中的"新建"命令,然后选择"空白桌面数据库"选项,新建空

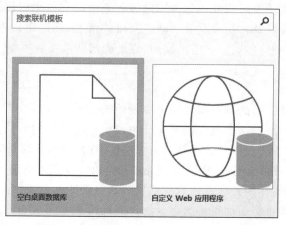

图 7.6　启动 Access 2016 后新建空白文件

白数据库文件,如图 7.7 所示。

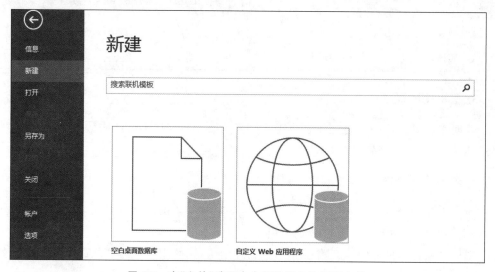

图 7.7　在"文件"选项卡中新建空白数据库文件

单击"空白桌面数据库"后,弹出"空白桌面数据库"创建窗口,如图 7.8 所示。在"文件名"文本框中输入新建的文件的名称(如本例中创建了"学生成绩管理.accdb"数据库),具体位置可以单击文本框右侧的"浏览"按钮进行选择,然后单击"创建"按钮即可,通过 Access 2016 创建的数据库的扩展名为 Accdb。

2) 利用模板创建数据库

Access 2016 提供了 11 个本地数据库模板,还可以联网创建其他模板的数据库,使用数据库模板,用户只需进行简单的操作,就可以创建一个包含表、查询等数据库对象的数据库系统。

利用模板创建数据库的具体操作是:选择"文件"中的"新建",如图 7.9 所示,在窗口中选择需要创建的数据库类型,然后选择路径、输入文件名,单击"创建"即可。

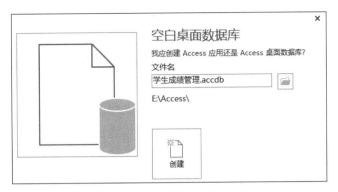

图 7.8 "空白桌面数据库"创建窗口

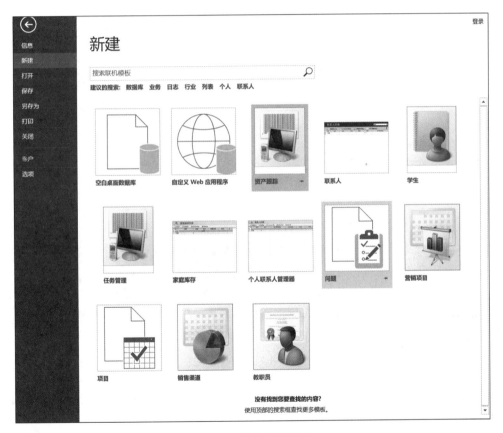

图 7.9 "样本模板"窗口

2. 打开数据库

用户对数据库进行录入、编辑、查询及报表打印输出操作前,都要打开数据库文件,在 Access 2016 中打开已创建的数据库文件的操作方法有以下两种。

(1) 打开 Access 2016,然后从"文件"→"打开"的查找窗口中查找要打开的数据库,如图 7.10 所示。

注意：单击"打开"按钮右侧的向下箭头可以选择数据库的打开方式，包括共享方式、只读方式、独占方式和独占只读方式4种。

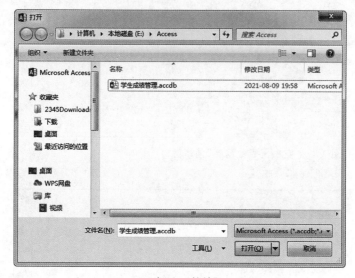

(a)"打开"对话框　　　　　　　　　　　　　　(b)打开方式

图 7.10　打开数据库

（2）双击要打开的数据库文件。

3. 数据库版本转换

在 Access 2016 版本之前，有 Access 2000、Access 2003、Access 2010。Access 2016 提供了将数据库文件转换为低版本的工具，以便与低版本的数据库文件进行版本转换（注意：转换为低版本后就不能向低版本的数据库中添加任何 Access 2016 的新功能）。

转换的具体步骤是：如图 7.11 所示，单击文件选项卡中的"另存为"按钮，在中间窗格单击"数据库另存为"选项，双击右侧窗格中要转换的数据库类型后，在弹出的"另存为"对话框中输入文件保存的位置和名称后，单击"确定"按钮即可。

4. 备份数据库

对于应用系统来说，数据库的备份是经常要做的工作，以防止因硬件故障或意外事故丢失数据。Access 2016 中对数据库进行备份的操作非常简单。

在图 7.11 所示窗口的右侧窗格中选择"备份数据库"，然后在弹出的"另存为"对话框中输入备份文件的名称（备份的名称中通常加入备份的日期）即可完成对数据库的备份。

7.5.4　数据表的操作

表又称数据表，是存储数据的基本单位，是整个数据库的操作基础，也是所有查询、窗体、报表的数据的来源，数据表设计的好坏，会影响数据库的整体性能。

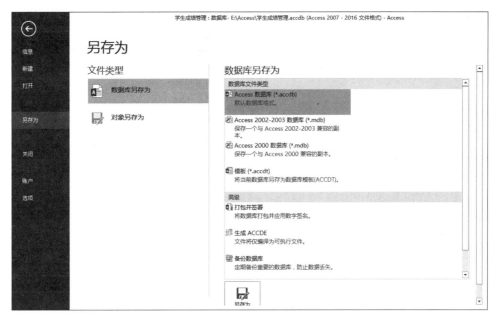

图 7.11 "保存并发布"窗口

1. 表的结构及表结构的定义

在 Access 中,数据表是由表结构和记录(表内容)两部分组成。在对数据表进行操作时,设计表结构和记录是分开进行的。

表结构是指数据表的框架,包括表名、字段名称、数据类型以及字段属性。

1) 表名

表名是用户对数据进行操作的唯一标识,其命名规则与字段的命名规则类似。

2) 字段名称

字段的命名规则如下。

(1) 字段名称可以长达 64 个字符,一个汉字为一个字符。

(2) 字段名称可以包括汉字、字母、数字、空格和特殊字符,不能以空格开头,不能包括的字符有句点(.)、叹号(!)、撇号(')、方括号([、])、控制字符(ASCII 值为 0～31 的字符)。

(3) 同一表中的字段名称不能相同,也不能与 Access 内置函数或者属性名称(如 Name)相冲突。

3) 数据类型

数据类型决定了数据的存储方式和使用方式,Access 2016 提供了多种数据类型,包括文本(短文本、长文本)、数字、日期/时间、货币、自动编号、是/否、OLE 对象、超链接、附件、计算、查阅向导,各数据类型的相关说明如表 7.19 所示。

说明:

① 文本、数字和自动编号字段的大小可由用户根据需要自行设置,其他类型的字段

由系统确定大小。

② 其中的数字数据类型包括多种类型,具体设置如表 7.20 所示。

说明:同步复制 ID 用于存储同步复制所需的全局唯一标识符,在 accdb 文件格式时不支持同步复制。

表 7.19　Access 2016 的数据类型

数据类型	存储数据的类型	大　小
短文本	字母、数字、字符	0~255 个字符
长文本	字母、数字、字符	类似于 Access 2010 版本中的备注字段
数字	数值	1B、2B、4B 或 8B
日期/时间	日期、时间	8B
货币	货币数据	8B
自动编号	自动递增的数字,由系统自动给出,不需要输入	通常为 4B
是/否	逻辑值,用 1 表示真,0 表示假	1b
OLE 对象	图片、图表、声音、视频	最多 1GB(受磁盘空间限制)
超链接	指向 Internet 资源的链接	0~64 000 个字符
附件	特殊字段,允许将外部文件附加到数据库中	取决于附件大小
计算	计算的结果,计算时必须引用同一个表中的其他字段,也可以使用表达式生成器创建计算	
查阅向导	显示从表或查询中检索到的一组值,或显示创建字段时指定的一组值,字段类型为文本或数字	通常为 4B

表 7.20　数字数据类型

字段大小设置	范　围	小数位数	存储大小/B
字节	0~255	无	1
整型	$-32\ 768$~$+32\ 767$	无	2
长整型	$-2\ 147\ 483\ 648$~$+2\ 147\ 483\ 647$	无	4
单精度型	-3.4×10^{38}~$+3.4\times10^{38}$	7	4
双精度型	-1.797×10^{308}~$+1.797\times10^{308}$	15	8
同步复制 ID			16
小数	1~28 位精度	15	8

4) 字段属性

字段属性是值字段的特征,用于指定主键、字段大小、格式(输出格式)、输入掩码(输入格式)、默认值、有效性规则和索引等。

以下操作是以"学生成绩管理"数据库为实例,学生成绩管理涉及的数据表有学生表、课程表、专业表、教师表、选课表和任课表,各表的数据结构如表 7.21 所示,各表的数据如表 7.22~表 7.27 所示。

表 7.21 学生管理数据库中涉及的数据表及其表结构

表名	字段名称	字段类型	字段大小	表名	字段名称	字段类型	字段大小
学生表	学号	短文本	12	教师表	职工号	短文本	4
	姓名	短文本	4		姓名	短文本	4
	性别	短文本	1		性别	短文本	1
	专业编号	短文本	2		所在院系	短文本	10
	出生日期	日期/时间			出生日期	日期/时间	
	入学时间	日期/时间			职称	短文本	5
	入学成绩	数字	整型		工资系数	数字	整型
	申请补助	是/否			照片	OLE 对象	
	照片	OLE 对象			备注	长文本	
	简历	长文本		课程表	课程编号	短文本	9
选课表	学号	短文本	12		课程名称	短文本	20
	课程编号	短文本	9		学时	数字	整型
	平时成绩	数字	整型		学分	数字	单精度型
	考试成绩	数字	整型		课程性质	短文本	5
专业表	专业编号	短文本	2	任课表	教师编号	短文本	4
	专业名称	短文本	10		课程编号	短文本	10
	所属院系	短文本	10				

表 7.22 学生表

学号	姓名	性别	专业编号	出生日期	入学时间	入学成绩	申请补助	照片	简历
201307024102	周琪	男	07	1995-1-5	2013-9-1	521	T		
201307024105	张建	男	08	1994-12-25	2013-9-1	526	F		
201307024108	林佳	女	07	1995-3-2	2013-9-1	546	F		
201307024111	吴毅雄	男	05	1996-2-19	2013-9-1	555	T		
201307024114	张慧媛	女	01	1994-2-25	2013-9-1	589	F		
201307024117	胡鹏程	男	04	1996-5-6	2013-9-1	529	F		

续表

学　号	姓　名	性别	专业编号	出生日期	入学时间	入学成绩	申请补助	照片	简历
201307024126	柳青	女	01	1996-4-8	2013-9-1	582	F		
201307024130	周景波	男	03	1995-7-19	2013-9-1	578	T		
201405034201	宏心雨	女	04	1996-8-5	2014-9-1	539	F		
201405034207	申志强	男	08	1996-9-10	2014-9-1	601	T		
201405034208	赵琳琳	女	02	1995-10-10	2014-9-1	564	F		
201405034209	韩旭	男	01	1995-12-12	2014-9-1	582	T		
201405034213	袁小梅	女	02	1996-2-19	2014-9-1	576	T		
201405034222	王明月	男	06	1996-5-6	2014-9-1	591	F		
201405034232	范宇彤	女	02	1995-6-9	2014-9-1	548	T		

表 7.23　课程表

课程编号	课程名称	学时	学分	课程性质
B21112003	体育	32	1	通识必修
B08711002	英语	72	4.5	通识必修
B20711002	高等数学	88	5.5	通识必修
B04811124	计算机导论	64	4	学科基础
B20112021	概率论与数理统计	56	3.5	学科基础
B04811074	计算机组成原理	64	4	专业基础
B04811037	C程序设计	64	4	学科基础
B04211026	计算机网络原理	64	4	专业必修
B04311005	操作系统	64	4	专业必修
B04311027	网络工程	64	4	专业必修
B04422073	人工智能基础	32	2	专业选修
B04422070	软件工程	48	3	专业选修

表 7.24　专业表

专业编号	专业名称	所属院系
01	安全工程	安全工程学院
02	网络工程	计算机学院
03	软件工程	计算机学院

续表

专业编号	专业名称	所属院系
04	电子信息	电子工程学院
05	管理	管理学院
06	会计	管理学院
07	英语	外国语学院
08	机电	机械工程学院

表 7.25 教师表

职工号	姓名	性别	所在院系	出生日期	职称	工资系数	照片	备注
0101	周立柱	男	安全工程学院	1956-6-5	教授	13		
0112	冯佳华	女	安全工程学院	1963-8-29	教授	13		
0116	陈丽君	女	计算机学院	1967-8-9	教授	13		
0215	王山	男	安全工程学院	1974-12-5	副教授	10		
0205	孟繁艳	女	计算机学院	1981-1-5	副教授	10		
0306	孟庆昌	男	管理学院	1983-6-6	讲师	8		
0405	陈铭	女	外国语学院	1985-8-9	讲师	8		
0308	吴立峰	男	管理学院	1975-9-19	高级工程师	10		
0509	杨卫东	男	外国语学院	1970-4-8	副教授	10		
0608	冯孝辉	女	机械工程学院	1985-6-25	助教	7		

表 7.26 选课表

学号	课程编号	平时成绩	考试成绩
201307024105	B04211026	75	69
201307024126	B04211026	75	61
201405034207	B04211026	95	89
201307024105	B04422070	85	82
201405034207	B04422073	95	85
201307024117	B04811074	75	64
201307024126	B04811074	82	80
201405034208	B04811074	92	90
201405034207	B04811124	85	88
201405034208	B04811124	65	70

续表

学号	课程编号	平时成绩	考试成绩
201307024114	B08711002	85	73
201307024126	B08711002	92	88
201405034207	B08711002	95	92
201307024126	B20711002	78	80
201405034222	B20711002	75	80
201307024105	B21112003	100	96
201307024114	B21112003	65	49
201307024117	B21112003	75	60

表 7.27 任课表

教师编号	课程编号	教师编号	课程编号
0101	B04211026	0405	B20711002
0101	B04422070	0405	B21112003
0116	B04422073	0405	B04422073
0215	B04811074	0608	B04211026
0215	B04811124	0308	B08711002
0306	B08711002		

2．创建数据表

创建数据表的方法有多种，这里只介绍最常用的两种：通过设计视图创建表和通过外部数据导入创建表。

1) 通过设计视图创建表

【**例 7.13**】 在"学生成绩管理"数据库中建立学生表，学生表的结构如表 7.21 所示。具体步骤如下。

(1) 打开"学生成绩管理"数据库。

(2) 在"创建"选项卡的"表格"组中选择"表设计"，如图 7.12 所示，这时进入表的设计视图，如图 7.13 所示。

图 7.12 "创建"选项卡

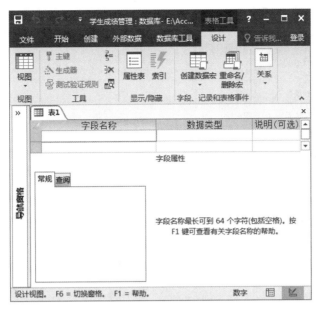

图 7.13 表设计视图

（3）在"字段名称"栏中输入字段的名称"学号"，在"数据类型"下拉列表框中选择该字段的"短文本"类型，字段大小设置为 12，如图 7.14 所示。

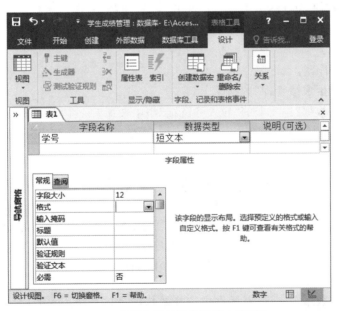

图 7.14 选择字段类型及设置字段属性

（4）用同样的方法依次输入其他字段的内容及相应的数据类型，结果如图 7.15 所示。

（5）选择"学号"字段，然后单击"设计"选项卡中"工具"组中的"主键"，即将"学号"设置为该表的主键,如图 7.16 所示。

图 7.15　学生表的字段名及数据类型 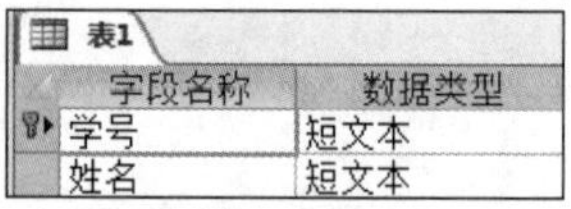　　　　图 7.16　设置"学号"为主键

若要设置的主键包含多个字段,即设置复合主键,则需要在设计视图中先选择多个字段(通过 Ctrl 键或 Shift 键),然后再单击选项卡中的"主键"图标。

(6) 单击"保存"按钮,在弹出的对话框中输入数据表的名字"学生表",然后单击"确定"按钮即可。

(7) 单击界面左上方的"视图"按钮,切换到"数据表视图",在该视图下可以对数据表进行数据录入,录入数据后单击快速访问工具栏中的"保存"按钮即可将数据保存。

2) 通过外部数据导入创建表

通过导入其他位置存储的信息创建表,可导入的数据有 Excel 工作表、SharePoint 列表、XML 文件、其他 Access 数据库、Outlook 文件夹以及其他数据源中存储的信息。

【例 7.14】　将 Excel 文档"教师表.xlsx"中的数据导入到"学生成绩管理"数据库中,并以教师表保存。

具体步骤如下。

(1) 打开"学生成绩管理"数据库。

(2) 在"外部数据"选项卡的"导入并链接"组中选择 Excel 按钮,如图 7.17 所示,弹出"获取外部数据"的对话框,如图 7.18 所示,在对话框中查找"教师表.xlsx"文件并单击"确定"按钮。

图 7.17　"外部数据"选项卡图

(3) 在"导入数据表向导"对话框中选择数据的具体来源工作表,然后单击"下一步"按钮,如图 7.19 所示。

(4) 在接下来的窗口中设置各字段的数据类型,如图 7.20 所示,然后单击"下一步"按钮(此处若不设置也可在创建表后进入设计视图进行设置)。

(5) 在接下来的窗口中设置"职工号"为主键,然后单击"下一步"按钮。最后以"教师表"保存导入的数据,完成后导入的结果如图 7.21 所示。

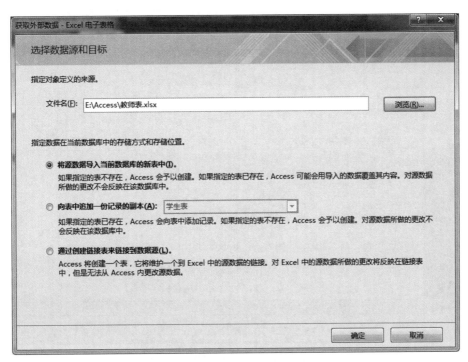

图 7.18 "获取外部数据"对话框

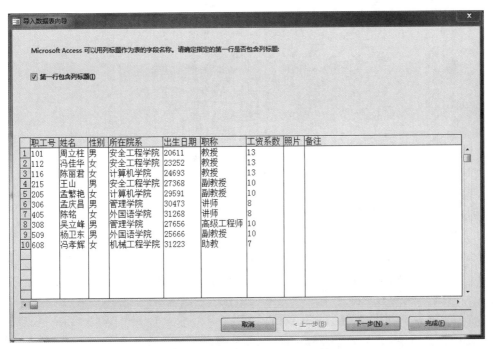

图 7.19 "导入数据表向导"对话框

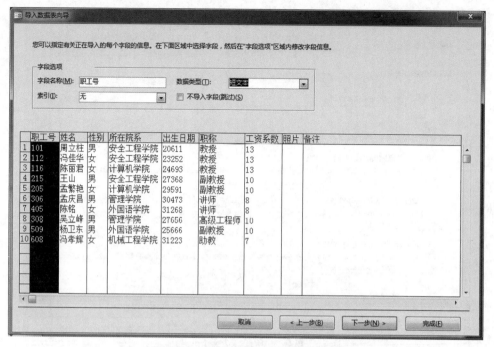

图 7.20　教师表的字段名及数据类型

教师表

职工号	姓名	性别	所在院系	出生日期	职称	工资系数	照片	备注
0101	周立柱	男	安全工程学院	1956-06-05	教授	13		
0112	冯佳华	女	安全工程学院	1963-08-29	教授	13		
0116	陈丽君	女	计算机学院	1967-08-09	教授	13		
0205	孟繁艳	女	计算机学院	1981-01-05	副教授	10		
0215	王山	男	安全工程学院	1974-12-05	副教授	10		
0306	孟庆昌	男	管理学院	1983-06-06	讲师	8		
0308	吴立峰	男	管理学院	1975-09-19	高级工程师	10		
0405	陈铭	女	外国语学院	1985-08-09	讲师	8		
0509	杨卫东	男	外国语学院	1970-04-08	副教授	10		
0608	冯孝辉	女	机械工程学院	1985-06-25	助教	7		

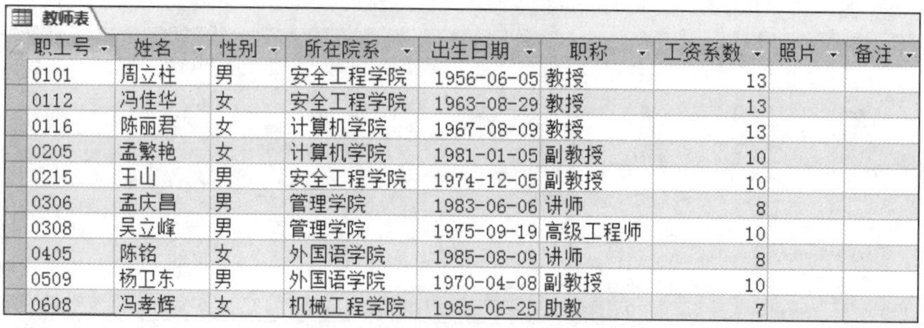

图 7.21　导入数据后的教师表

3. 数据表记录的输入和编辑

1) 数据录入

数据表创建完成后，需要对数据表进行数据录入，数据表的录入是在数据表视图下进行的。不同类型的字段，输入数据的方式也不同，分别介绍如下。

(1) 自动编号字段。

其值由系统自动生成，用户不能修改。

(2) OLE 对象。

在需要插入 OLE 数据的单元格上右击，在弹出的快捷菜单中选择"插入对象"命令，出现插入 OLE 对象的对话框，如图 7.22 所示。

图 7.22　插入 OLE 对象的对话框

如果选择"新建"单选按钮,则从"对象类型"中选择要创建的对象类型,Access 数据库宜用"位图图像",打开画图程序绘制图形,完成图形后,关闭画图程序,返回数据表视图。若选择"由文件创建"单选按钮,则在"文件"框中输入或单击"浏览"按钮确定图片的所在位置。对于插入的对象,若插入的是 bmp 格式的位图图像,则显示 Bitmap Image 字样;若插入的是 jpg 格式的图像,显示的是 Package 字样。

OLE 对象字段的实际内容并不直接在数据表视图中显示。若要查看,则双击字段值处会打开与该对象相关联的应用程序,显示插入对象的实际内容。若要删除,则单击字段值处,执行"开始"选项卡中"记录"组中的"删除"按钮即可。

(3) 超链接字段。

可以直接在超链接字段处输入地址或路径,也可以右击,在弹出的快捷菜单中选择"超链接"中的"编辑超链接",打开"插入超链接"对话框,在对话框中输入地址或路径。

(4) 其他类型字段。

其他类型字段可以直接在数据表视图中输入数据。

2) 数据的编辑

(1) 添加记录。

在数据表视图中,表的末端有一条空白的记录,可以从这里添加新记录,添加记录后会自动增加新的记录行。

(2) 修改记录。

选中需要修改的记录行直接进行修改即可。

(3) 删除记录。

选择要删除的记录,按 Delete 键或者单击"开始"选项卡中"记录"组中的"删除"按钮,可以实现删除所选记录。

4. 数据表结构修改

修改表结构可以在创建表结构的同时执行,也可以在表结构创建结束之后进行。无论是哪种情况,修改表结构都在表的设计视图中完成。

1）修改字段

修改字段包括修改字段名称、数据类型和字段属性等。若要修改字段的相关内容，选择需要修改的字段，直接进行修改即可，方法与设计字段一样处理。

2）增加字段

增加字段分两种情况：在所有字段后增加字段和在某字段前增加新字段。如果在所有字段后增加字段，直接在末字段后输入新字段即可；如果是插入新字段，则将光标置于要插入新字段的位置上，执行“设计”选项卡中的“插入行”命令，或者右击，在弹出的快捷菜单中选中“插入行”命令，在当前位置会产生一个新的空行，输入新字段的内容即可。

3）删除字段

选择要删除的字段后选择“设计”选项卡中的“删除行”命令，或者右击，在弹出的快捷菜单中选中“删除行”命令，可以将选中字段删除。也可以将鼠标移动到字段左边的行选择器上，选择一行或多行，再执行删除操作。

4）移动字段

选定要移动字段的行选择器，释放鼠标，然后再按住鼠标左键拖到指定的位置，选定字段的位置便会移动。注意：不能选定后直接拖动鼠标，要先选定，然后再拖动。

5）删除主键

删除主键的方法与创建主键的方法类似，选定设置为主键的字段，然后单击“设计”选项卡中“工具”组的“主键”，从而删除该字段的主键标记。

5. 表的外观设置

表的外观设置主要是设置表的外观格式等内容，也就是给表格“美容”。

1）改变数据表文本的字体及颜色

在数据表视图中，可以通过“开始”选项卡中“文本格式”组中的相应项来调整数据表的字体、字号、颜色等设置，如图 7.23 所示。

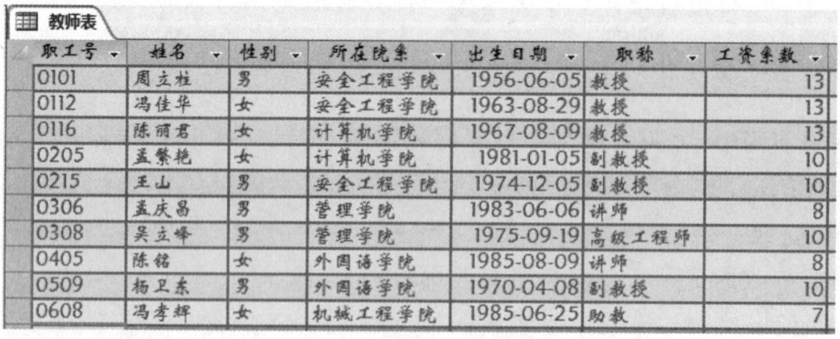

职工号	姓名	性别	所在院系	出生日期	职称	工资系数
0101	周立柱	男	安全工程学院	1956-06-05	教授	13
0112	冯佳华	女	安全工程学院	1963-08-29	教授	13
0116	陈丽君	女	计算机学院	1967-08-09	教授	13
0205	孟繁艳	女	计算机学院	1981-01-05	副教授	10
0215	王山	男	安全工程学院	1974-12-05	副教授	10
0306	孟庆昌	男	管理学院	1983-06-06	讲师	8
0308	吴立峰	男	管理学院	1975-09-19	高级工程师	10
0405	陈铭	女	外国语学院	1985-08-09	讲师	8
0509	杨卫东	男	外国语学院	1970-04-08	副教授	10
0608	冯孝辉	女	机械工程学院	1985-06-25	助教	7

图 7.23　进行格式设置后的“教师表”

2）改变数据表格式

通过“开始”选项卡中“文本格式”组右下方的扩展按钮可以打开“设置数据表格式”对话框，如图 7.24 所示，进而对数据表的格式进行网格线显示方式、网格线的颜色、数据表的背景颜色等设置。

第7章 数据库基础

图 7.24 "设置数据表格式"对话框

3）调整行高和列宽

在数据表视图中，右键选定任意一行记录左端的记录选定器，在弹出的快捷菜单中选择"行高"命令，如图 7.25 所示。在弹出的对话框中设置行高的数值，或者直接用鼠标拖曳记录选定器行与行之间的分割线，这时所有的行都被设置为相同的行高，也用同样的方法可以设置列宽。

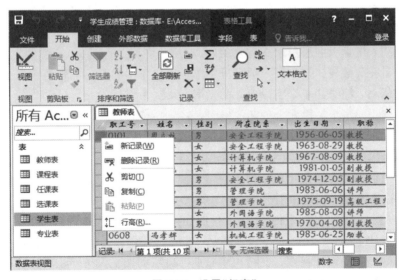

图 7.25 设置"行高"

4）隐藏/取消隐藏

对于字段较多的表格，查看起来不方便，可以把某些暂时不需要的字段隐藏起来。具体方法是：右击需要隐藏的列，在弹出的快捷菜单中选择"隐藏"命令。若需要显示时，右击任意列,在弹出的快捷菜单中选择"取消隐藏字段"命令,出现"取消隐藏列"对话框,单击需要显示的列前的复选框即可取消隐藏的列。

5) 冻结和取消冻结所有字段

对于字段较多的表格,若不想隐藏某些列,可以采用冻结列的命令将表中比较重要的列冻结起来,这时窗口在水平滚动时,冻结列在窗口的左边固定不动,其他列滚动。具体方法是:右击需要冻结的列,在弹出的快捷菜单中选择"冻结列"命令。若需要取消冻结显示时,右击任意冻结列,在弹出的快捷菜单中选择"取消冻结所有字段"命令,即可取消字段的冻结。

6) 移动列

移动列与前面介绍的移动字段类似,首先选中要移动的一列或多列,释放鼠标,然后按住鼠标拖动列到合适的位置即可。

6. 创建索引

通常记录会以随机的方式添加到表中。若要对表中的数据进行查找和排序,可以通过创建索引的方式来解决。因此,创建索引的目的是用于排序和快速查找数据表记录。Access 使用索引来维护表中数据的一种或多种排序顺序。数据表中会包含一个或多个索引,可设为索引字段的数据类型包括文本、数字、货币、日期/时间,但 OLE 字段不能建索引,主键字段会自动创建索引。

1) 索引的类型

(1) 按功能分。按功能可分为主索引、唯一索引和普通索引。

主索引:在创建"主键"时,自动设置主键为主索引,一个表中只能创建一个主索引。

唯一索引:不是"主键",该索引字段值必须是唯一的。

普通索引:该索引字段可以有重复的值。

(2) 按字段个数分。按字段个数可分为单个字段索引和多字段索引。

单字段索引:针对某单个字段建立的索引。

多字段索引:多个字段联合创建的索引,多字段索引先按第一个索引字段排序,对于字段值相同的记录再按第二个索引字段来排序,以此类推。

2) 创建索引

创建索引的方法有通过字段属性创建索引和通过索引设计器创建索引两种。

(1) 通过字段属性创建索引。

【例 7.15】 在"学生表"中创建"出生日期"的升序排列的普通索引。

具体步骤如下。

打开"学生表"的设计视图,选中"出生日期"字段,如图 7.26 所示。

在字段属性窗格中选择"索引"属性,其有 3 个选项。

① 无——不建立索引。

② 有(有重复)——可以建立有重复值的普通索引。

③ 有(无重复)——建立的索引不能有重复值,除主键索引外均为唯一索引。

这里选择"有(有重复)"选项,即建立了"出生日期"升序的普通索引。

图 7.26 "出生日期"的单字段索引

（2）通过索引设计器创建索引。

通过字段属性只能创建单字段索引，通过索引设计器既可以创建单字段索引，也可以创建多字段索引。

【例 7.16】 在选课表中创建"学号"和"课程编号"的多字段索引。

打开选课表的设计视图，单击"设计"选项卡中的"索引"，弹出选课表的索引对话框，在"索引名称"列输入索引名称为"学号＋课程编号"；在"字段名称"列的第一行选择"学号"，第二行选择"课程编号"，排序次序是自动填充的，可以进行选择修改，若要设置为主索引，选择表格框的下方"主索引"后的下拉列表框中"是"则会自动创建该索引为主索引，如图 7.27 所示。

3）删除索引

删除索引有两种方法。

（1）在"索引"对话框中选择一行或多行索引，按 Delete 键。

（2）在设计视图中，在字段的"索引"属性组合框中选择"无"。

若取消主索引，则可直接取消掉该索引的主键即可。

7．记录的排序

记录的排序分为简单排序和复杂排序两种。

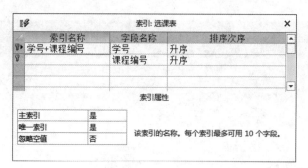

图 7.27 “索引”对话框

简单排序是按单字段进行排序，在数据表视图中，选定需要排序的字段，单击“开始”选项卡中的“排序和筛选”组中的升序和降序即可，如图 7.28 所示。图 7.29 是按“姓名”的升序进行排序的结果。

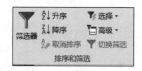

图 7.28 “排序和筛选”组图

复杂排序是按多个字段进行排序。

学生表

学号	姓名	性别	专业编号	出生日期	入学时间	入学成绩	申请补助
201405034232	范宇彤	女	02	1995-06-09	2014-09-01	548	☑
201405034209	韩旭	男	01	1995-12-12	2014-09-01	582	☑
201405034201	宏心雨	女	04	1996-08-05	2014-09-01	539	☐
201307024117	胡鹏程	男	04	1996-05-06	2013-09-01	529	☐
201307024108	林佳	女	07	1995-03-02	2013-09-01	546	☐
201307024126	柳青	女	01	1996-04-08	2013-09-01	582	☐
201405034207	申志强	男	08	1996-09-10	2014-09-01	601	☑
201405034222	王明月	男	06	1996-05-06	2014-09-01	591	☐
201307024111	吴毅雄	男	05	1996-02-19	2013-09-01	555	☑
201405034213	袁小梅	女	02	1996-02-19	2014-09-01	576	☑
201307024114	张慧媛	女	01	1994-02-25	2013-09-01	589	☐
201307024105	张建	男	08	1994-12-25	2013-09-01	526	☐
201405034208	赵琳琳	女	02	1995-10-10	2014-09-01	564	☐
201307024130	周景波	男	03	1995-07-19	2013-09-01	578	☑
201307024102	周琪	男	07	1995-01-05	2013-09-01	521	☑

图 7.29 按“姓名”的升序进行排序的结果

【例 7.17】 对学生表中的数据先按照“出生日期”的升序进行排序，出生日期相同的再按照“学号”的升序进行排序。

具体步骤如下。

在学生表的数据表视图中，单击“排序和筛选”组中“高级”按钮下的“高级筛选/排序”命令，弹出设置排序的“高级”窗口，如图 7.30 所示。在窗口上方的表中依次双击“出生日期”字段和“学号”字段，然后在下方的排序行中分别选择“升序”，这样这个排序就完成了。

8. 创建表之间的关系

一个数据库中的表往往是相互关联的，在介绍设置表之间关系之前先介绍几个基本概念。

1）主表和子表

前面介绍过主键和外键的概念，在数据库中表间的关系就是通过主键和外键进行关

图 7.30 高级排序的设置

联的,其中主键所在的表称为主表,外键所在的表称为子表。

2) 表间的关系

表间的关系有 3 种:一对一、一对多和多对多。

(1) 一对一:通常若两张表关联的字段是两张表的主键,则两个表是"一对一"关系,它们无主从之分。

(2) 一对多:在主表中的一条记录对应子表的多条记录,则主表与子表是"一对多"的关系。如学生表和选课表,通常一个学生会选择多于一门的课程,这样就形成了一对多的关系。

(3) 多对多:如学生表和课程表,一个学生对应多门课程,一门课程又对应多个学生,这样的学生表和课程表就形成了多对多的关系。在 Access 中,通常将这样的关系转换成两个一对多的关系,如与学生表和课程表对应的选课表,通过选课表的建立,使得学生表和选课表之间形成了一对多的关系,课程表和选课表之间也形成了一对多的关系。

3) 创建表间关系

在创建表间关系之前,首先将学生成绩管理数据库中的所有表创建完毕。

【例 7.18】 创建"学生成绩管理"数据库中学生表和选课表之间的关联。

具体步骤如下。

(1) 打开"学生成绩管理"数据库。

(2) 单击"数据库工具"选项卡中"关系"组的"关系"命令,打开"关系"窗口,并出现"显示表"对话框,如图 7.31 所示。

(3) 从"显示表"对话框中选择要建立关联的表:选择学生表和选课表,分别添加到"关系"窗口后,关闭"显示表"对话框。

(4) 在"关系"对话框中选择学生表的主键"学号",将它拖曳到选课表中的"学号"字段上,弹出"编辑关系"对话框,同时选择 3 个复选框,如图 7.32 所示。

图 7.31 "显示表"对话框图

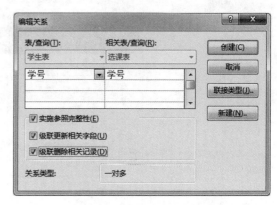

图 7.32 "编辑关系"对话框

在"编辑关系"对话框中有 3 个复选框。

同时选择了"实施参照完整性"和"级联更新相关字段"复选框,则在主表的主关键字值更改时,自动更新相关表中的对应数据。

同时选择了"实施参照完整性"和"级联删除相关字段"复选框,则在删除主表中的记录时,自动删除相关表中的相关信息。

只选择了"实施参照完整性"复选框,则只要相关表中有相关记录,主表中的主键值就不能更新,且主表中的相关记录不能被删除。

(5) 单击"连接类型"按钮,弹出"连接属性"对话框,如图 7.33 所示,这里默认选择选项 1,然后单击"确定"按钮。

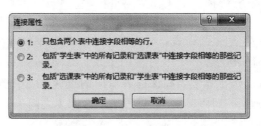

图 7.33 "连接属性"对话框

(6) 返回到"编辑关系"对话框,单击"创建"按钮,完成创建过程。在"关系"窗口中看到学生表和选课表之间出现一条表示关系的连线,且一端有 1 标记,一端有 ∞ 标记,表示建立了"一对多"关系,如图 7.34 所示。

将课程表、教师表、任课表、专业表都添加到"关系"窗口中,使用如上的方法建立各表之间的关系,如图 7.35 所示。

4) 删除关系

在"关系"窗口中,单击关系线,该线变粗,表示该线被选中,然后按 Delete 键即可删除该关系,或者右击关系线,在弹出的快捷菜单中选择"删除"命令也可以删除两表之间的关系。

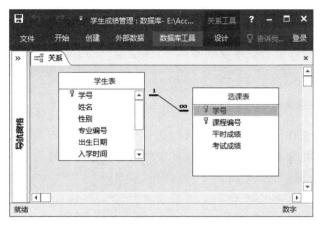

图 7.34　学生表与选课表建立关系

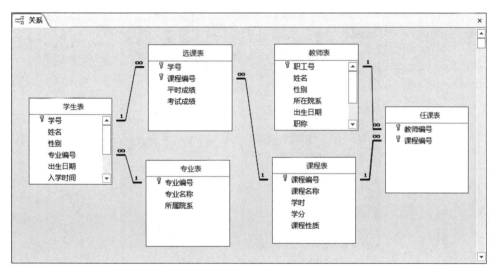

图 7.35　学生成绩管理表之间关系

7.5.5　查询

查询是 Access 数据库的主要对象,也是 Access 的核心操作之一。查询是以数据库中的数据作为数据源,根据给定条件从指定的数据库的表或查询中检索出符合要求的记录数据,形成一个新的数据集合,查询结果可以作为查询、窗体和报表的数据源。

查询的种类有很多,这里只介绍简单的选择查询的两种方式,使用查询向导创建查询和使用设计视图创建查询。

查询有 5 种视图。

(1) 设计视图:用来创建查询或修改查询要求。

(2) 数据表视图:对于选择查询来说,相当于显示查询的结果;对于操作查询来说,是预览涉及的记录。

（3）SQL 视图：用来查看、编写或修改 SQL 语句。

（4）数据透视表视图和数据透视图视图：根据需要生成这两种视图，对数据进行分析，得到直观的分析结果。

1. 使用查询向导创建查询

使用查询向导操作比较简单，用户可以从一个或多个表和已有查询中选择要显示的字段。若查询的字段来源于多个表，则这些表之间应事先建立好关系。

1）建立单表查询

【例 7.19】 查询学生的基本信息，并显示学生的学号、姓名、性别、专业编号。操作步骤如下：

（1）单击"创建"选项卡中"查询"组中的"查询向导"按钮，弹出"新建查询"对话框，如图 7.36 所示。

图 7.36 "新建查询"对话框

（2）选择"简单查询向导"，然后单击"确定"按钮，弹出"简单查询向导"对话框，在其中的"表/查询"下拉列表框中选择"表:学生表"，然后从"可用字段"中选择需要显示的字段，如图 7.37 所示，单击"下一步"按钮。

（3）若选定的字段中包括数值型字段，则会弹出如图 7.38 所示对话框，用户需要确定选择哪一项进行查询；若选定的字段中不包括数值型字段，则会直接弹出如图 7.39 所示对话框，在文本框中输入查询名称，单击"完成"按钮，即可完成查询。

查询的结果如图 7.40 所示。

2）建立多表查询

用户所需的查询有时来源于两个或两个以上的表和查询，这时就需要建立多表查询。建立多表查询的两个表必须有相同的字段，并且已经通过这些字段建立了关联。

【例 7.20】 查询学生的课程成绩，并显示学生的姓名、所选课程名称、平时成绩、考试成绩。操作步骤如下：

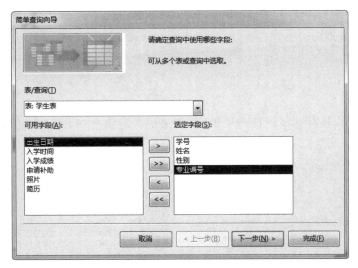

图 7.37　在"简单查询向导"对话框中选择字段

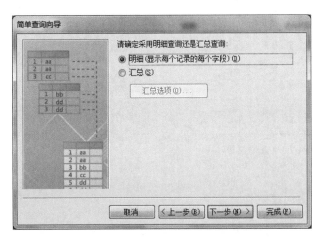

图 7.38　在"简单查询向导"对话框中选择查询方式

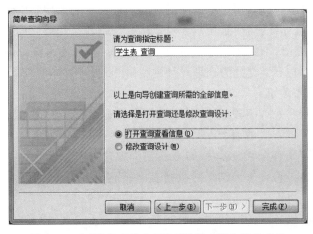

图 7.39　在"简单查询向导"对话框中输入查询名称

(1) 用与例 7.19 同样的方法打开查询向导。

(2) 在"简单查询向导"对话框的"表/查询"下拉列表框中选择"表:学生表",从"可用字段"中选择"姓名"字段到"选定字段"框中,然后用同样的方法选择课程表中的"课程名称"字段,选课表中的"平时成绩"和"考试成绩"字段到"选定字段"框中,单击"下一步"按钮。

(3) 后面的对话框选择默认选项即可,在最后的对话框中输入"学生课程成绩查询"的查询名称,单击"完成"按钮。

查询的结果如图 7.41 所示。

学生表 查询

学号	姓名	性别	专业编号
201307024102	周琪	男	07
201307024105	张建	男	08
201307024108	林佳	女	07
201307024111	吴毅雄	男	05
201307024114	张慧媛	女	01
201307024117	胡鹏程	男	04
201307024126	柳青	女	01
201307024130	周景波	男	03
201405034201	宏心雨	女	04
201405034207	申志强	男	08
201405034208	赵琳琳	女	02
201405034209	韩旭	男	01
201405034213	袁小梅	女	02
201405034222	王明月	男	06
201405034232	范宇彤	女	02

图 7.40　例 7.19 查询结果

学生课程成绩查询

姓名	课程名称	平时成绩	考试成绩
张建	计算机网络原理	75	69
柳青	计算机网络原理	75	61
申志强	计算机网络原理	95	89
张建	软件工程	85	82
申志强	人工智能基础	95	85
胡鹏程	计算机组成原理	75	64
柳青	计算机组成原理	82	80
赵琳琳	计算机组成原理	92	90
申志强	计算机导论	85	88
赵琳琳	计算机导论	65	70
张慧媛	英语	85	73
柳青	英语	92	88
申志强	英语	95	92
柳青	高等数学	78	80
王明月	高等数学	75	80
张建	体育	100	96
张慧媛	体育	65	49
胡鹏程	体育	75	60

图 7.41　例 7.20 查询结果

2. 使用设计视图创建查询

使用查询向导创建的查询都是比较简单的无条件查询,对于有条件的查询则查询向导就不能胜任了,只能用设计视图的形式来创建查询。

使用设计视图创建查询,用户可以通过设置条件来限制要检索的记录,通过定义统计方式来完成不同的统计计算,而且用户还可以很方便地对已经建立的查询进行修改。

查询设计视图如图 7.42 所示,其中上半部分为表/查询输入窗口,用于显示和添加查询要使用的表或查询;下半部分为查询设计网格,用来指定具体的查询要求。在查询设计网格中的各部分的含义如下。

(1) 字段:设置字段或字段表达式,用于限制在查询中使用的字段。

(2) 表:包含选定字段的表。

(3) 排序:确定是否按字段排序,以及按何种方式排序。

(4) 显示:确定是否在查询结果的数据表中显示该字段。

(5) 条件:指定查询限制条件。

(6) 或:指定逻辑"或"关系的多个限制条件。

带有条件的查询需要在"条件"行输入查询准则,查询准则中通常包含运算符、函数和

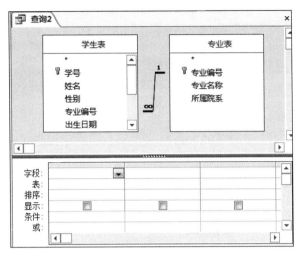

图 7-42 查询设计视图

条件表达式,下面对这三部分进行简单介绍,如表 7.28~表 7.30 所示。

表 7.28 运算符

运算类型	运算符	含 义
逻辑运算	Not	取反
	And	两个为真结果为真
	Or	只要有一个为真结果为真
关系运算	>	大于
	>=	大于或等于
	<	小于
	<=	小于或等于
	=	等于
	<>	不等于
特殊运算	In	用于指定一个字段值的列表,列表中的任意一个值都可与查询的字段匹配
	Between	指定一个字段值的范围,用 And 连接
	Like	用于指定查找文本字段的字符模式
	IsNull	用于判定一个字段是否为空
	IsNotNull	用于判定一个字段是否非空

表 7.29 函　　数

函数类型	函　数	含　　义
日期时间函数	Day	返回指定日期的日
	Month	返回指定日期的月
	Year	返回指定日期的年
	Weekday	返回 1～7 的值(星期)
	Hour	返回 0～23 的值
	Date	返回系统当前日期
统计函数	Sum	求和
	Avg	求平均值
	Count	计数
	Max	求最大值
	Min	求最小值
数值函数	Abs	求绝对值
	Int	取整
	Sqr	求平方根
字符函数	Space	返回 n 个空格
	Left	返回某字符串左边的 n 个字符
	Right	返回某字符串右边的 n 个字符
	Mid	返回某字符串中间从某位置开始的 n 个字符
	Trim	返回去掉某字符串前后空格的字符串
	Len	求某字符串的长度

表 7.30 表达式示例

字段名	条件表达式	功　　能
性别	"女"或="女"	查询性别为女的学生记录
出生日期	＞#1995-1-5#	查询 1995 年 1 月 5 日以后出生的学生记录
出生日期	Year([出生日期])=1995	查询 1995 年出生的学生记录
姓名	Like "张 *"	查询姓张的学生记录
姓名	Not "王 *"	查询不姓王的学生记录
考试成绩	[考试成绩]>85 AND [考试成绩]<100	查询考试成绩在 85～100 的学生记录

在设计网格中设置条件的逻辑关系：

在同一行("条件"行或"或"行)的不同列输入的多个查询条件彼此间是逻辑"与"

(And)关系。

在不同行输入的多个查询条件彼此间是逻辑“或”(Or)关系。

如果行与列同时存在,行比列优先(即 And 比 Or 优先)。

1) 简单条件查询

【例 7.21】 查询 1995 年出生的女生或 1996 年出生的男生的基本信息,显示学生的学号、姓名、性别、出生日期和入学成绩。具体步骤如下。

(1) 打开“查询设计视图”,将学生表添加到设计视图的表/查询窗口中,双击“学生表”中的学号、姓名、性别、出生日期和入学成绩字段到查询设计网格的字段中。

(2) 在“性别”列和“出生日期”列下的“条件”行分别输入条件:=“女”、Year([出生日期])=1995,在下面的“或”行分别在相应列输入条件:=“男”、Year([出生日期])=1996,如图 7.43 所示。

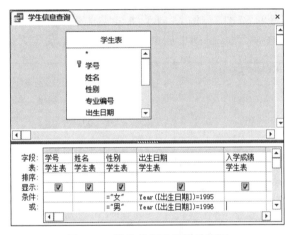

图 7.43 学生信息查询设计窗口

(3) 单击快速访问栏上的“保存”按钮,在“查询名称”文本框中输入“学生信息查询”,单击“确定”按钮。

(4) 单击左上角“视图”中的“数据表视图”即可查看查询的结果,如图 7.44 所示。

学生信息查询

学号	姓名	性别	出生日期	入学成绩
201307024108	林佳	女	1995-03-02	546
201307024111	吴毅雄	男	1996-02-19	555
201307024117	胡鹏程	男	1996-05-06	529
201405034207	申志强	男	1996-09-10	601
201405034208	赵琳琳	女	1995-10-10	564
201405034222	王明月	男	1996-05-06	591
201405034232	范宇彤	女	1995-06-09	548

图 7.44 例 7.21 运行结果

运行查询的方法有以下 4 种。

① 在导航窗格中双击要运行的查询。

② 在导航窗格中右击要运行的查询,在弹出的快捷菜单中选择“打开”命令。

③ 打开查询设计视图后,单击"设计"选项卡中的"运行"命令。

④ 打开查询设计视图后,单击界面左上角"视图"中的"数据表视图"按钮。

2) 添加计算字段查询

查询结果的字段可以根据原表的字段计算出来的内容(即计算字段),将已有的字段通过使用表达式建立起来新字段。

【例 7.22】 计算每个学生"计算机组成原理"课程的学期成绩(学期成绩=平时成绩 * 0.3+考试成绩 * 0.7),具体步骤如下。

将学生表、选课表和课程表添加到查询窗口中。

双击学生表的"姓名"字段、课程表的"课程名称"字段添加到网格中的"字段"行中。

在第三列的"字段"行输入如下表达式:

学期成绩:[平时成绩] * 0.3+[考试成绩] * 0.7

在"课程名称"字段的"条件"行输入"计算机组成原理",保存查询文件为"计算机组成原理成绩",如图 7.45 所示,其运行结果如图 7.46 所示。

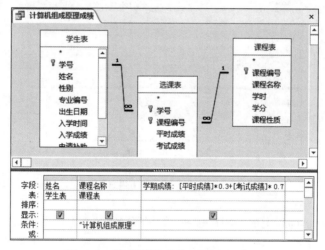

图 7.45 "计算学期成绩"设计视图窗口

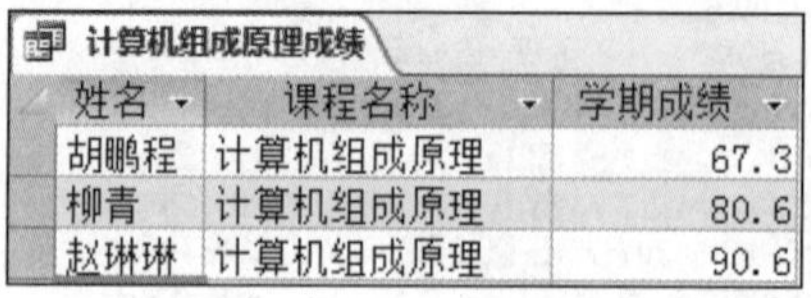

图 7.46 例 7.22 数据表视图

图 7.46 是运行的数据表视图的显示方式,单击"视图"中的"SQL 视图",如图 7.47 所示,是上例查询的 SQL 语句,大家可以参考 SQL 视图对前面介绍的 SQL 格式做进一步的了解。

查询创建完成后,若不满足用户的要求,可以利用查询设计视图对查询进行修改。在查询设计视图中,用户可以在原有的查询基础上增加、删除字段以及改变字段的位置(与

```
计算机组成原理成绩
SELECT 学生表.姓名,课程表.课程名称,[平时成绩]*0.3+[考试成绩]*0.7 AS 学期成绩
FROM 课程表 INNER JOIN (学生表 INNER JOIN 选课表 ON 学生表.学号 = 选课表.学号) ON 课程表.课程编号 = 选课表.课程编号
WHERE (((课程表.课程名称)="计算机组成原理"));
```

图 7.47　例 7.22 的 SQL 视图

数据表中改变数据列的操作类似)等。

7.6　本章小结

数据库,简单说是本身可视为电子化的文件柜,存储电子文件的处所,用户可以对文件中的数据运行新增、截取、更新、删除等操作。数据库指的是以一定方式储存在一起、能为多个用户共享、具有尽可能小的冗余度、与应用程序彼此独立的数据集合。数据库是依照某种数据模型组织起来并存放二级存储器中的数据集合。关系数据库是数据库应用的主流,许多数据库管理系统的数据模型都是基于关系数据模型开发的。结构化查询语言(Structured Query Language,SQL)是一种特殊目的的编程语言,是一种数据库查询和程序设计语言,用于存取数据以及查询、更新和管理关系数据库系统。Access 是关系数据库,主要用于数据分析和开发软件,Access 的特点是小巧、便捷。

本章首先介绍了计算机数据库的相关知识,包括数据库的基本概念、发展过程、数据模型,然后介绍了关系数据库的基础知识,最后介绍了 Access 2016 的基本操作内容。

习题

一、选择题

1. 下列有关数据库的描述正确的是(　　)。
   A. 数据库是一个 Access 文件
   B. 数据库是一个关系
   C. 数据库是一个结构化的数据集合
   D. 数据库是一组文件
2. 数据库管理系统是(　　)。
   A. 操作系统的一部分　　　　　　　　B. 在操作系统支持下的系统软件
   C. 一种编译系统　　　　　　　　　　D. 一种操作系统
3. 数据库系统是指在计算机系统中引入数据库后的系统,一般由(　　)构成。
   A. 数据、数据库
   B. 数据库、数据库管理系统
   C. 数据、数据库、数据库管理系统
   D. 数据库、数据库管理系统(及其开发工具)、应用系统、数据库管理员和用户
4. DB、DBMS 和 DBS 三者间的关系为(　　)。
   A. DB 包括 DBMS 和 DBS　　　　　　B. DBS 包括 DB 和 DBMS

  C. DBMS 包括 DBS 和 DB   D. DBS 与 DB 和 DBMS 无关

5. 在数据库管理技术的发展中,数据独立性最高的是(　　)。
  A. 人工管理   B. 文件管理   C. 数据库管理   D. 数据模型

6. 数据库系统的核心是(　　)。
  A. 数据库   B. 数据库管理系统   C. 模拟模型   D. 软件工程

7. 数据库的三级模式是指(　　)。
  A. 外模式、模式、内模式   B. 内模式、模式、概念模式
  C. 模式、外模式、存储模式   D. 逻辑模式、子模式、模式

8. 数据模型是(　　)。
  A. 文件的集合   B. 记录的集合
  C. 数据的集合   D. 记录及其联系的集合

9. 关系模型是(　　)。
  A. 用关系表示实体   B. 用关系表示联系
  C. 用关系表示实体及其联系   D. 用关系表示属性

10. 用二维表来表示实体与实体之间联系的模型是(　　)。
  A. 层次   B. 网状   C. 关系   D. 面向对象

11. 关系表中每一行称为一个(　　)。
  A. 元组   B. 字段   C. 域   D. 属性

12. 在数据库中能唯一地标识一个元组的属性或属性的组合称为(　　)。
  A. 记录   B. 字段   C. 域   D. 关键字

13. 在关系模型中,域是指(　　)。
  A. 记录   B. 字段
  C. 属性   D. 属性的取值范围

14. 在关系 $R(R\#,RN,S\#)$ 和 $S(S\#,SN,SD)$ 中,R 的主键是 $R\#$,S 的主键是 $S\#$,则 $S\#$ 是 R 的(　　)。
  A. 候选关键字   B. 主关键字   C. 外部关键字   D. 超键

15. 一门课可以由多个学生选修,一个学生可以选修多门课程,则学生与课程之间的关系是(　　)。
  A. 一对一   B. 一对多   C. 多对多   D. 多对一

16. 用树结构来表示实体之间联系的模型称为(　　)。
  A. 层次   B. 网状   C. 关系   D. 面向对象

17. 关系数据库管理系统能实现的专门关系运算包括(　　)。
  A. 排序、索引、统计   B. 选择、投影、连接
  C. 关联、更新、排序   D. 显示、打印、制表

18. 在关系模式中,指定若干属性组成新的关系称为(　　)。
  A. 投影   B. 选择   C. 连接   D. 自然连接

19. SQL 的核心是(　　)。

A. 数据查询　　　B. 数据修改　　　C. 数据定义　　　D. 数据控制

20. 在 Access 中不能建立索引的数据类型是（　　）。
    A. 文本　　　　B. 数字　　　　C. OLE 对象　　　D. 日期时间

21. Access 用于存放基本数据的对象是（　　）。
    A. 表　　　　　B. 查询　　　　C. 窗体　　　　　D. 报表

22. 下面不是 Access 数据库的对象的是（　　）。
    A. 表　　　　　B. 查询　　　　C. 模块　　　　　D. 字段

23. 在 Access 数据库的表设计视图中，不能进行的操作是（　　）。
    A. 修改字段类型　B. 设置索引　　C. 增加字段　　　D. 删除记录

24. Access 2016 中，设置为主键的字段（　　）。
    A. 不能设置索引
    B. 可设置为"有（有重复）"索引
    C. 可设置为"无"索引
    D. 系统自动设置索引

25. 数据库中有 A、B 两个表，具有相同的字段 C，在两个表中 C 字段都设为主键，则通过 C 字段建立两表关系时，该关系为（　　）。
    A. 一对一　　　B. 一对多　　　C. 多对多　　　　D. 多对一

26. 在 Access 2016 中，如果不想显示数据表中的某些字段，可以使用的命令是（　　）。
    A. 隐藏　　　　B. 冻结　　　　C. 删除　　　　　D. 筛选

27. 每个查询都有三种视图，下列不属于查询的三种视图的是（　　）。
    A. 设计视图　　B. SQL 视图　　C. 模板视图　　　D. 数据表视图

28. 下列关于查询的描述中正确的是（　　）。
    A. 只能根据已建查询创建查询
    B. 只能根据数据库表创建查询
    C. 可以根据数据库表创建查询，但不能根据已建查询创建查询
    D. 只能根据数据库表和已建查询创建查询

29. 查询向导不能创建（　　）。
    A. 单表查询　　　　　　　　　B. 多表查询
    C. 带条件的查询　　　　　　　D. 不带条件的查询

30. 假设某数据库表中有一个工作时间字段，查找 15 天前参加工作的记录的准则是（　　）。
    A. ＝Date( )-15　B. ＜Date( )-15　C. ＞Date( )-15　D. ＜＝Date( )-15

二、填空题

1. 数据库系统采用的数据模型有（　　）、（　　）、（　　）和面向对象模型。
2. 数据库管理技术经历了人工处理阶段、（　　）和数据库系统 3 个阶段。
3. DBMS 基于不同的（　　），可以分为层次型、网状型、关系型和面向对象型。
4. Access 数据库是（　　）数据库。

5. 关系数据库中,关系是(　　),两个关系间的联系是通过公共属性来实现的。
6. 每个属性有一个取值范围,这个叫作属性的(　　)。
7. Access 2016 创建的数据库文件的扩展名为(　　)。
8. 查询设计视图窗口分为上下两部分,上部分是(　　)区,下部分是(　　)。
9. 书写查询准则时,日期应该用(　　)括起来。
10. 查询也是一个表,是以(　　)为数据来源的再生表。
11. 数据库是长期存储在计算机内、有组织的、可(　　)的数据集合。
12. 数据库的三级模式是指内模式、(　　)、外模式。
13. 数据模型由 3 部分组成:数据结构、数据操作、(　　)。
14. SQL 语言一种标准的数据库语言,包括查询、定义、操纵、(　　)4 部分功能。
15. 数据管理技术经历了(　　)、(　　)和(　　)3 个阶段。
16. 在计算机系统中,一个以科学的方法组织、存储数据,并可高效地获取、维护数据的软件系统称为(　　)。
17. 数据库系统的核心是(　　)。
18. (　　)是表中唯一标识一条记录的字段。
19. 在数据库设计中,(　　)是系统中各类数据描述的集合,是进行详细的数据收集和数据分析所获得的主要成果。
20. 数据库的完整性是指数据的正确性和(　　)。
21. 关系模型是把实体之间的联系用(　　)表示。
22. (　　)是在输入或删除记录时,为维持表之间已定义的关系而必须遵循的规则。
23. Access 数据库的核心与基础是(　　)。
24. Access 中,为了使字段的值不出现重复以便索引,可以将该字段定义为(　　)。
25. Access 在同一时间,可打开(　　)个数据库。
26. 短文本类型的字段最多可容纳(　　)个中文字。
27. Access 数据表中要添加 Internet 站点网址,则字段数据类型是(　　)。
28. 在 Access 数据表中,要控制某一字段的取值范围为 10~20,则在字段的"有效性规则"属性框中应输入(　　)。
29. 要求在主表更新主键值时,在关联表自动更新关联字段,则应该在表关系中设置(　　)。
30. 在 Access 表中,可以定义 3 种主关键字,它们是单字段、多字段和(　　)。

三、简答题

1. 数据库系统由几部分组成?
2. 表的字段类型有哪些?举例说明。
3. 索引的分类有哪几种?都有哪些?
4. 试述数据库系统的三级模式结构及每级模式的作用?
5. 试述数据、数据库、数据库系统、数据库管理系统的概念。

6. 使用数据库系统有什么好处?
7. 试述文件系统与数据库系统的区别和联系。
8. 试述数据库系统的特点。
9. 数据库管理系统的主要功能有哪些?
10. 试述关系模型的概念,解释以下术语:①关系;②属性;③域;④元组;⑤主码;⑥分量;⑦关系模式
11. 试述关系数据库的特点。
12. Access 数据库中可以包含哪几种类型的对象?
13. Access 允许使用的数据类型有哪些?
14. 启动 Access 2016 的方法有哪几种?
15. 创建 Access 2016 数据库和表的方法有哪些?

第 8 章 计算机网络技术及应用

> **本章学习目标**
> - 熟练掌握计算机网络的相关概念。
> - 了解局域网的相关知识。
> - 了解 Internet 提供的相关服务。
> - 掌握网络安全的相关内容。

本章首先介绍计算机网络的相关知识,包括网络的定义、功能、发展和分类、协议和体系结构等;然后介绍局域网和 Internet 的相关内容;最后介绍网络安全的内容。

网络定义与功能、网络的产生和发展

8.1 计算机网络概述

计算机网络技术是计算机技术和现代通信技术紧密结合的产物,是当今世界发展最快的技术之一。

8.1.1 计算机网络的定义与功能

计算机网络是把分散在不同地理位置、具有独立功能的计算机系统及相关网络设备通过通信线路相互连接起来,按照一定的通信协议进行数据通信,以实现资源共享为目的的信息系统。

在网络的定义中包含几方面的含义。

(1) 计算机网络是计算机系统的一个群体,是由多台计算机系统组成的,它们处在不同的地理位置,可以在一栋建筑物内、一个校园内、一个城市内,甚至可以分散在全球范围内,并且网络中的各台计算机具有独立功能。

(2) 网络中的计算机系统及相关的网络设备是互连的,它们通过通信线路互相连接起来,并且彼此交换信息。构成通信线路的传输介质可以是有线的(如双绞线、同轴电缆和光纤等),也可以是无线的(如激光、微波和卫星通信等)。在通信的过程中遵循的网络协议就是计算机之间相互进行数据通信事先规定的规则,计算机只有遵循某个协议,才能与网络上其他的计算机进行通信。

(3) 计算机联网的主要目的是资源共享。资源共享就是网络上的用户共享网络中的硬件、软件和数据资源中的一部分或者全部。通过硬件资源的共享,可以减少硬件设备的重复购置,从而提高硬件设备的利用率;通过软件资源的共享,可以避免软件的重复开发和重复存储,大大提高软件的应用效率。在信息社会中用户数据是非常有价值的资源,通过网络达到全网用户数据的共享,可以提高信息的利用率和信息的使用价值。

计算机网络具有以下 4 方面的功能。

1. 数据通信

数据通信是计算机网络最基本的功能之一,是实现其他功能的基础。

计算机网络为分布在不同地理位置的用户提供便利的通信手段,允许网络上的不同计算机之间快速、准确地传送数据信息。随着互联网技术的快速发展,更多的用户把计算机网络作为一种常用的通信手段。通过计算机网络,用户可以发送 E-mail、聊天和网上购物,还可以利用计算机网络组织召开远距离视频会议、协同工作等。

2. 资源共享

计算机网络系统中的资源分为三大类,即数据资源、硬件资源和软件资源,因此资源共享包括数据共享、硬件共享和软件共享。

数据资源的共享包括数据库、数据文件以及数据软件系统等数据的共享。网络上有各种数据库供用户使用,随着网络覆盖区域的扩大,信息交流已越来越不受地理位置和时间的限制,用户能够互用网络上的数据资源,从而大大提高了数据资源的利用率。

硬件资源的共享包括对处理器资源、输入输出资源和存储资源的共享,特别是对一些价格昂贵的、高级的设备,如巨型计算机、高分辨率打印机、大型绘图仪以及大容量的外存储器设备等的共享。

软件资源的共享包括各种应用程序和语言处理程序的共享。网络上的用户可以远程访问各类大型数据库,可以通过网络下载某些软件到本地机上使用,可以在网络环境下访问一些安装在服务器上的公用网络软件,可以通过网络登录远程计算机并使用该计算机上的软件。这样可以避免软件研制上的重复劳动以及数据资源的重复存储,也便于集中管理。

3. 提高系统的可靠性和可用性

当网络中的某一台计算机发生故障时,可以通过网络把任务转到其他计算机代为处理,从而保证了用户的工作任务不因系统的局部故障而受到影响,保证了整个网络仍处于正常状态。若某台计算机发生故障而使得数据库中的数据遭受破坏时,可以从另一台计算机的备份数据库中恢复被破坏的数据,从而通过网络提高了系统的可靠性和可用性。

4. 负载均衡和分布式处理

负载均衡是指网络中的任务被均匀地分配给网络中的各计算机系统,每台计算机只完成整个任务中的一部分,防止某台计算机系统的负荷过重。需要说明的是,负载均衡设备不是基础网络设备,而是性能优化设备。对于网络应用,并不是一开始就需要负载均衡,当网络应用的访问量不断增长,单个处理单元无法满足负载需求,网络应用流量将要出现瓶颈时,负载均衡才会起到作用。

在具有分布处理能力的计算机网络中,可以将任务分散到多台计算机上进行处理,然后再集中起来解决问题。通过这种方式,在以往需要大型计算机才能完成的复杂问题,现在就可以通过多台微型计算机或小型机构成的网络来协同完成,并且费用低廉。

8.1.2 计算机网络的产生和发展

在 20 世纪 60 年代初,美国国防部领导的远景研究规划局(Advanced Research Project Agency,ARPA)提出要研制一种全新的、能够适应现代战争的、生存性很强的网络,其目的是对付来自苏联的核攻击。于是在 1969 年,美国创建了第一个分组交换网——ARPANET。

ARPANET 的规模迅速增长,到了 1975 年,ARPANET 已经连入了 100 多台主机,并结束了网络试验阶段,移交美国国防部国防通信局正式运行。同时,人们已认识到不可能仅使用一个单独的网络来满足所有的通信问题,于是,ARPA 开始研究多种网络互连的技术,这就导致后来互联网的出现。这样的互联网就成为现在因特网(Internet)的雏形。1983 年,TCP/IP 成为 ARPANET 上的标准协议,使得所有使用 TCP/IP 的计算机都能利用互联网相互通信,因而人们把 1983 年定为因特网的诞生时间。1983 年,美国国防部国防通信局将 ARPANET 分为两个独立的部分:一部分仍叫 ARPANET,用于进一步的研究工作;另一部分稍大一些,成为著名的 MILNET,用于军方的非机密通信。

美国国家科学基金会(NSF)认识到计算机网络对科学研究的重要性,因此从 1985 年起,NSF 就围绕其 6 个大型计算机中心建设计算机网络。1986 年,NSF 建立国家科学基金网 NSFNET,覆盖了全美国主要的大学和研究所。后来 NSFNET 接管了 ARPANET,并将网络改名为 Internet,即因特网。1987 年,因特网上的主机超过 1 万台。到了 1990 年,鉴于 ARPANET 的试验任务已经完成,在历史上起过非常重要作用的 ARPANET 正式宣布关闭。

1991 年,NSF 和美国的其他政府机构开始认识到,因特网必将扩大其使用范围,不应仅限于大学和研究机构。世界上的许多公司纷纷接入因特网,网络上的通信量急剧增大,使因特网的容量已满足不了需要,于是美国政府决定将因特网的主干网转交给私人公司来经营,并开始对接入因特网的用户进行收费。从 1993 年开始,由美国政府资助的 NSFNET 逐渐被若干个商用的因特网主干网替代,而政府机构不再负责因特网的运营。因此,出现了因特网服务提供者(Internet Service Provider,ISP)来为需要加入因特网的用户提供服务。例如,中国电信、中国联通和中国移动是我国最有名的 ISP。

如今进入因特网时代,因特网正在改变着人们工作和生活的方方面面,给很多国家带来了巨大的收益,并加速了全球信息革命的进程。因特网上的网络数、主机数、用户数和管理机构数正在迅猛增加。由于因特网的技术和功能存在着一定的不足,加上用户数的急剧增加,因特网不堪重负。1996 年,美国的一些研究机构和 34 所大学提出研制和建造新一代因特网的设想,同年 10 月美国总统克林顿宣布:在今后 5 年内用 5 亿美元的联邦资金实施"下一代因特网计划",即"NGI 计划"(Next Generation Internet Initiative)。

下一代因特网具有广泛的应用前景,支持医疗保健、国家安全、远程教学、能源研究、生物医学、环境监测、制造工程以及紧急情况下的应急反应和危机管理等,它有直接和应用两个目标。

其直接目标如下。

(1) 使连接各大学和国家实验室的高速网络的传输速率比现有因特网快 100～1000 倍；其速率可在 1s 内传输一部大英百科全书。

(2) 推动下一代因特网技术的实验研究，如研究一些技术使因特网能提供高质量的会议电视等实时服务。

(3) 开展新的应用以满足国家重点项目的需要。

其应用目标如下。

(1) 在医疗保健方面，要让人们得到最好的诊断医疗，分享医学的最新成果。

(2) 在教育方面，要通过虚拟图书馆和虚拟实验室提高教学质量。

(3) 在环境监测上，通过虚拟世界为各方提供服务。

(4) 在工程上，通过各种造型系统和模拟系统缩短新产品的开发时间。

(5) 在科研方面，要通过 NGI 进行大范围的协作，以提高科研效率等。

NGI 计划使用超高速全光网络，能实现更快速的交换和路由选择，同时具有为一些实时应用保留带宽的能力。

8.1.3 计算机网络的分类

计算机网络的分类方法有很多，对计算机网络的分类进行研究，有助于更好地理解计算机网络。从不同的角度对计算机网络可以进行不同的分类，常用的分类方法有：按网络覆盖的地理范围进行分类，按网络的拓扑结构进行分类，按网络的传输介质进行分类，按网络的通信传播方式分类，按网络的使用范围进行分类，等等。

网络的分类上半部分

网络的分类下半部分

1. 按网络覆盖的地理范围进行分类

1) 局域网

局域网(Local Area Network，LAN)一般用微型计算机或工作站通过高速通信线路相连，但地理上则局限在较小的范围内，一般在几千米以内，属于一个部门、一个单位或一个建筑物内组建的小范围网络。按照采用的技术、应用的范围和协议标准的不同，局域网可分为共享局域网和交换局域网。局域网技术发展非常迅速并且应用日益广泛，是计算机网络中最为活跃的领域之一。

局域网一般为一个部门或单位所有，建网、维护以及扩展等较容易，系统灵活性高。其主要特点有以下几个方面。

(1) 覆盖的地理范围较小，只在一个相对独立的局部范围内，如一座建筑物内、一个校园、一个企业等。

(2) 使用专门铺设的传输介质进行联网，数据传输速率高(10Mb/s～10Gb/s)。

(3) 通信延迟时间短，可靠性较高。

(4) 局域网可以支持多种传输介质。

2) 城域网

城域网(Metropolitan Area Network，MAN)是在一个城市范围内所建立的计算机网络,城域网实际上是广域网与局域网之间的一种高速网络。局域网的设计目标是满足几十千米范围内的大量企业机关、公司的多个局域网的互联要求,以实现大量用户之间的数据、语音、图形与视频等多种信息传输。

3) 广域网

广域网(Wide Area Network,WAN)又称为远程网,常跨接很大的地理范围,所覆盖的范围从几十千米到几千千米,它能连接多个城市或国家,或横跨几个洲并能提供远距离通信,形成国际性的远程网络。由于传输距离远,信道的建设费用很高,因此广域网很少像局域网那样铺设自己的专用信道,而是租用或借用电信通信线路,如长途电话线、光缆通道、微波与卫星通道等。广域网不同于局域网或城域网,它的结构复杂,信号的传输速率比较慢,误码率高。

2. 按网络的拓扑结构进行分类

计算机网络的拓扑结构是指对计算机物理网络进行几何抽象后得到的网络结构。它把网络上的各种设备看作一个个单一结点,把通信线路看作一根连线,以此反映出网络中各实体间的结构关系。常见的网络拓扑结构有 5 种:总线、星形、环形、树形和网状,因此可将网络分为总线网络、星形网络、环形网络、树形网络和网状网络。

1) 总线网络

总线网络是由一条高速公用总线连接若干个结点所形成的网络,其结构如图 8.1 所示。在总线结构中,任何一个结点的信息都可以沿着总线向两个方向传输扩散,并且能被总线中任何一个结点所接收。由于其信息向四周传播,类似于广播电台,故总线网络也被称为广播式网络。

总线网络拓扑结构具有以下优点。

(1) 结构简单,可扩充性好,组网容易。

(2) 由于多个结点共用一条传输信道,因此信道利用率高。

(3) 传输速率较高。

总线网络拓扑结构具有以下缺点。

(1) 故障诊断困难,发生故障时往往需要检测网络上的每个结点。

(2) 故障隔离困难,故障一旦发生在公用总线上,就可能影响整个网络的运行,同时造成故障隔离困难。

2) 星形网络

星型网络是以中央结点为中心,把若干外围结点连接起来的星形拓扑结构,如图 8.2

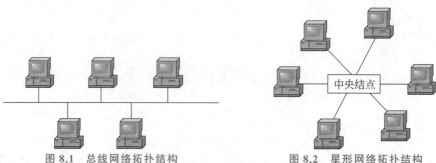

图 8.1 总线网络拓扑结构　　　　图 8.2 星形网络拓扑结构

所示。各结点与中央结点通过点与点方式连接,中央结点执行集中式通信控制策略。因此,中央结点必须有较强的功能和较高的可靠性。这种结构适用于局域网。以星形拓扑结构组网,其中任何两个站点要进行通信都要经过中央结点控制。

星形网络拓扑结构具有以下优点。

(1) 结构简单,集中管理。
(2) 控制简单,建网容易。
(3) 网络延迟时间较短,传输误差小。

星形网络拓扑结构具有以下缺点。

(1) 网络需要智能的、可靠的中央结点设备。中央结点的故障会使整个网络瘫痪。
(2) 需要的缆线较多,通信线路利用率不高。
(3) 中央结点负荷太重。

3) 环形网络

环形网络是指在网络中的各结点通过环路接口连在一条首尾相接的闭合环形通信线路中,环路上的每个结点发送的信息在环上只沿一个方向传输,依次通过每台计算机,其结构如图 8.3 所示。

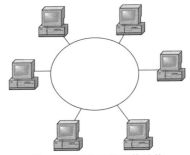

图 8.3 环形网络拓扑结构

由图 8.3 可知,环形网络拓扑结构上的计算机都连在一条环形线缆上,信号按照事先约定好的方向,从一个结点单向传送到另一个结点。由于环线是公用的,所以,一个结点发出的信息必须穿越环中所有的环路接口,信息流中的目的地址与环上某结点的地址相符时,信息被该结点的环路接口接收下来,尔后的信息继续流向下一环路接口,一直流回到发送信息的环路接口为止。因为信号通过每台计算机,所以任何一台计算机出现故障都会影响整个网络。

环形网络拓扑结构有以下优点。

(1) 缆线长度比较短。
(2) 网络整体效率比较高。

环形网络拓扑结构有以下缺点。

(1) 故障的诊断和隔离较困难。
(2) 环路是封闭的,不便于扩充。
(3) 控制协议较复杂。

4) 树形网络

树形结构实际上是星形结构的一种变形,它将原来用单独链路连接的结点通过多级处理主机进行分级连接,如图 8.4 所示。

树形拓扑形状像一棵倒置的树,顶端有一个带分支的根,每个分支还延伸出子分支。当结点发送时,根接收该信号,然后再重新广播发送到全网。具有层次结构是树形拓扑独有的特点。网络的最高层是中央处理机,最低层是终端,其他各层可以是多路转换器、集线器或者部门用计算机。

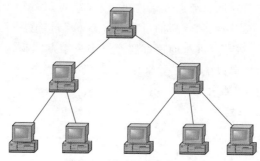

图 8.4 树形网络拓扑结构

树形网络拓扑结构具有以下优点。
(1) 结构简单,成本低。
(2) 网络中任意两个结点之间不产生回路,每个链路都支持双向传输。
(3) 网络中结点扩充方便灵活。
(4) 故障隔离方便,如果某一分支结点或链路发生故障,很容易将该分支和整个系统隔离开来。

树形网络拓扑结构的缺点是,对根结点的依赖性太大,如果根发生故障,全网都不能正常工作。

5) 网状网络

网状网络是每一个结点都与其他结点有一条专门线路相连。网状拓扑结构广泛应用于广域网中。网状网络拓扑结构如图 8.5 所示。

网状网络拓扑结构具有以下优点。
(1) 结点间路径多,碰撞和阻塞大大减少。
(2) 局部故障不会影响整个网络,可靠性高。
(3) 网络扩充和主机入网比较灵活简单。

网状网络拓扑结构具有以下缺点。
(1) 网络关系复杂,建网较难。
(2) 网络控制机制复杂。

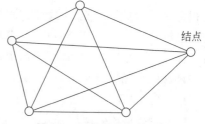

图 8.5 网状网络拓扑结构

3. 按网络的传输介质进行分类

按照网络的传输介质划分,可以把网络分为有线网络和无线网络两种。

有线网络就是通过有线传输介质连接的网络。有线传输介质包括双绞线、同轴电缆和光纤等。

无线网络就是通过无线传输介质连接的网络。无线传输介质包括卫星、微波和红外线等。

4. 按网络的通信传播方式分类

按网络的通信传播方式划分,可以将计算机网络分为点对点通信网和广播式通信网。
点对点通信网是以点对点的连接方式把各台计算机连接起来。这种传播方式主要用于广域网中。广播式通信网使用一个共同的通信介质把各计算机连接起来,如局域网中以同轴电缆连接起来的总线网络、星形网络和树形网络,以及广域网中以微波等方式传播的网络。

5. 按网络的使用范围进行分类

按照网络的使用范围划分,可以将网络分为公用网和专用网。公用网是对所有人提供服务,只要符合网络拥有者的要求就能使用这个网络,如我国的电信网、广电网和联通网等,它是向公众开放的网络。专用网是为一个或几个部门所有,它只为拥有者提供服务,这种网络不向拥有者以外的人提供服务,如由学校组建的校园网、由企业组建的企业网等。

8.1.4 计算机网络协议与体系结构

一个计算机网络系统是一个复杂的系统,在系统中需要制定一些规则来保障网络的正常运行,这些规则就是网络协议。网络体系结构用于指导网络的设计和实现,它规定了网络中的协议是如何设计的,即网络是如何分层的及每层完成哪些功能。

计算机网络协议与体系结构上半部分

1. 层次结构

计算机网络是一个复杂的计算机及通信系统的集合。人们在处理复杂问题时,通常会把复杂的大问题分割成若干个容易解决的小问题,解决了这些小问题并弄清它们之间的关系,就完成了这个复杂问题的求解。计算机网络体系结构的设计思想类似于这种处理方式。大多数的网络体系结构都是进行分层处理,即层次结构模型的计算机网络体系结构,如图 8.6 所示。所谓层次结构,就是把一个复杂的系统设计问题分解成多个层次分明的局部问题,并规定每一个层次所必须完成的功能。

计算机网络协议与体系结构下半部分

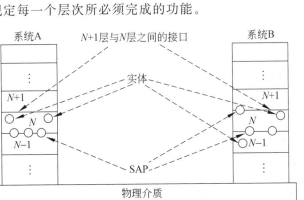

图 8.6 层次结构模型

在层次结构中,各相邻层之间的关系是,下层为上层提供服务,上层利用下层提供的服务完成自己的功能,同时向自己的上一层提供服务。因此,上层是下层的用户,下层是上层的服务提供者。系统的顶层执行用户要求做的工作,直接与用户接触,可以是用户编写的程序或发出的命令。系统的底层直接与物理介质相接触,通过物理介质实现不同系统之间的沟通。

不同系统的相同层次称为对等层(或同等层),如系统 A 的第 N 层和系统 B 的第 N 层是对等层。不同系统对等层之间存在的通信称为对等层通信。不同系统对等层上的两个通信的实体称为对等层实体。

2. 网络协议

在计算机网络中,相互通信的双方为了实现正确通信而制定的且双方必须共同遵守的规则、标准和约定称为网络协议。

协议只出现在对等层通信中,即不同系统中同一层实体之间的通信。例如,在图 8.6 中,系统 A 的第 N 层实体与系统 B 的第 N 层实体之间的通信所遵守的规则即网络协议。各层的协议只对所属层的操作有约束力,而不涉及其他层。网络协议主要由 3 个要素组成。

(1) 语法。语法是数据与控制信息的结构或格式,解决通信双方"如何讲"的问题。

(2) 语义。即需要发出何种控制信息,完成何种动作以及做出何种响应,解决通信双方"讲什么"的问题。

(3) 同步。即事件实现顺序的详细说明,是确定通信双方"讲的顺序",即通信过程中的应答关系和状态变化关系。

在网络通信中,只有配置了相同的网络协议的计算机才能进行正常的通信,没有网络协议就不能进行网络通信,也就没有计算机网络。

3. 计算机网络体系结构

网络体系结构(network architecture)是计算机网络的分层、各层协议和功能等的集合。不同的计算机网络具有不同的体系结构,其层的数量、各层的名称、内容和功能都不一样。然而,在任何网络中,每一层都是为了向它的邻接上层提供一定的服务而设置的,而且每一层都对上层屏蔽如何实现协议的具体细节。这样,网络体系结构就能做到与具体的物理实现无关,哪怕连接到网络中的主机和终端的型号及性能各不相同,只要它们共同遵守相同的协议,就可以实现互通信和互操作。

由此可见,计算机网络体系结构实际上是一组设计原则,网络体系结构是一个抽象的概念,因为它不涉及具体的实现细节,只是网络体系结构的说明必须包括足够的信息,以便网络设计者能为每一层编写符合相应协议的程序。因此,网络的体系结构与网络的实现不是一回事,前者仅告诉网络设计者应"做什么",而不是"怎样做"。

在网络体系结构模型中,比较有代表性的是 OSI 参考模型和 TCP/IP 参考模型。

1) OSI 参考模型

国际标准化组织(International Organization for Standardization,ISO)为了建立使各种计算机可以在世界范围内联网的标准框架,从 1981 年开始,制定了著名的开放式系统互连参考模型(Open System Interconnection Reference Model, OSI/RM)。OSI 参考模型将计算机网络分为 7 层：物理层、数据链路层、网络层、传输层、会话层、表示层和应用层，如图 8.7 所示。

应用层
表示层
会话层
传输层
网络层
数据链路层
物理层

图 8.7 OSI 参考模型

(1) 物理层。

物理层(physical layer)实现相邻结点之间比特数据流的透明传输，为数据链路层提供服务。物理层的数据传输基本单位是比特。

(2) 数据链路层。

在物理层提供的服务的基础上，数据链路层通过一些数据链路层(data link layer)协议和链路控制规程，在不太可靠的物理链路上实现可靠的数据传输。数据链路层传输数据的基本单位是帧。

(3) 网络层。

在数据链路层提供的服务的基础上，网络层(network layer)主要实现点到点的数据通信，即计算机到计算机的通信。网络层实现数据传输的基本单位是分组，通过路由选择算法为分组通过通信子网选择最适当的路径。

(4) 传输层。

传输层(transport layer)又称为运输层，主要实现端到端的数据通信，即端口到端口的数据通信。传输层向高层屏蔽了下层数据通信的细节。因此，它是计算机体系结构中的关键层，传输层及以上层次传输数据的基本单位都是报文。

(5) 会话层。

会话层(session layer)提供面向用户的连接服务，它给合作的会话用户之间的对话和活动提供组织和同步所必需的手段，同时对数据的传送提供控制和管理，主要用于会话的管理和数据传输的同步。

(6) 表示层。

表示层(presentation layer)用于处理在通信系统中交换信息的方式，主要包括数据格式变换、数据加密与解密、数据压缩与恢复功能。

(7) 应用层。

应用层(application layer)作为与用户应用进程的接口，负责用户信息的语义表示，并在两个通信者之间进行语义匹配。它不仅要提供应用进程所需要的信息交换和远程操作，而且还要作为互相作用的应用进程的用户代理来完成一些为进行语义上有意义的信息交换所必需的功能。

2) TCP/IP 参考模型

TCP/IP 参考模型将计算机网络分为 4 个层次：应用层、传输层、网络层和网络接口层。图 8.8 中给出了 TCP/IP 参考模型与 OSI 参考模型的对应关系。

应用层	应用层
表示层	
会话层	
传输层	传输层
网络层	网络层
数据链路层	网络接口层
物理层	

图 8.8 OSI 参考模型与 TCP/IP 参考模型的对应关系

TCP/IP 参考模型各层的功能如下。

（1）网络接口层是 TCP/IP 参考模型的最底层，负责接收来自网络层的 IP 数据包并将 IP 数据包通过底层物理网络发送出去，或者从底层物理网络上接收物理帧，提取出 IP 分组并提交给网络层。

（2）网络层的主要功能是负责主机之间的数据传送，它提供的服务是"尽最大努力交付"的服务，类似于 OSI 参考模型中的网络层。

（3）TCP/IP 参考模型的传输层与 OSI 参考模型中的传输层的作用是一样的，即在源结点和目的结点的两个进程实体之间提供可靠的端到端的数据传输。为保证数据传输的可靠性，传输层协议规定接收端必须发回确认信息，并且如果分组丢失，必须重新发送。在传输层中主要提供了两个传输层的协议：传输控制协议（TCP）和用户数据报协议（UDP），TCP 是面向连接的、可靠的传输层协议，UDP 是面向无连接的、不可靠的传输层协议。

（4）应用层包括所有的应用层协议，主要的应用层协议有远程登录协议（Telnet）、文件传输协议（FTP）、简单邮件传输协议（SMTP）和超文本传输协议（HTTP）等。

OSI 参考模型的七层协议体系结构的概念清楚，理论完整，但是它复杂且不适用。TCP/IP 参考模型的体系结构则不同，它现在已经得到了非常广泛的应用。因此 OSI 参考模型称为理论标准，而 TCP/IP 参考模型称为事实标准。

8.2 局域网

域网的组成上半部分

局域网是地理范围有限、互连设备有限的计算机网络。其特点是数据传输速率高，误码率低，传输距离有限，结点数量有限。目前，流行的局域网有以太网（Ethernet）、令牌环网（token ring）、光纤分布式数据接口（FDDI）、异步传输模式（ATM）和无线局域网等。

8.2.1 局域网的组成

域网的组成下半部分

总体来说，局域网由硬件系统和软件系统两大部分组成。

1. 局域网的硬件系统

局域网的硬件系统主要包括传输介质、网络互连设备、网络数据存储与处理设备以及其他辅助设备。

1）传输介质

在计算机网络中采用的传输介质可分为有线传输介质和无线传输介质两大类。其中，有线传输介质主要有双绞线、同轴电缆和光纤等，无线传输介质主要有红外线、微波和卫星通信等。

有线传输介质是指在两个通信设备之间实现的物理连接部分，它能将信号从一端传送到另一端。

（1）双绞线。

双绞线是由 4 对线（8 芯制）按一定密度相互绞合在一起的有规则的螺旋形导线，通常一对线作为一条通信线路,如图 8.9 所示。双绞线可分为屏蔽双绞线(STP)和非屏蔽双绞线(UTP)两种,如图 8.10 所示。

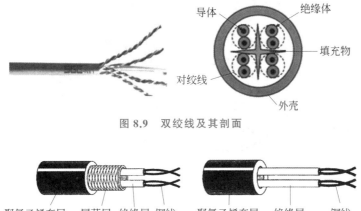

图 8.9　双绞线及其剖面

图 8.10　屏蔽双绞线与非屏蔽双绞线

屏蔽双绞线(Shielded Twisted-Pair,STP),就是在双绞线外面包上一层用作屏蔽的网状金属线,最外面再加一层起保护作用的聚乙烯塑料,因此能有效地防止电缆干扰。它可支持较远距离的数据传输和有较多网络结点的环境,与非屏蔽双绞线相比,其误码率有明显的下降,但价格较贵。

非屏蔽双绞线(Unshielded Twisted-Pair,UTP)没有起屏蔽作用的网状金属线,抗干扰能力较差,误码率高。但因价格便宜、安装方便,既适合点到点的连接,又可以用于多点连接,所以广泛用于电话系统和计算机局域网中。

(2) 同轴电缆。

同轴电缆由内导体铜质芯线、绝缘层、外导体屏蔽层以及保护塑料外层组成,如图 8.11 所示,由于外导体屏蔽层的作用,同轴电缆具有很好的抗干扰特性,被广泛用于传输较高速率的数据。

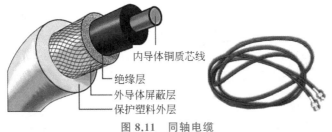

图 8.11　同轴电缆

在局域网发展的初期广泛使用同轴电缆作为传输介质。但随着技术的进步,在局域网领域基本上都采用双绞线作为传输介质。目前同轴电缆主要用在有线电视网的居民小区中。

(3) 光纤。

光纤是光导纤维的简称,就是超细玻璃或熔硅纤维。光纤主要由纤芯和包层构成。多根光纤组成光缆。光纤由纤芯、包层、加强构件和保护层 4 部分组成,如图 8.12 所示。

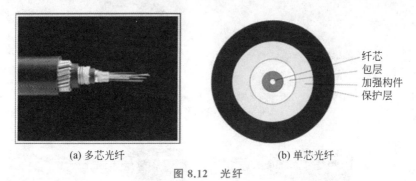

(a) 多芯光纤　　　　　　(b) 单芯光纤

图 8.12　光纤

光纤的传输基于光的全反射原理,当纤芯折射率大于包层折射率时,只要光线的入射角大于某临界值,就会产生光的全反射,如图 8.13 所示,通过光在光纤中的不断反射来传送调制的光信号,就可以把光信号从光纤的一端传送到另一端,从而达到传输信息的目的。

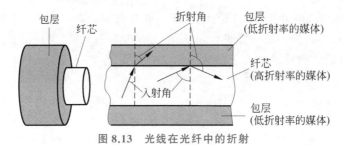

图 8.13　光线在光纤中的折射

光纤分为多模光纤和单模光纤两种。可以存在多条不同角度入射的光线在一条光纤中传输的光纤为多模光纤,如图 8.14(a)所示。若光纤的直径减小到只有一个光的波长,则光纤就像一根波导,使光线一直向前传播,而不会产生多次反射,这样的光纤为单模光纤,如图 8.14(b)所示。

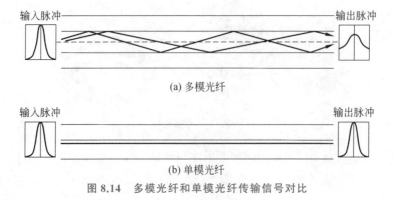

(a) 多模光纤

(b) 单模光纤

图 8.14　多模光纤和单模光纤传输信号对比

无线传输介质是指直接通过电磁波来实现站点之间通信的传输介质。无线传输非常适合于难以架设传输线路的偏远山区、沿海岛屿,也为大量的便携式计算机入网提供了条件。目前,无线传输用于数据通信的主要技术有微波、红外线和卫星通信。

微波通信目前广泛用于无线电话通信和电视节目的传播。由于受地球曲面的影响,每隔 40~48km 需要设置一个中继站。两个站点之间必须是直线传播,中间不能有障碍物。微波通信具有波段频率高、通信容量大等优点,但微波通信也有受地理环境及传输距离限制的不足。

红外线与激光的通信原理基本上是一样的,两者都是沿直线传播,易受环境气候的影响。红外线一般用于室内通信,构建室内无线局域网,如便携机之间的相互通信,接收方与发送方都配有红外接收和发送的装置,形成一条互通的通信链路,通过红外线实现信息的传输具有很好的安全性。激光一般用于室外连接两个楼宇间的局域网,它具有良好的方向性,相邻系统之间不会产生相互干扰,从而保证信息传输的可靠性。

卫星通信是以人造卫星为微波中继站进行通信的通信方式,它是微波通信的特殊形式。卫星通信时,在地球表面不同位置处安装接收/发送站,这样便形成了卫星通信系统。位于地球表面高度 36 000km 的同步通信卫星可作为太空中的微波中继站,它利用微波天线接收来自地面的通信信号后,加以整形、放大,然后再以广播方式发回到地面的其他接收站,其目的是为了加大微波通信的传输距离。卫星通信具有的特点是覆盖面宽、传输量大、不受地理环境限制、成本较低以及利于新业务的拓展等。

2) 网络互连设备

网络互连必须借助于一定的互连设备,常用的网络互连设备有中继器、集线器、网桥、交换机、路由器、网关、网卡和调制解调器等。

中继器(repeater)又称为重复器或重发器,如图 8.15 所示。它工作于 OSI 参考模型的物理层,一般只应用于以太网,用于互联两个相同类型的网络,可对电缆上传输的数据信号进行复制、调整和再生放大,并转发到其他电缆上,从而延长信号的传输距离。

集线器(hub)是中继器的一种扩展形式,是多端口的中继器,也属于 OSI 参考模型中物理层的连接设备,可逐位复制经由物理介质传输的信号,提供所有端口间的同步数据通信,如图 8.16 所示。

图 8.15 中继器

图 8.16 集线器

网桥(bridge)也称为桥接器,它属于数据链路层的互连设备,能够解析它所接收的帧,并能指导如何把数据传送到目的地。

一般的交换机(switch)工作于数据链路层,与网桥类似,能够解析出 MAC 地址信息,即根据主机的 MAC 地址来进行交换,这种交换机称为二层交换机,如图 8.17 所示。二层交换机包含许多高速端口,这些端口能在它所连接的局域网网段或单台设备之间转发 MAC 帧，事实上它相当于多个网桥。

三层交换机是直接根据第三层（网络层）IP 地址来完成端到端的数据交换的。因此，三层交换机是工作在网络层的。

交换机和普通集线器有较大的区别，普通集线器仅起到数据接收和发送的作用，而交换机则可以智能地分析数据包，有选择地将其发送出去。

图 8.17　交换机

路由器（router）工作在网络层，用于互连不同类型的网络，如图 8.18 所示。使用路由器的好处是各互连逻辑子网仍保持其独立性，每个子网可以采用不同的拓扑结构、传输介质和网络协议；路由器不仅简单地把数据发送到不同的网段，还能用详细的路由表和复杂的软件选择最有效的路径，从一个路由器到另一个路由器，从而穿过大型的网络。路由器是最重要的网络互连设备，因特网就是依靠遍布全世界的成百上千台路由器连接起来的。

网关（gateway）不能完全归为一种网络硬件，它应该是能够连接不同网络的软件和硬件的结合产品。在 OSI 参考模型中，网关工作于网络层以上的层次中，其基本功能是实现不同网络协议的转换和互连，也可以简单称为网络数据包的协议转换器。例如，要将 X.25 公共交换数据网通过采用 TCP/IP 的网络与 Internet 互连时，必须借助于网关来实现网络之间的协议转换和路由选择功能。

网关依赖于用户的具体应用，它可以是配置一定软件系统的通用计算机，也可以是为特定的网络协议转换和路由选择算法而设计的专用硬件设备（专用网关）。在 TCP/IP 网络中，网关有时所指的就是路由器。

调制解调器的英文是 modem，它是 modulator（调制器）与 demodulator（解调器）的缩略语，中文称为调制解调器，根据谐音又称为"猫"，如图 8.19 所示。所谓调制，就是把数字信号转换成电话线上传输的模拟信号，解调即把模拟信号转换成数字信号。电话线路传输的是模拟信号，而 PC 之间传输的是数字信号。当通过电话线把计算机连入 Internet 时，就必须使用调制解调器来"翻译"两种不同的信号。

图 8.18　路由器

图 8.19　调制解调器

网络适配器是计算机与外界局域网连接的通信适配器，它是主机机箱内插入的一块网络接口板，又称为网络接口卡（Network Interface Card，NIC）或简称为网卡，如图 8.20 所示。

网络适配器的主要功能如下。

（1）进行数据串行传输和并行传输的转换。适配器和局域网之间的通信是通过电缆或双绞线以串行传输方式进

图 8.20　网络适配器

行的,而网络适配器和计算机之间的通信则是通过计算机主板上的 I/O 总线以并行传输方式进行的,因此网络适配器要进行串行传输与并行传输的转换。

(2) 对数据进行缓存功能。网络上的数据速率与计算机总线上的数据速率不相同,因此网络适配器中必须装有对数据进行缓存的存储芯片来对数据进行缓存,在安装网卡时必须将管理网卡的设备驱动程序安装在计算机的操作系统中。这个驱动程序就会告诉网卡,应当从存储器的什么位置上将局域网传送过来的数据块存储下来。

(3) 实现以太网协议。网络适配器最重要的功能是进行通信,因此网络适配器还要实现以太网协议来完成具体的通信。

网络适配器实现了数据链路层和物理层的大部分功能,因此很难把网络适配器的功能严格按照层次的关系精确划分开。

网卡的 ROM 芯片中保存了一个全球唯一的网络硬件地址,这个地址称为媒体访问控制地址,也称为 MAC 地址、硬件地址或网卡物理地址。它是由网卡生产厂家在生产时写入网卡的存储器芯片的。由 12 个十六进制数表示,每两个十六进制数之间用"-"间隔,如 00-22-43-4C-6F-FF,其中前 6 位十六进制数表示网卡生产厂家的标识符信息,后 6 位十六进制数表示生产厂家分配的网卡序号。

3) 网络数据存储与处理设备

网络数据存储与处理设备主要包括服务器和客户机等。

服务器就是提供各种服务的计算机,它是网络控制的核心。服务器上必须运行网络操作系统,它能够为客户机的用户提供丰富的网络服务,如文件服务、打印服务、Web 服务、FTP 服务、E-mail 服务、DNS 服务和数据库服务等。相对于普通 PC,服务器在稳定性、安全性和性能等方面都要求更高。它的高性能主要体现在高速度的运算能力、长时间的可靠运行、强大的外部数据吞吐能力等方面。

客户机又称为用户工作站,是用户与网络打交道的设备,一般由微型计算机担任。客户机主要享受网络上提供的各种资源。

客户机和服务器都是独立的计算机。当一台连入网络的计算机向其他计算机提供各种网络服务时,它就被称为服务器。而那些用于访问服务器资料的计算机则称为客户机。

4) 其他辅助设备

在局域网中还有一些辅助设备,主要包括不间断电源(UPS)、机柜、空调和防静电地板等。

2. 局域网的软件系统

硬件系统是网络的躯体,软件系统是网络的灵魂。网络的各种功能都是由各种软件系统体现出来的。局域网的软件系统主要包括以下 3 种。

1) 网络协议

网络协议是网络能够进行正常通信的前提条件,没有了网络协议就没有了计算机网络。协议不是一套单独的软件,而是融合于所有的软件系统中,如网络操作系统、网络数据库和网络应用软件等。

2) 网络操作系统

网络操作系统是指具有网络功能的操作系统,主要是指服务器操作系统。常见的服务器操作系统有 Windows Server 2003/2008、UNIX 和 Linux 等。

3) 其他软件系统

局域网中的软件还有客户机操作系统、数据库软件系统、网络应用软件系统和专用软件系统等。

8.2.2 局域网参考模型

局域网参考模型和以太网

20 世纪 80 年代初期，美国电气和电子工程师协会 IEEE 802 委员会结合局域网自身的特点，参考 OSI 参考模型，提出了局域网的参考模型(LAN/RM)，制定出局域网体系结构，IEEE 802 标准诞生于 1980 年 2 月，故称为 802 标准。

根据局域网的特征，局域网的体系结构一般仅包含 OSI 参考模型的最低两层：物理层和数据链路层，如图 8.21 所示。

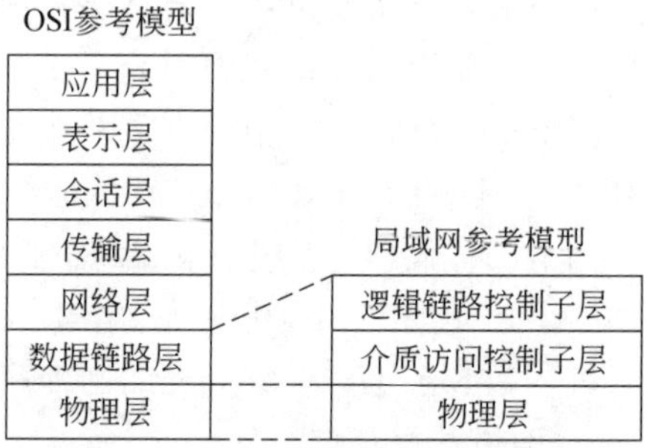

图 8.21　OSI 参考模型与局域网参考模型的对应关系

1. 物理层

物理层的主要作用是处理机械、电气、功能和规程等方面的特性，确保在通信信道上二进制位信号的正确传输。

2. 数据链路层

在 OSI 参考模型中，数据链路层的功能简单，它只负责把数据从一个结点可靠地传输到相邻的结点。在局域网中，多个结点共享传输介质，在结点间传输数据之前必须首先解决由哪个设备使用传输介质，因此数据链路层要有介质访问控制功能。由于介质的多样性，所以必须提供多种介质访问控制方法。为此 IEEE 802 标准把数据链路层划分为两个子层：逻辑链路控制(Logical Link Control，LLC)子层和介质访问控制(Media Access Control，MAC)子层。LLC 子层负责向网际层提供服务，它提供的主要功能是寻址、差错控制和流量控制等；MAC 子层的主要功能是控制对传输介质的访问，不同类型的 LAN，需要采用不同的控制法，并且在发送数据时负责把数据组装成带有地址和差错校验段的帧，在接收数据时负责把帧拆封，执行地址识别和差错校验。

IEEE 802 委员会制定的常用网络协议主要包括以下几种。

IEEE 802.1a——体系结构。

IEEE 802.1b——网络互操作。

IEEE 802.2——逻辑链路控制(LLC)。

IEEE 802.3——CSMA/CD 访问控制及物理层技术规范。

IEEE 802.4——令牌总线访问控制及物理层技术规范。

IEEE 802.5——令牌环访问控制及物理层技术规范。

IEEE 802.6——城域网访问控制及物理层技术规范。

IEEE 802.7——宽带网访问控制及物理层技术规范。
IEEE 802.8——光纤网访问控制及物理层技术规范。
IEEE 802.9——综合话音数据访问控制及物理层技术规范。
IEEE 802.10——局域网安全技术。
IEEE 802.11——无线局域网访问控制及物理层技术规范。
IEEE 802.12——优先级高速局域网访问控制及物理层技术规范。
IEEE 802.13——100Mb/s 高速以太网。
IEEE 802.14——电缆电视网。
IEEE 802.15——无线个人网。
IEEE 802.16——宽带无线接入。

8.2.3 以太网

局域网有很多类型。按照传输介质所使用的访问控制方法，可以分为以太网、FDDI 网和令牌网等。不同类型的局域网采用不同的 MAC 地址格式和数据帧格式，使用不同的网卡和协议。目前使用最广泛的局域网是以太网。

以太网最早由美国 Xerox(施乐)公司创建，1980 年 DEC、Intel 和 Xerox 3 家公司联合将其开发成为一个标准。以太网是应用最为广泛的局域网，包括标准的以太网(10Mb/s)、快速以太网(100Mb/s)和 10G(10Gb/s)以太网。它们都符合 IEEE 802.3 协议标准。

从访问控制的角度可以将以太网分为共享式以太网和交换式以太网。

1. 共享式以太网

共享式以太网是最早使用的一种以太网，网络中的所有计算机均通过以太网卡连接到总线上，计算机之间的通信都是通过这条总线进行。人们常说的以太网就是共享式以太网。

共享式以太网采用的是基于总线的广播通信方式。局域网中计算机把要传输的数据分成小块，每一小块数据称为一个数据帧。网络中的结点发送自己的数据帧到总线上，总线上的所有结点都可以侦听到这个数据帧。为了在总线上实现一对一通信，数据帧中除了包含需要传输的数据外，还要包含发送该数据帧的源 MAC 地址和接收该数据帧的目的 MAC 地址，同时，为了防止传输的数据可能被破坏或丢失，在数据帧中还要附加一些校验信息，以供目的计算机接收到数据后进行验证。如图 8.22 所示为以太网的数据帧格式。

| 目的MAC地址 | 源MAC地址 | 类型 | 数据 | 校验序列 |

图 8.22 以太网的数据帧格式

由于总线是所有结点共享的，如果同一时刻有两个或两个以上的结点同时发送数据，就会产生冲突。为了解决这个问题,以太网采用了带有冲突检测的载波侦听多路访问控制方法(CSMA/CD)来保证每一时刻只能有一个结点发送数据。

共享式以太网大多以集线器为中心构成,网络中的每台计算机通过网卡和网线连接到集线器上。

2. 交换式以太网

交换式以太网是以以太网交换机为中心构建的计算机网络。以太网交换机可以有多个端口,每个端口可以单独与一个结点相连,也可以与一个共享的以太网集线器相连,连接在交换机上的所有计算机都可以相互通信。与共享式以太网不同的是,交换式以太网独享带宽,而共享式以太网是共享带宽。若某集线器有 10 个端口,带宽为 100Mb/s,则每个端口的带宽为 10Mb/s;而若某交换机有 10 个端口,带宽为 100Mb/s,则每个端口的带宽为 100Mb/s,因此,在交换机上的每个结点独享带宽。

8.3 Internet

Internet 也称国际互联网,又称因特网,是一种公用信息的载体,是大众传媒的一种。它具有快捷性、普及性,是现今最流行、最受欢迎的传媒之一。它是在 ARPANET 的基础上发展起来的,提供各种应用服务的全球性计算机网络。

Internet 的发展历史

8.3.1 Internet 的发展历史

Internet 的前身是 ARPANET,ARPANET 的历史在 8.1.2 节中已经介绍过。由于 TCP/IP 标准协议的采用,各政府部门、各个大学和商业组织都纷纷加入到网络中,使得网络的规模不断扩大,逐渐发展成为一个网络的集合体——Internet。后来 Internet 逐渐延伸到了世界的各个角落。

Internet 的最初用户一般只限于科学研究和学术领域,其目的是进行研究和教育,而不是谋求利润。到 20 世纪 90 年代,Internet 上的商业活动开始慢慢发展,1991 年,美国成立商业网络交换协议,允许在 Internet 上不加限制地选取商业信息。各公司也逐渐意识到 Internet 在产品推销、大众联系、信息传播及电子商贸等方面的巨大价值,Internet 上的商业应用迅速发展。商业应用的推动,使 Internet 发展更迅猛、规模不断扩大,用户不断增加,应用不断扩展,技术不断更新,使 Internet 几乎深入到社会的各个角落,成为一种全新的工作、学习和生活的方式。

Internet 不属于任何国家或组织,也不仅仅是一种资源共享、数据通信和信息查询的手段,已经逐渐成为人们了解世界、讨论问题、购物休闲,乃至从事跨国学术研究、商贸活动、接受教育和结识朋友的重要途径。一些国家开始利用 Internet 广泛的覆盖面和深刻的影响力,在政治、军事等领域开展工作,传播其意识形态和行为方式。现在的 Internet 是世界上规模最大、用户最多、影响最广的网络,它已经覆盖上百个国家和地区,连接数千个网络,含有几百万台计算机和数以千万计的用户,而且这些数据还在以惊人的速度增长。

8.3.2 IP 地址与域名

IP 地址与域名

1. IP 地址

IP 地址是指接入因特网的结点计算机地址。因特网上的每台计算机都有一个唯一的地址,从而区别因特网上的千万个用户、几百万台计算机和成千上万的组织。IP 地址又被称为 Internet 地址。

IP 协议的第 4 版本(IPv4)规定 IP 地址的长度为 32 位二进制数,由网络号和主机号两部分组成。网络号用来指明主机所属网络的编号,主机号用来指明该主机在该网络的编号。

例如,某台连入 Internet 上的计算机的 IP 地址为 11010000 01010001 00001100 00000100。这些二进制数字对于人们来说很不好记忆。为了方便记忆,将组成计算机的 IP 地址的 32 位二进制数分成 4 组,每组 8 位,中间用小数点隔开,然后将每 8 位二进制转换成一个十进制数,这样上述计算机的 IP 地址就变成了 208.81.12.4,这种标记方法被称为"点分十进制"记法。

2. IP 地址的分类

根据 IP 地址的结构,即网络号和主机号的标识长度不同,将 IP 地址分为 5 类:A 类、B 类、C 类、D 类和 E 类,如图 8.23 所示。其中 A 类、B 类和 C 类地址是可以出现在 Internet 上的地址,D 类是组播地址,E 类是尚未使用的地址。

图 8.23 IP 地址中网络号字段和主机号字段

由图 8.23 可知,A 类、B 类和 C 类 IP 地址的网络号分别为 1B、2B 和 3B,而网络号的前 1~3 位的数值分别规定为 0、10、110。A 类、B 类和 C 类 IP 地址的主机号字段分别为 3B、2B 和 1B。因此,A 类 IP 地址网络号的第一字节的范围是 0~127,B 类 IP 地址网络号的第一字节的范围是 128~191,C 类 IP 地址网络号的第一字节范围是 192~223;A 类 IP 地址的主机号的个数为 16 777 214,B 类 IP 地址的主机号的个数为 65 534,C 类 IP 地址的主机号的个数为 254。

在 A、B、C 类的 IP 地址中,以下几类 IP 地址是不能分配给任何主机使用的。

1) 广播地址

在一个特定的子网中,主机号部分为全 1 的地址称为直接广播地址,如网络地址为

20.0.0.0 的网络上，20.255.255.255 就是该网络的直接广播地址，使用直接广播地址，一台主机可以向该网络的所有主机广播发送数据包。

32 位二进制数为全 1 的 IP 地址（即 255.255.255.255），被称为有限广播地址或本地广播地址，它被用作网络内部广播。使用有限广播地址，主机可以在不知道自己网络地址的情况下，向本网络的其他主机发送信息。

2) 环回地址

以 127 开头的 IP 地址称为本地软件环回地址，最常见的形式是 127.0.0.1。IP 规定，当环回地址作为目标主机时，计算机上的协议软件不会把该数据包发送到网络上，而是直接返回给本机。一般利用环回地址进行本机网络协议的测试或实现本地进程间的通信。

3) "零"地址

"零"地址是主机号的每一位都是 0 的 IP 地址，也称为网络地址。如 20.0.0.0，"零"地址用来表示一个物理网络，它指的是物理网络本身，而不是哪一台计算机。

由于 Internet 发展的历史原因，早期加入 Internet 的网络（一般在美国和加拿大）可获得 A 类地址，稍后加入的网络（例如清华大学、北京大学和中国科学院）是 B 类地址，目前申请加入 Internet 的网络一般仅分配给 C 类地址。

近年来，随着 Internet 用户数的迅速增长，到 2011 年 2 月，IPv4 的地址已经耗尽，没有新的地址块可供使用了，为此，解决 IP 地址耗尽的根本措施就是采用具有更大地址空间的新版本——IPv6。IPv6 把地址从 IPv4 的 32 位扩大到 128 位，使地址空间增大了 2^{96} 倍，这样大的地址空间在可预见的将来是不会用完的。

3. 域名

1) 域名地址

IP 地址可以唯一标识网络上的每台主机，但是要用户记忆网络上数以万计的 IP 地址是十分困难的。若能用代表一定含义的字符串来表示主机的地址，用户就能比较容易记忆了。为此，因特网提供了一种域名系统（Domain Name System，DNS），为互联网上的主机分配一个域名。

DNS 的主要功能有两个：一是定义了一组为网上主机定义域名的规则；二是将域名转换成实际的 IP 地址。另外，域名具有广告宣传作用，也便于网络管理和维护，因为主机的 IP 地址随网络变化，而域名可以保持不变。

域名采用分层次命名的方法，每一层又称为子域名，子域名之间用句点作为分隔符，它的层次从左到右逐级升高，其一般格式为

计算机名.组织机构名.二级域名.顶级域名

顶级域名也被称为第一级域名，顶级域名主要包括 3 种类型。

(1) 国家顶级域名。国家和地区的顶级域名是代表国家或地区的英文单词缩写，一般为两个字母，如美国(us)、中国(cn)、英国(uk)、澳大利亚(au)等。

(2) 通用顶级域名。早期的通用顶级域名 7 个，如表 8.1 所示。

表 8.1 通用顶级域名

域 名	含 义	域 名	含 义
com	公司企业	mil	军事机构(美国专用)
edu	教育机构(美国专用)	net	网络服务提供者
gov	政府机构(美国专用)	org	非营利组织
int	国际机构(主要指北约组织)		

(3) 基础结构域名。这种顶级域名只有一个,即 arpa,用于反向域名解析,因此又被称为反向域名。

国家顶级域名下注册的二级域名均由该国家自行确定。我国将二级域名分为行政区域名和类别域名两大类。类别域名主要有 ac(科研机构)、com(工商金融企业)、edu(教育机构)、gov(政府机构)、mil(国防机构)、net(提供互联网络的机构)、org(非营利组织);行政区域名有 34 个,适用于我国的各省、自治区和直辖市,如 bj(北京市)、nm(内蒙古自治区)、ln(辽宁省)、jl(吉林省)等。

例如,域名地址 www.tsinghua.edu.cn 代表中国(cn)教育网(edu)上的清华大学(tsinghua)内的域名服务器(www)主机。

2) 域名系统

在域名系统中,采用层次式的管理机制。如 cn 域代表中国,它由中国互联网信息中心(CNNIC)管理,它的一个子域 edu.cn 由 CERNET 网络中心负责管理,edu.cn 的子域 tsinghua.edu.cn 由清华大学网络中心管理。域名系统采用层次结构的优点是:每个组织可以在它们的域内再划分域,只要保证组织内的域名唯一性,就不用担心与其他组织内的域名冲突。

用户的主机在需要把域名地址转化为 IP 地址时向域名服务器提出查询请求,域名服务器根据用户主机提出的请求进行查询并把结果返回给用户主机。

3) IP 地址与域名之间的对应关系

Internet 上 IP 地址是唯一的,一个 IP 地址对应着唯一的一台主机。相应地,给定一个域名地址也能找到一个唯一对应的 IP 地址。这是域名地址与 IP 地址之间的一对一的关系。有些情况下,往往用一台计算机提供多个服务,比如既作 WWW 服务器又作邮件服务器。这时计算机的 IP 地址当然还是唯一的,但可以根据计算机所提供的多个服务给予不同的多个域名,这是 IP 地址与域名间可能的一对多关系。

8.3.3 Internet 提供的服务

目前,Internet 上的服务很多,随着 Internet 商业化的发展,它所能提供的应用种类将会越来越多,下面介绍几种常用的 Internet 服务。

1. 万维网

WWW 的全称是 World Wide Web,也称为万维网、3W 网等。万维网不是独立于

Internet 的另一个网络,也不是普通意义上的物理网络,它是由欧洲粒子物理实验室(CERN)研制的,并建立在 Internet 上的全球性的、交互性的、动态的、分布式的、超文本超媒体信息服务系统,是 Internet 的一种具体应用。万维网由遍布在 Internet 中被称为 Web 服务器的计算机和安装了 Web 浏览器软件的客户机组成。它遵循超文本传输协议,将 Internet 上的各类信息在主页上以超文本的形式链接起来。

1) 相关术语

(1) 网页。网页又称为 Web 页面,是 WWW 的基本单位,每个网页对应磁盘上一个单一的文件,用于存放文字、表格、图形、图像、声音、动画和视频等内容。在众多网页中,其中一个被称为主页,该页面位于所有网页之首,它是用户进入某个网站时首先看到的网页。

(2) 超文本。超文本是指按照超文本标记语言(HyperText Markup Language,HTML)的规范书写的文本文件。HTML 是一套专门用来建立 Web 文件的语言,内容可以包括图形、图像、声音、文字和动画等多媒体信息,并可以根据有关通信协议和相关资源进行链接。

(3) 超链接(hyperlink)。超链接是指在网页内部、网页间及不同站点的网页间进行跳转的指针,本质上仍属于网页的一部分。

(4) 超文本传输协议(HTTP)。超文本传输协议是一个专门用于 WWW 服务的网络协议,该协议规定了 WWW 使用客户机/服务器模式。

(5) 统一资源定位符(URL)。统一资源定位符也称为网页地址,简称网址,是文档在 WWW 上的地址,用来向 Web 浏览器表明网络资源的类型和资源所在的位置。URL 由 4 部分组成,其标准格式为

<协议>://<主机>:<端口>/<路径>/<文件名>

协议:访问该资源所使用的协议,常用的协议有 HTTP、FTP 等。

主机:文档所在的机器,可以是域名,也可以是 IP 地址。

端口:请求数据的数据源端口号,通常端口号是默认的,如 Web 的默认端口号是 80,若端口号是默认的则可以省略,否则不能省略。

路径:网页在 Web 服务器硬盘中的路径。

文件名:所要访问的网页在 Web 服务器中的文件名,URL 中可以不出现文件名,系统以 index.html 等作为默认文件名,即网站主页。

2) Web 浏览器

Web 浏览器是用于浏览 WWW 的工具,用来帮助用户完成信息的查询、网页请求与浏览任务。浏览器是安装在客户端的软件,能够把超文本标记语言描述的信息转换为便于人们理解的形式。

世界上很多公司都推出了自己的浏览器产品,如 Internet Explorer(IE)、360 安全浏览器、Firefox、Safari、Google Chrome、搜狗高速浏览器、腾讯 TT、傲游浏览器和百度浏览器等。

3) 信息检索

万维网是一个大规模的联机式的信息储藏所。如何找到自己所需要的信息呢?若知

道所要访问的网站地址,只需在浏览器的地址栏中输入网址并按回车键即可;若不知道要找的信息的网址,则需使用万维网的搜索工具——搜索引擎。

搜索引擎的种类很多,主要分为全文检索搜索引擎和分类目搜索引擎。全文检索搜索引擎中最出名的是 Google(www.google.com.hk);在中文搜索引擎中,最出名的是百度(www.baidu.com)。分类目录搜索引擎中最出名的是雅虎(www.yahoo.com)。

2. 电子邮件

电子邮件简称 E-mail,即通过 Internet 发送和接收信件,是 Internet 上使用非常广泛的服务,是人们联系的一种现代通信手段。

1) 电子邮件地址

电子邮件地址是使用电子邮件的首要条件,这个地址是用户向 ISP 申请的账号,实际上就是 ISP 在服务器上开辟出一块专用的存储空间,用来存储用户的电子邮件。电子邮件的结构是固定不变的,其结构为

用户名@邮件服务器域名

其中,用户名用来标识邮箱的账号,就是在主机上使用的登录名,而@后面的邮件服务器域名是电子邮件所在邮件服务器的域名。例如,support@163.com 为一个邮件地址,它表示在 163.com 邮件服务器上的一个名为 support 的用户。

2) 常见的电子邮件协议

任何 Internet 提供的服务都需要一定的协议来完成,电子邮件也不例外,它所需要的协议有简单邮件传送协议(Simple Mail Transfer Protocol,SMTP)、邮局协议(Post Office Protocol,POP3)和网际报文存取协议(Internet Message Access Protocol,IMAP)等。

其中,SMTP 是邮件发送协议,主要负责邮件系统如何将邮件从一台计算机传送到另一台计算机。

POP3 和 IMAP 是邮件读取协议,主要负责把电子邮件传输到本地计算机。POP3 是邮局协议的第三版本,它的特点是只要用户从 POP 服务器读取了邮件,POP 服务器就把该邮件删除。而 IMAP 协议要比 POP3 协议复杂得多,在这里就不叙述了。

3) 电子邮件系统的工作过程

电子邮件系统是按客户/服务器模式来进行工作的,它分为邮件服务器和客户端两部分,邮件服务器又分为接收邮件服务器和发送邮件服务器。

发送和接收电子邮件的步骤主要有 6 步(见图 8.24)。

(1) 发件人调用 PC 中的客户端软件撰写和编辑要发送的邮件。

(2) 客户端软件把邮件用 SMTP 发给发送方服务器。

(3) SMTP 服务器把邮件临时存放在邮件缓存队列中,等待发送。

(4) 发送方邮件服务器的 SMTP 客户与接收方邮件服务器的 SMTP 服务器建立 TCP 连接,然后把邮件缓存队列中的邮件依次发送出去。

(5) 运行在接收方邮件服务器中的 SMTP 服务器进程收到邮件后,把邮件放入收件

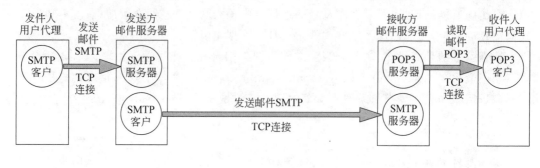

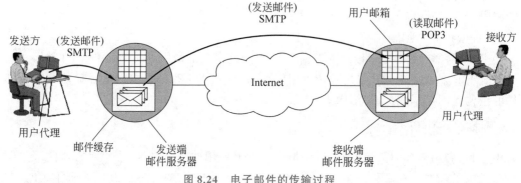

图 8.24　电子邮件的传输过程

人的用户邮箱中,等待收件人进行读取。

（6）收件人在打算收信时,运行客户端软件,使用 POP3（或 IMAP）读取发送给自己的邮件。

3. 文件传输 FTP

在网络环境中经常需要将文件从一台计算机复制到另外一台计算机中,文件的传输需要通过文件传送协议（File Transfer Protocol,FTP）来完成,FTP 是 Internet 文件传送的基础,它由一系列规格说明文档组成,目标是提高文件的共享性,提供非直接使用远程计算机的方法,使存储介质对用户透明、可靠、高效地传送文件。无论两台计算机相隔多远,只要它们支持 FTP,它们之间就可以相互传送文件,并且保证传输的可靠性。

文件传输服务由 FTP 应用程序提供,将远程主机中的文件传回到本地机的过程称为下载（download）,而将本地机中的文件传送并装载到远程主机中的过程称为上传（upload）。

文件传输也遵循客户/服务器模式。服务器上存放着大量可供下载的资源,在客户端需要运行客户端 FTP 程序,就可以通过 FTP 客户程序访问 FTP 服务器,进而访问需要的网络资源。

FTP 服务器向客户提供两种访问方式:非匿名访问和匿名访问（anonymous FTP）。非匿名访问的用户需要经过服务器管理的允许获取一个账号,这个账号包括用户名和密码,否则无法访问这个服务器。而为了便于用户获取 Internet 上的信息,许多机构建立了匿名 FTP 服务器。当用户要登录匿名服务器时,可以用 Anonymous 作为用户名,即可访问服务器的资源。为了匿名服务器的安全,用户一般只有下载功能,而没有上传功能。

8.4 网络安全

随着计算机网络的发展,网络中的安全问题日趋严重。网络涉及政府、军事和文教等诸多领域,在网络中存储、传输和处理的许多数据都是敏感信息甚至是国家机密,难免会引来各种人为攻击,因此网络安全就显得越来越重要了。

8.4.1 网络安全概述

1. 网络安全的定义

网络安全泛指网络系统的硬件、软件及其系统中的数据受到保护,不因偶然的或者恶意的原因而遭到破坏、更改和泄露,系统能够连续、可靠、正常地运行,网络服务不被中断。

网络安全的内容包括系统安全和信息安全两个部分。系统安全主要指网络设备的硬件、操作系统和应用软件的安全。信息安全主要指各种信息的存储和传输安全,具体体现在信息的保密性、完整性及不可抵赖性等方面。通过采用各种技术和管理措施,使网络系统正常运行,从而确保网络数据的可用性、完整性和保密性。所以,建立网络安全保护措施的目的是确保经过网络传输和交换的数据不会发生增加、修改、丢失和泄露等。

2. 网络安全的特性

从内容看,网络安全包括 4 个方面:物理实体安全、软件安全、数据安全和安全管理。网络安全中的基本特性主要包括以下 9 方面。

(1) 网络的可靠性。是提供正确服务的连续性,它可以描述为系统在一个特定时间内能够持续执行特定任务的概率,侧重分析服务正常运行的连续性。

(2) 网络的可用性。是可以提供正确服务的能力,它是为可修复系统提出的,是对系统服务正常和异常状态交互变化过程的一种量化,是可靠性和可维护性的综合描述,系统可靠性越高,可维护性越好,则可用性越高。

(3) 网络的可维护性。指网络失效后在规定时间内可修复到规定功能的能力。

(4) 网络访问的可控性。是指控制网络信息的流向以及用户的行为方式,是对所管辖的网络、主机和资源的访问行为进行有效的控制和管理。

(5) 数据的机密性。是指在网络安全性中,系统信息等不被未授权的用户获知。

(6) 数据的完整性。是指在网络安全性中,阻止非法实体对交换数据的修改、插入和删除。

(7) 用户身份的可鉴别性(authentication)。是指对用户身份的合法性、真实性进行确认,以防假冒。

(8) 用户的不可抵赖性(non-repudiation)。是指防止发送方在发送数据后抵赖自己曾发送过此数据,或者接收方在收到数据后抵赖自己曾收到过此数据。

(9) 用户行为的可信性(behavior trustworthiness)。用户身份的可鉴别性并不能保证行为本身就一定也是可信的,因此在用户访问资源的过程中需要对用户的行为进行监测,保证用户的行为是可信的。

3. 影响网络安全的因素

网络出现安全问题的原因主要有内因和外因两个方面,内因是计算机系统和网络自身的脆弱性和网络的开放性,外因是威胁存在的普遍性和管理的困难性。

网络攻击分类及方法

8.4.2 网络攻击分类及方法

1. 网络攻击的分类

网络攻击按攻击方式可分为被动攻击和主动攻击两类。

1) 被动攻击

被动攻击(passive attacks)只是窃听或监视数据传输,即取得中途的信息,攻击者不对数据进行任何修改。

2) 主动攻击

主动攻击(active attacks)是以某种方式修改消息内容或生成假消息。这种攻击很难防范,但容易被发现和恢复。这种攻击包括中断、篡改和伪造。在主动攻击中,会以某种方式篡改消息内容,图8.25为主动攻击的原理,图8.26为主动攻击的分类。中断是攻击者截断信息的传输,使得信息不能或不能按时到达接收方;篡改是指攻击者非法对信息的来源和信息的内容进行增、删、改;伪造是攻击者假装成合法实体向接收方发送虚假信息。

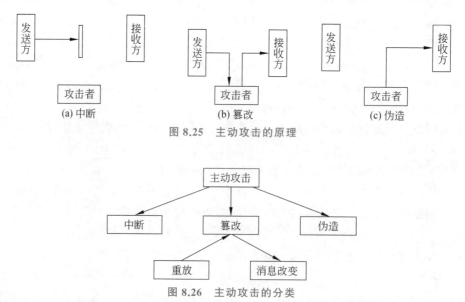

图 8.25 主动攻击的原理

图 8.26 主动攻击的分类

2. 网络攻击的方法

1) 口令入侵

口令入侵是指使用某些合法用户的账号和口令登录目的主机,然后再实施攻击活动。这种方法的前提是必须先得到该主机上的某个合法用户的账号,然后再进行合法用户口令的破译。

2) 特洛伊木马

特洛伊木马是指一类恶意妨害安全的计算机程序,这类程序表面上在执行一个任务,而实际上却在执行另外的任务。同一般应用程序一样,特洛伊木马能实现任何软件的功能,如复制和删除文件、格式化硬盘、发送电子邮件等,而实际上往往会导致意想不到的后果。更为恶性的特洛伊木马会对系统进行全面破坏。

3) 欺骗攻击

欺骗攻击实质上就是冒充身份通过认证骗取信息的攻击方式。攻击者针对认证机制的缺陷,将自己伪装成可信任方,从而与受害者进行交流,最终获取信息或展开进一步的攻击。

目前比较流行的欺骗攻击主要有 5 种。

(1) IP 欺骗。通过伪造某台主机的 IP 地址骗取特权从而进行攻击的技术。

(2) ARP 欺骗。利用 ARP 的缺陷,通过伪造 IP 地址和 MAC 地址实现 ARP 欺骗的攻击技术。

(3) 电子邮件欺骗。利用发送电子邮件来进行欺骗,执行电子邮件欺骗有 3 种基本方法,每一种有不同的难度级别,执行不同层次的隐蔽,分别是:利用相似的电子邮件地址,直接使用伪造的 E-mail 地址,远程登录 SMTP 端口发送邮件。

(4) DNS 欺骗。在域名与 IP 地址转换过程中实现的欺骗,DNS 欺骗会使那些易受攻击的 DNS 服务器产生很多安全问题。

(5) Web 欺骗。是一种电子信息欺骗,攻击者创造了一个完整的、令人信服的 Web 世界,但实际上它却是一个虚假的复制。虚假的 Web 看起来十分逼真,它拥有相同的网页和链接。然而攻击者控制着这个虚假的 Web 站点,这样受害者的浏览器和 Web 之间的所有网络通信就完全被攻击者截获。

4) 服务拒绝攻击

服务拒绝是指网络系统的服务能力下降或者丧失。这可能由两个方面的原因造成:一是受到攻击所致,攻击者通过对系统进行非法的、根本无法成功的持续访问尝试而产生过量的系统负载,从而导致系统资源对合法用户的服务能力下降或者丧失;二是由于系统或组件在物理上或者逻辑上遭到破坏而中断服务。

5) 监听

攻击者监听物理通道上传输的所有信息,不管这些信息的发送方和接收方是谁。通常若传输的信息没有加密,那么攻击者就可轻而易举地截取包括口令和账号在内的信息资料。虽然网络监听获得的用户账号和口令具有一定的局限性,但监听者往往能够获得其所在网段的所有用户账号及口令。

6）黑客

黑客是指通过网络非法入侵他人的计算机系统，获取或篡改各种数据，危害信息安全的入侵者或入侵行为。黑客攻击的步骤包括收集信息、系统扫描、探测系统安全弱点和实施攻击。

7）后门攻击

后门也称陷门，一般是在程序或系统设计时插入的一小段程序。从操作系统到应用程序，任何一个环节都有可能被开发者留下"后门"，后门是一个模块的秘密入口，这个秘密入口并没有记入文档，因此，用户并不知道后门的存在。在程序开发期间后门是为了测试这个模块或是为了更改和增强模块的功能而设定的。在软件交付使用时，有的程序员没有去掉它，这样居心不良的人就可以隐蔽地访问它了。后门一旦被人利用，将会带来严重的安全后果。利用后门可以在程序中建立隐蔽通道，植入一些隐蔽的病毒程序。利用后门还可以使原来相互隔离的网络信息形成某种隐蔽的关联，进而可以非法访问网络，达到窃取、更改、伪造和破坏信息资料的目的，甚至还可能造成系统大面积瘫痪。

8）端口扫描

所谓端口扫描，就是利用 Socket 编程和目标主机的某些端口建立 TCP 连接、进行传输协议的验证等，从而探知目标主机的哪些端口处于激活状态，主机提供了哪些服务，提供的服务中是否含有某些缺陷，等等。

9）计算机病毒

计算机病毒（Computer Virus）在《中华人民共和国计算机信息系统安全保护条例》中被明确定义，病毒指编制者在计算机程序中插入的破坏计算机功能或者破坏数据，影响计算机使用并且能够自我复制的一组计算机指令或者程序代码。

计算机病毒不是天然存在的，是人利用计算机软件和硬件所固有的脆弱性编制的一组指令集或程序代码。它能潜伏在计算机的存储介质（或程序）里，条件满足时即被激活，通过修改其他程序的方法将自己的副本或者可能演化的形式放入其他程序中。从而感染其他程序，对计算机资源进行破坏，所谓的病毒就是人为造成的，对其他用户的危害性很大。

计算机病毒具有传播性、隐蔽性、感染性、潜伏性、可激发性、表现性或破坏性。

计算机病毒的生命周期：开发期→传染期→潜伏期→发作期→发现期→消化期→消亡期。

计算机病毒的特征如下。

① 繁殖性。当正常程序运行时，它也进行运行自身复制，是否具有繁殖、感染的特征是判断某段程序为计算机病毒的首要条件。

② 破坏性。计算机中毒后，可能会导致正常的程序无法运行，把计算机内的文件删除或受到不同程度的损坏。破坏引导扇区及 BIOS，硬件环境破坏。

③ 传染性。是指计算机病毒通过修改别的程序将自身的复制品或其变体传染到其他无毒的对象上，这些对象可以是一个程序也可以是系统中的某一个部件。

④ 潜伏性。是指计算机病毒可以依附于其他媒体寄生的能力，侵入后的病毒潜伏到条件成熟才发作，会使计算机变慢。

⑤ 隐蔽性。计算机病毒具有很强的隐蔽性,可以通过病毒软件检查出来少数病毒,隐蔽性计算机病毒时隐时现、变化无常,这类病毒处理起来非常困难。

⑥ 可触发性。编制计算机病毒的人,一般都为病毒程序设定了一些触发条件,例如,系统时钟的某个时间或日期、系统运行了某些程序等。一旦条件满足,计算机病毒就会发作,使系统遭到破坏。

计算机病毒的征兆如下。

① 屏幕上出现不应有的特殊字符或图像、字符无规则地变或脱落、静止、滚动、雪花、跳动、小球亮点、莫名其妙的信息提示等。

② 发出尖叫、蜂鸣音或非正常奏乐等。

③ 经常无故死机,随机地发生重新启动或无法正常启动、运行速度明显下降、内存空间变小、磁盘驱动器以及其他设备无缘无故地变成无效设备等现象。

④ 磁盘标号被自动改写、出现异常文件、出现固定的坏扇区、可用磁盘空间变小、文件无故变大、失踪或被改乱、可执行文件变得无法运行等。

⑤ 打印异常、打印速度明显降低、不能打印、不能打印汉字与图形等或打印时出现乱码。

⑥ 收到来历不明的电子邮件、自动链接到陌生的网站、自动发送电子邮件等。

网络上的攻击功法还有很多种,这里就不再一一介绍。

8.4.3 网络防御技术

网络防御技术

网络防御技术涉及的内容非常广泛,如加密技术、认证技术、防火墙技术、网络防攻击技术、入侵检测技术、文件备份与恢复技术、防病毒技术以及网络管理技术等。本节仅简要介绍其中比较常用的两种技术,即加密技术和防火墙技术。

1. 加密技术

数据加密技术是计算机通信和数据存储中对数据采取的一种安全措施。通过加密可以将被传输的数据转换成表面上杂乱无章的数据,合法的接收者再通过解密把它恢复成原来的数据,而非法窃取者则无法得到实际的数据。

数据加密与解密过程中常用的几个术语如下。

明文:发送方想要接收方获得的可读信息称为明文。明文既可以是文本和数字,也可以是语音、图像和视频等其他信息形式。

密文:通过加密的手段,将明文变换为杂乱无章的信息称为密文。

加密:将明文转换为密文的过程。

解密:将密文还原为明文的过程。解密是加密的逆过程。

密码体制:指实现加密和解密的特定的算法。

密钥:由使用密码体制的用户随机选取的,唯一能控制明文与密文转换的关键信息称为密钥。密钥通常是随机字符串。在同一种加密算法下,密钥的位数越长,安全性越好。

目前常用的加密技术可分为两类,即秘密密钥加密技术(对称加密)和公钥加密技术(非对称加密),如图 8.27 所示。前者加密用的密钥与解密用的密钥是相同的,通信双方都必须具备这个密钥,并保证该密钥在通信中不被泄露;后者加密用的公钥与解密用的私钥是不同的,公钥可以公开,而私钥自己保管,必须严格保密。

图 8.27 对称加密技术与非对称加密技术

1) 对称加密技术

(1) 传统对称加密技术。

传统的对称加密算法主要有替换加密法和置换加密法两种。替换加密法是将明文消息的字符按照一定的规律换成另一个字符、数字或符号,在替换过程中不一定替换成原字符集,而且可以一对多地替换。置换加密技术与替换加密技术不同,不是简单地把一个字母换成另一字母,而是对明文字母重新进行排列,字母本身不变,但它的位置变了。

【例 8.1】 替换加密法,将明文 ATTACKATFIVE 通过凯撒加密法进行加密。

凯撒加密法是将消息中每个字母换成在它后面的第 3 个字母,并进行循环替换,即,最后的 3 个字母反过来用最前面的字母替换,基本替换对照表见表 8.2。

则明文 ATTACKATFIVE 加密后的密文为 DWWDFNDWILYH。

表 8.2 凯撒加密法对照表

A	B	C	D	E	F	G	H	I	J	K	L	M	N	O	P	Q	R	S	T	U	V	W	X	Y	Z
D	E	F	G	H	I	J	K	L	M	N	O	P	Q	R	S	T	U	V	W	X	Y	Z	A	B	C

传统的替换加密法还有 Vigenere 加密法、Vernam 加密法和异或加密法等。

【例 8.2】 置换加密法,将明文 ATTACKATFIVE 通过栅栏加密法进行加密。

栅栏(Rail Fence)加密过程如图 8.28 所示。

解密过程如下:先写第一行,再写第二行,每行字母的个数的决定是按照下面的原则进行的:字母总数是偶数时第一行和第二行各一半,奇数时第一行多一个;然后按加密对角线序列读出。

(2) 常用对称加密算法。

传统的对称加密算法简单,容易破解。目前比较常见的对称加密算法是数据加密标准(Data Encryption Standard,DES)。DES 是美国国家标准局研究除国防部以外的其他部门的计算机系统的数据加密标准。DES 是一个分组加密算法,它以 64 位为分组对数据加密。DES 利用两个基本加密技术:替换加密技术与置换加密技术。DES 共 16 步,

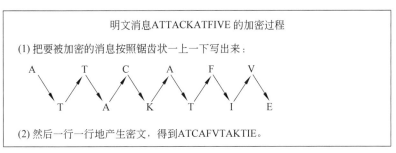

图 8.28 栅栏加密过程

每一步称为一轮(round),每一轮都进行替换与置换操作。DES 的基本加解密过程如图 8.29 所示,其中 PT 代表明文,CT 代表密文,K 是加密密钥。

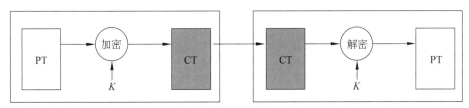

图 8.29 DES 基本加解密过程

DES 算法的原理是公开算法,包括加密算法和解密算法,仅对密钥进行保密,只有掌握了与发送方相同的密钥才能破译 DES 算法加密的数据。如果密钥长度为 56,用穷举法进行搜索,需要运算 2^{56} 次。随着计算机硬件技术的发展,计算机的运行速度越来越快,因此破解 DES 密钥已经不是难事。1988 年 DES 被破解后,人们开始使用高级加密标准(Advanced Encryption Standard,AES)算法和国际数据加密算法(International Data Encryption Algorithm,IDEA)。

2) 非对称加密技术

非对称加密算法中,每个用户拥有两个密钥:公钥和私钥。公钥用于加密,可以公开发布;私钥用于解密,私钥必须保密,不能公开。在公钥算法中,加密算法和加密密钥都是公开的,任何人都可将明文转换成密文,但是对应的解密密钥是保密的,而且无法从加密密钥推导出,即使是加密者本人也无法进行解密。

公钥算法中最著名的是 RSA 算法,RSA 是在 1977 年由美国麻省理工学院(MIT)的 3 位年轻数学家 Ron Rivest、Adi Shamirh 和 Len Adleman 发明的基于数论中的大数不可分解原理的非对称密钥密码体制,即使今天,RSA 算法也是最广泛接受的公钥方案,算法的 3 个字母分别取自于这 3 个人的姓氏首字母。

RSA 算法的加解密过程如图 8.30 所示。假设 A 是发送方,B 是接收方,RSA 的加解密过程是:A 用 B 的公钥加密要发送的明文消息 PT,并将加密的结果 CT 通过网络发送给 B,B 用自己的私钥解密得明文 PT。

RSA 算法使用了两个非常大的素数来产生公钥和私钥。要破解 1024 位 RSA 密钥,按目前计算机的计算能力,至少需要上千年。

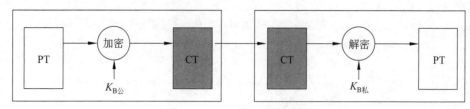

图 8.30　RSA 的加解密过程

对称加密技术的特点是，算法简单，速度快，被加密的数据块长度可以很大；非对称加密技术的特点是，算法复杂，速度慢，被加密的数据块长度不宜太大。在实际应用中经常将这两种加密算法结合在一起使用，形成混合加密系统，这样可以充分利用这两种加密算法的优点。

通常是采用对称加密算法来加密文件的内容，而采用非对称加密算法来加密密钥，这样就可以解决运算速度和密钥分配管理的问题了。

2. 防火墙

数据加密方法可以保护数据在传输过程中的安全，但是无法保护一个网络内部的安全。为了防止一个企业、公司等内部网络不受外来者的入侵，需要采取有效的措施来改善内部网络安全，防火墙(firewall)技术是目前采用较多的技术。

防火墙是在两个网络之间执行访问控制策略的一个或一组安全系统，可以对整个网络进行访问控制，如图 8.31 所示。防火墙是一种计算机硬件和软件系统集合，本质上，它遵循的是一种允许或阻止业务来往的网络通信安全机制，也就是提供可控的过滤网络通信，只允许授权的信息通过防火墙。

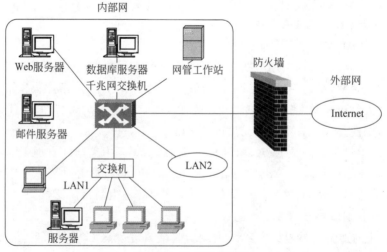

图 8.31　防火墙位置图

根据不同的标准，防火墙可分成若干类，这里只讨论两种分类方法。

1) 包过滤防火墙和代理服务器防火墙

根据防火墙实现的技术不同,可将防火墙分为包过滤防火墙和代理服务器防火墙。包过滤防火墙通常是一个具有包过滤功能的路由器,由于路由器工作在网络层,因此包过滤防火墙又称为网络层防火墙。所谓代理服务器防火墙就是一个提供替代连接并且充当服务器的网关。代理服务器防火墙运行在两个网络之间,对于客户来说它像一台真的服务器一样;而对于外界的服务器来说,它又像一台客户机。

2) 基于路由器的防火墙和基于主机的防火墙

根据实现防火墙的硬件环境不同,可将防火墙分为基于路由器的防火墙和基于主机系统的防火墙。包过滤防火墙可以基于路由器,也可基于主机系统实现,而代理服务器防火墙只能基于主机系统实现。

8.5 本章小结

计算机网络技术是通信技术与计算机技术相结合的产物。计算机网络是按照网络协议,将地球上分散的、独立的计算机相互连接的集合。连接介质可以是电缆、双绞线、光纤、微波、载波或通信卫星。计算机网络具有共享硬件、软件和数据资源的功能,具有对共享数据资源集中处理及管理和维护的能力。局域网是指在某一区域内由多台计算机互联成的计算机组。一般是方圆几千米以内。局域网可以实现文件管理、应用软件共享、打印机共享、工作组内的日程安排、电子邮件和传真通信服务等功能。局域网是封闭型的,可以由办公室内的两台计算机组成,也可以由一个公司内的上千台计算机组成。Internet 即因特网,又称为国际互联网。它是由那些使用公用语言互相通信的计算机连接而成的全球网络。一旦你连接到它的任何一个结点上,就意味着你的计算机已经连入 Internet 网上了。Internet 目前的用户已经遍及全球,有数亿人在使用 Internet,并且它的用户数还在以等比级数上升。计算机网络安全是指利用网络管理控制和技术措施,保证在一个网络环境里,数据的保密性、完整性及可使用性受到保护。

本章首先介绍了计算机网络的相关知识,包括网络的定义、功能、发展、分类体系结构等;然后介绍了局域网和 Internet 的相关内容;最后介绍了网络安全的内容。

习题

一、选择题

1. 根据网络的地理覆盖范围分类,校园网是一种(　　　)。
   A. Internet　　　　B. 局域网　　　　C. 广域网　　　　D. 城域网
2. 下面(　　)不是计算机局域网的主要特点。
   A. 地理范围有限　　　　　　　　B. 数据传输速率高
   C. 通信延迟时间短,可靠性好　　D. 网络构建较复杂
3. 局域网的常用传输介质主要有(　　　)、同轴电缆和光纤。

A. 激光   B. 微波   C. 红外线   D. 双绞线

4. 局域网常用的网络拓扑结构有（　　）、环形和星形。

    A. 总线   B. 树形   C. 网状   D. 层次型

5. 在组建局域网时，若线路的物理距离超过了规定的长度，一般需要增加（　　）。

    A. 网卡   B. 调制解调器   C. 中继器   D. 服务器

6. 下列关于计算机组网的目的描述错误的是（　　）。

    A. 数据通信   B. 提高计算机系统的可靠性和可用性

    C. 全部信息自由共享   D. 实现分布式信息处理

7. IP 位于 OSI 参考模型的（　　）层。

    A. 应用   B. 传输   C. 网络   D. 数据链路

8. Internet 主要使用的是（　　）网络体系结构。

    A. OSI/RM   B. TCP/IP   C. ATM   D. Internet

9. 将不同类型的计算机网络进行互连所使用的网络互连设备是（　　）。

    A. 集线器   B. 交换机   C. 路由器   D. 网关

10. 在 TCP/IP 网络中，任何一台计算机必须有一个 IP 地址，而且（　　）。

     A. 任意两台计算机的 IP 地址不允许重复

     B. 任意两台计算机的 IP 地址允许重复

     C. 不在同一城市的两台计算机的 IP 地址允许重复

     D. 不在同一单位的两台计算机的 IP 地址允许重复

11. 以下 IP 地址中正确的是（　　）。

     A. 10.1.10.2   B. 110.221.10.256

     C. 110.225.3   D. 10.1.10.P

12. 在通用顶级域名中，（　　）表示公司企业。

     A. com   B. mil   C. int   D. edu

13. 以下协议中（　　）是发送邮件的协议。

     A. POP3   B. IMAP   C. SMTP   D. HTTP

14. WWW 使用的应用层协议是（　　）。

     A. FTP   B. DNS   C. HTTP   D. Telnet

15. HTML 是（　　）。

     A. WWW 编程语言   B. 主页制作语言

     C. 程序设计语言   D. 超文本标记语言

二、填空题

1. 网络协议的三要素是语法、语义和（　　）。

2. 因特网的前身是（　　）。

3. 资源共享主要包括软件资源、（　　）和数据资源。

4. 光纤传输数据的基本原理是（　　），光纤分为（　　）和（　　）。

5. 双绞线包括（　　）和（　　）两类。

6. IP 地址的标记方法被记为(　　)。

7. 网络攻击的方式可分为(　　)和(　　)。

8. 加密机制可以分为(　　)和(　　)，前者的代表算法是 DES，后者的代表算法是(　　)。

三、简答题

1. 简述计算机网络的定义。
2. 计算机网络的功能包括哪几方面？
3. 计算机网络的分类方法有哪些？
4. OSI 参考模型包括哪些层次？每一层传输数据的基本单位是什么？每一层都有哪些网络互连设备？
5. 分别说出以下 IP 地址是哪类 IP 地址。
    (1) 10.1.10.123。
    (2) 224.78.58.45。
    (3) 127.1.2.3。
    (4) 192.26.45.6。
    (5) 200.1.2.3。
    (6) 128.23.36.9。
    (7) 189.23.69.58。
    (8) 222.3.6.8。
6. 网络攻击的方法有哪些？
7. 计算机网络的拓扑结构有哪些？它们各有什么优缺点？
8. 请比较 OSI 参考模型与 TCP/IP 参考模型的异同点？
9. 通过比较说明双绞线、同轴电缆与光缆这 3 种常用传输介质的特点。
10. 计算机网络的发展可以划分为几个阶段？每个阶段都有什么特点？
11. 通信子网与资源子网的联系与区别是什么？
12. 局域网、城域网与广域网的主要特征是什么？
13. 计算机网络的应用将会带来哪些新的问题？
14. 网络安全研究的内容是什么？
15. 什么是电子商务安全？
16. 数据在网络中传输为什么要加密？现在常用的数据加密算法主要有哪几类？
17. 描述黑客攻击网络的过程。
18. 什么是防火墙？防火墙应满足的条件是什么？防火墙的局限性有哪些？

第 9 章　Office 2016 办公软件

本章学习目标
- 掌握 Word 文档的基本操作。
- 掌握文档的表格和图形处理。
- 掌握 Excel 的基本概念、基本操作。
- 掌握图表的应用以及数据的管理与分析。
- 掌握演示文稿的制作及放映。

本章将分别介绍 Microsoft Office 2016 中的文字处理软件 Word、电子表格软件 Excel 和文稿演示软件 PowerPoint 的基本使用方法，以解决日常的工作、学习的需求。

9.1　概述

办公软件是软件公司开发的专门用于现代化日常办公事务处理的软件。常见的办公软件有 WPS、Microsoft Office 等，办公软件的发展有效地提高了办公效率。

Microsoft Office 是微软公司开发的一套基于 Windows 操作系统的办公软件套装，就应用现状而言，它的适用面最广。Microsoft Office 自推出后发展很快，先后发布了多个版本，其中 Microsoft Office 2016 是较新的版本，包括如下几个常用组件。

(1) Word 2016：图文编辑工具，用来创建和编辑具有专业外观的文档，如信函、论文、报告和小册子。

(2) Excel 2016：数据处理工具，用来计算、分析信息以及可视化电子表格中的数据。

(3) PowerPoint 2016：幻灯片制作工具，用来创建和编辑用于幻灯片播放、会议和网页的演示文稿。

(4) Access 2016：数据库管理系统，用来创建数据库和程序以跟踪与管理信息。

(5) Outlook 2016：电子邮件客户端，用来发送和接收电子邮件，管理日程、联系人和任务以及记录活动。

下面将分别介绍其中最常用的 Word 2016、Excel 2016 和 PowerPoint 2016。

9.2　Microsoft Word 应用

Word 是目前应用最为广泛的文字处理软件之一，提供了许多便于操作的文档创建和编辑功能，受到办公人员的青睐，在文件办公等领域发挥着重要的作用。

9.2.1 Word 2016 概述

Word 2016 是一个非常完善的文字处理软件,它是微软办公室软件包(Microsoft Office 2016)中最主要和最常用的应用程序之一。使用其便捷全面的编辑、排版功能,可以快速地制作出各种类型的文档,如书籍、信函、公文、报告、传真、出版物、备忘录、简历、日历以及网页等。Word 2016 在拥有旧版的功能的基础上,还增加了图标、搜索框、垂直和翻页,以及移动页面等新功能。

1. Word 2016 的启动和退出

1) 启动 Word 2016

启动 Word 2016 的常用方法有以下 3 种。

(1) 单击"开始"按钮,选择"所有程序"菜单下的 Word 命令。
(2) 如果在桌面上创建了 Word 2016 的快捷方式,双击快捷方式图标即可。
(3) 双击已有的 Word 文档图标。

2) 退出 Word 2016

退出 Word 2016 的常用方法有以下 3 种。

(1) 单击窗口标题栏最右侧的"关闭"按钮。
(2) 单击窗口标题栏左侧,在弹出的菜单中选择"关闭"命令。
(3) 使用 Alt+F4 组合键。

2. Word 2016 的窗口组成

启动 Word 2016 后,屏幕显示 Word 2016 的窗口,如图 9.1 所示。它由快速访问工具栏、标题栏、"文件"按钮、功能区、标尺、文档编辑区及状态栏、智能搜索框组成。

1) 快速访问工具栏

快速访问工具栏位于 Word 2016 窗口的左上方,用于快速执行一些操作。使用过程中用户可以根据工作需要单击快速访问工具栏中的按钮,还可以添加或删除其中的工具。

2) 标题栏

标题栏位于窗口的最上方,它包含应用程序名、文档名和一些控制按钮。标题栏最右端有 3 个按钮,分别用来控制窗口的最小化、最大化和关闭应用程序。当窗口不是最大化时,用鼠标拖动标题栏,可以改变窗口在屏幕上的位置。双击标题栏可以使窗口在最大化与非最大化窗口之间切换。

"最小化"按钮:位于标题栏右侧,单击此按钮可以将窗口最小化,变为一个小按钮显示在任务栏中。

"最大化"按钮和"还原"按钮:位于标题栏右侧,这两个按钮不可能同时出现。当窗口不是最大化时,可以看到"最大化"按钮,单击此按钮可以使窗口最大化,占满整个屏幕;当窗口最大化时,可以看到"还原"按钮,单击此按钮可以使窗口恢复到原来的大小。

"关闭"按钮:位于标题栏最右侧,单击此按钮可以退出 Word 2016 应用程序。

图 9.1 Word 2016 的窗口

3)"文件"按钮

单击"文件"按钮，将打开"文件"菜单。该菜单中的内容与 Office 其他版本中的"文件"菜单类似，包含了一些常见的命令，例如新建、打开、保存和选项等命令。菜单最下方的"选项"命令可打开"Word 选项"对话框，在其中可对 Word 组件进行常规、显示、校对、自定义功能区等多项设置。

4)功能区

Word 2016 默认包含了 9 个功能选项卡，单击任一选项卡可打开对应的功能区。功能区有选项卡、组及命令 3 个基本组件。

选项卡：在顶部有若干个基本选项标签，每个选项标签代表一个活动区域。

组：每个选项卡都包含若干个组，这些组将相关项显示在一起。

命令：命令是指按钮，用于输入信息的框或菜单。

在默认状态下，功能区主要包含"开始""插入""布局""引用""邮件""审阅"和"视图"等基本选项标签。下面简要介绍各个功能区的功能。

(1)"开始"功能区。

"开始"功能区包括"剪贴板""字体""段落""样式"和"编辑"5 个组。该功能区主要用于帮助用户对 Word 2016 文档进行文字编辑和格式设置，是用户最常用的功能区之一。

(2)"插入"功能区。

"插入"功能区包括"页面""表格""插图""链接""页眉和页脚""文本"和"符号"等几个组，主要用于在 Word 2016 文档中插入各种元素。

(3)"设计"功能区。

"设计"功能区包括"文档格式""页面背景"等几个组，主要用于 Word 2016 文档的格式以及背景设置。

(4)"布局"功能区。

"布局"功能区包括"页面设置""稿纸""段落""排列"几个组,用于帮助用户设置 Word 2016 文档页面样式。

(5)"引用"功能区。

"引用"功能区包括"目录""脚注""引文与书目""题注""索引"和"引文目录"几个组,用于实现在 Word 2016 文档中插入目录等比较高级的功能。

(6)"邮件"功能区。

"邮件"功能区包括"创建""开始邮件合并""编写和插入域""预览结果"和"完成"几个组,该功能区的作用比较专一,专门用于在 Word 2016 文档中进行邮件合并方面的操作。

(7)"审阅"功能区。

"审阅"功能区包括"校对""语言""中文简繁转换""批注""修订""更改""比较"和"保护"几个组,主要用于对 Word 2016 文档进行校对和修订等操作,适用于多人协作处理 Word 2016 长文档。

(8)"视图"功能区。

"视图"功能区包括"视图""页面移动""显示""缩放""窗口"和"宏"等几个组,主要用于帮助用户设置 Word 2016 操作窗口的视图类型,以方便操作。

5)标尺

标尽包括水平标尺和垂直标尺两种,用来确定文档在纸张上的位置,也可以利用水平标尺上的缩进按钮进行段落缩进和边界调整,还可以利用标尺上的制表符来设置制表位。标尺的显示或隐藏可以选择"视图"选项卡→"显示"组→"标尺"复选命令来实现。

6)文档编辑区

编辑区就是窗口中间的大块空白区域,是用户输入、编辑和排版文本的位置,是用户的工作区域。闪烁的 I 形光标即为插入点,可以接收键盘的输入。在编辑区中,可以输入文字、符号,插入图形、图片、艺术字,还可以编辑表格、图表等,编辑出图文并茂的文档。

7)状态栏

状态栏位于 Word 窗口的底部,用于显示当前窗口的状态,如当前页、总页数、总字数、语言、视图方式、显示比例等信息。

8)智能搜索框

智能搜索框是 Word 2016 新增的一项功能,通过该搜索框用户可轻松找到相关的操作说明。

9.2.2 文档的基本操作

1. 文档的建立

文档的建立可分为新建空白文档和根据模板新建文档两种方式,下面分别介绍。

1)新建空白文档

新建空白文档的常用方法有以下 4 种。

(1) 启动 Word 2016 后系统会自动创建一篇空白文档。

(2) 选择"文件"按钮→"新建"命令,在打开的"新建"列表框中显示了多种文档类型,此时选择"空白文档"选项,即可新建一个空白文档,如图 9.2 所示。

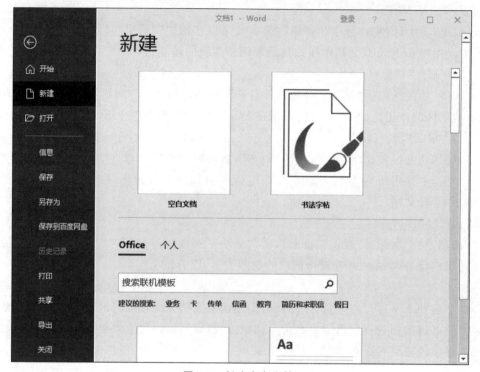

图 9.2 新建空白文档

(3) 在快速访问工具栏中单击"新建"按钮。

(4) 使用 Ctrl+N 组合键。

2) 根据模板新建文档

根据模板新建文档是指利用 Word 2016 提供的某种模板来创建具有一定内容和样式的文档。利用模板创建文档,选择"文件"按钮下的"新建"命令,在打开的"新建"页面中选择合适的模板,在打开的对话框中单击"创建"按钮。

2. 文档的保存

文档建立或修改好后,要将其保存。另外,为了减少不必要的损失,在文档编辑过程中要随时保存文档。针对不同的文档有不同的保存方式。

1) 保存新建文档

(1) 单击"文件"按钮,在打开的命令列表中选择"保存"命令。

(2) 使用 Ctrl+S 组合键。

保存新文档,将打开"另存为"窗口,如图 9.3 所示,在该窗口的"另存为"列表中提供了"最近"、OneDrive、"这台电脑""添加位置"和"浏览"5 种保存方式,单击"浏览"按钮或右侧最近使用的文件夹,便可打开"另存为"对话框,如图 9.4 所示,在对话框中设定文档保存的位置和文件名,然后单击"保存"按钮。

图 9.3 "另存为"窗口

图 9.4 "另存为"对话框

2) 保存已有文档

如果一个用户对一个已有的文档编辑后再进行保存,通常有两种情况。

(1) 文档以原名保存。用保存新文档的方式进行保存,但不会出现"另存为"对话框。

(2) 文档换名保存。单击"文件"按钮,在打开的命令列表中选择"另存为"命令,打开的"另存为"对话框中,重新设定文档保存的路径、保存类型及文件名。

3) 自动保存文档

Word 2016 提供了一种定时自动保存文档的功能,可以根据设定的时间间隔定时自动保存文档。这样可以避免因"死机"或意外停电、意外关机等造成输入文档的损失。具体方法如下。

单击"文件"按钮,在打开的命令列表中选择"选项"命令,打开"Word 选项"对话框,单击左侧的"保存"选项,选中"保存自动恢复信息时间间隔"复选框,并设定自动保存时间间隔,时间间隔的范围为 1~120 分钟,默认为 10 分钟,如图 9.5 所示。

图 9.5　设置自动保存文档时间间隔

3. 文档的打开与关闭

1) 文档的打开

打开文档的常用方法有以下 3 种。

(1) 选择"文件"按钮下的"打开"命令。

(2) 使用 Ctrl+O 组合键。

(3) 双击需要打开的 Word 文档图标。

2) 文档的关闭

文档编辑结束并保存好时,为确保文档的安全,应将其关闭。操作时选择选择"文件"按钮下的"关闭"命令。也可使用前面介绍的退出 Word 的方法。

4. 文本的输入

创建文档后,就可以在文档编辑区输入文本内容了,主要包括中文、英文、数字、各种符号、日期时间等。

1) 文字输入

文字的输入主要包括中、英文输入。英文状态下通过键盘可直接输入相应的字母,默认状态下输入的是小写字母,如果想输入大写字母,可以单击 CapsLock 键,使键盘切换到大写字母锁定状态,或者单击字母时按住 Shift 键。

输入汉字时,先选择一种汉字输入法,按相应的输入法的编码规则输入汉字即可。

2) 符号输入

除了键盘上的常用符号,当输入一些特殊符号时,可以通过以下方法进行。

(1) 使用软键盘。

Windows 提供了 13 种软键盘,通过这些软键盘可以方便地输入各种符号。打开汉字输入法,右击输入法指示栏,从中选择相应的软键盘类型,如图 9.6 所示。

图 9.6　数学符号软键盘

(2) 选择"插入"选项卡→"符号"组,单击"符号"按钮,选择常用符号,或选择"其他符号"命令,打开"符号"对话框,选择需要的符号,如图 9.7 所示。

图 9.7　"符号"对话框

3) 日期时间输入

选择"插入"选项卡→"文本"组,单击"日期和时间"按钮,打开"日期和时间"对话框,从中选择所需的一种格式,如图 9.8 所示。如果希望以后打开或打印文档时,日期和时间会自动更新,则在对话框中选中"自动更新"复选框,否则,文档始终保持插入时的日期和时间。

5. 文档的编辑

1) 选定文本

在文档编辑中,经常需要对某一部分内容进行复制、移动、删除和设置格式等操作,这都需要首先进行选定对象操作。Word 提供了多种选定文本的方法,用户可根据实际需

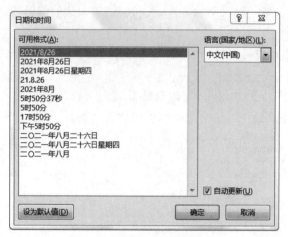

图 9.8 "日期和时间"对话框

要选择使用。

(1) 用鼠标拖动选定文本。将鼠标指针置于所选文本的起始位置,拖动至所选文本的结尾处,释放鼠标即可。

(2) 用鼠标在选择区选定文本。选择区位于文档窗口的左侧,向左移到鼠标,当指针形状变为 ⚐ 时,即进入了选择区。鼠标在选择区的基本操作如下。

① 单击:选定鼠标指向的一行文本。

② 双击:选定鼠标指向的一段文本。

③ 三击:选定整个文档。

④ 拖动:选定多行文本。

(3) 与控制键配合选定文本。

① 拖动鼠标时按住 Alt 键,可选定一块矩形文本区域。

② 按住 Ctrl 键,在句子中单击可选定一个句子。先选定一部分文本,再选定其他文本,可选定不连续的文本。

③ 单击选定内容起始处,按住 Shift 键不放,然后鼠标移到选定内容结尾处并单击,可选定大段文本。

(4) 用键盘选定文本。在实际操作中,使用键盘选定文本非常方便,可利用键盘上的功能键和光标控制键组合,实现文本的选定。

2) 编辑文本

(1) 删除文本。

如果输入有错,可以把光标移到错误处进行删除。删除常用的方法如下。

① 按 Delete 键或 Backspace 键。Delete 键删除光标后面的字符,Backspace 键删除光标前面的字符。

② 单击"开始"选项卡→"剪贴板"组→"剪切"按钮。

③ 右击并从弹出的从快捷菜单中选择"剪切"命令。

④ 使用 Ctrl+X 组合键。

(2) 复制和移动文本。

如果某些文本重复出现或放置的位置不合适,可通过文本的复制和移动功能来实现。

①用鼠标拖动操作。选定文本后按住鼠标,拖动到目标位置,释放鼠标即可。如果完成复制操作,要配合 Ctrl 键。

②用剪贴板操作。选定文本,选择"开始"选项卡→"剪贴板"组→"剪切"按钮或"复制"按钮,到目标位置后,单击"粘贴"按钮。

3) 撤销与恢复

在对文档进行编辑时,难免会出现一些误操作,Word 提供了非常有用的撤销与恢复功能,从而帮助用户快速纠正错误操作。

(1) 撤销。

如果用户后悔了刚才的操作,可使用撤销功能来达到恢复的效果。单击快速访问工具栏中的"撤销"按钮,也可以使用 Ctrl+Z 组合键。

(2) 恢复。

经过撤销操作之后,"撤销"按钮右边的"恢复"按钮将被置亮。恢复是对撤销的否定,如果认为不应该撤销刚才的操作,可单击快速访问工具栏中的"恢复"按钮或者使用 Ctrl+Y 组合键。

4) 查找与替换

当文档篇幅比较长,用户需要找到某个字符,或将某些字符修改成另外的内容,就可使用 Word 提供的查找和替换功能。

(1) 查找。

单击"开始"选项卡→"编辑"组→"查找"按钮,打开"导航"窗格,在"导航"窗格的"搜索文档"输入框中输入需要查找的文字,单击"搜索"按钮,Word 2016 将在"导航"窗格中列出文档中包含查找文字的段落,同时查找文字在文档中突出显示,如图 9.9 所示。如果没找到,系统将提示"无匹配项"。

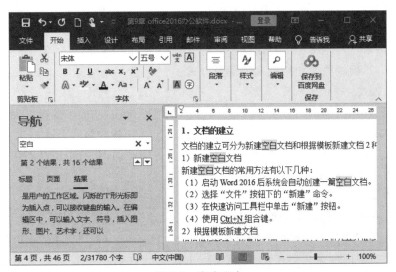

图 9.9 查找文本

（2）替换。

单击"开始"选项卡→"编辑"组→"替换"按钮，打开"查找和替换"对话框，显示"替换"选项卡，如图9.10所示。在"查找内容"文本框中输入需要查找的内容，在"替换为"文本框中输入替换后的内容，单击"查找下一处"按钮，Word从当前位置往下查找，并将找到的内容突出显示。此时，如果单击"替换"按钮，只将查找到的内容进行替换。如果单击"查找下一处"按钮，则跳过当前内容并继续搜索符合条件的内容。如果单击"全部替换"按钮，则完成查找范围内所有满足条件的内容的替换。

图9.10 "查找和替换"对话框

6. 文档的显示

Word 2016为用户提供了多种浏览文档的方式，包括页面视图、阅读视图、Web版式视图、大纲视图和草稿视图，以便于在文档编辑过程中能够从不同的侧面、不同的角度观察所编辑的文档。视图方式的改变不会对文档本身做任何修改。在"视图"选项卡→"视图"组中，单击相应的按钮，即可切换至相应的视图模式，或者单击状态栏右侧的视图方式按钮。

这些视图各有特点，下面分别进行介绍。

1）页面视图

页面视图可以显示文档的打印结果外观，包括页眉、页脚、图形对象、分栏设置、页面边距等元素。页面视图是使用最多的视图方式。

2）阅读版式视图

阅读版式视图以图书的分栏样式显示文档，"文件"按钮、功能区等窗口元素被隐藏起来。在阅读版式视图中，用户还可以单击"工具"按钮选择各种阅读工具。

阅读版式视图优化了阅读体验，使文档窗口变得简洁明朗，特别适合阅读。停止阅读文档时，可单击其他视图按钮或直接按Esc键。

3）Web版式视图

Web版式视图是以网页的形式显示文档，可以创建能显示在屏幕上的Web页或文档，可看到背景和为适应窗口大小而自动换行显示的文本，并且图形位置与在Web浏览器中位置一致，即模拟该文档在Web浏览器上浏览的效果。Web版式视图适用于发送电子邮件和创建网页。

4）大纲视图

大纲视图主要用于设置文档和显示标题的层级结构，并可以方便地折叠和展开各种层级的文档。大纲视图广泛用于长文档的快速浏览和设置中。

大纲视图中不显示页边距、页眉和页脚、图片和背景。在进入大纲视图的同时，窗口中增加了大纲视图功能区。

5）草稿视图

草稿视图只显示文本格式，简化了页面的布局，可以便捷地进行文档的输入和编辑。当文档满一页时，就会出现一条虚线，该虚线称为分页线，也叫分面符。在草稿视图中，不显示页边距、页眉和页脚、背景、图形和分栏等情况。由于草稿视图不显示附加信息，因此具有占用计算机内存少、处理速度快的特点，是最节省计算机系统硬件资源的视图方式。

9.2.3 文档的排版

为了使文档清晰、美观、便于阅读，在完成文档的编辑后，需要对文档进行必要的排版。文档的排版主要包括字符格式设置、段落格式设置、页面设置等。

1. 字符格式设置

字符格式设置包括字体名称、字形、字号、颜色以及各种修饰效果等。设置字符格式之前要先选定设置格式的文本，否则格式设置只能对新输入的文本有效。

1）使用"开始"功能区

如图9.11所示，使用"字体"组快捷按钮可以方便、快速地设置字符的格式。

图9.11 "字体"组快捷按钮

2）使用"字体"对话框

"字体"组快捷按钮可进行一些常用格式的设置，更多的格式设置需要通过"字体"对话框来完成。"字体"对话框可通过两种方式打开：单击"字体"组的对话框启动器；右击所选文本，在弹出的快捷菜单中选择"字体"命令。"字体"对话框，如图9.12所示。

(1)"字体"选项卡。

对字体、字形、字号、颜色、下画线、着重号和特殊效果等选项进行设置，可在"预览"区显示所设置的效果。

(2)"高级"选项卡。

若要增加字符间距，可选择"间距"列表框中的"加宽"选项；反之，选择"紧缩"选项。"缩放"组合框主要用于设置一个水平扩展或压缩的比例，这个比例值是相对于当前行的字符间距来说的。利用对话框内的"位置"列表框，可以设置一行中的字符相对于标准位置的高低。

 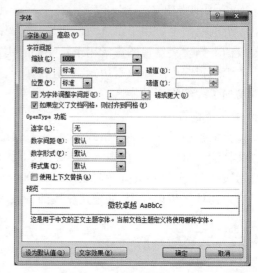

(a) "字体"选项卡　　　　　　　　　　(b) "高级"选项卡

图 9.12　"字体"对话框

3) 使用浮动工具栏

选中需要编辑的文本,这时浮动工具栏将出现在所选文本的右上角,如图 9.13 所示,其中包含常用的设置选项,单击相应的按钮或选择相应选项即可进行字符格式的设置。

4) 使用格式刷

设置步骤如下。

图 9.13　浮动工具栏

(1) 选中已经设置好格式的文本。

(2) 单击"开始"选项卡→"剪贴板"组→"格式刷"按钮。

(3) 当鼠标指针变成格式刷形状时,在要设置格式的文本处开始拖动鼠标,这样鼠标经过的所有字符与之前所选文本具有相同的格式。

按上述操作,格式刷功能只能使用一次。如果要在多处使用同一格式,则需要双击"格式刷"按钮,然后再进行格式复制的操作。完成格式复制后,再次单击"格式刷"按钮,以取消格式刷的作用。

2. 段落格式设置

段落是两个段落标记之间的文本。段落格式设置包括段落的对齐方式、缩进、段间距及行间距等。

1) 对齐方式

Word 2016 中提供了 5 种段落对齐方式:左对齐、居中、右对齐、两端对齐和分散对齐。设置方式如下。

(1) 在"开始"选项卡"段落"组中单击相应的对齐按钮。

(2) 单击"段落"组的对话框启动器,打开"段落"对话框,如图 9.14 所示,在"对齐方式"列表框中选择对齐方式。

2）段落缩进

缩进段落就是增加段落与页边距的距离。段落的缩进有首行缩进、左缩进、右缩进、悬挂缩进 4 种。可以通过 3 种途径来实现。

（1）利用标尺进行设置，其优点是直观方便。

（2）通过"段落"对话框来设置，这种方法更加精确。

（3）通过"段落"组缩进按钮实现。

3）段间距与行间距

段间距用于调整上、下两个段落之间的距离，行间距用于调整一个段落内行与行之间的距离。打开"段落"对话框，在其中的"间距"部分进行设置。

4）首字下沉

首字下沉即设置段落中的第一个字字体变大，并且向下一定的距离，常用于报刊和杂志中，这样可以突出段落，吸引读者的注意。设置首字下沉的具体操作步骤如下。

（1）选择要首字下沉的段落。

（2）单击"插入"选项卡→"文本"组→"首字下沉"按钮的下拉按钮，在打开的下拉列表中选择"首字下沉选项"命令，打开"首字下沉"对话框，如图 9.15 所示。

（3）在该对话框中，设置首字的位置、字体、下沉行数及距正文距离等，然后单击"确定"按钮。

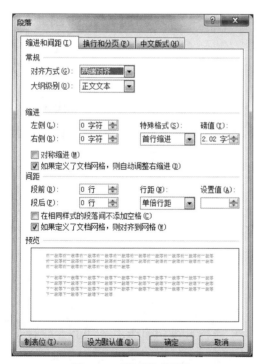

图 9.14 "段落"对话框

图 9.15 "首字下沉"对话框

3. 边框与底纹设置

为了提升文档的美观度,或达到突出重点的目的,可为文档中的字符、段落添加边框和底纹。

1) 为字符设置边框与底纹

在"开始"选项卡→"字体"组中,单击"字符边框"按钮,即可为选择的文本设置边框,单击"字符底纹"按钮,即可为选择的文本设置底纹。

2) 为段落设置边框与底纹

选择的段落设置底纹,在"开始"选项卡→"段落"组中,单击"底纹"按钮右侧的下拉三角按钮,在打开的下拉列表中选择合适的选项。为选择的段落设置边框,单击"边框"按钮右侧的下拉三角按钮,在打开的下拉列表中选择相应的选项,也可选择"边框和底纹"命令,打开"边框和底纹"对话框,如图 9.16 所示,该对话框有 3 个选项卡,这里只显示"边框"和"底纹"两个选项卡。

　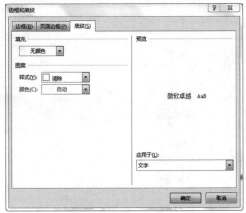

(a) "边框"选项卡　　　　　　　　　　(b) "底纹"选项卡

图 9.16 "边框和底纹"对话框

在"边框"选项卡中,选择边框类型、样式、颜色和宽度等,在"底纹"选项卡中,选择填充底纹的颜色、图案的样式和颜色等,在"应用于"下拉列表框选择应用范围。

4. 制表位设置

若需要在一行内使用不同的对齐方式,可使用制表位来实现。

1) 利用标尺设置

在水平标尺的左端,有一个"制表位方式"选择按钮,单击该按钮可在 5 种制表符之间进行切换。具体操作步骤如下。

(1) 单击水平标尺左侧的"制表位方式"选择按钮,确定一种制表符类型。

(2) 在水平标尺的适合位置单击,水平标尺上的单击位置处出现选定的制表符。

(3) 重复前面的两步,依次设置其他制表位。

利用标尺设置制表位如图 9.17 所示。

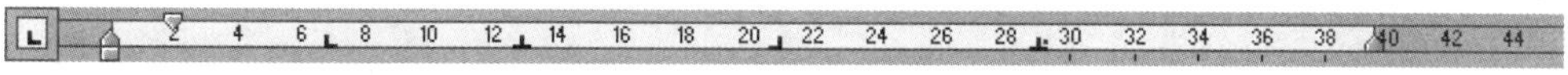

图 9.17 在水平标尺上设置制表位

2）利用"制表位"对话框设置

"制表位"对话框如图 9.18 所示，在"制表位位置"文本框中输入制表位位置，在"对齐方式"选项区选择制表位的对齐方式，如果要填充当前制表位与其左侧制表位之间的空白，可在"前导符"选项区选择一种合适的前导符，单击"设置"按钮，则新的制表位显示在"制表位位置"列表框中。

5. 项目符号与编号

使用项目符号与编号，可以使文档更有条理、层次清晰、可读性强。为段落设置项目符号、编号与多级符号，主要通过"开始"功能区中"段落"组中"项目符号""编号""多级列表"按钮来实现。

1）设置项目符号

设置项目符号的步骤如下。

（1）先将光标移动到希望使用项目符号的位置，单击"开始"选项卡→"段落"组→"项目符号"按钮右侧的下拉三角按钮，打开"项目符号库"，如图 9.19 所示，单击所需项目符号。

图 9.18 "制表位"对话框

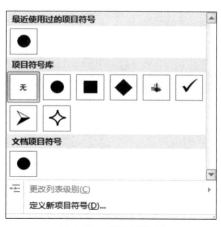

图 9.19 项目符号库

（2）也可选择"定义新项目符号"命令，打开"定义新项目符号"对话框，如图 9.20 所示，选择想要的项目符号字符。

（3）单击"确定"按钮完成设置。

2）设置编号

用同样的方法可以为内容设置编号。单击"编号"按钮右侧的下拉三角按钮，打开"编号库"，单击所需编号。也可选择"定义新编号格式"命令，打开"定义新编号格式"对话框，在其中定义新的编号格式。

6. 分节、分页和分栏

1) 分节

如果想在同一篇文档中设置不同的页面格式，这时就需要用到"分节"操作。"节"是指文档中具有相同页面格式的若干段，是文档格式化的最大单位。通过分节，可以把文档分成几个部分，然后针对不同的节分别进行格式化。

在文档中设置分节就是插入分节符。插入分节符时，单击"布局"选项卡→"页面设置"组→"分隔符"按钮，在打开的"分隔符"列表中选择相应的"分节符"选项。

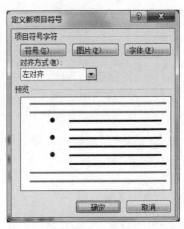

图 9.20 "定义新项目符号"对话框

2) 分页

在编辑文档时，通常是当文字或图形放满一页时，系统会插入一个自动分页符并开始新的一页。在某些情况下，例如想把某内容单独放在一页上，按回车键插入几个空行虽然可行，但是当调整前面的内容使行数发生变化时，后面的排版就会随着改变，还需再次调整。因此，可通过手动插入分页符的方法，使文档在分页符的位置强制分页，以减少后面的影响。

需要手动插入分页符时，单击"布局"选项卡→"页面设置"组→"分隔符"按钮，在打开的"分隔符"列表中选择相应的"分页符"选项，或者在"插入"选项卡→"页面"组中，单击"分页"按钮。

3) 分栏

在编辑一些出版物时，为使版面紧凑、可读性好，经常对文档做分栏排版。设置分栏的操作步骤如下。

(1) 选定需要分栏的文本。

(2) 单击"布局"选项卡→"页面设置"组→"栏"按钮，在打开的下拉列表中选择分栏方式。

(3) 如果不满意，可以选择"更多栏"命令，打开"栏"对话框，在其中进行相应设置，包括栏数、宽度、间距以及是否加分隔线等。

7. 页眉和页脚

页眉和页脚是指在文档每页的顶部和底部的一些说明性信息，例如文档名称、章节标题、作者姓名、页码、日期等文字或图形。

添加页眉时，单击"插入"选项卡→"页眉和页脚"组→"页眉"按钮，在下拉列表中选择所需样式，这时正文变为灰色并不可操作，屏幕上显示页眉区，同时出现"页眉和页脚工具"选项卡。可像处理正文一样，利用选项卡下的选项和命令在页眉编辑区进行各种操作。设置好页眉后，单击"关闭"选项组中的"关闭页眉和页脚"按钮即可回到页面编辑状态。

插入页脚时,在"页眉和页脚工具"选项卡→"导航"组中,单击"转至页脚"按钮,光标转至页脚区,设置页脚的方法同页眉。

如需要修改页眉或页脚的内容,双击页眉或页脚即可进入编辑状态,然后对其进行修改和格式化。如果要删除页眉或页脚,只需选定页眉和页脚的内容,按 Delete 键即可。

8. 页面设置与打印

对文档进行打印之前,还需要进行页面设置,包括纸张大小、页边距、纸张方向、字符数和行数等。

1) 修改页边距

页边距就是文档正文距纸张边缘的距离,用标尺可以快速设置页边距,但不够精确。单击"布局"选项卡→"页面设置"组→"页边距"按钮,在打开的下拉列表中选择所需的页边距类型即可,也可选择"自定义边距"命令,打开"页面设置"对话框,如图 9.21 所示。

图 9.21 "页面设置"对话框

在"页边距"选项卡中,指定文本与页面上、下、左、右的页边距值,装订线位置和距离,纸张方向等。

2) 设置纸张大小

单击"布局"选项卡→"页面设置"组→"纸张大小"按钮,在打开的下拉列表中选择需要的纸张,也可在"页面设置"对话框中选择"纸张"选项卡进行设置。

3) 设置文档网格

在"页面设置"对话框中选择"文档网格"选项卡,可设置每页行数及每行的字符数等。

4) 预览及打印文档

文档编辑完成并经过页面设置后，就可以打印输出了。为了避免不必要的浪费，在打印前还要利用"打印预览"功能查看文档的整体输出效果。

单击"文件"按钮，在打开的下拉列表中选择"打印"命令，打开"打印"页面，即可在右侧预览效果。经预览确认无误后，即可单击"打印"按钮进行打印。

9.2.4 表格处理

表格是字处理软件的主要功能之一，它是一种简明、扼要的表达方式，能够清晰地显示文字和数据。表格中可以填写文字、插入图片，还可以对其中的数字进行排序和计算。

1. 表格的创建

在 Word 2016 中，创建表格的常用方法有 6 种。

1) 利用表格网格

将光标定位在需要插入表格的位置，单击"插入"选项卡→"表格"组→"表格"按钮，在打开的列表中会看到网格框，用鼠标直接拖动选择需要的行数和列数即可，如图 9.22 所示。

2) 使用"插入表格"命令

将光标定义在需要插入表格的位置，单击"插入"选项卡→"表格"组→"表格"按钮→"插入表格"命令，打开"插入表格"对话框，如图 9.23 所示。

在"列数"与"行数"数字框中输入需要设置的行/列数值，在"自动调整"操作选区中选中相应的单选按钮，设置表格列宽，单击"确定"按钮完成表格的建立。

图 9.22 使用网格框创建表格

图 9.23 "插入表格"对话框

3) 使用"绘制表格"命令

将光标定义在需要插入表格的位置，单击"插入"选项卡→"表格"组→"表格"按钮→"绘制表格"命令，此时光标变为铅笔形状。拖动鼠标，首先绘制一个矩形框，并且出现"表格工具"选项卡。在表格中再次单击并拖动鼠标，就可以绘制表格的横线、竖线或斜线。

4) 插入电子表格

在 Word 2016 中不仅可以插入普通表格,还可以插入 Excel 电子表格。将光标定位在需要插入电子表格的位置,单击"插入"选项卡→"表格"组→"表格"按钮→"Excel 电子表格"命令,即可在文档中插入一个电子表格。

5) 插入快速表格

在 Word 2016 中,可以快速地插入内置表格,单击"插入"选项卡→"表格"组→"表格"按钮→"快速表格"命令,就可以选择插入表格的类型。

6) 文本转换为表格

在 Word 2016 中可以将段落标记、逗号、制表符、空格或其他特定字符隔开的文本转换成表格。操作步骤如为:将光标定位在需要插入表格的位置;选定要转换为表格的文本,单击"插入"选项卡→"表格"组→"表格"按钮→"文本转换成表格"命令,即出现如图 9.24 所示的对话框。在该对话框中,对"表格尺寸"中的列数进行调整,在"文字分隔位置"选区中选择或输入一种符号作为分隔符。单击"确定"按钮即可将文本转换成表格。

图 9.24 "将文字转换成表格"对话框

2. 表格内容的输入

表格创建好以后,便可向其输入内容。在表格中输入文本或插入图片的方法与在正文中的操作方法相同,只需先将光标定位到待输入内容的单元格中。

定位单元格的方法有两种。

(1) 使用鼠标时,单击某单元格。

(2) 使用键盘时,可用方向键进行光标移动;Tab 键可使光标移到下一个单元格,Shift+Tab 组合键可使光标移到上一个单元格。

3. 表格的编辑

创建完成的表格有时还需要进行一些调整,例如插入、删除、合并单元格等,这些都需要在编辑表格中进行。

1) 选择表格对象

选择表格中的单元格、行、列,乃至整个表格,可以使用鼠标,也可使用功能区的相关命令来实现。

(1) 使用鼠标操作。

在表格的每一行的左外侧和每个单元格的左侧,以及每一列的上边界,有一个选择区域,鼠标指向选择区时改变指针形状,单击可选择一行、单元格或一列。

(2) 使用"表格工具"功能区。

单击"表格工具布局"选项卡→"表"组→"选择"按钮,在下拉列表中选择相应的选项。

2)增删表格对象

需要在表格中插入行、列或单元格时,首先将插入点置于需要插入行、列或单元格的位置,单击"表格工具布局"选项卡→"行和列"组中的相应按钮。

若要删除表格对象,单击"表格工具布局"选项卡→"行和列"组→"删除"按钮,在下拉列表中选择相应的选项。

3)拆分与合并

(1)拆分表格。

拆分表格即将一个表格从某行分成上下两个完整的表格。将光标定位到分界行内,单击"表格工具布局"选项卡→"合并"组→"拆分表格"按钮。

(2)合并表格。

将两个表格之间的空行删除即可。

(3)拆分单元格。

选定要拆分的单元格,单击"表格工具布局"选项卡→"合并"组→"拆分单元格"按钮,打开"拆分单元格"对话框,选择需要拆分的行数和列数。

(4)合并单元格。

选择需要合并的单元格区域,单击"表格工具布局"选项卡→"合并"组→"合并单元格"按钮。

4. 表格的格式设置

1)设置行高、列宽

可以使用鼠标拖动表格线或拖动标尺上的标志来改变,或者单击"表格工具布局"选项卡→"表"组→"属性"按钮,打开"表格属性"对话框,如图 9.25 所示,可以精确地设置行高、列宽和单元格的宽度。

图 9.25 "表格属性"对话框

2) 设置对齐方式

(1) 表格对齐方式。

表格与文字混合排版时,在"表格属性"对话框中设置表格的对齐方式和文字环绕方式。

(2) 单元格对齐方式。

单元格对齐方式是指单元格中文本的对齐方式,设置方法为选择需要设置对齐方式的单元格区域,在"表格工具布局"选项卡→"对齐方式"组中单击相应的按钮,单元格文本的对齐方式有 9 种。

3) 设置边框、底纹

为了使表格重点突出,可为表格线设置线型、颜色和宽度,为单元格加上底纹。

在"表格工具设计"选项卡→"表格样式"组和"边框"组中进行边框、底纹、线型和颜色的设置。

4) 表格自动套用格式

若想对表格进行快速格式化,可以直接套用 Word 提供的表格样式。在"表格工具设计"选项卡→"表格样式"组中,单击右下角的下拉按钮,在打开的下拉列表中选择相应的样式即可。

5. 表格的数据处理

1) 单元格的标识

Word 的表格具有简单的计算功能,可借助这些计算功能完成基本的统计工作。在计算中,为了清楚地表达参与运算的单元格,需要对单元格进行命名。表格中的列依次用字母标识,如 A、B、C 等,行用数字标识,如 1、2、3 等,例如 B2 表示第二列第二行单元格的数据。

2) 表格的计算

将光标置于放置计算结果的单元格内,单击"表格工具布局"选项卡→"数据"组→"公式"按钮,打开"公式"对话框,如图 9.26 所示。在"公式"文本框中输入"=",在"粘贴函数"下拉列表中选择合适的函数并输入函数参数,完成后单击"确定"按钮。

图 9.26 "公式"对话框

3) 表格的排序

将光标置于表格内,单击"表格工具布局"选项卡→"数据"组→"排序"按钮,打开"排序"对话框。可根据需要选择关键字、排序类型和排序方式。

9.2.5 图形处理

可以在文档中插入图片、形状、艺术字和数学公式等，以实现图文混排，达到图文并茂的效果。

1. 图形的插入

1）插入图片

在文档中插入图片时，单击"插入"选项卡→"插图"组→"图片"按钮，打开"插入图片"对话框，如图 9.27 所示。选择图片文件后，单击"插入"按钮即可。

图 9.27 "插入图片"对话框

2）插入形状

在文档中插入形状时，单击"插入"选项卡→"插图"组→"形状"按钮，在打开的下拉列表中选择相应的按钮，可以绘制基本形状、箭头、流程图等。

插入形状时，单击鼠标将插入默认尺寸的形状，或拖动鼠标至所需大小，释放鼠标。

3）插入艺术字

艺术字是 Word 提供的一种具有图形效果的文字。插入艺术字时，单击"插入"选项卡→"文本"组→"艺术字"按钮，在打开的下拉列表中选择所需的艺术字样式，输入艺术字内容。

在 Word 2016 中插入艺术字后，可随时修改艺术字文字，只需要单击艺术字即可进入编辑状态。在修改文字的同时，用户还可以设置艺术字的字体、字号、颜色等格式。

4）插入文本框

文本框是精确定位文字、图形、表格的工具。文本框如同窗口，无论是一段文字、一个表格、一张图片或者组合对象,均能放入其中;它具有图形的特性,可设置文本框格式;可将文本框移动到页面的任意位置。

插入文本框时,单击"插入"选项卡→"文本"组→"文本框"按钮,在打开的下拉列表中提供了不同的文本框样式,选择其中的某一种样式即可。

选中文本框并右击,在弹出的快捷菜单中选择"设置形状格式"命令,在打开的"设置形状格式"窗格中可以设置文本框的填充、线条、阴影以及三维效果等。

5) 插入公式

在编写技术报告和论文时,经常会遇到复杂的数学公式。插入公式时,单击"插入"选项卡→"符号"组→"公式"按钮右侧的下拉三角按钮,在打开的下拉列表中选择内置的公式,或选择"插入新公式"命令,选择相应的符号编辑公式。当需要修改公式时,单击公式即可进入编辑状态。

2. 图形的格式设置

插入到文档中的图形一般需要进行必要的格式设置,才符合排版的要求。

1) 缩放图形

选中要调整大小的图形,此时图形周围出现8个控制点。将鼠标指针移至图形周围的控制点上,此时鼠标指针变为双向箭头,按住鼠标左键并拖动。当达到合适大小时释放鼠标,即可调整图形大小。

如果要精确设置图形大小,可右击图形,从弹出的快捷菜单中选择"大小和位置"命令,打开"布局"对话框,如图9.28所示。在该对话框中可设置图形的高度、宽度和旋转角度以及缩放比例等。

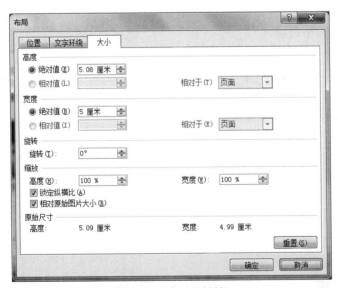

图 9.28 "布局"对话框

2) 剪裁图片

选定图片,单击"图片工具格式"选项卡→"大小"组→"剪裁"按钮,拖动图片四周的控制点即可裁剪图片。

3）修饰图片

单击"图片工具格式"选项卡→"调整"组的相应按钮，可对图片进行诸如亮度与对比度、艺术效果、颜色等设置。

如果对图片的设置效果不满意，可用"重置图片"功能，使其恢复到原来的大小和格式。

3. 图文混排

图文混排是用来设置文档编排的特殊效果，主要体现图形对象与周围文字之间的相互关系。图形对象与正文文字之间的相对关系，称为环绕方式。

设置环绕方式的步骤为如下。

（1）选定需要设置文字环绕的图形对象。

（2）单击"图片工具格式"选项卡→"排列"组→"位置"按钮，在打开下拉列表中选择所需的环绕方式。

如果用户希望在文档中设置更丰富的文字环绕方式，可以在"排列"组中单击"环绕文字"按钮，在打开的列表中选择合适的文字环绕方式即可。

9.3 Microsoft Excel 应用

Excel 是微软办公套装软件的一个重要的组成部分，它可以进行各种数据的处理、统计分析和辅助决策操作，广泛地应用于管理、财务、统计、金融等众多领域。

9.3.1 Excel 2016 概述

Excel 2016 是当前非常主流的一款数据管理与处理软件，被用于人们生活和工作的多个方面。通过 Excel 2016，用户可以轻松快速地制作出各种统计报表、工资表、考勤表等，还可以灵活地对各种数据进行整理、计算、汇总、查询和分析等操作。

1. Excel 2016 的启动和退出

1）启动 Excel 2016

启动 Excel 2016 的常用方法有以下几种。

（1）单击"开始"按钮，选择"所有程序"菜单下的 Excel 命令。

（2）如果在桌面上创建了 Excel 2016 的快捷方式，双击快捷方式图标即可。

（3）双击已有的 Excel 文档图标。

2）退出 Excel 2016

退出 Excel 2016 的常用方法有以下几种。

（1）单击窗口标题栏最右侧的"关闭"按钮。

（2）单击窗口标题栏左侧，选择其中的"关闭"命令。

（3）使用 Alt+F4 组合键。

2. Excel 2016 的窗口组成

启动 Excel 2016 后，屏幕显示其窗口，如图 9.29 所示。Excel 2016 的窗口组成与其他 Windows 应用程序的窗口基本相同。

图 9.29　Excel 2016 的窗口

1）快速访问工具栏

快速访问工具栏位于 Excel 2016 窗口的左上方，用于快速执行一些操作。使用过程中用户可以根据工作需要单击快速访问工具栏中的按钮，可添加或删除其中的工具。默认情况下，快速访问工具栏中包括 3 个按钮，分别是"保存""撤销"和"恢复"按钮。

2）标题栏

标题栏位于 Excel 2016 窗口的最上方，用于显示当前正在编辑的电子表格和程序名称。拖动标题栏可以改变窗口的位置，用鼠标双击标题栏可以最大化或还原窗口。在标题栏的右侧分别是"最小化""最大化""关闭"3 个按钮。

3）功能区

功能区位于标题栏的下方，默认会出现"开始""插入""页面布局""公式""数据""审阅"和"视图"7 个功能区，功能区由若干个组组成，每个组中由若干功能相似的按钮和下拉列表组成。

4）工作区

工作区位于 Excel 2016 窗口的中间，是 Excel 2016 对数据进行分析对比的主要工作区域，用户在此区域中可以向表格中输入内容并对内容进行编辑，插入图片，设置格式及效果等。

5）编辑栏

编辑栏位于工作区的上方，其主要功能是显示或编辑所选单元格中的内容，用户可以在编辑栏中对单元格中的数值进行函数计算等操作。编辑栏的左端是"名称框",用来显示当前选定单元格的地址,中间是"取消"按钮、"输入"按钮和"插入函数"按钮,右侧是编辑框,用来显示单元格中输入或编辑的内容。

6) 状态栏

状态栏位于 Excel 2016 窗口的最下方,在状态栏中可以显示工作表中的单元格状态,还可以通过单击视图切换按钮选择工作表的视图模式。在状态栏的最右侧,可以通过拖动显示比例滑块或单击"放大""缩小"按钮,调整工作表的显示比例。

9.3.2 Excel 2016 基本操作

1. 基本概念

Excel 2016 程序包含 3 个基本元素,分别是工作簿、工作表、单元格。

1) 工作簿

在 Excel 2016 中,工作簿是用来存储并处理数据的文件,其文件扩展名为 xlsx。一个工作簿由一个或多个工作表组成,默认情况下包含一个工作表,默认名称为 Sheet1。它类似于财务管理中所用的账簿,由多页表格组成,将相关的表格和图表存放在一起,非常便于处理。

2) 工作表

工作表类似于账簿中的账页。工作表是一个由行和列组成的表格。行号用数字 1、2、3 等表示,列标用字母 A、B、C 等表示。行列交叉处的小格称为单元格,并用列标和行号作为单元格的地址。一个工作表最多可以包含 1 048 576 行和 16 384 列。使用工作表可以对数据进行组织和分析,能容纳的数据有字符、数字、公式、图表等。

3) 单元格

单元格是组织工作表的基本单位,也是 Excel 2016 进行数据处理的最小单位,输入的数据就存放在这些单元格中,它可以存储多种形式的数据,包括文字、日期、数字、声音、图形等。在执行大多数 Excel 2016 命令或任务前,必须先选定要作为操作对象的单元格。这种用于输入或编辑数据,或者是执行其他操作的单元格称为活动单元格或当前单元格。活动单元格周围出现黑框,并且对应的行号和列标突出显示。

4) 工作簿、工作表及单元格的关系

工作簿、工作表及单元格之间是包含与被包含的关系,一个工作簿中可以有多个工作表,而一张工作表中含有多个单元格。工作簿、工作表与单元格的关系是相互依存的关系,它们是 Excel 2016 中最基本的 3 个元素。

2. 工作簿操作

1) 新建工作簿

创建工作簿的方法主要有以下几种。

(1) 启动 Excel 2016 时,如果没有指定要打开的工作簿,系统会自动打开一个名称为

"工作簿 1"的空白工作簿。

（2）单击快速访问工具栏上的"新建"按钮，系统将自动建立一个新的空白工作簿。

（3）单击"文件"按钮下的"新建"命令，在打开的"新建"列表框中选择"空白工作簿"选项，即可建立一个新的空白工作簿文件。

（4）使用 Ctrl+N 组合键可快速新建空白工作簿。

（5）Excel 2016 还提供了用模板创建工作簿的方法。单击"文件"按钮下的"新建"命令，在界面中选择合适的模板，在打开的对话框中单击"创建"按钮。

2）保存工作簿

编辑工作簿后，需要对工作簿进行保存操作。保存时，可在快速访问工具栏中单击"保存"按钮，或按 Ctrl+S 组合键，或选择"文件"按钮下的"保存"命令。如果是新工作簿保存，将打开"另存为"对话框，设置保存的位置及文件名；若是已有工作簿，则不再打开"另存为"对话框，直接完成保存。

如果需要将编辑过的工作簿保存为新文件，选择"文件"按钮下的"另存为"命令，在打开的"另存为"对话框中设置保存的位置及文件名。

3）打开与关闭工作簿

（1）打开工作簿

打开工作簿时，可以选择"文件"按钮下的"打开"命令，或按 Ctrl+O 组合键，或双击已有的工作簿文件。

（2）关闭工作簿

关闭工作簿，可以选择"文件"按钮下的"关闭"命令，或者按 Ctrl+W 组合键。也可使用前面介绍的退出 Excel 的方法。

3. 工作表操作

1）选择工作表

工作表的选择分为以下 4 种情况。

（1）选择单个工作表：单击工作表标签。

（2）选择多个连续工作表：按住 Shift 键，再单击工作表标签。

（3）选择多个不连续工作表：按住 Ctrl 键，再单击工作表标签。

（4）选择所有工作表：在工作表标签的任意位置右击，在弹出的快捷菜单中选择"选定全部工作表"命令。

2）插入工作表

插入工作表的方法如下。

（1）选择"开始"选项卡→"单元格"组→"插入"按钮下的"插入工作表"命令。

（2）单击工作表标签行右侧的"新工作表"按钮，在所有工作表后面插入一张新工作表。

（3）鼠标右击工作表标签，在弹出的快捷菜单中选择"插入"命令。

3）删除工作表

选择要删除的工作表，选择"开始"选项卡→"单元格"组→"删除"按钮下的"删除工作表"命令；或者右击工作表标签，在弹出的快捷菜单中选择"删除"命令。

4）复制与移动工作表

选择要移动的工作表，拖曳至需要的位置，如果同时按住 Ctrl 键，则实现复制操作。或者右击工作表标签，在弹出的快捷菜单中选择"移动或复制"命令，打开"移动或复制工作表"对话框，如图 9.30 所示。

图 9.30 "移动或复制工作表"对话框

在其中可设置工作表要移至的位置，选中"建立副本"复选框为复制操作。

5）重命名工作表

Excel 工作表名默认为 Sheet1、Sheet2 等，不便于管理工作表，有必要为工作表重新命名，使其反映工作表的内容。双击要重命名的工作表标签，输入新表名；或者右击工作表标签，在弹出的快捷菜单中选择"重命名"命令。

6）隐藏工作表

当有一些特殊的表格不希望他人查看时，可以将它们隐藏。选定要隐藏的工作表，单击"开始"选项卡→"单元格"组→"格式"按钮的下拉按钮，在打开的列表中选择"隐藏和取消隐藏"→"隐藏工作表"命令；或者右击工作表标签，在弹出的快捷菜单中选择"隐藏"命令。

取消工作表的隐藏，可单击"开始"选项卡→"单元格"组→"格式"按钮的下拉按钮，在打开的列表中选择"隐藏和取消隐藏"→"取消隐藏工作表"命令，在打开的"取消隐藏"对话框中选择解除隐藏的工作表名称，单击"确定"按钮。

7）工作表的拆分与冻结

（1）拆分工作表。

拆分工作表是把当前工作表窗口拆分成几个窗格，并且在每个窗格中都可通过滚动条来浏览工作表中的任意一部分内容。通过拆分窗口可在一个 Excel 窗口中查看同一工作表不同部分的内容。

在拆分工作表时，先选定一个单元格，然后单击"视图"选项卡→"窗口"组→"拆分"按钮，Excel 将以所选单元格的左上角为交点，将工作表拆分为 4 个独立的窗口。

（2）冻结工作表。

当工作表数据较多时，为了方便查看靠后的数据，同时方便对照前面的数据，可对工作表进行冻结操作。

冻结工作表时，先选定一个单元格，然后单击"视图"选项卡→"窗口"组→"冻结窗格"按钮的下拉按钮，在下拉列表中选择"冻结窗格"命令。若只需冻结首行或首列，可选择下拉列表中的"冻结首行"或"冻结首列"命令。

4. 单元格操作

对单元格操作之前，先应选择需要进行操作的单元格或单元格区域，单元的选择主要有以下 5 种方法。

1) 选择单个单元格

单击要选择的单元格,或在"名称框"中输入单元格名称按回车键。

2) 选择连续的单元格区域

选择连续的单元格区域,采用方法如下。

(1) 鼠标拖动。

(2) Shift 键+单击。

(3) 在"名称框"中输入单元格区域地址。

3) 选择不连续的单元格区域

选择一个单元格后按住 Ctrl 键不放,然后依次单击需要选择的单元格,选择完成后释放鼠标和 Ctrl 键即可。

4) 选择行、列

(1) 单行或列:单击要选择的行号或列标,即可选择该行或该列。

(2) 相邻行或列:沿行号或列标拖动鼠标。

(3) 不相邻行或列:按下 Ctrl 键不放,然后依次单击需要选择的行号或行标。

5) 选择全部单元格

单击行号和列标交汇处的按钮,或用 Ctrl+A 组合键。

9.3.3 工作表的编辑

工作表用于组织和存放数据,Excel 具有强大的编辑功能并对工作表及其数据进行各种操作和处理。

1. 输入数据

Excel 允许用户向单元格输入的数据有两种形式,即数据常数和公式。数据常数是现成的,可直接输入,包括文字、数字、日期和时间等;有些数据是通过计算处理得到的,这就用到公式。输入数据时,可在单元格中直接输入,或在编辑栏中输入。

1) 文本数据

文本数据包括汉字、字母、数字、空格及其他符号。文本数据在单元格中默认左对齐。当文本全部由数字组成时,如身份证号、电话号码等,输入时先输入一个英文格式的单引号"'",输入成功后,会在单元格的左上角出现一个绿色的小三角符号,表示此单元格是文本格式。

2) 数值数据

数值数据由数字(0~9)和一些特殊符号(+、-、$、E 等)组成。数值数据在单元格中默认为右对齐。

数值数据的输入很简单,但有两点需要注意。

(1) 输入负数时,在数字前加负号,或用圆括号括起来。

(2) 输入分数时,先输入 0 和一个空格,如输入 1/2,应输入"0 1/2"。

3) 日期与时间数据

日期和时间数据必须按规范的格式输入,输入后系统自动转换为默认或设置的日期时间格式。日期时间数据默认为右对齐。输入时注意以下4点。

(1) 输入时间时,时、分、秒之间用冒号隔开。

(2) 输入时间时,可输入 am、pm 表示上午、下午。

(3) 输入日期时,可使"/"或"—"。

(4) 日期与时间用空格分开。

4) 逻辑数据

逻辑数据只有两个值：TRUE 和 FALSE。逻辑数据默认为居中对齐。

2. 填充数据

当输入的数据比较有规律时,应使用 Excel 提供的"自动填充"功能。

1) 填充方法

Excel 有两种填充方法。

(1) 使用填充柄：位于单元格右下角的黑色小方块。

(2) 使用功能区命令：单击"开始"选项卡→"编辑"组→"填充"按钮。

2) 数据的填充

(1) 数值数据填充：鼠标拖动填充柄,可复制数据；按住 Ctrl 键,产生一个步长为1的等差序列。

(2) 文本数据填充：直接拖动填充柄。

(3) 日期时间数据：直接拖动填充柄。

3) 等差或等比序列

操作步骤如下。

(1) 在起始单元格输入序列的第一个数据,选择包括该单元格在内的填充区域。

(2) 单击"开始"选项卡→"编辑"组→"填充"按钮,在打开的下拉列表中选择"系列"选项,打开"序列"对话框,如图 9.31 所示。

(3) 根据需要,在该对话框中进行相应的设置,单击"确定"按钮。

图 9.31 "序列"对话框

4) 自定义填充序列

有的序列不是系统自带的,就可以把该序列自定义为自动填充序列。单击"文件"按钮下的"选项"命令,在打开的对话框中选择"高级"按钮,在右侧的"常规"区单击"编辑自定义列表"按钮,打开"自定义序列"对话框,如图 9.32 所示。

图 9.32 "自定义序列"对话框

在"输入序列"列表框中输入新的序列,每输完一项按一次回车键,整个序列输入完后,单击"添加"按钮,最后单击"确定"按钮。

3. 复制或移动数据

操作方法主要有以下 4 种。

(1) 使用粘贴板：右击数据,在弹出的快捷菜单中选择"复制"或"剪切"命令,到目的地执行"粘贴"命令。

(2) 使用鼠标拖动：复制时按住 Ctrl 键。

(3) 使用插入方式：执行完"复制"或"剪切"命令,到目的地执行"插入复制的单元格"命令。

(4) 使用选择性粘贴：执行完"复制"或"剪切"命令,到目的地执行"选择性粘贴"命令。

4. 公式

通过使用公式和函数,可以对不同类型的数据进行各种复杂的运算,为分析和处理数据提供了极大的便利。

1) 公式的创建

公式以"＝"开头,由运算符、常量、函数及单元格引用等元素构成。Excel 提供了 4 种类型的运算符：算术运算符、文本运算符、引用运算符和比较运算符。

(1) 算术运算符：加号(＋)、减号(－)、乘号(＊)、除号(/)、百分号(％)以及乘幂(∧)。

(2) 文本运算符：连接运算符(&)。

(3) 比较运算符：＝、＞、＜、＞＝、＜＝、＜＞。

(4) 引用运算符：冒号(：)、逗号(，)、空格，其含义如表 9.1 所示。

表 9.1　引用运算符

引用运算符	含　义
：(冒号)	区域运算符，指对第一个和第二个单元格形成的单元格区域的引用
，(逗号)	联合运算符，对两个单元格或单元格区域的引用
空格	交叉运算符，产生对同时隶属于两个引用的单元格区域的引用

(5) 运算符的优先级：运算符的优先级按引用运算符、负号、百分比、乘幂、乘除、加减、连接、比较依次降低。

2) 公式的编辑

选中修改公式的单元格，直接进行修改，或在编辑栏中修改。

3) 公式的复制填充

当多个单元格具有相似的计算时，先在一个单元格中输入公式，其他单元格可采用公式的复制填充。选择已添加公式的单元格，用鼠标拖动填充柄实现。

4) 公式的引用

Excel 将单元格行、列坐标位置称为单元格引用，包括 3 种引用类型。

(1) 相对引用。

在输入公式时直接通过单元格地址来引用单元格。当公式在复制时，引用单元格的地址会随目标单元格位置的变化而变化。Excel 默认的单元格引用为相对引用。

(2) 绝对引用。

当公式在复制时，引用单元格的地址不会随目标单元格位置的变化而变化。绝对引用的形式是在单元格的列标和行号前加上 $ 符号，如 B2。

(3) 混合引用。

相对地址与绝对地址的混合使用，如 $B2 或者 B$2。

5. 函数

Excel 提供了大量的内置函数，包括日期与时间、统计、逻辑、查找与引用、数学和三角、财务、文本等多种类型的函数。

1) 函数的格式

每个函数都以函数名开始，后面跟一对括号，括号内是参数，参数之间以逗号隔开。

2) 函数的输入

输入函数有两种方法。

(1) 直接输入法：在单元格中或编辑框中直接输入函数名和参数。

(2) 插入函数法：通过"插入函数"对话框完成，该方法比较常用。单击编辑栏中的"插入函数"按钮可打开"插入函数"对话框。

3) 常用函数

下面介绍几个函数的功能及格式。

(1) 函数名称：SUM。

主要功能：计算所有参数数值的和。

使用格式：SUM(Number1,Number2,…,Numbern)

参数说明：Number1、Number2、…、Numbern 代表需要计算的值,可以是具体的数值、引用的单元格(区域)等。

(2) 函数名称：MAX。

主要功能：求出一组数中的最大值。

使用格式：MAX(Number1,Number2,…,Numbern)

参数说明：Number1、Number2、…、Numbern 代表需要求最大值的数值或引用单元格(区域)。

(3) 函数名称：IF。

主要功能：根据对指定条件的逻辑判断的真假结果,返回相对应的内容。

使用格式：＝IF(Logical,Value_if_true,Value_if_false)

参数说明：Logical 代表逻辑判断表达式；Value_if_true 表示当判断条件为逻辑"真(TRUE)"时的显示内容；Value_if_false 表示当判断条件为逻辑"假(FALSE)"时的显示内容。

(4) 函数名称：COUNTIF。

主要功能：统计某个单元格区域中符合指定条件的单元格数目。

使用格式：COUNTIF(Range,Criteria)

参数说明：Range 代表要统计的单元格区域；Criteria 表示指定的条件表达式。

4) 自动求和与自动计算

用户选择需要求和的单元格,单击"公式"选项卡→"函数库"组→"自动求和"按钮,就能自动完成求和操作。也可选择"自动求和"按钮下的"平均值""计数""最大值""最小值"等其他命令。

当用户选择单元格区域后,在窗口的状态栏中会自动显示计算结果,包括平均值、单元格个数、总和等。

9.3.4 工作表的格式化

工作表不仅要有清晰、详细的内容,还要有庄重、漂亮的外观,以达到美观、实用和重点突出的目的。

1. 设置单元格的格式

单元格的格式包括单元格中的数据格式、对齐方式、字体、边框和填充等。在设置格式之前,要先选择设置格式的单元格。

设置单元格格式的方法有以下两种。

1) "设置单元格格式"对话框

单击"开始"选项卡→"单元格"组→"格式"按钮,在打开的下拉列表中选择"设置单元格格式"命令,或者右击单元格在弹出的快捷菜单中选择"设置单元格格式"命令,均可打开"设置单元格格式"对话框,如图9.33所示。该对话框包括"数字""对齐""字体""边框""填充"和"保护"6个选项卡。

图9.33 "设置单元格格式"对话框

2)"开始"选项卡

在"开始"选项卡中,单击"字体"组、"对齐方式"组、"数字"组中的相应按钮命令,对单元格格式进行设置。

2. 调整行高和列宽

建立工作表时,系统已经预置了行高和列宽,不适合时可进行调整。行高和列宽的调整包括以下3种方式。

1)精确调整

选定调整的行或列,单击"开始"选项卡→"单元格"组→"格式"按钮,在打开的下拉列表中选择"行高"或"列宽"命令,弹出"行高"或"列宽"对话框,输入具体的数值即可,该方法较为精确。

2)拖动调整

当调整不需要太精确时,可将鼠标置于行或列的分隔线上,拖动鼠标到目标位置释放即可。拖动过程中,同时显示相应的数值,该方法简便、直观。

3)自动调整

在行或列的分隔线上,双击鼠标。也可单击"开始"选项卡→"单元格"组→"格式"按钮,在打开的下拉列表中选择"自动调整行高"或"自动调整列宽"命令。

3. 套用表格样式

Excel 2016提供了多种表格样式,使用自动套用格式的具体操作步骤如下。

(1) 打开要应用表格样式的工作表,选中应用表格样式的单元格区域。

(2) 单击"开始"选项卡→"样式"组→"套用表格格式"按钮,打开其下拉列表,在其中选择一个格式。

4. 设置条件格式

有时需要对满足某种条件的数据以指定的格式突出显示,Excel 提供了设置条件格式的功能。单击"开始"选项卡→"样式"组→"条件格式"按钮,在打开的下拉列表中进行相应的格式设置。

例如,在学生成绩表中,对各科成绩在 90 分以上的,字体用红色加粗显示。条件格式设置步骤如下。

(1) 在工作表中选择单元格区域。

(2) 单击"开始"选项卡→"样式"组→"条件格式"按钮,在打开的下拉列表中选择"突出显示单元格规则"→"大于"命令,打开"大于"对话框,如图 9.34 所示。

图 9.34 "大于"对话框

9.3.5 数据的图表化

为了更直观地表示数据的大小,比较和分析不同数据,以及判断某一数据的变化趋势,Excel 引入了图表功能。Excel 的图表功能就是将工作表的数据以图形的方式显示,使之直观形象地反映出数据间的关系。当工作表中的数据发生变化时,图表也随之改变。

1. 建立图表

Excel 中的图表有两种类型。

(1) 嵌入式图表:图表与数据在同一张工作表中。

(2) 独立图表:在数据工作表之外建立一张新的图表,作为工作簿中的特殊工作表。

建立图表的操作步骤如下。

(1) 选择建立图表的数据区域。

(2) 在"插入"选项卡→"图表"组中选择一种合适的图表类型。

(3) 在当前工作表中出现了一个嵌入式图表。

以学生成绩表为例,对 4 名同学的各科成绩建立图表,按照上述步骤,建好后的图表如图 9.35 所示。

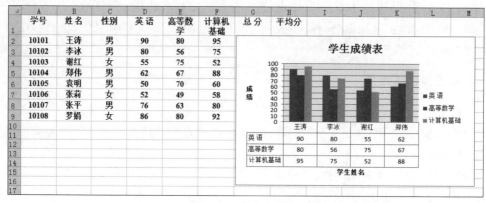

图 9.35　嵌入式图表

2. 编辑图表

建立图表后,可根据需要对图表进行编辑修改。图表编辑是指对图表中各个对象的编辑,如更改图表类型、更新数据、设置图表格式等。

选中图表时,功能区会增加"图表工具"的"设计"和"格式"两个选项卡。对图表进行编辑,可选择"图表工具"功能区的相应命令,也可右击图表对象在弹出的快捷菜单中选择相应的命令。

1)图表中的对象

一个图表包括多个图表对象,如标题、数值轴、分类轴、网格线和图例等。当鼠标停留在图表某个对象上时,鼠标指针下方会出现一个提示框,显示该对象的名称,单击可选中该对象。

2)调整图表的位置和大小

调整图表位置时,用鼠标拖动图表到适当位置,这种操作只适用于嵌入式图表。

调整图表大小时,单击图表,在图表周围会出现 8 个控制点,将鼠标移动到控制点上,此时鼠标指针变为双向箭头,拖动至合适大小即可。

3)改变图表类型

选中图表,单击"图表工具设计"→"类型"组→"更改图表类型"按钮,打开"更改图表类型"对话框,重新选择合适的图表类型。

4)更新数据

如果修改了工作表中的数据,图表中对应的数据也会自动更新。

5)设置图表布局

选中图表,单击"图表工具设计"→"图表布局"组→"快速布局"按钮,在打开的下拉列表中选择合适的布局。

6)设置图表格式

设置图表格式就是设置图表中各个对象的格式。当选中图表对象时,可使用"图表工具格式"选项卡中的命令进行设置。

9.3.6 数据的管理与分析

Excel 提供了强大的数据管理与分析功能,如排序、筛选、分类汇总等。可以方便地完成日常生活中的数据处理工作,还可以为企事业单位的管理决策提供有力的依据。

1. 数据清单

1)数据清单的概念

数据清单与一张二维表非常类似,由工作表所包含的若干数据行组成。在实际使用时,把数据清单看成一个数据库,数据清单中的行相当于数据库中的记录,数据清单中的列相当于数据库中的字段,列标题即字段名。

使用数据清单时,应注意以下几点。

(1)避免在一张工作表中建立多个数据清单。
(2)数据清单的数据和其他数据之间至少留出一个空行和空列。
(3)避免在数据清单的各条记录或各个字段之间放置空行和空列。
(4)字段名的字体、对齐方式等格式最好与数据表中其他数据相区别。

2)数据清单的建立和编辑

建立和编辑数据清单时,可以直接在工作表中完成,也可采用 Excel 提供的记录单。如果使用记录单,先要确定数据清单的结构,即输入各个字段名称,然后再使用记录单。

将记录单选项添加到快速访问工具栏中的操作步骤如下:选择"文件"按钮→"选项"命令,打开"Excel 选项"对话框,单击左侧的"快速访问工具栏"选项,在"下列位置选择命令"下拉列表框中选择"所有命令",将列表框中的"记录单"选项添加到快速访问工具栏中。

单击"记录单"按钮,打开"记录单"对话框,如图 9.36 所示。在该对话框中,可以根据需要进行修改、添加、删除和查找记录的操作。

图 9.36 "记录单"对话框

2. 数据的排序

数据排序是指按一定规则对数据进行重新整理、排列,可以为进一步处理数据做好准备。Excel 提供了多种对数据进行排序的方法,如升序、降序,用户也可以自定义排序方法。

1)单条件排序

即根据某一字段内容对记录排序。单击待排序列中任意单元格,单击"数据"选项卡→"排序和筛选"组→"升序"按钮或"降序"按钮。

2)多条件排序

即根据多列字段内容对记录排序。单击任意单元格,单击"数据"选项卡→"排序和筛选"组→"排序"按钮,打开"排序"对话框,如图9.37所示。

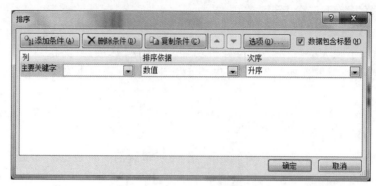

图9.37 "排序"对话框

在该对话框中,在"主要关键字"下拉列表框中选择作为第一关键字的列名,并设置排序方式;单击"添加条件"按钮,可设置"次要关键字"。

3. 数据的筛选

数据的筛选就是将不符合特定条件的行隐藏起来,可以更方便对数据进行查看。Excel提供了两种数据筛选的命令:自动筛选和高级筛选。

1) 自动筛选

自动筛选适用于简单的筛选条件。首先单击数据清单中的任意一个单元格,然后单击"数据"选项卡→"排序和筛选"组→"筛选"按钮,此时每个字段名右侧出现一个下拉按钮,如图9.38所示。单击下拉按钮,出现下拉列表,选择其中的选项可实现对数据的筛选。

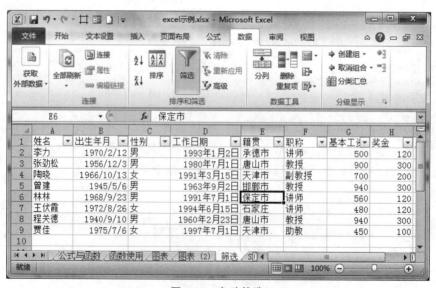

图9.38 自动筛选

如想筛选出男教工,单击"性别"下拉按钮,选择"男"选项。要取消自动筛选,只须再次单击"筛选"按钮。

2) 高级筛选

高级筛选适用于复杂的筛选条件,能实现不同字段"或"的关系,并且筛选结果可以放置在新的数据区域中。

若要进行高级筛选,必须先设置条件区域,在该区域中条件的书写规则如下。

(1) 条件区域的第一行必须是待筛选数据所在列的列标志(字段名)。

(2) 若筛选的数据的条件必须同时满足,则条件在同一行中输入。

(3) 若筛选的数据的条件不是同时满足,同一字段的条件写在一列上,不同字段的条件写在不同的行上。

现以图 9.38 为例,进行以下筛选。

(1) 筛选"基本工资"小于或等于 900、大于 500 的记录。

(2) 筛选职称为"教授""副教授"的记录。

(3) 筛选职称为"讲师"或基本工资大于 500 的记录。

筛选条件的设置如图 9.39 所示。

	A	B	C	D	E	F	G	H	I
20									
21		基本工资	基本工资		职称		职称	基本工资	
22		<=900	>500		教授		讲师		
23					副教授			>500	
24									

图 9.39 筛选条件输入举例

高级筛选操作步骤如下。

(1) 在工作表的相应位置按需要输入筛选条件。

(2) 单击数据清单中的任意单元格。

(3) 单击"数据"选项卡→"排序和筛选"组→"高级"按钮,打开"高级筛选"对话框,如图 9.40 所示。

(4) 在"列表区域"中,选定被筛选的数据清单范围,系统通常自动选定。

(5) 在"条件区域"中,选定放置筛选条件的区域。

(6) 如果将筛选结果与原数据同时显示,选中"将筛选结果复制到其他位置"单选按钮,然后单击"复制到"文本框中右侧的"折叠"按钮,在工作表中单击放置筛选结果的起始单元格,最后单击"确定"按钮。

图 9.40 "高级筛选"对话框

4. 数据的分类汇总

分类汇总是将数据清单中同类数据进行统计,并在表中将统计的结果用插入的新行表示。要注意的是,汇总时必须先按分类字段排序。

1）创建分类汇总

创建分类汇总的步骤如下。

（1）先用分类字段对数据排序。

（2）选定某一单元格。

（3）单击"数据"选项卡→"分级显示"组→"分类汇总"按钮，打开"分类汇总"对话框，如图9.41所示，在其中依次选择分类字段、汇总方式和汇总项。

汇总完成后，数据是分级显示的，在窗口左侧出现分级显示区，利用分级显示区的按钮，可以控制数据的显示。

Excel还可以对分类汇总的数据再次进行分类汇总，即嵌套分类汇总。在完成前面分类汇总的基础上，再次打开"分类汇总"对话框，依次选择分类字段、汇总方式和汇总项，撤销选中"替换当前分类汇总"复选框，单击"确定"按钮。

2）删除分类汇总

要取消分类汇总，可在"分类汇总"对话框中单击"全部清除"按钮。

5. 数据透视表

数据透视表是一种对大量数据快速汇总和建立交叉列表的互动式动态表格，能帮助用户分析、组织数据。建好数据透视表后，可以对数据透视表重新安排，以便从不同的角度查看数据。数据透视表可以从大量看似无关的数据中寻找联系，从而将纷繁的数据转化为有价值的信息，以供研究和决策所用。

建立数据透视表时，单击"插入"选项卡→"表格"组→"数据透视表"按钮，打开"创建数据透视表"对话框，如图9.42所示。在该对话框中选择透视表的数据来源以及透视表放置的位置，然后单击"确定"按钮。这时界面右侧出现了一个数据透视表字段列表，里面列出了所有可供使用的字段，如图9.43所示。在数据透视表字段列表中，鼠标拖动相应

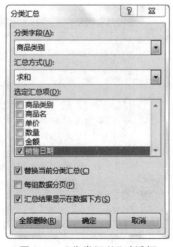

图9.41 "分类汇总"对话框

图9.42 "创建数据透视表"对话框

字段到"行标签"区域、"列标签"区域和"数值"区域。

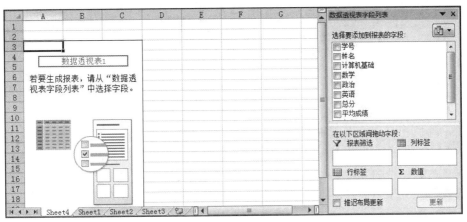

图 9.43　数据透视表字段列表

9.3.7　页面设置与打印

建好的工作簿可以打印输出，输出之前还要确定输出的内容和对工作表进行页面设置。

1. 页面设置

在工作表中选择需要打印输出的区域，选择"页面布局"选项卡，单击"页面设置"组右下角的对话框启动器，打开"页面设置"对话框，如图 9.44 所示。

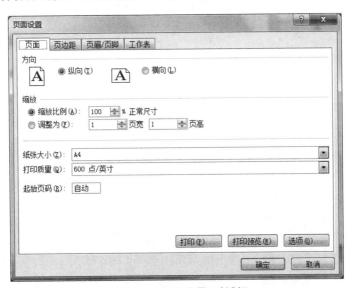

图 9.44　"页面设置"对话框

"页面"选项卡用来设置打印方向、纸张大小、打印质量等参数。

"页边距"选项卡用来调整页边距,"水平"和"垂直"复选框用来确定工作表在页面居中的位置。

"页眉/页脚"选项卡用来设置页眉和页脚。

"工作表"选项卡用来设置打印区域、打印标题和打印顺序等选项。

2. 预览及打印

在一个文档打印输出之前,需要通过多次调整才能达到满意的打印效果,这时用户可以通过"打印预览"在屏幕上观察打印效果,而不必打印输出后再去修改。

单击"文件"按钮,选择"打印"命令,打开"打印"页面,即可在该页面右侧预览打印效果。如果预览效果不满意,可返回进行修改;如果满意,可对打印份数、打印机型号、打印范围、打印方向等参数进行设置,设置完成后,单击"打印"按钮进行打印。

9.4 Microsoft PowerPoint 应用

PowerPoint 是一款用于制作演示文稿的软件,常用于产品展示、广告宣传、企业介绍、演讲、学术报告、工作汇报、教学课件制作等场合。

9.4.1 PowerPoint 2016 概述

PowerPoint 2016 是一个专门制作演示文稿的应用程序。它能帮助用户创建包含文本、图形、图像、表格和图表的演示文稿幻灯片,还可以加上动画、特技、声音以及其他多媒体效果。完成演示文稿的制作后,即可使用幻灯片放映功能对其内容进行展示,并可自主控制演示过程。

1. PowerPoint 2016 的启动和退出

1)启动 PowerPoint 2016

启动 PowerPoint 2016 的常用方法有以下 3 种。

(1)单击"开始"按钮,选择"所有程序"菜单下的 PowerPoint 命令。

(2)如果在桌面上创建了 PowerPoint 2016 的快捷方式,双击快捷方式图标即可。

(3)双击已有的 PowerPoint 文档图标。

2)退出 PowerPoint 2016

退出 PowerPoint 2016 的常用方法有以下几种。

(1)单击窗口标题栏最右侧的"关闭"按钮。

(2)单击窗口标题栏左侧,在弹出的菜单中选择"关闭"命令。

(3)使用 Alt+F4 组合键。

2. PowerPoint 2016 的窗口组成

启动 PowerPoint 2016 后,屏幕显示其窗口,如图 9.45 所示。PowerPoint 的界面与其他 Office 组件大致类似,不同之处主要体现在"幻灯片"窗格、幻灯片编辑区和状态栏等部分。下面对 PowerPoint 特有的组成部分进行介绍。

图 9.45 PowerPoint 2016 的窗口

1) 幻灯片编辑区

PowerPoint 2016 窗口主界面中间的一大块空白区域称为幻灯片编辑区,该空白区域是演示文稿的重要组成部分,通常用于显示和编辑当前显示的幻灯片内容。

2)"幻灯片"窗格

"幻灯片"窗格位于幻灯片编辑区的左侧,主要显示当前演示文稿中所有幻灯片的缩略图,单击某张幻灯片缩略图,可以跳转到该幻灯片并在幻灯片编辑区中显示该幻灯片的内容。

3) 状态栏

状态栏位于窗口底部,用于显示当前幻灯片的页面信息,它主要由状态提示栏、"备注"按钮、"批注"按钮、视图切换按钮组、显示比例栏 5 部分组成。其中,单击"备注"按钮和"批注"按钮,可以为幻灯片添加备注和批注内容,对演示者的演示内容进行提醒说明;用鼠标拖动显示比例栏中的滑块,可以调节幻灯片的显示比例。

3. 视图方式

PowerPoint 2016 提供了 5 种视图方式,它们各有不同的用途,这 5 种视图分别是普通视图、幻灯片浏览视图、幻灯片放映视图、阅读视图和备注页视图。在不同的视图之间切换时,可单击状态栏中的视图切换按钮,或者在"视图"选项卡的"演示文稿视图"组中,单击相应的视图按钮。

1) 普通视图

普通视图是 PowerPoint 2016 默认的视图方式,是主要的编辑视图,可用于编辑或设计幻灯片,能看到整张幻灯片的设计效果。

2) 幻灯片浏览视图

在幻灯片浏览视图中,可同时看到演示文稿中的所有幻灯片,这些幻灯片以缩略图方式显示。通过幻灯片浏览视图可以轻松地对演示文稿的顺序进行排列和组织,还可以很方便地在幻灯片之间添加、删除和移动幻灯片以及选择切换动画,但不能对幻灯片内容进行修改,如果要对某张幻灯片内容进行修改,可以双击该幻灯片切换到普通视图,再进行修改。

3) 幻灯片放映视图

在创建演示文稿时,都可通过单击"幻灯片放映"按钮来启动幻灯片放映和浏览演示文稿,按 Esc 键可退出放映视图。幻灯片放映视图可用于向观众放映演示文稿,幻灯片放映视图会占据整个计算机屏幕,可以看到图形、计时、电影、动画效果和切换效果在实际演示中的具体效果。

4) 阅读视图

阅读视图是以窗口的形式来查看演示文稿的放映效果,同样可以欣赏到幻灯片的动画和切换等效果。

5) 备注页视图

备注页视图主要用于记录演讲者的提示和注解信息。它分为上、下两部分,上半部分为当前幻灯片的缩略图,下半部分为备注文本预留区。单击预留区,可以输入备注信息。

9.4.2 演示文稿的基本操作

1. 新建演示文稿

制作演示文稿的第一步就是新建演示文稿,PowerPoint 2016 提供了一系列创建演示文稿的方法,用户可以根据需要选择一种方法来创建新的演示文稿。

1) 新建空白演示文稿

若希望在幻灯片上创出自己的风格,不受模板风格的限制,获得更多的灵活性,可以用该方法创建演示文稿。创建空白演示文稿主要有以下几种方法。

(1) 启动 PowerPoint 2016 后,在打开的界面中选择"空白演示文稿"选项,即可新建一个名为"演示文稿 1"的空白演示文稿。

(2) 选择"文件"按钮→"新建"命令,在打开的"新建"列表框中显示了多种演示文稿类型,此时选择"空白演示文稿"选项,即可新建一个空白演示文稿,如图 9.46 所示。

(3) 使用 Ctrl+N 组合键。

2) 根据模板新建演示文稿

模板提供了预定的颜色搭配、背景图案、文本格式等幻灯片显示方式,但不包含演示文稿的设计内容。使用模板创建演示文稿时,选择"文件"按钮→"新建"命令,在打开的

图 9.46 新建空白演示文稿

"新建"列表框中选择所需的模板选项,在打开的对话框中单击"创建"按钮,便可新建该模板样式的演示文稿。

2. 保存演示文稿

保存演示文稿的方式与其他 Office 组件类似,保存时,可在快速访问工具栏中单击"保存"按钮,或按 Ctrl+S 组合键,或选择"文件"按钮下的"保存"命令。如果是新演示文稿保存,将打开"另存为"对话框,设置保存的位置及文件名;若是已有演示文稿,则不再打开"另存为"对话框,直接完成保存。

如果需要将编辑过的演示文稿保存为新文件,选择"文件"按钮下的"另存为"命令,在打开的"另存为"对话框中设置保存的位置及文件名。

3. 打开与关闭演示文稿

1)打开演示文稿

打开演示文稿,可以选择"文件"按钮下的"打开"命令,或按 Ctrl+O 组合键,或双击已有的演示文稿。

2)关闭演示文稿

关闭演示文稿,可以选择"文件"按钮下的"关闭"命令,或按 Ctrl+W 组合键。也可使用前面介绍的退出 PowerPoint 的方法。

9.4.3 幻灯片的基本操作

一个演示文稿通常由多张幻灯片组成，在制作演示文稿的过程中往往需要对多张幻灯片进行操作，如新建幻灯片、应用幻灯片版式、选择幻灯片、移动和复制幻灯片，以及删除幻灯片等。

1. 新建幻灯片

新建幻灯片的方法主要有以下几种。
1）在"幻灯片"窗格中新建
在"幻灯片"窗格中右击，在弹出的快捷菜单中选择"新建幻灯片"命令。
2）通过功能区命令
单击"开始"选项卡→"幻灯片"组→"新建幻灯片"按钮的下拉按钮，在打开的下拉列表中选择一种幻灯片版式即可。

2. 应用幻灯片版式

如果对幻灯片的版式不满意，可进行更改。更改幻灯片版式时，可单击"开始"选项卡→"幻灯片"组→"版式"按钮的下拉按钮，在打开的下拉列表中选择一种幻灯片版式；或者在幻灯片的空白处右击，在弹出的快捷菜单中选择"版式"命令，在打开的页面中选择一种幻灯片版式。

3. 选择幻灯片

选择幻灯片的方法主要有以下几种。
1）选择单张幻灯片
在"幻灯片"窗格中单击幻灯片缩略图即可。
2）选择多张幻灯片
在"幻灯片"窗格或幻灯片浏览视图中，按住 Shift 键并单击幻灯片，可选择多张连续的幻灯片；按住 Ctrl 键并单击幻灯片，可选择多张不连续的幻灯片。
3）选择全部幻灯片
在"幻灯片"窗格或幻灯片浏览视图中按 Ctrl+A 组合键。

4. 复制和移动幻灯片

选中要复制或移动的幻灯片，执行"复制"或"剪切"命令，到目标位置后，再进行"粘贴"操作。也可按住鼠标左键拖动幻灯片缩略图，到目标位置后释放鼠标，可实现移动，若要复制需拖动的同时按住 Ctrl 键。

5. 删除幻灯片

在"幻灯片"窗格或幻灯片浏览视图中，选中需要删除的幻灯片，右击，在弹出的快捷菜单中单击"删除幻灯片"命令即可；或者选中需要删除的幻灯片，按键盘的 Delete 键来删除该幻灯片。

9.4.4 幻灯片的编辑

1. 插入文本

文本是演示文稿的重要组成部分，可以使表达的信息更加清楚、详尽。在幻灯片中输入文本的方法有 3 种。

1）利用占位符

新建演示文稿或插入新的幻灯片后，幻灯片中会包含两个或多个虚线文本框，即占位符。占位符可分为文本占位符和项目占位符两种形式，如图 9.47 所示。在幻灯片文本占位符上单击，可以直接输入文本。

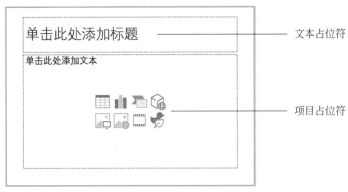

图 9.47　占位符

也可通过文本框添加文本。添加完文本之后，可将文本选中，打开"开始"选项卡，在"字体"组中对文字的大小、字体、颜色进行设置，以达到用户需要生成的幻灯片的效果。

2）利用文本框

在幻灯片中还可以通过绘制文本框来添加文本。在幻灯片中添加文本框时，单击"插入"选项卡→"文本"组→"文本框"按钮的下拉按钮，在打开的下拉列表中选择相应的选项，即可添加文本框。

3）利用图形

在幻灯片中插入形状，右击形状，在弹出的快捷菜单中选择"编辑文字"命令，在出现的光标处输入文本。

2. 插入艺术字

首先选中欲插入艺术字的幻灯片，单击"插入"选项卡→"文本"组→"艺术字"按钮，在打开的下拉列表中选择一种艺术字样式，幻灯片中将出现一个艺术字文本框，其中的文字"请在此放置您的文字"变为选中状态，此时可直接输入具体的文字内容。

3. 插入图片

图片可以提高幻灯片的美观度,可以更好地衬托文字,达到图文并茂的效果。选择需要插入图片的幻灯片,单击"插入"选项卡→"图像"组→"图片"按钮,在打开的"插入图片"对话框中选择所需图片,单击"插入"按钮。

4. 插入表格

使用表格能更形象、直观地表达数据情况。单击"插入"选项卡→"表格"组→"表格"按钮,在下拉列表中选择一种选项。

5. 插入图表

选择需要插入图表的幻灯片,单击"插入"选项卡→"插图"组→"图表"按钮,在打开的"插入图表"对话框中选择图表类型,单击"确定"按钮,即可在当前幻灯片中插入一个图表,同时打开一个"Microsoft PowerPoint 中的图表"电子表格,在其中输入表格数据,然后关闭电子表格即可。

6. 插入音频

单击"插入"选项卡→"媒体"组→"音频"按钮,在打开的下拉列表中选择"PC 上的音频"命令,打开"插入音频"对话框,选择要插入的音频文件,单击"插入"按钮。插入声音后,幻灯片中将出现一个小喇叭图标(称为声音图标),根据操作需要,可调整该小喇叭图标的大小和位置。

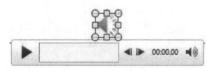

图 9.48 声音播放控制条

在幻灯片中插入声音后,放映该幻灯片时,单击相应小喇叭图标会播放出声音。另外,选中声音图标后,其下方还会出现一个播放控制条,该控制条可用来调整播放进度及播放音量等,如图 9.48 所示。

7. 插入视频

单击"插入"选项卡→"媒体"组→"视频"按钮,在打开的下拉列表中选择"PC 上的视频"命令,打开"插入视频文件"对话框,选择要插入的视频文件,单击"插入"按钮即可。

9.4.5 幻灯片的设计

为了使演示文稿中的幻灯片外观风格一致,PowerPoint 提供了主题和母版等设计工具。

1. 主题

PowerPoint 为用户提供了很多预设了颜色、字体、背景、效果样式的主题样式,选择主题样式后,还可以自定义幻灯片的颜色方案和字体方案等。

1) 应用主题

应用主题时,在"设计"选项卡"主题"组中,选择一种合适的主题样式并单击。

2) 修改主题

(1) 更改主题颜色。

在"设计"选项卡"变体"组中,单击右下角的下拉按钮,在打开的下拉列表中选择"颜色"选项,在打开的子列表中选择一种主题颜色,即可将颜色方案应用于所有幻灯片。在子列表中选择"自定义颜色"命令,打开"新建主题颜色"对话框,如图 9.49 所示,在该对话框中可单击某一部分的颜色按钮进行修改,在"名称"文本框中输入新建主题颜色的名称,单击"保存"按钮。

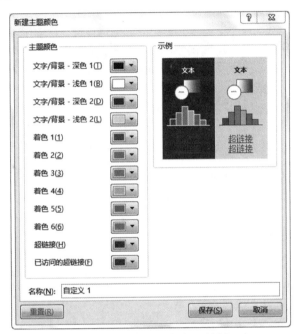

图 9.49 "新建主题颜色"对话框

(2) 更改主题字体。

在"设计"选项卡"变体"组中,单击右下角的下拉按钮,在打开的下拉列表中选择"字体"选项,在打开的子列表中选择一种字体选项即可。也可在子列表中选择"自定义字体"命令,打开"新建主题字体"对话框,可对幻灯片的标题和正文字体进行设置。

(3) 更改主题效果。

在"设计"选项卡"变体"组中,单击右下角的下拉按钮,在打开的下拉列表中选择"效果"选项,在打开的子列表中选择一种效果选项即可。

(4) 更改主题背景。

在"设计"选项卡"变体"组中,单击右下角的下拉按钮,在打开的下拉列表中选择"背景样式"选项,在打开的子列表中选择一种样式选项,此时幻灯片编辑区中将显示应用该样式的效果。如果不满意,还可以单击子列表下方的"设置背景格式"命令,打开"设置背景格式"窗口,进行相应设置即可。

2. 母版

母版是一张特殊的幻灯片,可以定义整个演示文稿的格式,控制演示文稿的整体外观。PowerPoint 2016 有 3 种主要母版,即幻灯片母版、讲义母版和备注母版。

1) 幻灯片母版

单击"视图"选项卡→"母版视图"组→"幻灯片母版"按钮,进入幻灯片母版视图,如图 9.50 所示,左侧为"幻灯片版式选择"窗格,右侧为"幻灯片母版编辑"窗口。选择相应的幻灯片版式后,便可在右侧对幻灯片的标题、文本样式、背景效果、页面效果等进行设置。单击"关闭"组的"关闭母版视图"按钮,即可退出幻灯片母版视图。

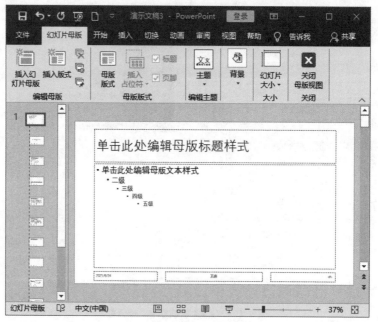

图 9.50 幻灯片母版视图

2) 讲义母版

讲义母版用于格式化讲义,如果用户要更改讲义中页眉和页脚内文本、日期或页码的外观、位置和大小,就要更改讲义母版。单击"视图"选项卡→"母版视图"组→"讲义母版"按钮,进入讲义母版视图。

3) 备注母版

备注母版的主要功能是格式化备注页,除此之外还可以调整幻灯片的大小和位置。单击"视图"选项卡→"母版视图"组→"备注母版"按钮,进入备注母版视图。

9.4.6 幻灯片的放映

制作演示文稿的目的是为了放映。演示文稿制作完成后,需要选择合适的放映方式,添加一些特殊的动画和播放效果,并控制好放映时间,才能收到满意的放映效果。

1. 设置动画效果

动画效果是指在幻灯片的放映过程中,幻灯片上的各种对象以一定的次序及方式在放映界面中产生的动态效果。可以将 PowerPoint 2016 演示文稿中的文本、图片、形状、表格、SmartArt 图形和其他对象制作成动画,赋予它们进入、退出、大小或颜色变化甚至移动等视觉效果。

PowerPoint 2016 中有 4 种不同类型的动画效果:进入动画、退出动画、强调动画和动作路径动画。可以单独使用任何一种动画,也可以将多种效果组合在一起。

1)添加单一动画

设置动画效果的步骤如下。

(1)选择设置动画效果的对象。

(2)在"动画"选项卡"动画"组中,单击右下角的下拉按钮,在打开的下拉列表中选择某一类型动画下的动画选项即可,如图 9.51 所示。

图 9.51 "动画"选项卡

为幻灯片对象添加动画效果后,系统将自动在幻灯片编辑窗口中对设置了动画效果的对象进行预览放映,且该对象旁会出现数字标识,数字顺序代表播放动画的顺序。

2)添加组合动画

组合动画是指为同一对象设置多种动画效果。选择需要添加组合动画效果的对象,单击"动画"选项卡→"高级动画"组→"添加动画"按钮的下拉按钮,在打开的下拉列表中选择某种类型的动画效果。

3)编辑动画效果

为幻灯片中的对象添加动画效果后,可以通过"动画"选项卡中的"动画"组、"高级动画"组、"计时"组,对添加的动画效果进行设置。

(1)"动画"组可以设置动画的"序列""方向"等。

(2)"高级动画"组可以设置组合动画、动画的触发等;单击"动画窗格"按钮,可打开"动画窗格",显示当前幻灯片所有动画效果的列表,可在其中通过拖动鼠标改变对象的动画执行顺序,选择列表中项目后下三角按钮,可打开下拉菜单,如图 9.52 所示。

(3)"计时"组可对添加动画的播放时间、播放进度和播放顺序进行设置。

2. 设置切换效果

幻灯片的切换方式是指某张幻灯片进入或退出屏幕时的特殊视觉效果，目的是为了使前后两张幻灯片之间过渡自然。在"切换"选项卡"切换到此幻灯片"组中选择相应的切换效果。换片方式可在"计时"组中设置，可为鼠标控制，也可为自动切换。

3. 设置超链接

在 PowerPoint 2016 中可设置超链接，被链接的对象可以是当前演示文稿内的另一张幻灯片，也可以是其他的文件或某个万维网的地址。

1）利用"动作"命令

在幻灯片中选择要添加超链接的对象，单击"插入"选项卡→"链接"组→"动作"，打开"操作设置"对话框，如图9.53所示。选择"单击鼠标"选项卡，选择"超链接到"单选按钮中的某项，单击"确定"按钮。

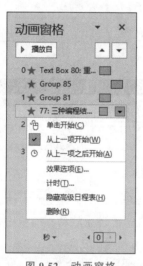

图9.52　动画窗格

图9.53　"操作设置"对话框

2）利用"超链接"命令

在幻灯片中选择要添加超链接的对象，单击"插入"选项卡→"链接"组→"链接"按钮，打开"插入超链接"对话框，如图9.54所示。

在"链接到"列表框中选择超链接类型；在"要显示的文字"文本框中输入显示链接的文字；在"地址"列表框中显示所连接文档的路径和文件名。完成各种设置后，单击"确定"按钮。

4. 设置放映方式

默认情况下，演示者需要手动放映演示文稿。例如，通过按任意键完成从一张幻灯片

图 9.54 "插入超链接"对话框

切换到另一张幻灯片。此外,还可以创建自动播放演示文稿,用于商贸展示或展台。自播放幻灯片,需要设置每张幻灯片在自动切换到下一张幻灯片前在屏幕上停留的时间。

单击"幻灯片放映"选项卡→"设置"组→"设置幻灯片放映"按钮,打开"设置放映方式"对话框,如图 9.55 所示。

图 9.55 "设置放映方式"对话框

1) 设置放映类型

用户可以根据演示文稿的使用场合来选择放映类型。

演讲者放映:是最常用的放映方式,放映幻灯片时全屏显示,由演讲者自动控制全部放映过程,可以采用自动或人工的方式运行放映,还可以改变幻灯片的放映流程。

观众自行浏览:这种放映方式可以用于小规模的演示,放映幻灯片时,幻灯片出现在窗口内,并提供相应的操作命令、允许移动、编辑、复制和打印幻灯片。

在展台浏览:这种方式可以自动放映演示文稿。例如,在展览会场或会议中经常使用这种方式,它可以实现无人管理。自动放映的演示文稿是不需要专人播放幻灯片就可以发布信息的绝佳方式,能够使大多数控制失效,这样观众就不能改动演示文稿。

2)设置放映选项

在"放映选项"栏有4个复选框,可分别设置循环放映、不播放旁白、不播放动画效果和禁用图形加速效果,还可以设置绘图笔和激光笔的颜色。

3)设置放映幻灯片的数量

在"放映幻灯片"栏中可设置需要进行放映的幻灯片数量,可选择放映演示文稿中所有的幻灯片,或设置放映一部分幻灯片。

4)设置换片方式

在"推进幻灯片"栏中可设置幻灯片的切换方式,可以手动切换,也可以按排练时间自动切换。

5. 放映幻灯片

制作演示文稿的最终目的就是要在计算机屏幕或者投影仪上播放。下面介绍如何在PowerPoint 2016中播放幻灯片。

对幻灯片放映进行一系列的设置之后,就可以放映幻灯片了,具体操作方法有以下两种。

(1)单击"幻灯片放映"选项卡→"开始放映幻灯片"组→"从当前幻灯片开始"按钮,或者单击窗口右下角视图切换按钮组中的"幻灯片放映"按钮,将从当前幻灯片开始放映。

(2)单击"幻灯片放映"选项卡→"开始放映幻灯片"组→"从头开始"按钮或F5键,将从第一张幻灯片开始放映。

6. 幻灯片的打印

单击"文件"按钮,在打开的下拉列表中选择"打印"命令,打开"打印"页面,可对打印份数、打印机型号、打印范围、打印方向等参数进行设置,设置完成后,经预览确认无误后,即可单击"打印"按钮进行打印。

9.5 本章小结

本章以Microsoft Office 2016为蓝本,对其中的文字处理软件Word、电子表格软件Excel和文稿演示软件PowerPoint进行了详细的介绍。

文字处理软件Word部分主要介绍了Word 2016的基础知识、文档的基本操作、文档的排版、表格的处理和图文混排等;电子表格软件Excel部分介绍了Excel 2016的基本概念、基本操作、图表的应用以及数据的管理与分析等;文稿演示软件PowerPoint 2016部分介绍了文稿的创建与编辑、动画效果的设置及文稿的放映等。通过本章的学习,学会这些软件的使用方法,并熟练运用到实际的学习、工作中。

习题

一、选择题

1. Word 2016 具有的功能是（　　）。
   A. 表格处理　　B、绘制图形　　C、自动更正　　D、以上三项都是

2. 下面关于 Word 标题栏的叙述中，错误的是（　　）。
   A. 双击标题栏，可最大化或还原 Word 窗口
   B. 拖曳标题栏，可将最大化窗口拖到新位置
   C. 拖曳标题栏，可将非最大化窗口拖到新位置
   D. 以上三项都不是

3. Word 2016 中的文本替换功能所在的选项卡是（　　）。
   A. 文件　　　　B. 开始　　　　C. 插入　　　　D. 页面布局

4. Word 2016 文档中，每个段落都有自己的段落标记，段落标记的位置在（　　）。
   A. 段落的首部
   B. 段落的结尾处
   C. 段落的中间位置
   D. 段落中，但用户找不到的位置

5. Word 2016 文档的默认扩展名为（　　）。
   A. txt　　　　　B. doc　　　　　C. docx　　　　　D. jpg

6. 在 Word 2016 的编辑状态，可以显示页面四角的视图方式是（　　）。
   A. 草稿视图方式
   B. 大纲视图方式
   C. 页面视图方式
   D. 阅读版式视图方式

7. 在 Word 2016 的编辑状态，当前正编辑一个新建文档"文档 1"，当执行"文件"选项卡中的"保存"命令后（　　）。
   A. "文档 1"被存盘
   B. 弹出"另存为"对话框，供进一步操作
   C. 自动以"文档 1"为名存盘
   D. 不能以"文档 1"存盘

8. 在 Word 2016 中，欲删除刚输入的汉字"李"字，错误的操作是（　　）。
   A. 选择"快速访问工具栏"中的"撤销"命令
   B. 按 Ctrl＋Z 组合键
   C. 按 BackSpace 键
   D. 按 Delete 键

9. 在 Word 2016 编辑状态中，使插入点快速移动到文档尾的操作是按（　　）键。
   A. Home　　　B. Ctrl＋End　　　C. Alt＋End　　　D. Ctrl＋Home

10. 在 Word 2016 中，给每位家长发送一份"期末成绩通知单"，用（　　）命令最简便。
    A. 复制　　　　B. 信封　　　　C. 标签　　　　D. 邮件合并

11. 在 Word 2016 文档中插入数学公式,在"插入"选项卡中应选的命令按钮是( )。

  A. 符号   B. 图片   C. 形状   D. 公式

12. 在 Word 2016 的"字体"对话框中,不可设定文字的( )。

  A. 删除线   B. 行距   C. 字号   D. 字符间距

13. 若要设定打印纸张大小,在 Word 2016 中可在( )。进行。

  A. "开始"选项卡中的"段落"对话框中

  B. "开始"选项卡中的"字体"对话框中

  C. "布局"选项卡下的"页面设置"对话框中

  D. 以上说法都不正确

14. 在 Word 2016 中,在"表格属性"对话框中可以设置表格的对齐方式、行高和列宽等,选择表格会自动出现"表格工具","表格属性"在"布局"选项卡的( )组中。

  A. 表   B. 行和列   C. 合并   D. 对齐方式

15. 在 Word 2016 表格中求某行数值的平均值,可使用的统计函数是( )。

  A. SUM()   B. TOTAL()   C. COUNT()   D. AVERAGE()

16. 在 Word 2016 中,下列关于单元格的拆分与合并操作正确的是( )。

  A. 可以将表格左右拆分成两个表格

  B. 可以将同一行连续的若干个单元格合并为一个单元格

  C. 可以将某一个单元格拆分为若干个单元格,这些单元格均在同一列

  D. 以上说法均错

17. 在 Word 2016 中,当文档中插入图片对象后,可以通过设置图片的文字环绕方式进行图文混排,下列( )不是 Word 提供的文字环绕方式。

  A. 四周型   B. 衬于文字下方   C. 嵌入型   D. 左右型

18. 在 Word 2016 编辑状态下,绘制一个图形,首先应该选择( )。

  A. "插入"选项卡→"图片"命令按钮

  B. "插入"选项卡→"形状"命令按钮

  C. "开始"选项卡→"更改样式"按钮

  D. "插入"选项卡→"文本框"命令按钮

19. Word 2016 在打印已经编辑好的文档之前,可以在"打印预览"中查看整篇文档的排版效果,打印预览在( )。

  A. "文件"选项卡下的"打印"命令中

  B. "文件"选项卡下的"选项"命令中

  C. "开始"选项卡下的"打印预览"命令中

  D. "页面布局"选项卡下的"页面设置"中

20. 下面有关 Word 2016 表格功能的说法不正确的是( )。

  A. 可以通过表格工具将表格转换成文本

  B. 表格的单元格中可以插入表格

  C. 表格中可以插入图片

D. 不能

21. Word要想自动生成目录,一般应在文档中包含(　　)。样式。
    A. 表格　　　　B. 标题　　　　C. 页眉和页脚　　D. 批注

22. 在Word编辑状态,如果文字下面有绿色波浪下画线,则表示(　　)。
    A. 对输入的确认　　　　　　　B. 可能有语法错误
    C. 已经修改过的文档　　　　　D. 可能有拼写错误

23. 在Word中,要删除当前选定的文本并将其放在剪贴板上的操作是(　　)。
    A. 清除　　　　B. 复制　　　　C. 剪切　　　　D. 粘贴

24. 在Word中,将文档中原来有的一些相同的关键字换成另外的内容,采用(　　)方式会更方便。
    A. 重新输入　　B. 复制　　　　C. 另存为　　　D. 替换

25. 在Word大纲视图中,演示文稿以大纲形式显示。大纲由每张幻灯片的标题和(　　)组成。
    A. 段落　　　　B. 提纲　　　　C. 中心内容　　D. 副标题

26. 在编辑Word文档时,在某段内(　　)鼠标左键,则选定该段文本。
    A. 单击　　　　B. 双击　　　　C. 三击　　　　D. 拖曳

27. 在Word中,关于打印预览,下列说法错误的是(　　)。
    A. 在正常的页面视图下,可以调整视图的显示比例,也可以很清楚地看到该页中的文本排列情况
    B. 单击自定义快速访问工具栏上的"打印预览"按钮,进入预览状态
    C. 选择"文件"菜单中的"打印预览"命令,可以进入打印预览状态
    D. 在打印预览时不可以确定预览的页数

28. 在Word中,Ctrl+A组合键的作用,等效于鼠标在文档选定区中(　　)。
    A. 单击一下　　B. 连击两下　　C. 连击三下　　D. 连击四下

29. 在Word中,页眉和页脚的建立方法相似,都使用(　　)菜单中的"页眉和页脚"命令进行设置。
    A. 编辑　　　　B. 工具　　　　C. 插入　　　　D. 视图

30. 在Word中,(　　)的作用是能在屏幕上显示所有文本内容。
    A. 滚动条　　　B. 控制框　　　C. 标尺　　　　D. 最大化按钮

31. 在Excel中,数据库中的行是一个(　　)。
    A. 域　　　　　B. 记录　　　　C. 字段　　　　D. 表

32. Excel 2016中,要录入身份证号,数字分类应选择(　　)格式。
    A. 常规　　　　B. 数字(值)　　C. 科学记数　　D. 文本

33. 工作表标签显示的内容是(　　)。
    A. 工作表的大小　　　　　　　B. 工作表的属性
    C. 工作表的内容　　　　　　　D. 工作表名称

34. Excel中,一个完整的函数包括(　　)。
    A. "="和函数名　　　　　　　B. 函数名和变量

  C. "="和变量   D. "="、函数名和变量

35. 对 Excel 单元格中的公式进行复制时,会发生变化的是(　　)。

  A. 相对地址中的偏移量   B. 相对地址所引用的单元格

  C. 绝对地址中的地址表达式   D. 绝对地址所引用的单元格

36. 在单元格中输入公式时,编辑栏上的√按钮表示(　　)操作。

  A. 取消   B. 确认   C. 函数向导   D. 拼写检查

37. G3 单元格的公式是"=E3*F3",如将 G3 单元格中的公式复制到 G5,则 G5 中的公式为(　　)。

  A. =E3*F3   B. =E5*F5   C. \$E\$5*\$F\$5   D. E5*F5

38. 设单元格 A1:A4 的内容为 8、3、83、9,则公式"=MIN(A1:A4,2)"的返回值为(　　)。

  A. 2   B. 3   C. 4   D. 83

39. 在 Excel 工作表的公式中,SUM(B3:C4)的含义是(　　)。

  A. B3 与 C4 两个单元格中的数据求和

  B. 将从 B3 与 C4 的矩阵区域内所有单元格中的数据求和

  C. 将 B3 与 C4 两个单元格中的数据示平均

  D. 将从 B3 到 C4 的矩阵区域内所有单元格中的数据求平均

40. 在 Excel 中单元格地址是指(　　)。

  A. 每一个单元格   B. 每一个单元格的大小

  C. 单元格所在的工作表   D. 单元格在工作表中的位置

41. E2 单元格对应于工作表的(　　)行、列。

  A. 5,2   B. 4,3   C. 2,5   D. 5,3

42. 工作表被保护后,该工作表中的单元格的内容和格式(　　)。

  A. 可以修改   B. 不可修改、删除

  C. 可以被复制、填充   D. 可移动

43. 在 Excel 中,当输入的数据位数太长,一个单元格放不下时,数据将自动改为(　　)。

  A. 科学记数   B. 文本数据   C. 备注类型   D. 特殊数据

44. 在 Excel 中,函数 COUNT()的功能是(　　)。

  A. 求和   B. 求均值   C. 求最大数   D. 求个数

45. 在 Excel 操作中,在"记录单"对话框右上角显示 4/20,则可看出该数据表共有(　　)条记录。

  A. 4   B. 20   C. 16   D. 24

46. 下列序列,不能直接利用自动填充快速输入的是(　　)。

  A. 星期一、星期二、星期三、……

  B. 第一类、第二类、第三类、……

  C. 甲、乙、丙、……

  D. Mon、Tue、Wed、……

47. Excel 提供的数据透视表,( )进行汇总。
    A. 只能对多字   B. 只能对一个字段
    C. 既能对多字段也能对一个字段   D. 不是用来汇总的

48. 若要修改 Excel 图表背景色,可双击( ),在弹出的对话框中进行修改。
    A. 图表区   B. 绘图区   C. 分类轴   D. 数值轴

49. 以下关于表格排序的说法错误的是( )。
    A. 拼音不能作为排序的依据   B. 排序规则有递增和递减
    C. 可按日期进行排序   D. 可按数字进行排序

50. 在 Excel 中,下列选项中,属于单元格的绝对引用的表示方式是( )。
    A. B2   B. ￥B￥2   C. $B#2   D. B2

51. 在 Excel 中,引用非当前工作表 sheet2 的 A4 单元格地址应表示成( )。
    A. Sheet2.A4   B. Sheet2\A4   C. A4!Sheet2   D. Sheet2!A4

52. 在选定的 Excel 2016 工作表区域 A2:C4 中,所包含的单元格个数是( )。
    A. 3   B. 6   C. 9   D. 12

53. Excel 2016 中,在单元格中输入公式,应首先输入的是( )。
    A. :   B. =   C. ?   D. ="

54. 在对数据表进行分类汇总前必须做的是( )。
    A. 选中整个表   B. 对分类字段进行排序
    C. 进行高级筛选   D. 插入图表

55. 下列操作中,不能在 Excel 工作表的选定单元格中输入公式的是( )。
    A. 单击编辑栏中的"插入函数"按钮
    B. 单击"公式"菜单中的"插入函数"命令
    C. 单击"插入"菜单中的"对象…"命令
    D. 直接在编辑栏中输入公式函数

56. 当向 Excel 工作表单元格输入公式时,使用单元格地址 D$2 引用 D 列 2 行单元格,该单元格的引用称为( )。
    A. 交叉地址引用   B. 混合地址引用
    C. 相对地址引用   D. 绝对地址引用

57. 在 Excel 工作表的单元格中计算一组数据后出现 ########,这是由于( )所致。
    A. 单元格显示宽度不够   B. 计算数据出错
    C. 计算机公式出错   D. 数据格式出错

58. 若在 Excel 的同一单元格中输入的文本有两个段落,则在第一段落输完后应使用( )键。
    A. Enter   B. Ctrl+Enter C. Alt+Enter   D. Shift+Enter

59. 在 Excel 中,图表是数据的一种视觉表示形式,图表是动态的,改变了图表( )后,Excel 会自动更改图表。
    A. X 轴数据   B. Y 轴数据   C. 所依赖的数据   D. 表标题

60. 在 Excel 中某单元格的公式为"=IF("学生">"学生会",True,False)",其计算结果为(   )。
    A. 真   B. 假   C. 学生   D. 学生会

61. 在 PowerPoint 2016 中,从当前幻灯片开始放映幻灯片的快捷键是(   )。
    A. Shift+F5   B. F5   C. Ctrl+F5   D. Alt+F5

62. 幻灯片的切换方式是指(   )。
    A. 在编辑幻灯片时切换不同视图
    B. 在编辑新幻灯片时的过渡形式
    C. 在幻灯片放映时两张幻灯片之间的过渡形式
    D. 在编辑幻灯片时两个文本框间的过渡形式

63. 如要终止幻灯片的放映,可直接按(   )键。
    A. Ctrl+C   B. Esc   C. End   D. Ctrl+F4

64. 在演示文稿中只播放几张不连续的幻灯片,应在(   )中设置。
    A. 在"幻灯片放映"中的"设置幻灯片放映"
    B. 在"幻灯片放映"中的"自定义幻灯片放映"
    C. 在"幻灯片放映"中的"广播幻灯片"
    D. 在"幻灯片放映"中的"录制演示文稿"

65. 关于幻灯片主题说法错误的是(   )。
    A. 可以应用于所有幻灯片   B. 可以应用于指定幻灯片
    C. 可以对已使用的主题进行更改   D. 可以在"文件/选项"中更改

66. 要从第四张幻灯片转跳到第十张幻灯片,可以使用(   )。
    A. 添加动画   B. 添加超链接
    C. 添加幻灯片切换效果   D. 排练计时

67. 对于幻灯片中插入音频,下列叙述错误的是(   )。
    A. 可以循环播放,直到停止   B. 可以播完返回开头
    C. 可以插入录制的音频   D. 插入音频后显示的小图标不可以隐藏

68. 在幻灯片视图中如果当前是一张还没有文字的幻灯片,要想输入文字(   )。
    A. 应当直接输入新的文字
    B. 应当首先插入一个新的文本框
    C. 必须更改该幻灯片的版式,使其能含有文字
    D. 必须切换到大纲视图中去输入

69. 关于插入在幻灯片里的图片、图形等对象,下列操作描述中正确的是(   )。
    A. 这些对象放置的位置不能重叠
    B. 这些对象放置的位置可以重叠,叠放的次序可以改变
    C. 这些对象无法一起被复制或移动
    D. 这些对象各自独立,不能组合为一个对象

70. 单击(   )按钮可以演播幻灯片集。
    A. 幻灯片放映   B. 幻灯片视图

C. 运行命令　　　　　　　　　　D. 新建命令

71. 为了在幻灯片浏览视图中一次可看到更多的幻灯片,应(　　)。
    A. 加大"显示比例"按钮中的百分比值
    B. 单击"观看更多的幻灯片"按钮
    C. 减小"显示比例"按钮中的百分比值
    D. 减小幻灯片集窗口的尺寸

72. 如果要把一个制作好的演示文稿拿到另一台未安装 PowerPoint 软件的计算机上去放映,(　　)。
    A. 只有在另一台计算机上先安装 PowerPoint 软件
    B. 需要把演示文稿和 PowerPoint 程序都复制到另一台计算机上
    C. 使用 PowerPoint 的"打包"工具并且包含"播放器"
    D. 使用 PowerPoint 的"打包"工具并且包含全部 PowerPoint 程序

73. 要进行幻灯片页面设置.主题选择,可以在(　　)选项卡中操作。
    A. 开始　　　　B. 插入　　　　C. 视图　　　　D. 设计

74. 要对幻灯片母版进行设计和修改时,应在(　　)选项卡中操作。
    A. 设计　　　　B. 审阅　　　　C. 插入　　　　D. 视图

75. 从当前幻灯片开始放映幻灯片的快捷键是(　　)。
    A. Shift + F5　　B. Shift + F4　　C. Shift + F3　　D. Shift + F2

76. 要对幻灯片进行保存、打开、新建、打印等操作时,应在(　　)选项卡中操作。
    A. 文件　　　　B. 开始　　　　C. 设计　　　　D. 审阅

77. 要在幻灯片中插入表格、图片、艺术字、视频、音频等元素时,应在(　　)选项卡中操作。
    A. 文件　　　　B. 开始　　　　C. 插入　　　　D. 设计

78. 按住(　　)键可以选择多张不连续的幻灯片。
    A. Shift　　　　B. Ctrl　　　　C. Alt　　　　D. Ctrl+Shift

79. 光标位于幻灯片窗格中时,单击"开始"选项卡的"幻灯片"组中的"新建幻灯片"按钮,插入的新幻灯片位于(　　)。
    A. 当前幻灯片之前　　　　　　B. 当前幻灯片之后
    C. 文档的最前面　　　　　　　D. 文档的最后面

80. 演示文稿与幻灯片的关系是(　　)。
    A. 演示文稿和幻灯片是同一个对象　　B. 幻灯片由若干个演示文稿组成
    C. 演示文稿由若干个幻灯片组成　　　D. 演示文稿和幻灯片没有联系

二、填空题

1. 在 Word 2016 中,要调整文档段落之间的距离,应使用(　　)对话框中的"缩进和间距"选项卡。

2. 在 Word 2016 中,默认的文字的录入状态是(　　)。

3. Word 2016 的编辑状态下,若要完成复制操作,首先要进行的是(　　)操作。

4. Word 2016 设置的页边距与所使用的纸型有关,系统提供了两种页面方向,(   )和(   )。

5. 在 Word 2016 中,要在页面上插入页眉和页脚,应使用(   )选项卡的"页眉和页脚"组。

6. 在 Word 2016 文档编辑中,若需要改变纸张的大小,应选择"布局"选项卡中的(   )组。

7. 在 Word 2016 中,想对文档进行字数统计,可以通过(   )功能区来实现。

8. (   )用于为文档的文本提供解释、批注及相关的参考资料。

9. 在 Word 2016 中,给文档添加页码应选择(   )选项卡中的"页眉和页脚"组。

10. 如果要在表格的末尾插入新行,可将插入点移到表格的右下角最后一个单元格,然后按(   )键。

11. Word 2016 中的段落对齐方式有(   )、(   )、(   )、(   )和(   )。

12. Word 2016 提供了(   )、(   )、(   )、(   )和(   )5种视图方式。

13. Word 2016 中,只有在(   )视图和普通方式下,才能查看分栏板式的效果,在其他视图方式下,即使设置了分栏格式,也只能显示文本录入时的状态。

14. 在 Word 2016 中的邮件合并,除需要主文档外,还需要已制作好的(   )支持。

15. Word 2016 可以在(   )对话框中定义"上标"或"下标"。

16. 在 Word 2016 的字体对话框中,可以设置的字型包括常规、加粗、倾斜和(   )。

17. Word 2016 中可以建立不同视觉方式的(   )或(   )文本框。

18. 在 Word 2016 中插入了表格后,会出现(   )选项卡,对表格进行"设计"和"布局"的操作。

19. 在 Word 2016 文档中实现文档的重命名的方法是执行"文件"菜单中的(   )命令。

20. 在编辑 Word 2016 文档时,为避免文档意外丢失,可用快捷键(   )随时存盘。

21. Excel 中最基本的存储单位是(   )。

22. 当输入的数据位数太长,一个单元格放不下时,数据将自动改为(   )科学记数电子表格由行列组成的(   )构成,行与列交叉形成的格子称为(   )。

23. 工作表窗口最左边一列的 1、2、3 等阿拉伯数字,表示工作表的(   ),工作表窗口最上方的 A、B、C 等字母,表示工作表的(   )。

24. 每个单元格有唯一的地址,由(   )与(   )组成,如 B4 表示第(   )列第(   )行的单元格。

25. 公式被复制后,公式中参数的地址发生相应的变化,叫(   )。

26. 已知 A1、B1 单元格中的数据为 2、1,C1 中公式为"=A1+B1",其他单元格均为空,C1 显示为(   ),若把 C1 中的公式复制到 C2,则 C2 显示为(   ),C2 的公式为(   )。

27. 相对地址与绝对地址混合使用,称为(   )。

28. Excel 2016 的文档是以(   )为单位存储的,每个(   )所包含的所有(   )也同时存储在文档中。

29. 如果单元格宽度不够,无法以显示数值时,单元格用(　　)填满,只要加大单元格宽度,数值即可显示出来。

30. 连接运算符是(　　),其功能是把两个字符连接起来。

31. 单元格内数据对齐方式的默认方式为,文字靠(　　)对齐,数值靠(　　)对齐,逻辑与错误信息(　　)对齐。

32. Excel 2016 的单元格公式由(　　)和(　　)组成。

33. 函数的一般格式为(　　),在参数表中各参数间用(　　)分开。

34. 分类汇总是将工作表中某一列已(　　)的数据进行(　　),并在表中插入一行来存放(　　)。

35. 四舍五入函数的格式是(　　)。

36. 条件函数格式是(　　)。

37. 生成一个图表工作表在默认状态下该图表的名字是(　　)。

38. 单元格 A1、A2、B1、B2、C1、C2 中分别为 1、2、2、3、3、3,公式 SUM(A1:C2)＝(　　)。

39. 单元格 C1 中有公式＝A$1+$B1,将 C1 中的公式复制到 D1 格中,D1 格中的公式为(　　)。

40. 在 A1 单元格内输入 30001,然后按下 Ctrl 键,拖动该单元格填充柄至 A8,则 A8 单元格中内容是(　　)。

41. PowerPoint 2016 生成的演示文稿的默认扩展名为(　　)。

42. 在幻灯片正在放映时,按键盘上的 Esc 键,可(　　)。

43. 要在 PowerPoint 2016 中设置幻灯片动画,应在(　　)选项卡中进行操作。

44. 在 PowerPoint 2016 中对幻灯片进行页面设置时,应在(　　)选项卡中操作。

45. 要在 PowerPoint 2016 中设置幻灯片的切换效果以及切换方式,应在(　　)选项卡中进行操作。

46. 要在 PowerPoint 2016 中插入表格、图片、艺术字、视频、音频时,应在(　　)选项卡中进行操作。

47. 在 PowerPoint 2016 中对幻灯片进行另存、新建、打印等操作时,应在(　　)选项卡中进行操作。

48. 在 PowerPoint 2016 中对幻灯片放映条件进行设置时,应在(　　)选项卡中进行操作。

49. 在 PowerPoint 2016 中,"开始"选项卡可以插入(　　)。

50. (　　)是幻灯片窗格中带有虚线或影线标记边框,是为标题、文本、图标、剪贴画等内容预留的内容。

51. PowerPoint 2016 新增的(　　)图形工具有几十套图形模板,利用这些图形模板可以设计出各式样的精美和专业图形。

52. PowerPoint 2016 中,按(　　)键,开始放映当前幻灯片;按(　　)键可以从第一张幻灯片开始放映。

53. 要选择多张不连续的幻灯片,在按住(　　)键的同时,分别单击需要选择的幻灯片的缩略图即可。

54. 在幻灯片窗格中输入文本的常用方法有（   ）输入文本和（   ）添加文本两种。

55. （   ）和（   ）添加演示文稿中的注释内容，它的内容是时间、日期、幻灯片编号等。

56. 在 PowerPoint 2016 中，改变幻灯片的播放次序，或通过某一对象链接到指定文件，可以使用动作按钮或（   ）命令。

57. 在 PowerPoint 2016 的主窗口，显示"幻灯片 5/6"，说明共有（   ）张幻灯片，当前为（   ）张。

58. 在 PowerPoint 2016 中，要想同时查看多张幻灯片，应选择（   ）视图。

59. 要对幻灯片母版进行设计和修改时，应在（   ）选项卡中操作。

60. 要进行幻灯片页面设置、主题选择，可以在（   ）选项卡中操作。

三、简答题

1. 如何启动、退出 Word 2016？
2. Word 2016 提供了哪几种视图方式？如何切换到不同的视图方式？
3. Word 2016 窗口由哪些部分组成？各部分的功能是什么？
4. 简述 Word 2016 中如何选定文本？
5. 简述 Word 2016 的文本格式化包含哪些内容？
6. 建立表格有哪几种方法？表格中的单元格有几种对齐方式？
7. 如何改变图形对象的大小与位置？有哪几种图形环绕方式？
8. 简述工作簿、工作表和单元格的概念以及它们之间的关系。
9. 简述在单元格内输入数据的几种方法。
10. Excel 2016 中有哪些运算符？作用是什么？
11. 如何使用公式和函数？公式中单元格的引用包括哪几种方式？
12. Excel 图表由哪些对象组成？
13. 高级筛选的基本步骤是什么？在设置筛选条件时必须遵循什么规则？
14. 什么是分类汇总？分类汇总的基本操作步骤是什么？
15. 创建演示文稿的方法有几种？
16. PowerPoint 2016 有哪几种视图？分别适用于何种情况？
17. 幻灯片母版的作用是什么？试比较母版与模板的区别。
18. 如何为幻灯片中的对象设置超链接？
19. 如何在演示文稿中插入一张幻灯片？
20. 演示文稿有几种放映方式？各自有什么特点？

第 10 章 人工智能基础

本章学习目标
- 掌握人工智能的基本概念。
- 了解人工智能的历史。
- 了解人工智能的主要应用领域。
- 了解人工智能的发展现状及前景。

本章主要讨论人工智能的定义、发展历史、研究方法、应用领域、发展现状及前景等，以使学习者建立起人工智能的初步概念。

10.1 人工智能概述

1956年夏季，被称为人工智能之父的麦卡锡组织了一次达特茅斯学术研讨会。会上第一次正式使用了人工智能(Artificial Intelligence，AI)这一术语，标志着人工智能学科的诞生。

10.1.1 人工智能的定义

人工智能的定义可以分为两部分，即"人工"和"智能"。"人工"比较好理解，争议性也不大。但关于什么是"智能"，问题就比较多了，目前还没有一个统一的结论。一般认为，智能是知识与智力的总和。其中，知识是一切智能行为的基础，而智力是获取知识并运用知识求解问题的能力，是头脑思维活动的具体体现。

由于对智能的不同理解，所以人工智能现在没有统一的定义。美国斯坦福大学人工智能研究中心尼尔逊教授认为，人工智能是关于知识的学科——怎样表示知识以及怎样获得知识并使用知识的科学。而美国麻省理工学院的温斯顿教授认为，人工智能就是研究如何使计算机去做过去只有人才能做的智能工作。这些说法反映了人工智能学科的基本思想和基本内容，即人工智能是研究人类智能活动的规律，构造具有一定智能的人工系统，研究如何让计算机去完成以往需要人的智力才能胜任的工作，也就是研究如何应用计算机的软硬件来模拟人类某些智能行为的基本理论、方法和技术。

人工智能是计算机科学的一个分支，是研究、开发用于模拟、延伸和扩展人的智能的理论、方法、技术及应用系统的一门新的技术科学。作为一门前沿和交叉学科，其研究领域十分广泛，推动着科学技术的发展和人类文明的进步。

10.1.2 人工智能的研究目标

到目前为止,人工智能的发展已走过了 60 多年的历程,虽然对于什么是人工智能,学术界有各种各样的说法和定义,但就其本质而言,人工智能是研究如何制造出人造的智能机器或智能系统,来模拟人类智能活动的能力,以延伸人们智能的科学。

从长远来看,人工智能研究的远期目标就是设计并制造一种智能机器系统。目的在于使该系统代替人,去完成诸如感知、学习、联想、推理等活动。具体讲就是使计算机具有看、听、说、写等感知和交互能力,具有联想、学习、推理、理解等高级思维能力,还要有分析问题、解决问题和发明创造的能力。

在目前阶段,人工智能研究的近期目标就是部分实现机器智能。就是使现有的计算机不仅能做一般的数值计算及非数值信息的数据处理,而且能运用知识处理问题,能模拟人类的部分智能行为。按照这一目标,根据现行的计算机的特点研究实现智能的有关理论、技术和方法,建立相应的智能系统,例如,目前研究开发的专家系统、机器翻译系统、模式识别系统、机器学习系统和机器人等。

人工智能研究的远期目标和近期目标是相辅相成的。远期目标为近期目标确立了方向,而近期目标的研究为远期目标的最终实现奠定了基础,做好了理论及技术上的准备。随着人工智能技术研究的不断发展与进步,近期目标将不断调整和改变,最终会向远期目标靠近。

10.2 人工智能的历史

人类对人工智能的研究很早就开始了,但它作为一门学科正式诞生于 1956 年。它从出现到现在已经经过了 60 多年的发展,从它的历史发展来看,大致可分为 3 个阶段:孕育阶段、形成阶段和发展阶段。

1. 孕育阶段(1956 年以前)

自古以来,人类就力图根据认识水平和当时的技术条件,企图用机器来代替人的部分脑力劳动,以提高征服自然的能力。公元前 850 年,古希腊就有制造机器人帮助人们劳动的神话传说。在我国公元前 900 多年,也有歌舞机器人传说的记载,这说明古代人就有人工智能的幻想。

随着历史的发展,到 12 世纪末至 13 世纪初,西班牙的神学家和逻辑学家 Romen-Luee 试图制造能解决各种问题的通用逻辑机。17 世纪法国物理学家和数学家帕斯卡制成了世界上第一台会演算的机械加法器并获得实际应用。随后德国数学家和哲学家莱布尼茨在这台加法器的基础上发展并制成了进行全部四则运算的计算器。他还提出了逻辑机的设计思想,即通过符号体系,对对象的特征进行推理,这种"万能符号"和"推理计算"的思想是现代化"思考"机器的萌芽,因而他曾被后人誉为数理逻辑的第一个奠基人。19世纪英国数学和力学家巴贝奇致力于差分机和分析机的研究,虽因条件限制未能完全实现,但其设计思想不愧为当时人工智能的最高成就。

进入20世纪后,人工智能相继出现若干开创性的工作。1936年,年仅24岁的英国数学家图灵在他的一篇《理想计算机》的论文中,就提出了著名的图灵机模型,1945年他进一步论述了电子数字计算机的设计思想,1950年他又在《计算机能思维吗?》一文中提出了机器能够思维的论述,可以说这些都是图灵为人工智能所做的杰出贡献。1938年德国青年工程师Zuse研制成了第一台累记数计算机Z-1,后来又进行了改进,到1945年他又发明了Planka.kel程序语言。此外,1946年美国科学家Mauchly等人研制了世界上第一台电子数字计算机ENIAC。还有同一时代美国数学家维纳的控制论的创立,美国数学家香农信息论的创立,英国生物学家Ashby所设计的脑等,这一切都为人工智能学科的诞生做出了理论和实验工具的巨大贡献。

2. 形成阶段(1956—1961年)

1956年在美国达特茅斯学院的一次历史性聚会被认为是人工智能学科正式诞生的标志,从此在美国开始形成了以人工智能为研究目标的几个研究组:如Newell和Simon的Carnegie-RAND协作组,Samuel和Gelernter的IBM公司工程课题研究组,Minsky和McCarthy的MIT研究组等,这一时期人工智能的研究工作主要在下述几个方面。

1957年Newell、Shaw和Simon等人的心理学小组编制出一个称为逻辑理论机(The Logic Theory Machine,LT)的数学定理证明程序,当时该程序证明了Russell和Whitehead的《数学原理》一书第2章中的38个定理(1963年修订的程序在大机器上终于证完了该章中全部52个定理)。后来他们又揭示了人在解题时的思维过程大致可归结为3个阶段。

(1) 先想出大致的解题计划。

(2) 根据记忆中的公理、定理和推理规则组织解题过程。

(3) 进行方法和目的分析,修正解题计划。

这种思维活动不仅在解数学题时如此,解决其他问题时也大致如此。基于这一思想,他们于1960年又编制了能解10种类型不同课题的通用问题求解程序(General Problem Solving,GPS)。另外,他们还发明了编程的表处理技术和NSS国际象棋机。和这些工作有联系的Newell关于自适应象棋机的论文和Simon关于问题求解和决策过程中合理选择和环境影响的行为理论的论文,也是当时信息处理研究方面的巨大成就。后来他们的学生还做了许多工作,如人的口语学习和记忆的EPAM模型(1959年)、早期自然语言理解程序SAD-SAM等。此外,他们还对启发式求解方法进行了探讨。

1956年Samuel研究的具有自学习、自组织、自适应能力的西洋跳棋程序是IBM公司工程课题研究小组有影响的工作,这个程序可以像一个优秀棋手那样,向前看几步来下棋。它还能学习棋谱,在分析大约175 000幅不同棋局后,可猜测出书上所有推荐的走步,准确度达48%,这是机器模拟人类学习过程卓有成就的探索。1959年这个程序曾战胜设计者本人,1962年还击败了美国一个州的跳棋大师。

在MIT小组,1959年McCarthy发明的表(符号)处理语言LISP成为人工智能程序设计的主要语言,至今仍被广泛采用。1958年McCarthy建立的行动计划咨询系统以及

1960 年 Minsky 的论文《走向人工智能的步骤》,对人工智能的发展都起了积极的作用。

此外,1956 年 Chomsky 的文法体系,1958 年 Selfridge 等人的模式识别系统程序等,都对人工智能的研究产生有益的影响。这些早期成果充分表明人工智能作为一门新兴学科正在茁壮成长。

3. 发展阶段(1961 年以后)

20 世纪 60 年代以来,人工智能的研究活动越来越受到重视。为了揭示智能的有关原理,研究者们相继对问题求解、博弈、定理证明、程序设计、机器视觉和自然语言理解等领域的课题进行了深入的研究。几十年来,不仅使研究课题有所扩展和深入,而且还逐渐搞清了这些课题共同的基本核心问题以及它们和其他学科间的相互关系。1974 年 Nillson 对发展时期的一些工作写过一篇综述论文,他把人工智能的研究归纳为 4 个核心课题和 8 个应用课题,并分别对它们进行论述。

这一时期中某些课题曾出现一些较有代表性的工作,1965 年 Robinson 提出了归结(消解)原理,推动了自动定理证明这一课题的发展。20 世纪 70 年代初,Winograd、Schank 和 Simmon 等人在自然语言理解方面做了许多发展工作,较重要的成就是 Winograd 提出的积木世界中理解自然语言的程序。关于知识表示技术有 Green(1996 年)的一阶谓词演算语句,Quillian(1996 年)的语义记忆的网络结构,Simmon(1973 年)等人的语义网结构,Schank(1972 年)的概念网结构,Minsky(1974 年)的框架系统的分层组织结构等。关于专家系统的研究,自 1965 年研制 DENDRAL 系统以来,一直受到人们的重视,这是人工智能走向实际应用最引人注目的课题。1977 年 Feigenbaum 提出了知识工程(knowledge engineering)的研究方向,导致了专家系统和知识库系统更深入的研究和开发工作。此外,智能机器人、自然语言理解和自动程序设计等,也是这一时期较集中的研究课题,也取得了不少成果。

从 20 世纪 80 年代中期开始,经历了十多年的低潮之后,有关人工神经元网络的研究取得了突破性的进展。1982 年生物物理学家 Hopfield 提出了一种新的全互连的神经元网络模型,被称为 Hopfield 模型。利用该模型的能量单调下降特性,可求解优化问题的近似计算。1985 年 Hopfield 利用这种模型成功地求解了"旅行商"(TSP)问题。1986 年 Rumelhart 提出了反向传播(Back Propagation,BP)学习算法,解决了多层人工神经元网络的学习问题,成为广泛应用的神经元网络学习算法。从此,掀起了新的人工神经元网络的研究热潮,提出了很多新的神经元网络模型,并被广泛应用于模式识别、故障诊断、预测和智能控制等多个领域。

1997 年 5 月,IBM 公司研制的"深蓝"计算机首次在正式比赛中战胜了人类国际象棋世界冠军卡斯帕罗夫,在世界范围内引起了轰动。这标志着在某些领域,经过努力,人工智能系统可以达到人类的最高水平。

这一时期学术交流的发展对人工智能的研究有很大推动作用。1969 年国际人工智能联合会成立,并举行第一次学术会议 IJCAI-69(International Joint Conference on Artificial Intelligence),以后每两年召开一次。随着人工智能研究的发展,1974 年又成立了欧洲人工智能学会,并召开第一次会议 ECAI(European Conference on Artificial

Intelligence），随后也是每两年召开一次。此外，许多国家也都有本国的人工智能学术团体。在人工智能刊物方面，1970年创办了 *Artificial Intelligence* 国际性期刊，爱丁堡大学还不定期出版 *Machine Intelligence* 杂志，还有 IJCAI 会议文集和 ECAI 会议文集等。此外，ACM、AFIPS 和 IEEE 等刊物也刊载人工智能的论著。

美国是人工智能的发源地，随着人工智能的发展，世界各国有关学者也都相继加入这一行列。英国在20世纪60年代就开始了人工智能的研究，到20世纪70年代，在爱丁堡大学还成立了人工智能系。日本和西欧一些国家虽起步较晚，但发展都较快，苏联对人工智能研究也开始予以重视。我国从1978年才开始人工智能课题的研究，主要在定理证明、汉语自然语言理解、机器人及专家系统方面设立课题，并取得一些初步成果。我国也先后成立中国人工智能学会、中国计算机学会人工智能和模式识别专业委员会和中国自动化学会模式识别与机器智能专业委员会等学术团体，开展这方面的学术交流。此外，国家还着手兴建了若干个与人工智能研究有关的国家重点实验室，这些都将促进我国人工智能的研究，为这一学科的发展做出贡献。

近年来，人工智能在很多方面取得了新的进展，尤其是随着因特网的普及和应用，对人工智能的需求变得越来越迫切，也给人工智能的研究提供了新的广泛的舞台。

10.3 人工智能的研究方法

由于人们对人工智能的本质有不同的理解和认识，形成了人工智能研究的多种不同的路径，不同的研究路径有不同的研究方法。目前，人工智能研究中主要有符号主义、联结主义和行为主义三大基本思想，或者称为三大学派。

10.3.1 符号主义

符号主义是一种基于逻辑推理的智能模拟方法，又称为逻辑主义、心理学派或计算机学派，其原理主要为物理符号系统（即符号操作系统）假设和有限合理性原理。长期以来，该学派一直在人工智能中处于主导地位，其代表人物是 Newell、Simon 和尼尔逊。

早期的人工智能研究者绝大多数属于此类。符号主义的实现基础是 Newell 和 Simon 提出的物理符号系统假设。该学派认为，人类认知和思维的基本单元是符号，而认知过程就是在符号表示上的一种运算。它认为人是一个物理符号系统，计算机也是一个物理符号系统。因此，能够用计算机来模拟人的智能行为，即用计算机的符号操作来模拟人的认知过程。这种方法的实质就是模拟人的左脑抽象逻辑思维，通过研究人类认知系统的功能机理，用某种符号来描述人类的认知过程，并把这种符号输入到能处理符号的计算机中，就可以模拟人类的认知过程，从而实现人工智能。可以把符号主义的思想简单地归结为"认知即计算"。

从符号主义的观点来看，知识是信息的一种形式，是构成智能的基础。知识表示、知识推理和知识运用是人工智能的核心。知识可用符号表示，认知就是符号的处理过程，推理就是采用启发式知识及启发式搜索对问题求解的过程，而推理过程又可以用某种形式化的语言来描述,因而有可能建立起基于知识的人类智能和机器智能的同一理论体系。

符号主义学派认为人工智能源于数学逻辑。数学逻辑从 19 世纪末起就获得迅速发展,到 20 世纪 30 年代开始用于描述智能行为。计算机出现后,又在计算机上实现了逻辑演绎系统。

符号主义的代表成果是 1957 年 Newell 和 Simon 等人研制的称为"逻辑理论机"的数学定理证明程序 LT。LT 的成功,说明了可以用计算机来研究人的思维过程,模拟人的智能活动。以后,符号主义走过了一条启发式算法→专家系统→知识工程的发展道路,尤其是专家系统的成功开发与应用,使人工智能研究取得了突破性的进展。

符号主义学派认为人工智能的研究方法应为功能模拟方法。通过分析人类认知系统所具备的功能和机能,然后用计算机模拟这些功能,实现人工智能。符号主义主张用逻辑方法来建立人工智能的统一理论体系,但遇到了"常识"问题的障碍,以及不确定事物的表示和处理问题,因此受到其他学派的批评与否定。

10.3.2 联结主义

联结主义又称为仿生学派或生理学派,是一种基于神经网络及网络间的连接机制与学习算法的智能模拟方法。其原理主要为神经网络和神经网络间的连接机制和学习算法。这一学派认为人工智能源于仿生学,特别是人脑模型的研究。

这一方法从神经生理学和认知科学的研究成果出发,把人的智能归结为人脑的高层活动的结果,强调智能活动是由大量简单的单元通过复杂的相互连接后并行运行的结果。人工神经网络(简称神经网络)就是其典型代表性技术。

联结主义认为,神经元不仅是大脑神经系统的基本单元,还是行为反应的基本单元。思维过程是神经元的连接活动过程,而不是符号运算过程,对物理符号系统假设持反对意见。认为人脑不同于计算机,并提出联结主义的大脑工作模式,用于取代符号操作的计算机工作模式。他们认为,任何思维和认知功能都不是少数神经元决定的,而是通过大量突触相互动态联系着的众多神经元协同作用来完成的。

实质上,这种基于神经网络的智能模拟方法就是以工程技术手段模拟人脑神经系统的结构和功能为特征,通过大量的非线性并行处理器来模拟人脑中众多的神经细胞(神经元),用处理器的复杂连接关系来模拟人脑中众多神经元之间的突触行为。这种方法在一定程度上可能实现了人脑形象思维的功能,即实现了人的右脑形象抽象思维功能的模拟。

联结主义的代表性成果是 1943 年由麦卡洛克和皮茨提出的形式化神经元模型,即M-P模型。他们总结了神经元的一些基本生理特性,提出神经元形式化的数学描述和网络的结构方法,从此开创了神经计算的时代,为人工智能创造了一条用电子装置模仿人脑结构和功能的新途径。1982 年,美国物理学家 Hopield 提出了离散的神经网络模型,1984 年他又提出了连续的神经网络模型,使神经网络可以用电子线路来仿真,开拓了神经网络用于计算机的新途径。1986 年,Rumelhart 等人提出了多层网络中的反向传播(BP)算法,使多层感知机的理论模型有所突破。同时,由于许多科学家加入了人工神经网络的理论与技术研究,这一技术在图像处理和模式识别等领域取得了重要的突破,为实现联结主义的智能模拟创造了条件。

10.3.3 行为主义

行为主义又称进化主义或控制论学派，是一种基于"感知-动作"的行为智能模拟方法。这一方法认为，智能取决于感知和行为，取决于对外界复杂环境的适应，而不是表示和推理，不同的行为表现出不同的功能和不同的控制结构。他们对人工智能发展历史具有不同的看法，这一学派认为人工智能源于控制论。

控制论思想早在20世纪40年代和50年代就成为时代思潮的重要部分，影响了早期的人工智能工作者。维纳和麦卡洛克等人提出的控制论和自组织系统以及钱学森等人提出的工程控制论和生物控制论，影响了许多领域。控制论把神经系统的工作原理与信息理论、控制理论、逻辑以及计算机联系起来。早期的研究工作重点是模拟人在控制过程中的智能行为和作用，对自寻优、自适应、自校正、自镇定、自组织和自学习等控制论系统进行研究，并进行"控制动物"的研制。到20世纪60年代和70年代，上述这些控制论系统的研究取得一定进展，播下了智能控制和智能机器人的种子，并在20世纪80年代诞生了智能控制和智能机器人系统。

行为主义的主要观点可以概括为以下几点。

（1）知识的形式化表示和模型化方法是人工智能的重要障碍之一。

（2）应该直接利用机器对环境发出作用后，环境对作用者的响应作为原型。

（3）所建造的智能系统在现实世界中应具有行动和感知的能力。

（4）智能系统的能力应该分阶段逐渐增强，在每个阶段都应是一个完整的系统。

行为主义的杰出代表布鲁克斯教授在1990年和1991年相继发表论文，对传统人工智能进行了批评和否定，提出了不需要知识表示和不需要推理的智能行为观点。在这些论文中，布鲁克斯从自然界中生物体的智能进化过程出发，提出人工智能系统的建立应采用对自然智能进化过程仿真的方法。他认为智能只是在与环境的交互作用中表现出来的，任何一种"表达"都不能完善地代表客观世界的真实概念，因而用符号串表达智能是不妥当的。布鲁克斯这种基于行为（进化）的观点开辟了人工智能的新途径，从而在国际人工智能界形成了行为主义这个新的学派。

布鲁克斯的代表性成果是他研制的6足机器虫。布鲁克斯认为要求机器人像人一样去思维太困难了，在做一个像样的机器人之前，不如先做一个像样的机器虫，由机器虫慢慢进化，或许可以做出机器人。于是，他在美国麻省理工学院（MIT）的人工智能实验室研制成功了一个由150个传感器和23个执行器构成的像蝗虫一样能做6足行走的机器人试验系统。这个机器虫虽然不具有像人那样的推理、规划能力，但其应付复杂环境的能力大大超过了原有的机器人，在自然（非结构化）环境下，具有灵活的防碰撞和漫游行为。

行为主义的思想提出后引起了人们的广发关注，其中感兴趣的人有之，反对者也大有人在。例如，有人认为布鲁克斯的机器虫在行为上的成功并不能引起高级控制行为，指望让机器从昆虫的智能进化到人类的智能只是一种幻想。尽管如此，行为主义学派的兴起表明了控制论和系统工程的思想将进一步影响人工智能的发展。

上述三大思想反映了人工智能研究的复杂性。每种思想都从某种角度阐释了智能的特性,同时每种思想都有各自的局限性。人工智能自诞生至今,尚未形成一个统一的理论体系,这又促进了各种新思潮、新方法的不断涌现,从而极大地丰富了人工智能的研究。

10.4　人工智能的应用领域

人工智能的研究是与具体的应用领域结合进行的,其研究应用领域十分广泛,下面介绍几个主要的应用领域。

1. 问题求解

问题求解是人工智能研究的一个重要方面。人工智能的许多概念,如归纳、推断、决策、规划等,都与问题求解有关。棋类游戏程序的开发是问题求解研究的一个方面。在棋类程序中应用的某些技术,如向前看几步,把困难的问题分解成一些较容易的子问题,发展成为搜索和问题归纳这样的人工智能基本技术。

问题求解系统一般由全局数据库、算子集和控制程序3部分组成。全局数据库包含与具体任务有关的信息,用来反映问题的当前状态、约束条件及预期目标。所采用的数据结构因问题而异,可以是逻辑公式、语义网络和特性表,也可以是数组、矩阵等一切具有陈述性的断言结构。算子集用来对数据库进行操作运算,算子集实际上就是规则集。算子一般由条件和动作两部分构成,条件给定了适用算子的先决条件,动作表述了适用算子之后的结果。控制程序用来决定下一步选用什么算子并在何处应用。

人工智能的许多技术和基本思想在早期的问题求解系统中便孕育形成,后来又有所发展。例如,现代产生式系统的体系结构大体上仍可分为3部分,只是全局数据库采用了更复杂的结构(如黑板结构),用知识库取代了算子集,控制功能更加完善,推理技术也有所发展。

2. 机器学习

学习一直是人工智能中最具挑战性的领域。学习的重要性是毋庸置疑的,因为这种能力是智能行为的最重要的特征。机器学习是机器获取知识的根本途径,只有让计算机系统具有类似人的学习能力,才有可能实现人工智能的终极目标。

机器学习的研究是根据生理学、认知科学等对人类学习机理的了解,建立人类学习过程的计算模型或认识模型,发展各种学习理论和学习方法,研究通用的学习算法并进行理论上的分析,建立面向任务的具有特定应用的学习系统。

机器能否像人类一样能具有学习能力呢?1959年美国的塞缪尔设计了一个下棋程序,这个程序具有学习能力,它可以在不断的对弈中改善自己的棋艺。4年后,这个程序战胜了设计者本人。又过了3年,这个程序战胜了美国一个保持8年之久的常胜不败的冠军。这个程序向人们展示了机器学习的能力,提出了许多令人深思的社会问题与哲学问题。

现在机器学习发展非常迅猛,各种理论和方法层出不穷,其应用遍及人工智能的各个分支,如专家系统、自动推理、自然语言理解、模式识别、计算机视觉和智能机器人等领域。机器学习是继专家系统之后人工智能应用的又一重要研究领域,也是人工智能和神经计算的核心研究课题之一。现有的计算机系统和人工智能系统没有什么学习能力,至多也只有非常有限的学习能力,因而不能满足科技和生产提出的新要求。对机器学习的讨论和机器学习研究的进展,必将促进人工智能和整个科学技术的进一步发展。

3. 专家系统

专家系统是人工智能中最重要、最活跃的应用领域之一,它实现了人工智能从理论研究走向实际应用、从一般推理策略探讨转向运用专门知识的重大突破。一般来说,专家系统是一个智能的计算机程序系统,其内部具有大量专家水平的某个领域知识与经验,能够利用人类专家的知识和解决问题的方法来解决该领域的问题。

专家系统通常由人机交互界面、知识库、推理机、解释器、综合数据库和知识获取6个部分构成。其中尤以知识库与推理机相互分离而别具特色。

知识库用来存放专家提供的知识。专家系统的问题求解过程是通过知识库中的知识来模拟专家的思维方式的。因此,知识库是专家系统质量是否优越的关键所在,即知识库中知识的质量和数量决定着专家系统的质量水平。一般来说,专家系统中的知识库与专家系统程序是相互独立的,用户可以通过改变、完善知识库中的知识内容来提高专家系统的性能。推理机针对当前问题的条件或已知信息,反复匹配知识库中的规则,获得新的结论,以得到问题的求解结果。在这里,推理方式可以有正向和反向推理两种。人机界面是系统与用户进行交流时的界面。通过该界面,用户输入基本信息,回答系统提出的相关问题,系统输出推理结果及相关的解释等。综合数据库专门用于存储推理过程中所需的原始数据、中间结果和最终结论,往往是作为暂时的存储区。解释器能够根据用户的提问,对结论和求解过程做出说明,因而使专家系统更具有人情味。知识获取是专家系统知识库是否优越的关键,也是专家系统设计的"瓶颈"问题,通过知识获取,可以扩充和修改知识库中的内容,也可以实现自动学习功能。

专家系统的基本工作流程是,用户通过人机界面回答系统的提问,推理机将用户输入的信息与知识库中各个规则的条件进行匹配,并把被匹配规则的结论存放到综合数据库中。最后,专家系统将得出的最终结论呈现给用户。

发展专家系统的关键是表达和运用专家知识,即来自人类专家的并已被证明对解决有关领域内的典型问题有用的事实和过程。专家系统和传统的计算机程序最本质的不同之处在于专家系统所要解决的问题一般没有算法解,并且经常要在不完全、不精确或不确定的信息基础上做出结论。

专家系统可以解决的问题一般包括解释、预测、诊断、设计、规划、监视、修理、指导和控制等。高性能的专家系统也已经开始从学术研究进入实际应用研究。随着人工智能整体水平的提高,专家系统也获得了发展。正在开发的新一代专家系统有分布式专家系统和协同式专家系统等。在新一代专家系统中,不但采用基于规则的方法,而且采用基于模型的原理。

4. 自动定理证明

自动定理证明就是机器定理证明,这也是人工智能的一个重要的研究领域,也是最早的研究领域之一。自动定理证明研究如何把人类证明定理的过程变成能在计算机上自动实现符号演算的过程,就是让计算机模拟人类证明定理的方法,自动实现像人类证明定理那样的非数值符号演算过程。

目前,自动定理证明的常用方法有以下 4 种。

1) 自动演绎法

其基本思想是依据推理规则,从前提和公理中可以推出许多定理,如果待证明的定理恰好在其中,则定理得证。

2) 判定法

判定法是指判断一个理论中某个公式的有效性,其基本思想是对某一类问题找出一个统一的、可在计算机上实现的算法,如吴文俊的"吴氏方法"。

3) 定理证明器

定理证明器是研究一切可判定问题的证明方法,它的基础是 1965 年 Robinson 提出的归结原理。

4) 人机交互定理证明

这是一种通过人机交互方式来证明定理的方法。它把计算机作为数学家的辅助工具,用计算机来帮助人完成手工证明中难以完成的那些计算、推理和穷举等。例如,1976 年 7 月,美国的阿佩尔等人合作,用该方法解决了长达 124 年之久未能证明的四色定理。他们用三台大型计算机,花了 1200 小时,并对中间结果进行人为反复修改 500 多处。四色定理的成功证明曾轰动计算机界和数学界。

实际上,除了数学定理证明以外,许多非数值领域的任务,如医疗系统、信息检索、规划制定和难题求解等,都可以转化为相应的定理证明问题,所以自动定理证明的研究具有普遍的意义。

5. 自然语言处理

自然语言处理是人工智能领域中的一个重要方向。它研究能实现人与计算机之间用自然语言进行有效通信的各种理论和方法。

实现人机间自然语言通信意味着要使计算机既能理解自然语言文本的意义,也能以自然语言文本来表达给定的意图、思想等。前者称为自然语言理解,后者称为自然语言生成。因此,自然语言处理大体包括了自然语言理解和自然语言生成两个部分。历史上对自然语言理解研究得较多,而对自然语言生成研究得较少。但这种状况近年来已有所改变。

无论实现自然语言理解还是自然语言生成,都远不如人们原来想象的那么简单,而是十分困难的。造成困难的根本原因是自然语言文本和对话的各个层次上广泛存在的各种各样的歧义性或多义性。从目前的理论和技术现状看,通用的、高质量的自然语言处理系统仍然是较长期的努力目标,但是针对一定应用,具有相当自然语言处理能力的实用系统已经出现,有些已商品化,甚至开始产业化。典型的例子有各种数据库和专家系统的自然语言接口、各种机器翻译系统、全文信息检索系统和自动文摘系统等。

6. 自动程序设计

自动程序设计就是根据给定问题的原始描述(更确切地说应是给定问题的规范说明)自动生成满足要求的程序。

对自动程序设计的研究不仅可以促进半自动软件开发系统的发展,而且也使通过修正自身数码进行学习(即修正它们的性能)的人工智能系统得到发展。程序理论方面的有关研究工作对人工智能的所有研究工作都是很重要的。

自动程序设计研究的重大贡献之一是作为问题求解策略的调整概念。人们已经发现,对程序设计或机器人控制问题,先产生一个不费事的有错误的解,然后再修改它(使它正确工作),这种做法一般要比坚持要求第一个解就完全没有缺陷的做法有效得多。

7. 模式识别

计算机硬件的迅速发展和计算机应用领域的不断开拓急切地要求计算机能更有效地感知诸如声音、文字、图像、温度和震动等信息资料,模式识别由此得到迅速发展。

"模式"(pattern)一词的本意是指完美无缺的供模仿的一些标本。模式识别就是指识别出给定物体所模仿的标本。人工智能所研究的模式识别是指用计算机代替人类或帮助人类感知模式,是对人类感知外界功能的模拟,研究的是计算机模式识别系统,也就是使一个计算机系统具有模拟人类通过感官接受外界信息、识别和理解周围环境的感知能力。

模式识别是一个不断发展的新学科,它的理论基础和研究范围也在不断发展。随着生物医学对人类大脑的初步认识,模拟人脑构造的计算机实验即人工神经网络方法早在20世纪50年代末、60年代初就已经开始。至今,在模式识别领域,神经网络方法已经成功地用于手写字符的识别、汽车牌照的识别、指纹识别和语音识别等方面。

模式识别技术是人工智能的基础技术,21世纪是智能化、信息化、计算化和网络化的世纪,在这个以数字计算为特征的世纪里,作为人工智能技术基础学科的模式识别技术必将获得巨大的发展空间。在国际上,各大权威研究机构和各大公司都纷纷开始将模式识别技术作为自己的战略研发重点加以重视。

8. 计算机视觉

计算机视觉,也称为机器视觉,主要研究如何用计算机实现或模拟人类的视觉功能。其主要研究目标是使计算机具有通过二维图像认知三维环境信息的能力,这种能力不仅包括对三维环境中物体形状、位置、姿态和运动等几何信息的感知,而且还包括对这些信息的描述、存储、识别和理解。

计算机视觉已从模式识别的一个研究领域发展为一门独立的学科。在视觉方面,已经给计算机系统装上电视输入装置以便能够"看见"周围的东西。视觉是感知问题之一。在人工智能中研究的感知过程通常包含一组操作。例如,可见的景物由传感器编码,并被表示为一个灰度数值的矩阵。这些灰度值由检测器加以处理。检测器搜索主要图像的成分，如线段、简单曲线和角度等。这些成分又被处理，以便根据景物的表面和形状来推断有关景物的三维特性信息。

计算机视觉的前沿研究领域包括实时并行处理、主动式定性视觉、动态和时变视觉、三维景物的建模与识别、实时图像压缩传输和复原、多光谱和彩色图像的处理与解释等。计算机视觉已在机器人装配、卫星图像处理、工业过程监控、飞行器跟踪和制导以及电视实况转播等领域获得极为广泛的应用。

9. 机器人学

人工智能研究日益受到重视的另一个分支是机器人学，其中包括对操作机器人装置程序的研究。这个领域所研究的问题，从机器人手臂的最佳移动到实现机器人目标的动作序列的规划方法，无所不包。

机器人和机器人学的研究促进了许多人工智能思想的发展。它所涉及和产生的一些技术可用来模拟世界的状态，用来描述从一种世界状态转变为另一种世界状态的过程。它对于怎样产生动作序列的规划以及怎样监督这些规划的执行有了一种较好的理解。复杂的机器人控制问题迫使人们发展一些方法，先在抽象和忽略细节的高层进行规划，然后再逐步在细节越来越重要的低层进行规划。

智能机器人的研究和应用体现出广泛的学科交叉，涉及众多的课题，如机器人体系结构、机构、控制、智能、视觉、触觉、力觉、听觉、机器人装配、恶劣环境下的机器人以及机器人语言等。机器人已在工业、农业、商业、旅游业、空中和海洋以及国防等领域获得越来越普遍的应用。

10. 人工神经网络

人工神经网络就是以联结主义研究人工智能的方法，以对人脑和自然神经网络的生理研究成果为基础，抽象和模拟人脑的某些机理和机制，实现某方面的功能。

人工神经网络是人工智能研究的主要途径之一，也是机器学习中非常重要的一种学习方法。人工神经网络可以不依赖数字计算机模拟，用独立电路实现，极有可能产生一种新的智能系统体系结构。人工神经网络的特点和优越性主要表现在 3 个方面。

1) 具有自学习功能

例如实现图像识别时，先把许多不同的图像样板和对应的应识别的结果输入人工神经网络，网络就会通过自学习功能慢慢学会识别类似的图像。自学习功能对于预测有特别重要的意义。预期未来的人工神经网络计算机将为人类提供经济预测、市场预测和效益预测，其应用前途是很远大的。

2) 具有联想存储功能

用人工神经网络的反馈网络就可以实现这种联想。

3) 具有高速寻找优化解的能力

寻找一个复杂问题的优化解，往往需要很大的计算量，利用一个针对某问题而设计的反馈型人工神经网络，发挥计算机的高速运算能力，可能很快找到优化解。

目前,人工神经网络的研究主要集中在以下4个方面。

(1) 利用神经生理与认知科学研究人类思维以及智能机理。

(2) 利用神经基础理论的研究成果,用数理方法探索功能更加完善、性能更加优越的神经网络模型,深入研究网络算法和性能,如稳定性、收敛性、容错性和鲁棒性等;开发新的网络数理理论,如神经网络动力学和非线性神经场等。

(3) 神经网络的软件模拟和硬件实现的研究。

(4) 神经网络在各个领域中应用的研究。这些领域主要包括模式识别、信号处理、知识工程、专家系统、优化组合和机器人控制等。

随着神经网络理论本身以及相关理论、相关技术的不断发展,神经网络的应用定将更加深入。

11. 智能检索

智能检索主要是研究庞大而复杂的信息处理问题。随着科学技术的迅速发展,出现了"知识爆炸"的情况。对国内外种类繁多和数量巨大的科技文献的检索远非人力和传统检索系统所能胜任,研究智能检索系统已成为科技持续快速发展的重要保证。

智能检索以文献和检索词的相关度为基础,综合考查文献的重要性等指标,对检索结果进行排序,以提供更高的检索效率。智能检索的结果排序同时考虑相关性和重要性,相关性采用各字段加权混合索引,使分析更准确;重要性指通过对文献来源权威性分析和引用关系分析等实现对文献质量的评价,这样的结果使排序更加准确,更能将与用户愿望最相关的文献排到最前面,提高检索效率。

数据库系统是存储某学科大量事实的计算机软件系统,它们可以回答用户提出的有关该学科的各种问题。数据库系统的设计也是计算机科学的一个活跃的分支。为了有效地表示、存储和检索大量事实,已经发展了许多技术。当想用数据库中的事实进行推理并从中检索答案时,这个课题就显得很有意义。

12. 智能控制

人工智能的发展促进了自动控制向智能控制发展。智能控制是一类不需要(或需要尽可能少的)人的干预就能够独立地驱动智能机器实现其目标的自动控制。或者说,智能控制是驱动智能机器自主地实现其目标的过程。

随着人工智能和计算机技术的发展,已可能把自动控制和人工智能以及系统科学的某些分支结合起来,建立一种适用于复杂系统的控制理论和技术。智能控制正是在这种条件下产生的。它是自动控制的最新发展阶段,也是用计算机模拟人类智能的一个重要研究领域。1965年,傅京孙首先提出把人工智能的启发式推理规则用于学习控制系统。十多年后,建立实用智能控制系统的技术逐渐成熟。1971年,傅京孙提出把人工智能与自动控制结合起来的思想。1977年,美国萨里迪斯提出把人工智能、控制论和运筹学结合起来的思想。1986年,中国蔡自兴提出把人工智能、控制论、信息论和运筹学结合起来的思想。按照这些结构理论已经研究出一些智能控制的理论和技术,用来构造用于不同领域的智能控制系统。智能控制的核心在高层控制,即组织级控制。其任务在于对实际环境或过程进行组织,即决策和规划,以实现广义问题求解。

目前已经提出的用于构造智能控制系统的理论和技术有分级递阶控制理论、分级控制器设计的熵方法、智能逐级增高而精度逐级降低原理、专家控制系统、学习控制系统、模糊控制系统和神经控制系统等。智能控制有很多研究领域,它们的研究课题既具有独立性,又相互关联。目前研究得较多的是以下6个方面:智能机器人规划与控制、智能过程规划、智能过程控制、专家控制系统、语音控制以及智能仪器。

13. 分布式人工智能和 Agent

分布式人工智能在20世纪70年代后期出现,是人工智能研究的一个重要分支。分布式人工智能是分布式计算与人工智能结合的结果。

分布式人工智能系统一般由多个Agent(智能体)组成,每一个Agent又是一个半自治系统,Agent之间以及Agent与环境之间进行并发活动,并通过交互来完成问题求解。分布式人工智能系统以建壮性作为控制系统质量的标准,并具有互操作性,即不同的异构系统在快速变化的环境中,具有交换信息和协同工作的能力。

分布式人工智能要研究的问题是各智能体之间的合作与对话,包括分布式问题求解和多智能体系统两个领域。分布式问题求解将一个具体的求解问题分为多个相互合作和知识共享的模块或者结点,多智能体则研究各智能体之间行为的协调。多智能体系统更能体现人类的社会智能,具有更大的灵活性和适应性,更适合开放和动态的世界环境,因而备受重视,已成为人工智能以至计算机科学和控制科学与工程的研究热点。

14. 数据挖掘与知识发现

20世纪80年代末,基于数据库的知识发现及其核心技术——数据挖掘产生并迅速发展起来。它的出现为自动和智能地把海量数据转化成有用的信息和知识提供了手段。

知识发现是从数据集中识别出有效的、新颖的、潜在有用的以及最终可理解的模式的非平凡过程。一般可把知识发现的基本过程划分为3个阶段:数据准备、数据挖掘、结果的评估与解释。

数据挖掘是数据库知识发现中的核心部分,是目前人工智能和数据库领域研究的热点问题。数据挖掘是一种决策支持过程,它主要基于人工智能、机器学习、模式识别、统计学、数据库和可视化技术等,高度自动化地分析企业的数据,做出归纳性的推理,从中挖掘出潜在的模式,帮助决策者调整市场策略,减少风险,做出正确的决策。

数据挖掘在各领域的应用非常广泛,只要该产业拥有具分析价值与需求的数据仓储或数据库,均可利用挖掘工具进行有目的的挖掘分析。一般较常见的应用案例多发生在零售业、直销行销界、制造业、财务金融保险业、通信业以及医疗服务业等。

15. 人工生命

人工生命旨在用计算机和精密机械等人工媒介生成或构造出能够表现自然生命系统行为特征的仿真系统或模型系统。自然生命系统行为具有自组织、自复制、自修复等特征以及形成这些特征的混沌动力学、进化和环境适应。

人工生命的概念是美国计算机科学家克里斯托弗·兰顿（Christopher Langton）于1987年在阿拉莫斯（Los Alamos）国家实验室召开的"生成以及模拟生命系统的国际会议"上提出的。他指出，生命的特征在于具有自我繁殖、进化等功能。地球上的生物只不过是生命的一种形式，只有用人工的方法，用计算机的方法或其他智能机械制造出具有生命特征的行为并加以研究，才能揭示生命的全貌。

人工生命的理论和方法有别于传统人工智能和神经网络的理论和方法。人工生命通过计算机仿真生命现象所体现的自适应机理，对相关非线性对象进行更真实的动态描述和动态特征研究。人工生命学科的研究内容包括生命现象的仿生系统、人工建模与仿真、进化动力学、人工生命的计算理论、进化与学习综合系统以及人工生命的应用等。

10.5 人工智能的发展现状及前景

人工智能学科自1956年诞生至今已走过60多个年头，理论和技术日益成熟，应用领域也不断扩大，某些领域已取得了相当的进展。

随着人工智能技术的不断发展，目前主要呈现如下特点。
(1) 多种途径齐头并进，多种方法协作互补。
(2) 新思想、新技术不断涌现，新领域、新方向不断开拓。
(3) 理论研究更加深入，应用研究更加广泛。
(4) 研究队伍日益壮大，社会影响越来越大。

随着网络计算和网络技术的快速发展，人类社会已经走进了信息时代。随着分布式人工智能、Internet及数据挖掘、智能系统之间的不断交互与通信及智能Agent之间的紧密合作，尤其是最近出现的云计算、物联网技术的发展，人工智能必将面临新的机遇和挑战，同时也必将会为人工智能谱写新的历史篇章。

10.6 本章小结

本章首先讨论了什么是人工智能。简单地说，人工智能就是让计算机具有像人一样的智能。人工智能作为一门学科，经历了孕育、形成和发展几个阶段，并且还在不断地发展。对人工智能不同的看法导致了不同的人工智能研究方法，主要的研究方法有符号主义、联结主义和行为主义，这3种途径各有千秋，将其集成和综合已经成为人工智能研究的趋势。

人工智能研究和应用领域十分广泛，包括问题求解、机器学习、专家系统、自动定理证明、自然语言处理、模式识别、机器视觉、机器人学、人工神经网络、智能控制、数据挖掘和人工生命等，并且随着科学技术的发展，人工智能的研究会越来越深入，走上稳健的发展道路。

习题

一、选择题

1. 人类智能的特性表现在4个方面（　　）。
   A. 聪明、灵活、学习、运用
   B. 能感知客观世界的信息、能通过思维对获得的知识进行加工处理、能通过学习积累知识、增长才干和适应环境变化、能对外界的刺激做出反应并传递信息
   C. 感觉、适应、学习、创新
   D. 能捕捉外界环境信息，能利用外界的有利因素，能传递外界信息，能综合外界信息进行创新思维

2. 人工智能的目的是让机器能够（　　），以实现某些脑力劳动的机械化。
   A. 具有智能   B. 和人一样工作
   C. 完全代替人的大脑   D. 模拟、延伸和扩展人的智能

3. 下列关于人工智能的叙述不正确的有（　　）。
   A. 人工智能技术与其他科学技术相结合极大地提高了应用技术的智能化水平
   B. 人工智能是科学技术发展的趋势
   C. 因为人工智能的系统研究是从20世纪50年代才开始的，非常新，所以十分重要
   D. 人工智能有力地促进了社会的发展

4. 人工智能研究的一项基本内容是机器感知。以下叙述中的（　　）不属于机器感知的领域。
   A. 使机器具有视觉、听觉、触觉、味觉和嗅觉等感知能力
   B. 使机器具有理解文字的能力
   C. 使机器具有能够获取新知识、学习新技巧的能力
   D. 使机器具有听懂人类语言的能力

5. 自然语言理解是人工智能的重要应用领域，以下叙述中的（　　）不是它要实现的目标。
   A. 理解别人讲的话
   B. 对自然语言表示的信息进行分析概括或编辑
   C. 欣赏音乐
   D. 机器翻译

6. 为了解决如何模拟人类的感性思维，例如视觉理解、直觉思维、悟性等，研究者找到一个重要的信息处理的机制是（　　）。
   A. 专家系统   B. 人工神经网络   C. 模式识别   D. 智能代理

7. 如果把知识按照作用来分类，下述（　　）不在分类的范围内。
   A. 用控制策略表示的知识，即控制性知识
   B. 可以通过文字、语言、图形和声音等形式编码记录和传播的知识，即显性知识

C. 提供有关状态变化、问题求解过程的操作、演算和行动的知识,即过程性知识
D. 用提供概念和事实使人们知道是什么的知识,即陈述性知识

8. 下述( )不是知识的特征。
   A. 复杂性和明确性　　　　　　　B. 进化和相对性
   C. 客观性和依附性　　　　　　　D. 可重用性和共享性

9. 下述( )不是人工智能中常用的知识格式化表示方法。
   A. 框架表示法　　　　　　　　　B. 状态空间表示法
   C. 语义网络表示法　　　　　　　D. 形象描写表示法

10. 以下关于"与/或"图表示法的叙述中正确的是( )。
    A. "与/或"图就是用 AND 和 OR 连接各个部分的图形,用来描述各部分的因果关系
    B. "与/或"图就是用 AND 和 OR 连接各个部分的图形,用来描述各部分之间的不确定关系
    C. "与/或"图就是用"与"结点和"或"结点组合起来的树形图,用来描述某类问题的层次关系
    D. "与/或"图就是用"与"结点和"或"结点组合起来的树形图,用来描述某类问题的求解过程

11. 构成状态空间的 4 个要素是( )。
    A. 开始状态、目标状态、规则和操作
    B. 初始状态、中间状态、目标状态和操作
    C. 空间、状态、规则和操作
    D. 开始状态、中间状态、结束状态和其他状态

12. 以下关于"与/或"图表示知识的叙述中错误的有( )。
    A. 用"与/或"图表示知识方便使用程序设计语言表达,也便于计算机存储处理
    B. "与/或"图表示知识时一定同时有"与"结点和"或"结点
    C. "与/或"图能方便地表示陈述性知识和过程性知识
    D. 能用"与/或"图表示的知识不适宜用其他方法表示

13. 下列不是知识表示法的是( )。
    A. 计算机表示法　　　　　　　　B. "与/或"图表示法
    C. 状态空间表示法　　　　　　　D. 产生式规则表示法

14. 一般来讲,下列语言中属于人工智能语言的是( )。
    A. VB　　　　B. Pascal　　　　C. Logo　　　　D. Prolog

15. Prolog 语言的 3 种基本语句是( )。
    A. 顺序、循环、分支　　　　　　B. 陈述、询问、感叹
    C. 事实、规则、询问　　　　　　D. 肯定、疑问、感叹

16. 匹配是将两个知识模式进行( )比较。
    A. 相同性　　　B. 一致性　　　C. 可比性　　　D. 同类性

17. 专家系统是一个复杂的智能软件,它处理的对象是用符号表示的知识,处理的过

程是( )的过程。

　　A. 思维　　　　B. 思考　　　　C. 推理　　　　D. 递推

18. 进行专家系统的开发通常采用的方法是( )。

　　A. 逐步求精　　B. 实验法　　　C. 原型法　　　D. 递推法

19. 在专家系统的开发过程中使用的专家系统工具一般分为专家系统的( )和通用专家系统工具两类。

　　A. 模型工具　　B. 外壳　　　　C. 知识库工具　D. 专用工具

20. 专家系统是以( )为基础,以推理为核心的系统。

　　A. 专家　　　　B. 软件　　　　C. 知识　　　　D. 解决问题

21. ( )是专家系统的重要特征之一。

　　A. 具有某个专家的经验　　　　B. 能模拟人类解决问题
　　C. 看上去像一个专家　　　　　D. 能解决复杂的问题

22. 一般的专家系统都包括( )个部分。

　　A. 4　　　　　B. 2　　　　　　C. 8　　　　　　D. 6

23. 人类专家知识通常包括( )两大类。

　　A. 理科知识和文科知识　　　　B. 书本知识和经验知识
　　C. 基础知识和专业知识　　　　D. 理论知识和操作知识

24. 确定性知识是指( )知识。

　　A. 可以精确表示的　　　　　　B. 正确的
　　C. 在大学中学到的　　　　　　D. 能够解决问题的

25. 下列关于不确定性知识描述错误的是( )。

　　A. 不确定性知识是不可以精确表示的
　　B. 专家知识通常属于不确定性知识
　　C. 不确定性知识是经过处理的知识
　　D. 不确定性知识的事实与结论的关系不是简单的"是"或"不是"

26. 知识获取的目的是将人类专家的知识转换为专家系统知识库中的知识,知识获取的方法通常有( )种。

　　A. 2　　　　　B. 3　　　　　　C. 4　　　　　　D. 5

27. 专家系统的推理机最基本的推理方式是( )。

　　A. 直接推理和间接推理　　　　B. 正向推理和反向推理
　　C. 逻辑推理和非逻辑推理　　　D. 准确推理和模糊推理

28. 专家系统的正向推理是以( )作为出发点,按照一定的策略,应用知识库中的知识,推断出结论的过程。

　　A. 需要解决的问题　　　　　　B. 已知事实
　　C. 证明结论　　　　　　　　　D. 表示目标的谓词或命题

29. 下列关于不精确推理过程的叙述错误的是( )。

　　A. 不精确推理过程是从不确定的事实出发
　　B. 不精确推理过程最终能够推出确定的结论

C. 不精确推理过程运用的是不确定的知识

D. 不精确推理过程最终推出不确定性的结论

30. 下列不属于专家系统的解释功能的主要作用的是（　　）。

　　A. 对用户说明为什么得到这个结论

　　B. 对用户说明如何得到这个结论

　　C. 提高专家系统的信赖程度

　　D. 对用户说明专家系统的知识结构

31. 人工智能的发展历程可以划分为（　　）。

　　A. 诞生期和成长期　　　　　　B. 形成期和发展期

　　C. 初期和中期　　　　　　　　D. 初级阶段和高级阶段

32. 我国学者吴文俊院士在人工智能的（　　）领域做出了贡献。

　　A. 机器证明　　　B. 模式识别　　　C. 人工神经网络　　　D. 智能代理

二、填空题

1. 知识表示的性能应从（　　）和（　　）两个方面评价；后者又分（　　）和（　　）两个方面。

2. 框架系统的特性继承功能可通过组合应用槽的3个侧面来灵活实现，它们是（　　）。

3. KB系统通常由（　　）、（　　）和（　　）3个部分组成。KB系统的开发工具和环境可分为（　　）、（　　）和（　　）3类。

4. 按所用的基本学习策略可以将机器学习方法划分为以下几类：（　　）。

5. 自然语言理解中，单句理解分（　　）和（　　）两个阶段，后者又分（　　）和（　　）两个步骤。

6. 人工智能的研究途径有（　　）模拟、生理模拟和行为模拟。

7. 任意列举人工智能的4个应用性领域：智能控制、智能管理、智能决策、智能（　　）。

8. 人工智能的基本技术包括（　　）、运算、搜索-归纳技术、联想技术。

9. 人工智能的远期目标是（　　），近期目标是（　　）。

三、简答题

1. 什么是人工智能？它的研究目标是什么？

2. 简述人工智能的发展历史。

3. 人工智能的研究方法有哪些？

4. 列举出人工智能的主要应用领域。

5. 查阅文献，了解人工智能的最新进展。

附录 A 实 验 指 导

实验 1 键盘、鼠标的基本操作

一、实验目的

(1) 熟悉键盘的基本操作及键位。
(2) 熟练掌握英文大小写、数字和标点的用法及输入。
(3) 掌握正确的操作指法及姿势。
(4) 掌握鼠标的操作及使用方法。

二、实验内容

1. 开机前的检查

开机前先观察主机、显示器、键盘和鼠标的连接情况;观察电源开关的位置、Reset 键位置和键盘上各种键的位置。

2. Windows 10 的启动及关闭方法

1) 启动操作

开机过程即给计算机加电的过程。在一般情况下,计算机硬件设备中需加电的设备有显示器和主机,因此,开机过程也就是给显示器和主机加电的过程。

开机步骤如下。

(1) 检查显示器电源指示灯是否已亮,若电源指示灯不亮,则按下显示器电源开关,给显示器通电;若电源指示灯已亮,则表示显示器已经通电。
(2) 按下主机电源开关,给主机加电。
(3) 等待数秒钟后,输入账号和密码,会出现 Windows 10 的界面,表示启动成功。

2) 关机操作

关机操作过程即给计算机断电的过程。退出系统和关机必须执行标准操作,以利于系统保存内存中的信息,删除在运行程序时产生的临时文件。

(1) 关闭任务栏中所有已打开的任务。
(2) 单击屏幕左下角的"开始"按钮,再单击"关闭"按钮。正常情况下,系统会自动切断主机电源。在异常情况下,系统不能自动关闭时,可选择强行关机,方法是:按下主机电源开关不放手,持续 5s,即可强行关闭主机。

(3) 关闭显示器电源。

3. 键盘操作

1) 认识键盘

键盘上键位的排列按用途可分为主键盘区、功能键区、编辑键区和小键盘区,如图 A.1 所示。

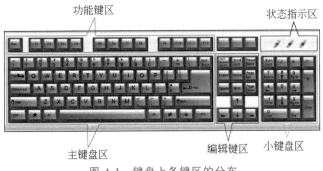

图 A.1　键盘上各键区的分布

主键盘区是键盘操作的主要区域,包括 26 个英文字母、数字 0~9、运算符号、标点符号和控制键等。

字母键共 26 个,按英文打字机字母顺序排列,在主键盘区的中央区域。一般地,计算机开机后,默认的英文字母输入为小写字母。如需输入大写字母,可按住上挡键 Shift 同时按字母键,或按下大写字母锁定键 CapsLock,对应的指示灯亮,表明键盘处于大写字母锁定状态,此时按字母键可输入大写字母;再次按下 CapsLock 键,对应的指示灯灭,重新转入小写字母输入状态。

常用键的作用如表 A.1 所示。

表 A.1　常用键的作用

按　键	名　称	作　用
Space	空格键	按一下产生一个空格
Backspace	退格键	删除光标左边的字符
Shift	换挡键	同时按下 Shift 键和具有上下挡字符的键,上挡符起作用
Ctrl	控制键	与其他键组合成特殊的控制键
Alt	控制键	与其他键组合成特殊的控制键
Tab	制表键或跳格键	按一次,光标向右跳 8 个字符位置
CapsLock	大小写转换键	CapsLock 灯亮为大写字母输入状态,否则为小写字母输入状态
Enter	回车键	命令确认,且光标到下一行
Ins(Insert)	插入覆盖转换键	插入状态是在光标左面插入字符,否则覆盖当前字符
Del(Delete)	删除键	删除光标右边的字符

续表

按　　键	名　　称	作　　用
PgUp(PageUp)	向上翻页键	光标定位到上一页
PgDn(PageDown)	向下翻页键	光标定位到下一页
NumLock	数字锁定转换键	NumLock 灯亮时小键盘数字键起作用,否则为下挡的光标定位键起作用
Esc	强行退出键	可废除当前命令行的输入,等待新命令的输入,或中断当前正执行的程序

2) 正确的操作姿势及指法

(1) 腰部坐直,两肩放松,上身微向前倾。

(2) 手臂自然下垂,小臂和手腕自然平抬。

(3) 手指略微弯曲,左右手食指、中指、无名指、小指依次轻放在 F、D、S、A 和 J、K、L、分号 8 个键位上,并以 F 与 J 键上的凸出横条为识别记号,大拇指则轻放于空格键上。

(4) 眼睛看着文稿或屏幕。

输入时,目光应集中在稿件上,凭手指的触摸确定键位,初学时尤其不要养成用眼确定指位的习惯。单击"开始"按钮,移动鼠标到"程序"上,再移动鼠标到弹出的级联菜单中的"附件",最后移动鼠标到弹出的级联菜单的"写字板"中,单击,即可打开"写字板"进行编辑。自己输入一些英文字母,注意以下几个内容的练习:

(1) 切换 CapsLock 键,输入大小写字母。

(2) CapsLock 指示灯亮,此时输入的是大写字母。指示灯不亮的情况下,按住 Shift 键再按字母键,可实现大写字母的输入。

(3) 练习!、@、♯、$、%、^、& 等上挡键的输入(按住 Shift 键)。

(4) 练习 Backspace 键和 Del 键的使用,并体会它们的区别。

4. 鼠标操作

1) 基本操作说明

目前,鼠标在 Windows 环境下是一个主要且常用的输入设备。鼠标的操作有单击、右击、双击、移动、拖动、与键盘组合等。

(1) 单击是快速按下鼠标左键。单击是选定鼠标指针下面的任何内容。

(2) 右击是快速按下鼠标右键。右击是打开鼠标指针所指内容的快捷菜单。

(3) 双击是快速击鼠标左键两次(迅速地两次单击)。双击是首先选定鼠标指针下面的项目,然后再执行一个默认的操作。单击选定鼠标指针下面的内容,然后再按回车键的操作与双击的作用完全一样。若双击之后没有反应,说明两次单击的速度不够迅速。

(4) 移动是不按鼠标的任何键移动鼠标,此时屏幕上鼠标指针相应移动。

(5) 拖动是鼠标指针指向某一对象或某一点时,按下鼠标左键不松,同时移动鼠标至目的地时再松开鼠标左键,鼠标指针所指的对象即被移到一个新的位置。

(6) 与键盘组合。有些功能仅用鼠标不能完全实现,需借助于键盘上的某些按键组合才能实现所需功能。如与 Ctrl 键组合,可选定不连续的多个对象;与 Shift 键组合,选定的是单击的两个对象所形成的矩形区域之间的所有文件;与 Ctrl 键和 Shift 键同时组合,选定的是几个文件之间的所有文件。

2) 练习鼠标的使用

单击 Windows 桌面上的"开始"按钮,移动鼠标到"程序"选项,再移动鼠标到级联菜单的"附件",再移动鼠标到"游戏"中的"地雷",单击"地雷",打开"地雷"的游戏。先单击"帮助"菜单阅读一下游戏规则。了解游戏规则后,可进行游戏,游戏时,注意练习鼠标的单击和双击。

5. 综合练习

使用打字练习软件进行键盘操作练习,操作步骤如下。

(1) 打开因特网。

(2) 进入百度"在线打字测试",如图 A.2 所示。

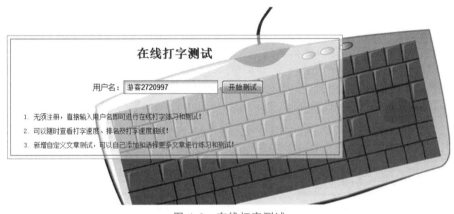

图 A.2 在线打字测试

(3) 单击"开始测试"按钮,选择测试内容,如图 A.3 所示。

图 A.3 开始测试

(4) 根据屏幕指示进行英文输入,注意正确的姿势与指法。

实验 2　Windows 基本操作

一、实验目的

(1) 了解文件和文件夹的查看和排列方式,掌握改变查看和排列方式的操作。
(2) 掌握文件和文件夹的创建方法。
(3) 掌握选定文件和文件夹的方法,掌握文件和文件夹的移动、复制、删除和重命名的多种方法。
(4) 掌握搜索文件和文件夹的方法。
(5) 掌握 WinRAR 压缩文件、文件夹和解压文件的方法。

二、实验内容、知识点及指导

1. Windows 的文件、文件夹查看方式和排列方式

(1) 查看方式有超大图标、大图标、中等图标、小图标、列表、详细信息、平铺和内容;快速查看图片一般用中等图标方式,查看详细信息用详细信息方式。
(2) 排列图标的方式有名称、大小、类型和修改日期等。
要选定所有的 MP3 文件,一般需先按类型排列图标。

2. 文件和文件夹的创建

1) 新建文件和文件夹的方法
(1) 单击"新建文件夹"命令,输入文件名称,按回车键即可。
(2) 右击工作区窗口空白处,选择快捷菜单中的"新建"→"文件夹"命令。

2) 操作练习
(1) 在 D 盘根目录下分别建立如下结构的文件夹:"文件夹 1\文件夹 2\文件夹 3"和"Folder1\Folder2\Folder3"。
(2) 在 Folder1 文件夹中分别建立 word1.docx、word2. docx、text1.txt、text2. txt、pic1.bmp、pic2. bmp 文件。

3. 移动、复制、重命名、删除文件和文件夹

1) 操作方法
选定多个不连续文件和文件夹的方法:按住 Ctrl 键不放,单击文件或文件夹图标。
选定多个连续文件和文件夹的方法:单击开始的文件或文件夹,按住 Shift 键不放,再单击末尾的文件或文件夹。
选定全部文件或文件夹的方法:选择"编辑"→"全部"命令,或者按 Ctrl+A 组合键。

移动和复制的方法是,先选中操作对象,然后执行下面的几个操作之一。

(1) 选择"编辑"→"剪切"或"复制"命令,再选择"编辑"→"粘贴"命令。

(2) 右击操作对象,在快捷菜单中选择"剪切"或"复制"命令,再在快捷菜单中选择"粘贴"命令。

(3) 按 Ctrl+X 或 Ctrl+C 组合键,再按 Ctrl+V 组合键。

(4) 按下 Ctrl 键的同时拖动文件或文件夹到新的位置为复制,拖动文件或文件夹到新的位置为移动。

(5) 按 Delete 键删除文件或文件夹到回收站,按 Shift+Delete 组合键彻底删除选定的文件或文件夹。

2) 移动、复制操作练习

(1) 将 Folder3 文件夹移动到"文件夹 1"中。

(2) 将 Folder2 文件夹复制到"文件夹 2"中。

(3) 将 Folder1 文件夹中的所有文件复制到"文件夹 3"中。

(4) 将 Folder1 文件夹中的文件 word1.docx、text1.txt 和 pic1.bmp 移动到"文件夹 1"中。

3) 重命名文件和文件夹操作练习

(1) 将"文件夹 1"改名为 Folder。

(2) 将 Folder 文件夹中的文件 word1.docx 改名为"我的文档 1.docx"。

4) 删除文件和文件夹操作练习

(1) 删除文件夹 Folder3。

(2) 删除 Folder 文件夹中的 word2.docx、text2.txt 和 pic2.bmp 到回收站。

(3) 恢复被删除的文件 word2.docx。

4. 文件和文件夹的搜索

单击"开始"按钮,在搜索框中输入要搜索的内容即开始搜索。

进行以下的搜索练习。

(1) 在 C 盘中搜索文件和文件夹名中第二个字母为 t 的文件或文件夹,搜索字符串为"?t"。

(2) 在 C 盘中的 Program Files 文件夹下搜索文件和文件夹名中第一个字母为 m 的文件或文件夹,搜索字符串为 m*。

(3) 在 D 盘中搜索 Word 文档,即扩展名为 docx 或 doc 的文件,搜索字符串为 *.docx 或 *.doc。

5. WinRAR 压缩文件、文件夹和解压文件

1) 压缩文件或文件夹的方法

方法 1:在需要被压缩的文件或文件夹上右击,选择快捷菜单中的"添加到压缩文件"命令,在弹出的"压缩文件名和参数"对话框中输入压缩文件名,单击"浏览"按钮选择保存该压缩文件的位置,再单击"确定"按钮即可。

方法 2：在需要被压缩的文件或文件夹上右击，选择快捷菜单中的"添加到'….rar'"命令，压缩文件直接保存到原文件所在的文件夹中。

方法 3：加密压缩，和方法 1 类似，弹出"压缩文件名和参数"对话框后，选择"高级"选项卡，单击"设置密码"按钮，在"设置密码"对话框中设置密码，再单击"确定"按钮即可。

2) 压缩操作练习

(1) 将 D 盘的 Folder 文件夹压缩到 C 盘。

(2) 将 D 盘的 Folder 文件夹压缩到 D 盘。

(3) 任意选定 3 张图片，将其压缩到 D 盘，命名为 TP.rar。

3) 解压文件的方法

方法 1：右击压缩文件，选择"解压到当前文件夹"命令，可直接将压缩文件解压到当前文件夹。

方法 2：右击压缩文件，选择"解压文件"命令，弹出"解压路径和选项"对话框，选择文件解压缩后的存放位置，再单击"确定"按钮即可。

对于加密压缩的文件，解压时会弹出"输入密码"对话框，输入密码后单击"确定"按钮即可。

4) 解压操作练习

(1) 将 C 盘的 Folder.rar 压缩文件解压到 C 盘。

(2) 将 D 盘的 Folder.rar 压缩文件解压到 C:\WINDOWS 中。

(3) 将 D 盘的加密压缩文件 TP.rar 解压到 D 盘。

实验 3　Word 操作

一、实验目的

掌握 Word 的基本操作方法，提高文档的编辑能力。

二、实验内容

1. 文字录入

请在 Word 文档 wzd.docx 中录入以下内容（标点符号必须采用中文全角符号）。

1) Internet 的形成

1969 年美国国防部高级研究计划署建立了 ARPANET 作为军事试验网络。1972 年 ARPANET 发展到几十个网点，并就不同计算机与网络的通信协议取得一致。1973 年产生了 IP（互联网协议）和 TCP（传输控制协议）。1980 年美国国防部通信局和高级研究计划署将 TCP/IP 协议投入使用。1987 年 ARPANET 被划分成民用网 ARPANET 和军用网 MILNET。它们之间通过 ARPAINTERNET 实现连接，并相互通信和资源共享，简称 Internet，标志着 Internet 的诞生。

2) 因特网在中国

早在 1987 年,中国科学院高能物理研究所便开始通过国际网络线路使用 Internet,后又建立了连接 Internet 的专线。20 世纪 90 年代中期,我国互联网建设全面展开,到 1997 年年底已建成中国公用计算机网(ChinaNET)、中国教育和科研网(CERNET)、中国科学和技术网(CSTNET)和中国金桥信息网(ChinaGBN),并与 Internet 建立了各种连接。

3) 163 和 169 网

163 网就是"中国公用计算机互联网"(ChinaNET),它是我国第一个开通的商业网。由于它使用全国统一的特服号 163,所以通常称其为 163 网。169 网是"中国公众多媒体通信网"(CninfoNET)的俗称。因为它使用全国统一的特服号 169,所以就称其为 169 网。它们是国内用户最多的公用计算机互联网,是国家的重要信息基础设施。

2. 文字编辑

对文档 wzd.docx 进行如下操作。

(1) 在文档开始处加上标题:因特网的形成和发展。
(2) 将全文内容存盘,退出 Word 应用程序。

3. 排版操作

对文档 wzd.docx 进行如下操作。

(1) 设置页面为 16 开纸,页边距的上、下、左、右值均为 2 厘米。
(2) 将文档第一行的"因特网的形成和发展"作为标题,居中、黑体、三号字,加下画线,颜色为红色。
(3) 将小标题(1)~(3)各标题行设置为仿宋体、四号字、加粗。
(4) 将小标题(1)下面的第一自然段设置为悬挂缩进 1 厘米,行距为固定值 18 磅,左对齐,采用仿宋体、五号字。
(5) 将小标题(2)和小标题(3)下面的自然段分别设置为首行缩进 1 厘米,行距为固定值 18 磅,左对齐,采用仿宋体、五号字。
(6) 在文档中插入一幅剪贴画(狮子),按如下要求进行设置。
① 图片大小:取消锁定纵横比,高度为 4 厘米,宽度为 5 厘米。
② 图片位置:水平距页面 5 厘米,垂直距页面 6 厘米。
(7) 给图片加实线边框,边框颜色为蓝色,粗细为 3 磅。
(8) 在图片上插入一个文本框,文本框中写入文字(兽中之王),文字为楷体、二号字,粉红色,水平居中。文本框按如下要求进行设置。
① 文本框大小:高 1.5 厘米,宽 4 厘米。
② 文本框位置:水平距页面 5 厘米,垂直距页面 7 厘米。
③ 文本框颜色:填充色为绿色,边框线条蓝色。
(9) 将图片和文本框进行组合。
(10) 设置组合对象的环绕方式为紧密型。环绕位置为两边。距正文左、右各 0

厘米。

(11) 将排版后的文档存盘,退出 Word 应用程序。

4. 表格操作

在文档 bgd.docx 中建立如下表格。

(1) 插入一个 8 行 7 列的表格。

(2) 调整行高与列宽:第一行行高为 22 磅,第 4、7 行行高为 5 磅,其余均为 35 磅。第一列列宽为 1 厘米,第二列列宽为 2 厘米,其余各列为 1.4 厘米。

(3) 按表 A.2 所示合并单元格。

(4) 按要求填充颜色:左上角单元格为绿色。第 4、7 行为红色,第一列为 20% 灰色,第 1 行第 2 列为黄色。

(5) 按表 A.2 所示设置表格线:周边为粗线 1.5 磅;其余为细线 0.5 磅。

(6) 保存文档,退出 Word 程序。

表 A.2 样表

实验 4 Excel 操作

一、实验目的

(1) 熟悉 Excel 电子表格软件的使用。

(2) 掌握工作簿、工作表和单元格的基本操作方法。

(3) 掌握公式、函数、图表的使用方法。

二、实验内容

(1) 启动 Excel,在工作表 Sheet1 内输入图 A.4 所示的数据,并将 Sheet1 重命名为"成绩表"。

(2) 利用函数计算出每位学生的总分和平均分(保留到整数位)。

	A	B	C	D	E	F	G	H	I	J
1	学号	姓名	性别	专业	英语	计算机	微积分	总分	平均分	简评
2	074600301	周立	男	物流	79	84	76			
3	074600302	赵文哲	男	物流	87	88	68			
4	074600303	祖克林	男	物流	85	69	85			
5	074600304	郭光宇	男	物流	83	74	89			
6	074610501	张国强	男	经济	87	95	79			
7	074610502	王海涛	男	经济	76	85	75			
8	074610503	李丽丽	女	经济	86	96	84			
9	074610504	林如	女	经济	93	80	79			
10	074620101	郭婷婷	女	金融	91	90	90			
11	074620102	张华敏	女	金融	88	94	87			
12	074620103	刘国华	男	金融	75	80	85			
13										
14										

图 A.4 基本数据

(3) 根据平均分求出简评(平均分≥90 为优秀,85≤平均分<90 为良好,75≤平均分<85 为及格,平均分<75 为不及格)。

(4) 对"成绩表"进行单元格格式化：设置列标题内容水平居中对齐,字体为楷体、14 号、加粗、加黄色底纹;工作表边框外框为黑色粗线,内框为黑色虚线。

(5) 将单科成绩在 90 分以上的成绩设置成加粗、倾斜、灰色底纹。

(6) 根据"成绩表"中姓名和各科成绩产生一个簇状柱形图,作为新表插入,命名为"图表"。标题为"学生成绩表",X 轴标题为"学生姓名",Y 轴标题为"分数",图例显示在底部。

(7) 复制"成绩表",将副本命名为"排序表",对"排序表"进行排序,首先按"平均分"降序排列,总分相同时再按"姓名"降序排列。

(8) 复制"成绩表",将副本命名为"筛选表",在"筛选表"中筛选出计算机成绩在 85~95 分(包括 85 分和 95 分)之间所有的学生记录。

(9) 复制"成绩表",将副本命名为"汇总表",在"汇总表"中汇总出各专业学生各门课程的平均分。

(10) 在"成绩表"中使用数据透视表统计出各专业男女生的人数和总分的平均值。

实验 5 PowerPoint 操作

一、实验目的

掌握 PowerPoint 的基本功能和基本操作。

二、实验内容

制作 5 张幻灯片。

第一张幻灯片的要求如下。

(1) 采用"空白"版式,插入艺术字作为标题,艺术字样式为第 3 行第 2 列,艺术字的内容为"新世纪公园",楷体_GB2312,96 号,倾斜。

(2) 艺术字的填充效果为"渐变"→"预设"→"金乌坠地",幻灯片背景用"填充效果"→"纹理"→"新闻纸"。

(3) 添加该幻灯片切换效果为"水平百叶窗"、慢速、无声音;添加艺术字动画效果为"飞入"、自底部、中速。

第二张幻灯片的要求如下。

(1) 采用"只有标题"版式,标题内容为"最古老的鸟类",插入一个横排的文本框,输入正文,正文内容为"自从始祖鸟的化石在德国发现以后,就一直被认为是最古老的鸟类,它的学名翻译成中文,就是"远古的翅膀"的意思。根据研究报告显示,始祖鸟极有可能是鸟类的祖先或鸟类族群中分出去的旁支。"正文字体为黑体、黄色、32号。

(2) 在合适位置插入一幅自选图形——正五角星,设置填充色为黄色,给该自选图形添加文本"团结"。

(3) 给所有文字设置"飞入"的动画效果,给自选图形设置"向内溶解"的动画效果。

(4) 幻灯片背景用填充效果为"渐变"→"预设"→"孔雀开屏"。

(5) 插入超级链接按钮,按钮上的文字为"首页",单击该按钮可以进入第一张幻灯片。

第三张幻灯片的要求(表格)如下。

(1) 插入一个4行5列的表格,输入以下内容。

	一季度	二季度	三季度	四季度
市场1	50 000	100 000	75 000	80 000
市场2	40 000	50 000	65 000	100 000
市场3	52 000	100 000	80 000	120 000

(2) 设置所有单元格为中部居中,外边框为6磅、黑色、实线,内边框为3磅、蓝色、实线。

(3) 设置表格背景为双色→浅蓝、蓝色渐变。

(4) 添加标题"销售业绩",设置字体格式为黑体、32号字、加粗。

(5) 幻灯片背景用"填充效果"→"纹理"→"花束"。

第四张幻灯片的要求(图表)如下。

(1) 插入图表,数据表的内容为第三张幻灯片中表格的内容,图表类型为默认。

(2) 插入图表标题"销售业绩分析表",X轴标题为"季度",Z轴标题为"销售额"。

(3) 设置图表区域背景为淡紫色。

第五张幻灯片的要求(超级链接)如下。

(1) 采用"标题与文本"版式,在正文区域输入"返回首页""表格"和"图表",分别设置超级链接,依次链接到第一张、第三张和第四张。

(2) 设置行距为2倍,幻灯片背景为双色——浅蓝、红色渐变。

(3) 在合适位置加入竖排艺术字"认真检查",设置字体为楷体、96号字;设置艺术字的形状为"双波形2",艺术字填充色为"预设"→"红日西斜"。

完成作品后,保存到U盘,文件名为"班级+学号+姓名"。

实验6 Access 操作

一、实验目的

(1) 掌握数据库的创建及其他简单操作。
(2) 熟练掌握数据表的建立、数据表的维护和数据表的操作。

二、实验内容

1. 创建空数据库

建立"教学管理.accdb"数据库,并将建好的数据库文件保存在 U 盘中。

2. 使用模板创建 Web 数据库

利用模板创建"联系人 Web 数据库.accdb"数据库,保存在 U 盘中。

3. 打开数据库

以独占方式打开"教学管理.accdb"数据库。

4. 关闭数据库

关闭打开的"教学管理.accdb"数据库。

5. 使用"设计视图"创建表

在"教学管理.accdb"数据库中利用设计视图创建"教师"表,表结构如表 A.3 所示。

表 A.3 教师表结构

字段名	类 型	字段大小	格 式
编号	短文本	5	
姓名	短文本	4	
性别	短文本	1	
年龄	数字	整型	
工作时间	日期/时间		短日期
政治面貌	短文本	2	
学历	短文本	4	
职称	短文本	3	
系别	短文本	2	
联系电话	短文本	12	
在职否	是/否		是/否

6. 使用"数据表视图"创建表

在"教学管理.accdb"数据库中创建"学生"表,使用"设计视图"创建"学生"表的结构,其结构如表 A.4 所示。

表 A.4 学生表结构

字段名	类 型	字段大小	格 式
学生编号	短文本	10	
姓名	短文本	4	
性别	短文本	2	
年龄	数字	整型	
入校日期	日期/时间		中日期
团员否	是/否		是/否
住址	长文本		
照片	OLE 对象		

1) 设置字段属性

设置字段属性要求如下。

(1) 将"学生"表的"性别"字段的"字段大小"重新设置为 1,默认值设为"男",索引设置为"有(有重复)"。

(2) 将"入校日期"字段的"格式"设置为"短日期",默认值设为当前系统日期。

(3) 设置"年龄"字段,默认值设为 20,取值范围为 18~30,如超出范围则提示"请输入 18~30 的数据!"

(4) 将"学生编号"字段显示"标题"设置为"学号",定义学生编号的输入掩码属性,要求只能输入 8 位数字。

2) 设置主键

(1) 创建单字段主键。将"教师"表的"教师编号"字段设置为主键。

(2) 创建多字段主键。将"教师"表的"教师编号""姓名""性别"和"工作时间"设置为主键。

3) 向表中输入数据

使用"数据表视图"完成以下任务。

(1) 将表 A.5 中的数据输入到"学生"表中。

表 A.5 学生表内容

学生编号	姓名	性别	年龄	入校日期	团员否	住 址	照 片
2014041101	张一	女	20	2014-9-3	否	江西南昌	
2014041102	陈二	男	20	2014-9-2	是	北京海淀区	
2014041103	王三	女	19	2014-9-3	是	江西九江	
2014041104	叶四	男	18	2014-9-2	是	上海	

续表

学生编号	姓名	性别	年龄	入校日期	团员否	住　址	照　片
2014041105	任五	男	20	2014-9-2	是	北京顺义	
2014041106	江六	男	20	2014-9-3	否	福建漳州	
2014041107	严七	男	19	2014-9-1	是	福建厦门	
2014041108	吴八	男	19	2014-9-1	是	福建福州	位图图像
2014041109	好九	女	18	2014-9-1	否	广东顺德	位图图像

（2）"教师"表的记录内容自编，要求不少于 10 行记录。

实验 7　局域网及 Internet 的使用

一、实验目的

（1）了解网络环境的配置。
（2）掌握局域网中共享文件夹和打印机的方法。
（3）掌握 WWW、电子邮件和 FTP 的使用。

二、实验内容

1. 了解网络环境的配置

（1）打开"控制面板"，在"查看网络状态和任务"中查看活动网络，观察网卡类型和该连接使用的组件，并设置连接后在任务栏显示图标。
（2）打开 Internet 协议（TCP/IP）属性，观察本机 IP 地址设置。
（3）用 ipconfig/all 命令查看网卡物理地址、主机 IP 地址、子网掩码和默认网关等，查看主机信息，包括主机名、DNS 服务器和结点类型等。单击"开始"→"所有程序"→"附件"→"命令提示符"，出现窗口后，输入 ipconfig/all 命令即可观察，抓图保存。

2. 浏览器（IE 或其他浏览器）的使用

（1）设置浏览器的启动首页为 http://www.ncist.edu.cn。
（2）访问中国互联网络信息中心网址 http://www.cnnic.net.cn，查看相关信息。
（3）使用搜索引擎 http://www.baidu.com 查找"世界杯、巴西、场馆"的网页或网站，保存其中的部分图片和文字。
（4）使用其他搜索引擎查找关于"音乐，mp3"的网页或网站，下载找到的音乐节目。

3. 电子邮件的使用

（1）如果没有 E-mail 信箱，请在 http://www.sina.com.cn 或其他网站申请。
（2）通过浏览器给教师发送一封电子邮件，同时将邮件抄送给自己。

邮件标题包括班级、学号和姓名等,内容可以是关于该课程学习的收获、体会、问题和建议,在附件中附上一张图片。

(3) 查看本信箱收到的邮件。

(4) 使用 Outlook Express,根据信箱服务器提供的 POP3(如 pop3.sina.com.cn)和 SMTP 地址配置信箱账号。使用 Outlook Express 收发邮件,保存邮件正文和附件。

4. FTP 服务的使用

(1) 使用浏览器访问由教师提供或自己通过搜索引擎找到的 FTP 服务器。

(2) 上传和下载其中的文件。

参 考 文 献

[1] 朱勇,孔维广.计算机导论[M].北京:中国铁道出版社,2008.
[2] 刘云翔,马智娴.计算机导论[M].2版.北京:清华大学出版社,2013.
[3] 黄国兴,陶树平.计算机导论[M].3版.北京:清华大学出版社,2013.
[4] 甘岚.计算机导论[M].北京:电子工业出版社,2012.
[5] 朱战立.计算机导论[M].2版.北京:电子工业出版社,2012.
[6] 王太雷.计算机导论[M].北京:北京邮电大学出版社,2009.
[7] 杜俊俐,苗凤君.计算机导论[M].2版.北京:中国铁道出版社,2012.
[8] 张凯.计算机导论[M].北京:清华大学出版社,2012.
[9] 黄润才.计算机导论[M].北京:中国铁道出版社,2005.
[10] 杨克昌,王岳斌.计算机导论[M].3版.北京:中国水利水电出版社,2008.
[11] 杨月江.计算机导论[M].2版.北京:清华大学出版社,2017.

图书资源支持

感谢您一直以来对清华版图书的支持和爱护。为了配合本书的使用,本书提供配套的资源,有需求的读者请扫描下方的"书圈"微信公众号二维码,在图书专区下载,也可以拨打电话或发送电子邮件咨询。

如果您在使用本书的过程中遇到了什么问题,或者有相关图书出版计划,也请您发邮件告诉我们,以便我们更好地为您服务。

我们的联系方式:

地　　址:北京市海淀区双清路学研大厦A座714

邮　　编:100084

电　　话:010-83470236　010-83470237

客服邮箱:2301891038@qq.com

QQ:2301891038(请写明您的单位和姓名)

资源下载:关注公众号"书圈"下载配套资源。

书圈

清华计算机学堂

观看课程直播